일본의 경관계획

니시무라 유키오 + 마치나미 연구회 편저

조용준
이정형
남승진
박종철
정영덕
홍안희
장상근
손승광
김영석
김현숙
강 권
박현홍
유창균
이봉수
이정림

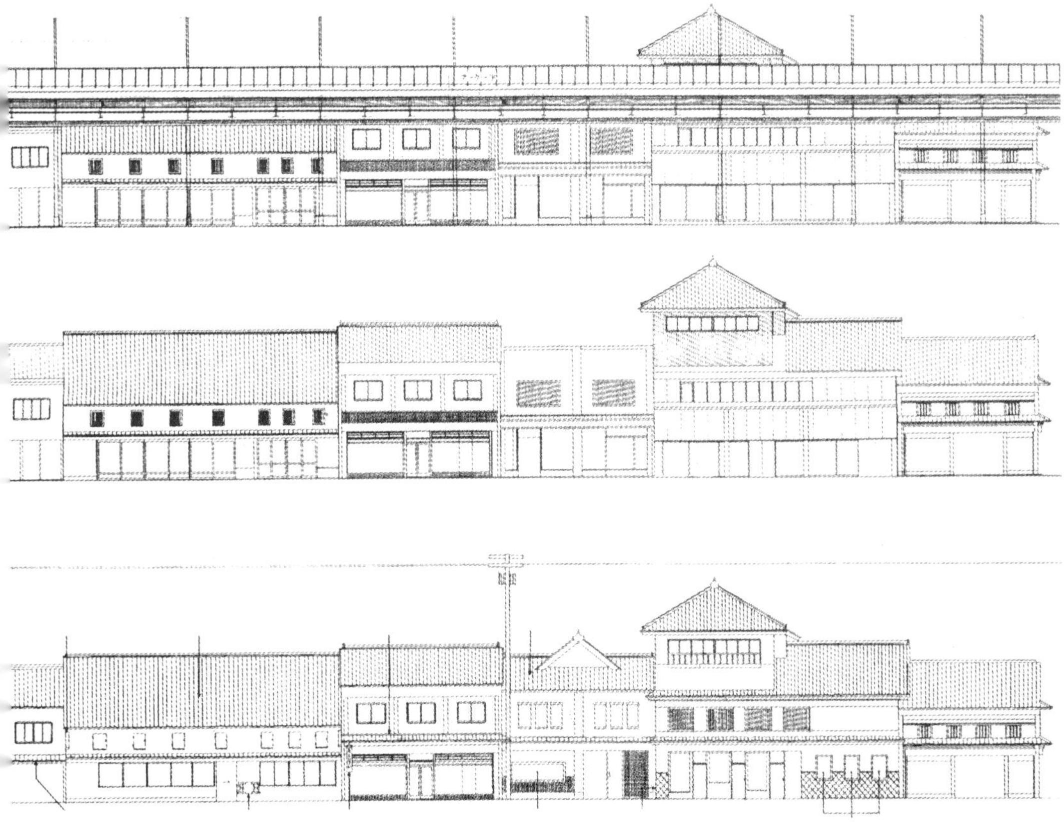

태림문화사

NIHON NO FUKEI KEIKAKU
by Yukio Nishimura and Machinami Kenkyukai

Original Japanese edition published by Gakugei Shuppansha
Korean translation rights arranged with Gakugei Shuppansha
through Japan Foreign-Rights Centre/Shin Won Agency

서 문

평범한 연구 그룹인 마치나미 연구회가 그 활동성과를 『도시의 풍경계획-구미의 경관컨트롤 수법과 실현』(학운출판사(學芸出版社), 2000년)이라는 형태로 출판하여 벌써 3년째를 맞고 있다. 다행히 이 책이 경관문제에 관심을 갖은 많은 사람들에게 받아들여져 구미(歐美)의 풍경계획에 관한 유익한 정보원으로서 평가되고 있는 것 같다. 게다가 그 서문의 집필단계에 있어서 본서의 한국어 번역과 중국어 번역이 진행 중에 있어 일본만이 아닌 한국·중국의 식자(識者)들과 함께 정보를 교환하게 됨으로서 폭 넓은 교류가 이루어질 것이다. 이것은 저자들에게 있어서 기대하지 않았던 즐거움이다.

전저(前著)의 서문에 기술한 이러한 연구가 수용된다면 그 연장선상에 일본의 풍경계획의 존재방식에 대해서 제언하고 싶었다. 이러한 기회를 예상 이상으로 빨리 갖게 되어 매우 기쁘게 생각 된다.

본서에서 우리들이 목표한 것은 현시점에 있어서 일본의 도시정책으로서의 풍경계획의 도달점을 남김없이 그려 넣고 그 위에 장래전망을 제시하는 것이다.

도시경관조례로 대표되는 경관컨트롤 수법은 1990년대 전반에는 제도적인 틀이 거의 정비되었고, 현재는 현시점의 제도의 한계를 넘어 다음 단계로 넘어감에 있어 어떻게 진행시켜 갈 것인가를 모색하여야 하는 단계이다.

이러한 시기에 다시 한 번 일본의 풍경계획의 원류를 거슬러 올라가 반성함과 동시에 그 정책적 의의를 재확인하고 법 제도로서의 가능성을 찾는 것이 필요하다고 생각했다. 물론 주요한 도시에 있어서의 사례를 제도의 개요에 한하지 않고 운영의 방법이나 그 실적에 이르기까지 밟아 들어가 현시점에서의 도달점을 소개하는 것도 아직은 빠트릴 수 없다. 이것으로 본서의 틀은 자연스럽게 정해졌다.

본서는 또 새로운 분야에 적극적으로 도전해가려 하고 있다. 예를 들면 일반시가지의 풍경문제이다. 지금까지의 경관행정은 무엇보다도 경관 상 특색이 있는 역사적인 가로변이나 양호한 주택시가지 등을 대상으로 한 어떤 종류의 예외적인 지구의 특례적인 도시계획제도의 영역을 벗어나지 못하고 있다는 것이 정직한 표현일 것이다. 물론 이러한 특별한 성격을 보유하고 있는 지구조차 경관파괴가 횡행하고 있는 시대에 있어서는 전선(戰線)을 일반시가지까지 확대하는 것은 빈손으로 큰 바다에 뛰어드는 것과 같은 비현실적이었다.

그러나 여론은 특별한 성격을 가진 지구뿐만이 아닌 일반적인 시가지의 경관문제의 대처하는 시책을 요구하고 있다. 그 배경에는 수도권을 중심으로 거품경제시기에 지어지기 시작했던 고층아파트에 대항하기 위한 논리를 경관에서 구하려고 하는 측면이 있었다. 그러나 그뿐만이 아닌 경관을 향상시키는 것에 의해 지역이미지를 높이려고 하는 크고 작은 폭넓은 도시의 전략을 읽을 수 있다. 요즈음 환경미화 추진을 위한 조례가 생겨나고 있다. 미화나 낙서, 꽁초 안 버리기, 녹화나 하천정화 등에 이르기까지 범위를 넓혀 도시의 아름다움을 추구하는 지자체의 수가 확실히 증가하고 있다.

이러한 여론을 받아들여 본서에서는 일반시가지의 풍경문제도 포함시키는 노력을 하고 있다.

그러나 또 한 가지 새로운 분야로 밟아 들어가려 하고 있는데 그것은 정책제언 분야이다. 가이드라인이나 경관조례라 일컬어지는 영역을 넘어서 풍경기본법에 관련하는 법제도 정비를 호소하고 있다. 이런 점에 관해서도 현실의 움직임은 또 서두르고 있다. 2003년 5월 현재 가스미가세끼(霞ケ關)에서도 나가타쬬(永田町)에서도 경관시책이 신중하게 검토되고 있다. 시대는 지금 정말로 움직이려 하고 있다. 이런 현실의 움직임에 뒤떨어지지 않게 한 발짝 나아감으로써 연구회의 작은 활동도 의미가 있다고 말할 수 있을 것이다.

본서에 있어서 왜 일반에게 통용되고 있는 경관이라는 용어가 아니고 「풍경」이라는 용어를 사용하고 있는가는 전저(前著)에 기술되어 있지만([도시의 풍경계획] 9항), 조작 가능한 「경관」이 아닌 광역의 지세나 문화를 배경으로 한 「풍경」이 적절하게 대상을 표현하고 있다고 생각했기 때문이다.

이런 이야기를 각지에서 구체적으로 실천하기 위해서는 생각지 않는 유실이나 사실 오인 등이 있을지 모른다. 그에 대한 착오를 줄일 수 있다면 좋을 것이다. 마지막으로 본서를 간행하는데 있어 전저(前著)에 계속해서 학운출판사의 前田裕資氏에게 감사드린다. 前田裕資氏의 철저하고 정확한 어드바이스에 의해 다수의 저자 간의 조정도 무사하게 진행시킬 수 있었다. 또 간행을 위한 실무에 있어서 동 학운출판사의 中木保代氏의 도움은 커다란 힘이 되었다.

또 본 연구에 대하여 2000년부터 3년간 문부과학성의 과학연구비를 보조받았다. 함께 기록하고 감사한다.

한국독자에게

일본에 있어서의 도시경관 컨트롤의 도달점과 장래전망을 정리한 본서가 한국어로 번역되어 한국독자에게 친근하게 되어짐을 저자의 한사람으로서, 또 편저자로서 매우 기쁘게 생각한다. 본서의 자매편인 『도시의 풍경계획 - 구미의 경관컨트롤 수법과 실제(역서명 도시경관과 도시설계)』(2000년, 학예출판사)도 이미 서울대학교 환경대학원 양윤재 교수팀에 의해 한국어로 번역되었으며, 본서는 일본에 관한 것으로 일본의 노력에 관심을 가져주었으면 하는 생각이다. 그것은 단순히 문화적으로 공유하는 것이 많은 양국의 상호이해에 도움이 되기 때문만이 아니라, 지금이야말로 양국의 도시계획제도가 변혁되는 시기이기 때문이다. 한국에서는 2000년의 도시계획법의 대개정에 의해 지구단위계획 제도와 경관지구 제도가 도입되면서, 도시계획은 양의 충족에서 질의 추구로의 전환이 추구되고 있다. 마찬가지로 일본에 있어서도 2004년 6월에 경관법이 제정되어 본서 말미에서 논술한 「13의 제언」의 대부분이 실현되고 있다.

일본에서는 본서가 발행된 2주일 후 2004년 7월11일에 국토교통성이 「아름다운 국토 만들기 정책요강」을 발표하였고, 그 전문에서는 「사회 자본은 어느 정도 양적으로는 충족되었지만, 일본국토는 국민 한사람 한 사람에게 있어서 정말로 매력 있는 것이 되었을까?」라고 자문하면서, 「도시는 전선으로 둘러있고, 녹지가 적으며 표지판이 무질서하게 세워져 있어 아름다움이란 매우 먼 풍경이 되고 있다」고 자성하고 있다. 그리고 「스스로 새로운 다짐」으로 후세에도 계속하여 아름다운 국토 만들기를 정책목표로 할 것을 선언하고 있다. 구체적인 정책에 관해서는 수치목표를 들어 연한을 구별하여 달성을 지향할 것을 요구하고 있다.

「아름다운 국토 만들기 정책요강」 시책의 중심적 기둥의 하나로서 경관에 관한 기본법제의 제정이 2004년도를 목표로 두고 있다. 그리고 그 목표는 경관법으로서 2004년 6월에 구체화되고 있다. 이것은 확실히 본서에서 우리들이 주장한 「경관기본법」에 지나지 않다.

그 밖에 법정의 풍경 기본계획 만들기 (제언2, 경관법에서는 「경관계획」이라고 한다)나 조례에 법적근거를 부여하는 점(제언4, 이것이야말로 경관법의 주목적이다), 중점지구의 지정(제언10, 경관법에서는 「경관지구」라고 한다) 등이 새로운 입법 아래서 실현되었다. 또 토지이용과 풍경보전. 창조의 2본 체제 제도(제언3)는 건축기준법이라는 건축 확인 제도와 병행하여 새롭게 제정된 경관지구에 있어서 「인정」 제도에 의해 부분적이지만 실현했다.

물론 시대가 전체로서 움직이고 있기 때문에 한 권의 책이 단독으로 공을 세운 것은 아니다. 그러나 우리들이 제시한 13의 제언은 가까운 장래의 예언처럼 점점 실현되고 있다. 그리고 그 흐름은 지금부터도 계속될 것이다.

거듭 말하자면 여기에서 우리들이 고민하고 있는 현상은 동아시아 제국을 시작으로 널리 아시아 각국에 공통된 것이다. 급격한 도시화와 근대화, 유연한 도시계획 규제, 지방자치단체의 미성숙 등 아시아 국가에는 공통된 어려움이 많다. 그리고 아름다운 풍경의 보전은 여러 과제의 종합화라고 하는 측면이 있기 때문에 풍경을 말할 때 이것들이 모든 과제가 된다.

그 의미에서 본서의 과제는 아시아제국에 공통이어야 할 것이다. 한국의 독자와 함께 상상력을 발휘하여 다가올 아시아 세기에 아름다운 풍경을 함께 누릴 수 있도록 추진해야 하는 것이다. 한국의 친구인 조용준 선생을 비롯하여 여러 선생님들의 힘으로 발행되어 이것이 아시아의 풍경 만들기에 일익을 감당한다면 본서 목적의 절반은 달성된 것이다. 나머지 절반은 실천 활동이다.

2004년 6월

일본 도쿄대학 대학원 교수 유키오 니시무라

번역서를 내면서

최근 우리사회는 도시환경에 대한 관심과 요구 증대와 함께 경관을 개발계획의 중요한 요소로 다루는 경향이 늘고 있다. 아울러 많은 지자체들도 경관조례를 제정하거나 경관기본계획을 수립하고 있음은 물론, 나아가 도시디자인실을 만드는 등 경관행정을 적극적으로 전개하고 있다.

그동안 소수 전문가의 학문 분야로만 머물러 있던 경관이 계획이나 행정에서 중요한 분야로 자리하게 된 것은 2002년 국토에 관한 계획과 이용에 관한 법률 공포와 함께 도시기본계획이나 도시관리 계획 등에서 경관계획 수립이 의무화 되고, 경관지구나 지구단위계획 등이 법적인 근거를 갖게 되면서부터 이다. 그러나 이 배경에는 도시에 대한 요구와 지향성이 그 간의 양적 확보에서 질적 추구로 바꾸어져 가고 있다는데 근본적인 이유가 있다. 또 생활수준 향상과 주5일 근무에 따른 여가시간 증대와 함께 교류와 여행이 빈번해지는 도시투어리즘 시대가 되면서 도시 공간 자체가 환경상품으로 도시를 발전시키고 도시에 활력을 주는 원천이 되고 있음도 있다.

도시경관은 기본적으로 생활환경 속에서 오감으로 느끼는 쾌적한 생활에 관한 가치관의 창조에 목표가 두어지기 때문에 기준이 되는 어떤 치수 설정이나, 불량한 요소의 금지만으로 질 높은 경관이 되지 못한다. 더구나 주민주권 시대에는 주민의 생활문화나 감성, 양식이 바탕이 되지 않으면 그것이 설령 어떤 예술적 가치를 갖는다고 하더라도 주민의 지지를 받지 못할 뿐만 아니라, 주민의 동의 없이 행정만으로는 매력적인 생활공간이 되지 못한다.

따라서 누가 주체가 되며, 어떤 제도를 어떻게 운영하고, 실천해야 할 것인가가 과제가 되며, 이는 우리나라보다 먼저 경관행정을 도입하여 경험 축적이 많은 일본의 경관에 대한 노력과 관심을 상세히 기술한 본서가 유익한 참고자료가 될 것이다. 일본은 도시계획 체계에서 우리와 유사한 점이 많을 뿐 아니라, 2002년 이후에는 한국과 일본 모두가 경관지구를 신설하고 경관법을 만드는 등 도시계획 체계에 새로운 변화를 꾀하고 있다는 공통점을 갖고 있다. 따라서 본서가 앞으로 우리나라 경관계획에 일익을 할 수 있기를 바라며 나아가 한일 양국이 함께 경관문제에 공동으로 대처하는 계기가 되기를 기대한다. 더구나 본서의 대표저자인 도쿄대학의 니시무라 유키오 교수는 『환경보전과 경관계획』 등의 많은 저서와 논문을 통하여 경관계획에 새로운 이론을 구축하여 왔다는 점에서 본서의 의미가 크다.

뿐만 아니라, 본서의 역자 중 한사람인 이정형 교수가 본서의 자매편인 『유럽의 풍경계획』(니시무라 유키오 교수 외 저, 역서 명, 도시경관과 도시설계, 양윤재 교수 외 역, 태림문화사)의 저자 중 한 사람이고, 개인적으로는 나 역시 니시무라 유키오 교수와 긴 우정을 나누어 왔다는 점에서 또 다른 기쁨을 갖는다.

번역은 가능한 원문에 충실하려 했으나, 불가피한 경우에는 의역을 하였는데, 특히 우리나라에서는 아직 '풍경'이라는 용어가 생소하다는 점을 감안하여 본서 제목을 『일본의 경관계획』으로 하였다. 이 점에 대해 저자들의 양해를 구하고 싶다.

끝으로 열악한 출판시장 환경에도 불구하고, 본서를 출간하여 준 태림문화사 정헌준 사장님과 본서 출간에 많은 시간을 할애해 준 동아인재대의 남승진 교수님께 감사드린다. 아울러 이 책이 출간되기 전에 운명을 달리 하신 순천대학교 건축학과 김영석 교수님의 명복을 빈다.

2006년 역자를 대표하여　　조 용 준

목 차

8

역사적 도시의 풍경 계획

9

일반시가지의 풍경계획

10

전원지역의 풍경계획

제Ⅲ부
OK! 풍경계획을 위하여

11

앞으로의 「풍경계획」의 사고법

12

구미에 있어서 풍경법

13

앞으로의 일본풍경행정에 대한 13의 제언

1 서문

일본의 풍경계획 구축을 위해

西村幸夫

구니타찌시 맨션(아파트) 소송사건으로부터

2002년 12월 18일 석간신문 거의 전체가 경관재판의 기사를 일면 톱으로 보도했다. 동경·구니타찌 맨션(아파트)의 소송사건이다. 동경지방재판소는 주민들의 경관이익을 인정하고 맨션의 20m를 넘는 부분의 철거를 명령했다(그림1). 대부분의 학자들은 도시경관의 보전을 근거로 한 소송을 인정한 일본 최초의 획기적인 판결이었다고 높이 평가하고 있다.[1] 재판의 개요와 그 의의(법적)에 관하여는 4·2절에서 설명하겠지만, 이 판결에 의해 일본 경관행정의 도달점과 함께 앞으로 과제도 보여 주었다고 말할 수 있다. 먼저 이 문제에 관해서 논의함으로써 일본의 풍경계획이 놓여져 있는 현상을 명확히 하고 싶다.

첫째로 도시경관의 개념에 있어서 구니타찌 맨션(아파트)의 문제는 단독주택단지를 중심으로 한 경관 문제로서, 산이나 바다의 조망을 가지고 논의되는 특정 모뉴멘트 주변의 경관을 논의하는 경우와는 분명하게 성격이 다르다는 것을 명기하지 않으면 안된다. 요컨대 여기에서 이야기하고 있는 경관은 주변거주자가 거의 준수하는 것에 의해 지켜질 수 있는 성격의 경관이고 경험적으로 존재하는 미관이나 절경(絶景)과는 다른 것이다. 경관의 이익은 반사적인 이익이 아닌 당사자들이 매일 매일 지켜가면서 처음으로 유지되는 이익이다. 동경지방재판소의 판결문은 다음과 같이 표현하고 있다.

그림 1 문제가 된 국립 맨션 2002년 12월의 동경 지제판결에서는 도로에 면한 14층 건물의 20m를 넘는 부분의 철거를 명령했다.

「이러한 도시경관에 의한 부가가치는 …… 당해 지역내의 토지소유자들이 상호간 충분한 이해와 결속 및 자기희생을 동반한 장기간의 계속적인 노력에 의해 자신들이 만들어내고 자신들이 받아들이는 것에 특수성이 있다. 그리고 이러한 도시경관에 의한 부가가치를 유지하기 위해서는 당해 지구 내의 토지소유자 전원이 전술한 기준을 준수할 필요가 있고, 반대로 토지소유자들이 한사람이라도 그 기준을 어긴 건축물을 건축하고 자기의 이익을 추구하는 토지이용으로 나간다면, 지금까지의 통일적으로 구성되어 왔던 당해 경관은 바로 파괴되어 다른 전부의 토지소유자들의 부가가치가 사라지기 때문에 당해 지역내 토지소유자들은 자신들의 재산권을 자유로운 행사를 자제하는 부담을 갖는 한편 다른 토지소유자들에 대해서 같은 부담을 요구할 수 있어야 한다.」(2002.12.18 동경지방재판소 판결)

그리고 이러한 자기 규제가 생긴 도시경관에 부가가치를 부여하는 경우에는 「토지소유자들은 그 토지소유권으로부터 파생되는 것으로서 형성된 양호한 공간을 유지하는 의무를 갖는 것과 함께 그 유지를 상호간에 구하는 이익(이하 「경관이익」이라 한다)을 가짐으로 이해할 만하고 이 경관이익은 법적보호로 고쳐 이것을 침해하는 일정의 경우에는 불법행위에 해당한다.」(上同)

사적청구권으로서의 경관권은 법적 보호대상으로서는 아직 미성숙단계이지만, 경관이익은 이미 존재하는 경우가 있다고 인정하고 있다. 확실히 도시경관에 관해서 「경관이익」이라는 시점으로 이것을 처음으로 인정한 판결로서 획기적인 것이다. 그러나 경관이익이 어떤 경우에도 인정된다고 한정할 수는 없다. 경관보전의 오랜 세월의 노력과 그 성과로서 아름다운 풍경이 실현되고 있지 않으면 이런 이익을 주장하는 것은 어려울 것이다.

구니타찌(国立)에는 1934, 35년의 구니타찌 의회(国立町会)에 의한 대학로의 벚꽃과 은행나무의 식재, 1951년에 일어난 문교지구지정운동(1952년에 동경도 최초의 문교지구지정), 1969년에 시작되어 1974년에 동경고등재판소에서 청구각하에 의해 동결되었던 대학로의 보도교사건, 1970년대에 당해 맨션 부지 주변에서 일어난 7층 집합주택 건설문제의 2층 테라스하우스로의 계획변경을 요구하는 운동(1978년), 도시경관형성조례제정의 직접청구와 조례시민안의 작성(1994년), 구니타찌(国立)역 주변 용도지역의 완화가 경관파괴를 부름으로서 도와 시의 행정처분의 위법성 소송의 제소(1996년) 등, 지금까지 경관보존을 위해 활동을 계속하여온 실적이 있다. 물론 개개의 주택이 고층건축물을 자제하는 것도 오랫동안 지켜져왔다.

도시경관 문제로 앞으로 소송을 제기하려는 주민들은 지금까지 자신들의 활동 실적과 성과로서 아름다운 경관의 존재가 오히려 부담이 된다. 맨션 문제가 일어났기 때문에 어느 날 갑자기 경관권이나 경관 이익을 주장해서 호응을 일으켰다고 말한다는 것은 안 되는 것이다. 매일매일의 활동성과가 중요하다는 것이다. 그런 의미로 지금까지 이상으로 조그마한 마을가꾸기 활동이 중요하다는 의미이다.

두 번째로 구체적인 규제를 행할 때에 수치기준 등에 관해서 사전에 상세하게 검토해 두는 것이 필수불가결하다는 교훈이다. 피고의 맨션업자 주장은 구니타찌시(国立市)에서의 사전상담에 있어서 시측이 구체적인 높이의 기준치를 제시하지 않았음에도 불구하고 이후의 지구계획에 있어서 목표로 한 맨션의 부지를 포함한 지구에 대해서 높이 20m의 지구계획을 도시계획 결정했다는 것은 부당하다는 점이다.

구니타찌(国立) 도시 계획의 중3정목지구(中三丁目地区) 지구계획이라고 불리어지는 이 지구계획은 '주로 건축물 등의 높이의 최고 한도를 저층주택에서10m 중층주택에서 20m로 할 것과 대지의 최소한도를 100㎡로 하는 것만을 규정한다'라는 내용의 지구계획으로 지역 주민이 중심이 되어 합의에 노력하여 불과 2개월 만에 구니타찌시(国立市)의 도시계획 심의회에서의 결정, 건축조례제정에 들어갔다는 것으로 주민주도에 의해 전국에서도 예가 없는 신속한 결정이 이루어졌다는 것이다.

지구계획결정까지의 경위에 대해서 논하는 것은 본 논의의 범주를 벗어나지만 적어도 높이 20m라는 지정근거에 대하여는 계획론적으로 검토할 필요가 있다. 결론적으로 말하면 본래의 주거지역 지정에 의한 20m의 절대높이 규제의 시대(구니타찌(国立)의 당해 토지의 경우는 1943년부터 1973년까지)는 그 후에도 지역주민의 자기규제를 동반한 노력에 의해 유지되어 오고 있고 당해 부지에 대해서도 높이 20m 이내로 같은 개발 호수의 주택을 건설하는 것은 기술적으로 가능하다는 것이 그 후의 검토에서 밝혀졌다.[2] 그러나, 이것은 맨션업자에 있어서도 지자체에 있어서도 거기까지 상세하게 검토한 것이 아니고 높이 20m로 억제하면 건설가능한 호수가 한정되어 개발 사업이 곤란하게 된다는 맨션업자의 주장이 재검토됨이 없이 그대로 받아들여지는 것이다.

요컨대 여기에서는 누구의 손에 의해서도 집적된 풍경계획의 검토가 되어 있지 않은 것이다.

구니타찌(国立市)경관형성조례의 책정과정에 있어서 혹은 당해 토지가 공지로 되어 대규모 개발이 가능하게 된 시점에서 정밀한 시뮬레이션이 실시되고 있다면 구체적인 형태규제가 어느 정도까지 가능한 것인가는 예측할 수 있을 터이다. 그렇게 하면 사전상담의 단계나 그 후의 시책입안의 과정에서의 행정의 대응도 변화가 있을지도 모른다. 그러나 그러한 것은 행하여지지 않은 모양이다. 왜냐하면 이런 정밀한 검토는 거의 어느 지자체에도 행하여지지 않았기 때문이다.

자세한 풍경계획의 사전검토가 필요한 시대는 급속하게 다가오는 것이다. 구니타찌(国立)맨션의 소송사건은 그것을 단적으로 나타내고 있다.

공공적 요소로서의 풍경

2001년 12월에 동경도는 도심부의 경관 만들기에 관한 인터넷 앙케이트를 실시해 466명으로부터 회답을 받았다. 이에 의하면 도심부의 경관가꾸기를 위해 해야 되는 구체적인 시책으로서 선택된 안(3가지 선택가능)은 다음과 같다.

• 전주나 전선의 지중화 (58.4%)
• 녹음 풍부한 공원이나 광장의 정비 (57.1%)
• 거리나 근처의 건물디자인 · 색체의 통일 · 조화 (50.4%)
• 경관을 살리는 보도교의 정비 (39.1%)

경관문제는 일반도민에 있어서 건축가나 도시계획가가 생각하는 것 같이 건축물의 형태규제중심이 아니고 전선의 지중화나 도시 내의 자연의 문제에 이르기까지 넓게 인식되어가고 있다. 눈에 보이는 전부가 경관 요소이기 때문에 이런 앙케이트 결과는 당연한 결과라 생각된다. 역으로 말하면 지금까지 경관조례나 경관형성의 유명세를 근거로 취급되어온 대상이, 어느 정도 한정된 경관을 테마로 하기 쉬운 지구에 집중해 있는 것은 아닌가라는 반성을 하지 않으면 안된다.

기성 시가지의 일반적인 풍경을 어떻게 개선하여 갈 것인가라는 문제에 우리들은 맞서 나가지 않으면 안된다.

지금까지 문제가 경관적으로 특색이 어느 지구에 한정되어 온 것은 컨트롤이 가능한 실마리를 얻기 쉬웠기 때문에 합의 형성이 비교적 용이한 점이 있었다. 그러한 지구를 대상으로 하였더라도 경관문제는 주관적인 문제이기 때문에 규제는 어렵다던가, 헌법으로 지켜져야 되는 재산권을 침해하는 것은 안된다고 말하는 의견이 많고, 완화된 규제마저 곤란한 시기가 장기간 계속되었다. 따라서 먼저 이러한 지구부터 개선해 나가는 것이 전략이었다. 그것이 빠르게 일반시가지의 문제로 시작되어진 것이다. 그것은 주거환경의 자산 가치를 보전하는 것으로도 관련되어 있다.

서문에도 쓰여져 있는 것과 같이 최근 4~5년, 마을의 미화나 하천정화 등을 위한 조례의 제정이 계속되고 있다. 大潟町(秋田県), 岩代町(福島県), 清瀬市(東京都), 小矢部市(富山県), 都留市(山梨県), 袋井市(静岡県), 大垣市(岐阜県), 京田辺市(京都府), 門眞市(大阪府), 伊勢市(三重県), 山江村(熊本県), 穎娃町(鹿児島県) 등 총 40곳에 가까운 지자체에서 「○○을 깨끗하게 하는 조례」나 「아름다운 마을가꾸기 조례」라는 이름의 조례가 공포되고 있다. 꽃 가득히 운동이나 환경미화, 낙서, 꽁초 안 버리기, 녹화나 하천정화에 이르기까지 마을의 아름다움을 추구하는 지자체의 수는 확실하게 증가하고 있다.

2002년도에 도시경관대상의 아름다운 마을 부문 특별상을 수상한 東京都足立区本木二丁目지구의 경우에는 밀집한 시가지의 주거 환경 정비를 위한 사업이 경관가꾸기까지 확장되었던 특별한 사례가 되었다. 좁은 도로 넓히기와 함께 블럭담을 생울타리로 하거나, 도로포장의 개선과 담이나 벽면, 주차장의 구조물 등의 색체를 조화시키는 것에 의해, 지금까지 총 연장 650m의 도로정비 · 경관정비를 실현해 가는 것이다(그림2, 3). 목조밀집시가지의 재생이라 하는 지금까지의 경관문제와는 무관하다고 생각되는 분야조차 커다란 가능성을 지니고 있다.

게다가 일반적인 일본 풍경의 위기에 경종을 울리는 서적이나 간행물이 계속되고 있다. 건설관료인 아오끼씨(青木仁)는 그 제목도 섬뜩한 「왜 일본의 마을은 뒤죽박죽인가」라는 저서에서 건축규제방식을 바꾸는 구체적인 제언을 수없이 하고 있다.[3]) 일본의 풍경이 보다 비관적인 것은 알렉스 카 씨의 건설국가에 의한 풍경파괴의 고발서 「개와 혼」(講談社, 2002)에서, 예를 들면 다음과 같은 규탄을

그림 2 足立구本木二丁目지구의 밀집시가지개선 사업 전(1) (그림 2-5 사진제공 : 足立区)

그림 3 足立구本木二丁目지구의 밀집 시가지 개선 사업 후(1)

누가 반론할 수 있을까?

「연간 사용되는 콘크리트양은 미국 전 국토에 사용되는 양보다 많다. 94년의 콘크리트 생산량은 9,160만 톤으로 미국은 7,790만 톤이었다. 면적으로 비교하면 일본의 콘크리트사용량은 미국의 약 30배가 된다.」[4)]

일본인은 풍경에 대한 감각이 마취되어 자신들의 국토가 이 정도로 망가져 있는 것을 느끼지 못하는 걸까? 느꼈더라도 노력하는 기력을 잃어버린 것일까? 분명히 이런 면도 있었을 것이다. 그러나 요즈음 새로운 움직임이 생기고 있다. "카"씨의 저서도 전부 절망하여 버렸다면 고발조차 하지 않았을 것이다.

다시 한번 東京都의 경관 앙케이트로 돌아가 보면 「도심부의 대규모 개발이나 건축물 등의 경관에 대해서 행정은 어느 정도 관계하여야 하는가?」라는 설문에 대한 회답은 많은 순으로 다음과 같다.

- 경관형성을 위한 가이드라인 작성 시 사업자를 지도·유도한다(44.2%)
- 지도나 유도에 머무르지 않고 적극적으로 규제를 강화한다.(35.6%)
- 경관형성을 위한 가이드라인을 작성하고 뒤는 사업자의 양식에 맡긴다(13.12%)
- 가로변이나 경관은 시대의 흐름에 따라야 할 것으로 행정의 관여는 바람직하지 못하다(3.4%)

동경 도심을 대상으로 하고 있다는 특수성도 있다고 볼 수 있겠지만, 그렇다고 하더라도 행정의 적극적인 관여를 인정하는 소리가 상당히 높아지고 있다. 풍경·경관을 공공성이 있는 것이라고 생각하는 시민이 확실히 늘고 있다.

이러한 변화는 동경에만 머무르지 않는다. 전후, 장기간에 걸친 경관파괴의 역사를 지나 일본인은 이제 드디어 자신들 주변의 풍경·경관을 공공성이 있는 것으로서 계획적 혹은 컨트롤을 근본으로 해 둘 필요가 있다고 의식하기 시작하게 되었다. 옥외광고물의 범람에 언짢아지고 콘크리트에 손상된 하천을 보고 솔직히 이상하다는 여론이 형성되고 있는 것이다. 자신들이 배웠던 사랑하여야 할 초등학교의 근대건축을 파괴로부터 지키기 위해 지자체장을 다시 불러들이는 시대가 되었다. 豊郷초등학교에서 졸업생들이나 아동의 학부형들이 지키려 하는 것은 사방 200m 교정의 중앙에 당당하게 서있는 교사 등이 포상(表象)하고 있는 교육에 대한 생각이고 선배들과 함께 공유해온 교사의 풍경인 것이다.

이런 움직임에 앞서 지자체에 의한 풍경계획제정의 합법성, 경관규제의 법적근거에 관한 논의이다. 그리고 이것들의 내실을 확실한 것으로 하기에 앞서 풍경을 받아들이는 것의 이익을 배경으로 한 일정의 권리가 확립되어 가는 것이다. 그 거리는 멀지만 그 방향으로의 움직임은 이미 있었다.

종합적 지역정책으로서의 풍경 시책

5장의 나까이(中井) 논문에 있는 것처럼 풍경을 종합적인 환경지표로서 밟아 나아가는 것에 의해 풍경계획은 주관적인 미관과는 별도로 종합적인 도시정책의 일환으로서 역할을 가능하게 한다. 이 시점을 좀 더 부연하면 풍경은 종합적인 지역정책의 최종적인 목표가 되는 것이다. 왜냐

그림 4 足立구 本木二丁目지구의 밀집 시가지 개선 사업 전(2)

그림 5 足立구 本木二丁目 지구의 밀집 시가지 개선 사업 후(2) 방염성능 향상만이 아닌, 가로경관의 향상도 실현했음

하면 풍경은 지역의 여러 활동의 총체로서 결과적으로 지역자체를 표상(表象)하는 것이기 때문이다.

아름다운 풍경은 토지에 새로운 가치를 초래한다. 그 가치는 경제적으로도 반영 가능한 것이고 지가나 임대료에도 반영된다. 아름다운 풍경은 자산 가치를 증대시키고 지자체에게는 자산과세의 증가라는 결과를 초래한다. 아름다운 풍경은 또 이러한 환경을 좋아하는 고도의 전문기술자나 문화에 관심이 깊은 질 높은 입주자를 유인하고 고감도의 기업을 부른다. 아름다운 풍경은 지역이미지를 높이고 지역의 주민생활수준을 끌어올린다. 「지역의 힘(力)」이 증가하는 것이다. 지방분권 아래의 지역 간 경쟁시대에 다른 지역과의 차별화를 연출하는 가장 유효한 지표의 하나로서 아름다운 풍경이 있다.

아름다운 풍경을 표현하기 위한 시책은 관광 수입 등을 제외하고 직접적인 경제효과를 생산하는 의미는 아니지만 간접적으로는 광범위한 좋은 영향을 지역에 미치게 한다. 종합적인 지역 정책의 관점에서는 아름다운 풍경은 주요한 정책 목표의 하나이고 시책 실시의 구체적인 계기의 하나이다.

게다가 풍경은 시민참여의 통로로서도 대단히 유효하다. 아름다운 풍경은 어떤 사람의 눈에도 한눈에 들어 양호한 주거환경을 표현하는 간결한 설득력을 가진 지표이다. 아름다운 풍경은 주민운동의 계기이며 목표이다.

세타가야구(世田谷区) 풍경만들기 조례[5]의 시험은 그것을 단적으로 나타내고 있다.

세타가야 구 풍경 가꾸기 조례는 그 명칭이 나타내고 있는 것 같이 「풍경 가꾸기」라는 활동이 중심으로 된 조례이고, 일반적인 도시경관조례 규정 이외로 구민 참가에 의한 풍경 만들기를 위한 유니크한 방법이 몇 가지 생각되어지고 있다. 하나는 구민 주체로 진행시키는 「지역 풍경 자산」의 선정과 등록이다. 지역풍경자산이라는 것은 지역의 풍경을 지키고 육성하기 위하여 구민과 구의 공통인식되는 지표로서 선정되는 것. 지역풍경자산은 (1) 풍경으로서 자산의 가치가 있을 것, (2) 지역의 공감 · 공유가 있을 것, (3) 풍경 가꾸기로 연결되는 아이디어가 있을 것, (4) 커뮤니티 가꾸기로 연결될 가능성이 있을 것이라는 요건으로 되어 있다. 2001년 8월에 모집되어 추천자와 구민 자원봉사자에 의한 풍경 가꾸기 응원단(서포터)이 추천물건을 중심으로 한 「풍경 가꾸기 플랜」을 작성 그 계획을 구민 참가에 의하여 현지에서 확인하고, 2002년 11월의 공개선정회에 의하여 제1회의 자산 36건이 선정되었다. 선정된 지역경관자산에는 「요가(用賀)」나 「오까모토(岡本)의 후지미자까(富士見坂)」 등과 같은 도로나 경사지 「가오리가와친수공원(呑川親水公園)」이나 「세이죠3정목(成城三丁目)녹지」와 같은 공원녹지 외 건물이나 가로수, 야채밭 등이 있다. 조망경관으로서 「기타미대교(喜多見大橋)으로부터 본 노가와(野川)의 조망」, 「고꾸분지(国分寺) 주변」 등 다양한 내용의 풍경이 선정되었다. 단적으로 아름다운 풍경만이 아닌 지금부터 풍경만들기의 본격적인 활동의 시작이라는 의미가 들어 있다.

또 선정된 지역풍경자산 안에 특히 중요한 것은 소유자의 동의를 얻어서 「등록」을 하고 구는 그 보존 · 활용을 위한 지원을 하는 것으로 되어 있다. 건축을 할 때는 지역풍경자산의 배려가 요구되고 있다. 등록된 풍경자산 및 그 주변에 관해서 구청장은 同자산을 활용한 풍경 가꾸기를 추진하기 위한 지침(자산활용지침)을 책정하도록 되어 있다. 또 개개의 풍경자산의 상세한 내용에 관해서는 목록으로서 정리해 두고 행정창구에서 열람이 가능하도록 되어 있다.

세타가야구 풍경만들기 조례에 있어서 구민참가를 위한 또 한 가지의 유니크한 방법으로서 「경계의 선언」이 있다. 경계의 선언이란 일정하게 정리된 구역에서 구민이 자주적으로 행하는 풍경 가꾸기에 관해서 토지소유자 등이 선언한 것으로 구는 그 조직을 등록하고 주변주민이나 사업자에게 주지하는 것에 의해 경계의 선언활동이 넓혀지도록 지원하는 구조이다.

아름다운 풍경이 결과로서 생성된 정적인 파노라마로서 있다고 생각하지 않고 풍경 가꾸기의 다이내믹한 활동 중에 표현해 가는 것이다 라는 것을 세타가야 구의 조례는 강력하게 주장하고 있다. 그리고 그 주역은 당연히 주민 자신이라는 것이다. 풍경은 「있다」(sein)인 것이 아닌 「되다」(werden)인 것이다. 그것을 이루게 하는 것이야말로 변절되지 않는 종합적인 지역정책인 것이다.

도시풍경 문제의 근원(루트)

본서의 말미 13장의 「앞으로의 일본 풍경행정 13가지 제언」은 풍경기본법의 제언에서 시작되는 13가지의 시책을 제언하고 있다. 구미의 경관컨트롤의 수법과 실제를 배우는 것으로부터 시작된 우리 「시가지경관 연구회」의 발걸음은 일본의 장래에 대한 정책제언에 의한 활동의 1라운드를 끝냈다고 할 수 있다.

이러한 풍경기본법의 시도는 과거에 없었다는 의미는 아니다.

예를 들면 수도권 정비위원회는 1959년 11월 9일에 「수도의 경관대책에 대해서」라고 제시한 건의서를 간행하였다. 수도에 있어서 시가지 정비는 도시 기능의 효율적인 운영에 배려하는 것만이 아닌 「시민의 생활환경으로서 필요한 심신 양면의 위생상의 조건 및 방문객의 관광대책으로서의 경관상의 요소를 충분히 감안하지 않으면 안 된다」(1항)라고 서술하고 있다. 또 경관 정비의 대상으로서 건축물, 기타 공작물, 옥외광고물, 기념건조물, 형상(동상이나 기념비 등), 가로·광장 등의 정비, 하천·수로 및 그 연안, 공원·녹지·경승지 등 수목 및 수림을 들고 있다.

건의서에는 「수도경관법(가칭) 요강」이 첨부되어 있다. 그것에 의하면 「주무장관은 시가지의 경관을 증진 또는 유지하기 위해 필요하다고 인정되는 경우에 있어서는 동경도지사의 신청을 근거로 …… 경관지구를 지정하는 것이 가능하다」(요강제2)로 규정되어 있다. 게다가 「景觀沿岸地区」 및 「景観道路地区」의 지정을 들고 있다. 지구내의 현상(現狀) 변경행위는 지사의 허가제로 하고, 그 위에 현존하는 시설 가운데 「현저하게 당해 지구의 경관을 해친다고 인정되는 경우에 있어서는…… 상당의 준비 기간을 붙여 그 전부 또는 일부의 제거, 이전, 개축, 증축, 수선, 모양번경, 사용금시, 사용제한 또는 폐쇄 조치를 명하는 것이 가능하다」(동제10)라고 제안하고 있다.

구체적인 경관지구 후보지까지 열거하고 있다. 황궁을 중심으로 해서 도쿄역(東京駅)·신바시역(新橋駅)·요쯔야역(四谷駅)·스이도바시역(水道橋駅)의 내측 전역, 스미다천(隅田川)의 永代橋부터 시라히게교(白髭橋) 사이, 스미다가와서안(隅田川西岸)에서 야마테線의 우에노~동경 역까지의 일대, 이케부쿠로·신주꾸·시부야·고탄다(五反田)의 각역(各駅) 주변, 이시가미이(石神井)공원·오오미야공원 주변 등이다.

전쟁 전에도 도시의 풍경을 제안하는 목소리는 있었다. 오히려 전후의 고도성장기보다 강했을지도 모른다. 예를 들면, 도시미관협회는 사쿠라다문(桜田門) 외부에 건축중인 경시청(警視庁)의 청사(現청사 一代前의 건물)의 높이 30m의 탑의 디자인이 부적절함으로 철거해야 한다는 청원서를 1929년 11월에 경시청감사(警視総監宛)에 제출했다. 청원서에는 다음과 같이 요구하고 있다.

「각하, 사쿠라다문 외부에 건축하려는 新경시청 청사의 망루는 천황의 도시의 중심이 되는 황궁의 내측방면보다 높게 전망되는 경우 관청건축군(官庁建築群)의 정점을 넘어 신국회의사당 고탑(新国会議事堂 高塔)의 건축적 효과를 현저하게 감소시키면서 주변의 풍경과 조화를 파괴하고 도시미(都市美)상 심각한 유감만에 머물지 않고 황궁에 대해서도 위험함으로 금지함이 타당하다」

그리고 마지막에 「본회의 의견으로는 좌망루의 철거함이 타당함」이라고 결론을 덧붙였다.[6] 결국 돔은 철골을 조립하는 단계에서 정상부의 10m가 절단되었다. 청원서가 제출된 다음달(1929년 12월)이다. 청원서의 중심은 중앙정부 관청가의 풍경보전에 있었다.

좀 더 시대를 거슬러 올라가 보면 건축법규의 원점에 건축물에 의한 도시미(都市美)의 실현이라는 시점을 찾아볼 수 있다. 시가지 건축물법(1919년)의 기원의 하나인 동경시 건축조례안의 일본건축학회안(1906~)에는 미관을 의미하는 「가로의 풍경」이 독립된 장으로 다루어졌던 것은 1·2절에서 확실히 설명되어 있다. 조례안 편찬 의뢰에 첨부되었던 당시의 尾崎行雄 동경시장의 희망이라는 부속문서에는 조례에 제정해야 하는 항목의 필두로 「건축의 미관」이 있다.

또 구 도시계획법(1919년)의 제정과정에 있어서도 도시미의 실현이라는 당시의 건축계에 있었던 강한 의향이 수용되지 않고 토지이용시스템과 도시 시설 정비를 중심으로 한 토목적 도시계획이 주류였었던 경위가 있다.

아름다웠던 일본을 다시 한번

막부 말기부터 메이지 초기에 걸쳐 많은 외국인이 일본국 내를 여행하고 인상적인 기행문이나 사진집을 남겼다. 예를 들면 영국의 사진가 F. 베아트가 촬영했던 막부말기의 도시풍경(「F. 베아트 막부 말기 일본사진집」 요코하마 개항자료관, 1987년 所收)이나 으모리(大森)패총의 발견자 W. 모스가 촬영했던 1890년경의 취락풍경(「백 년 전의 일본 : 세이람·비 보디 박물관소장 모스·컬렉션/写

真編」 소학관, 1983년 所收) 등을 보면 당시의 일본풍경이 산뜻하고 청결하며, 풍경이 좋고, 주위와 조화되어 있어 자연이 풍부하고 손에 닿을 것 같은 녹음으로 넘쳐나는 모습이었다는 것을 잘 알 수 있다.

페리 제독은 「일본원정기」에 우라가(浦賀)에 정박했던 1853년 7월에 동경만 측량을 시도했을 때의 모습을 다음과 같이 기록하고 있다.

「艦載 보트가 측량에서 돌아와 보니 사관들이나 부하들은 일본인의 친절한 기질과 국토의 아름다움에 매료되어 있었다. 실제 눈에 비치는 어디라도 풍경화보다 아름다운 풍경이었다. 艦上에 있는 사람들조차 주위의 해안에 넋을 잃고 바라보았다. 닿는 곳마다 잘 경작되어 있는 토지, 짙은 녹음이 넘치는 초목, 同湾의 단조로움을 깨트리고 있는 강 입구의 안쪽 숲에 둘러싸여져 있는 마을들과 언덕마다의 녹음이 경사지와 계곡으로 어울려 화려하고 풍요롭고 행복한 풍경 속에 살고 있어 그것을 바라보는 모든 사람들을 즐겁게 하였다.」[7)]

그 무렵 페리 제독 앞으로 일본통상조약 체결을 위해 혼신을 다 하였던 훗날 합중국초대주일공사 T. 하리스는 下田 부근의 寒村, 가키자키(柿崎)에 대하여 다음과 같이 기록을 남겼다.

「가키자키(柿崎)는 적고 초라한 어촌이지만 주민의 몸은 청결하고 태도는 정중하다. 세계의 모든 국가의 가난한 사람들에게 보여지는 불결함이 조금도 보이지 않는다. 그들의 가옥은 늘 청결하고 토지는 한 평도 남지 않게 간척하고 있다」[8)]

개척자의 국가 아메리카의 사절단이 당시의 일본의 풍경에 위화감을 느끼지 않은 것은 이해하기 쉽기 때문일지도 모른다. 그러나 그 뿐만은 아니다. 당시의 선진국 영국에서 온 초대 주일공사 R. 오르콕크도 그의 저서 「대군(大君)의 수도」 안에 막부말기의 에도를 찬미하고 있다.

「천황의 수도는 겨울에도 경치가 아름답다. 여기는 넓은 계곡 사이에 들어앉아 있어 녹음우거진 숲에 둘러싸여 원만한 경사로써 기복이 많은 구릉을 머리에 이고 태평양의 파도를 불러들이려 만(湾)의 선단(先端)까지도 그 자락을 뻗고 있다.」[9)]

이러한 視点은 외교관뿐만이 아니었다. 1878년에 3개월에 걸쳐 東北·北海島를 답사하고 아이누의 취락까지 이르렀던 위대한 여성여행가 I. 버드는 그 기록을 「일본 오지 기행」으로 남기고 있다. 그 중에서 요네자와(米沢)평야를 찬미해 「풍성한 열매로 미소하는 대지이고 아시아의 아르카디아(桃源鄉)이다」라고 격찬하고 있다. 「아름다움, 근면, 편안함이 넘치는 매혹적인 지역이다. 산으로 둘러싸여 밝게 빛나는 마쯔가와(松川)에 현혹되었다. 어디를 보더라도 풍요롭고 아름다운 농촌이다.」 그 세세한 아름다움을 「쟁기로 경작했다기보다 연필로 그린 모습이다」라고 표현하고 있다.[10)]

그 외 40인이 넘는 서구인의 방문기, 기행, 서간집 등으로 이구동성으로 일본을 찬미하고 있는 것을 와타나베(渡辺京二)저 「아름다운 세상의 투영」은 가르쳐 준다.[11)]

그러나 엔트로피(정보량)가 증가하고 있는 것처럼 근대화의 진행과 함께 이러한 아름다운 풍경은 파괴되고 말 것인가. 아니다. 그럴 리가 없다. 현재 산업혁명의 선두를 달려왔던 영국의 풍경은 아직까지도 아름다움을 유지하고 있다. 우리들은 19세기의 일본이 자랑했던 아름다운 국토풍경을 21세기에 되돌리는 것을 사명으로 하여야 한다. 현대의 앞선 과학기술은 그러한 것을 위해 이용하지 않으면 안된다.

풍경의 재생은 환경재생의 총결산이다. 20세기는 2번의 세계대전을 경험하고 공업화사회로 이동하는 가운데 과거의 예가 없는 환경파괴를 대규모로 진행시켰던 세기로서 사학자들이 규정한다면, 21세기는 전 세기에 잃어 버렸던 환경을 재생시키는 세기가 되지 않으면 안된다. 그리고 환경재생의 총괄로서 눈에 보이게 하는 것이 풍경의 재생이다.

19세기 중엽에 서구인들의 눈에 생생하게 살아 있던 동양의 낙원으로 찍혀졌던 일본, 그리고 20세기 초에 도시미운동이 각지에서 성행되었던 일본, 그럼에도 불구하고, 그 후 2차 세계대전과 전후의 혼란, 고도경제성장 중에서 도시미의 사상은 완전히 묻혀 버렸다. 새로운 세기로 도시미의 운동은 풍경계획의 추진이라는 새로운 형태로 재생시키지 않으면 안된다. 그리고 그 움직임은 본서에서 나타난 것처럼 이미 시작되어 있다. 풍경의 재생은 21세기의 규제로 삼지 않으면 안된다.

본서는 일본의 풍경계획을 돌아보는 일련의 시험적 행위를 돌아보고 오늘날, 각지에서 선구적으로 실시되고 있는 풍경계획의 실험을 폭 넓게 전개시킴으로 앞으로의 일본 풍경시책의 존재방식을 고찰하는 것이다.

註

1) 예를 들면 淡路剛久「경관권의 생성과 국립 · 대학거리 소송 판결」「쥬리스트」 제1240호, 2003. 3. 1, pp.68~78
2) 동경대학 도시디자인 연구실「의견서」 2002년 12월 13일
3) 青木仁「왜, 일본의 거리는 비뚤어진 걸까?-도시생활자를 위한 도시재생론」 일본경제신문사 2002년
4) 알렉스 · 카,『개와 귀신』講談社 2002년, p.52
5) 1999년 3월 11일 조례 제3호
6) 警視庁史編 위원회,『警視庁史 昭和前編』1962년, p.170 원문을 히라가나로 써서 눈에 띄게 했다.
7) 페리 제독 著, 土屋喬雄 · 玉城肇 訳,『일본원정기 (三)』, 岩波文庫 1953년, pp.20~21
8) 하리스 著, 坂田精一 譯『일본체재기 (中)』岩波文庫 1954년, p.14
9) 오르코크 著, 山口光 譯『大君의 都-막부말기 일본체재기 (上)』岩波文庫 1962년, pp.194~195
10) 이사베라 · 버드 著 高梨健吉 訳『일본 오지 기행』平凡社 東洋文庫 1973년 pp.152~153
11) 渡辺京二,『아름다운 세상의 투영』, 葦書房 1998년 pp.357~399

제 I 부

제도로서의 풍경계획

1

일본에 있어서 도시 풍경계획의 생성

中島直人 · 鈴木伸治

1·1 도시풍경계획의 생성과정

도시 풍경계획의 확립은 오늘날 중요한 문제이지만, 그것은 결코 근년에 새롭게 등장한 문제는 아니다. 이 문제를 해결하려고 했던 선인들의 실험과 실천의 축적이 확실하게 존재하고 있다. 본 장에서는 현재, 그리고 장래의 풍경계획을 예측해 가면서 아래에 설명하는 세 가지의 테마를 설정하여 일본의 풍경계획 생성과정을 정리하고자 한다.

도시계획제도의 성립과정과 풍경계획

도시의 물적 환경을 컨트롤하는 사회기술로서의 근대 도시계획제도는 일본에서는 1919년 제정된 도시계획법 · 시가지건축물법에 의해 본격적으로 도입되었다. 그 후 1950년에 시가지건축물법에 대신한 건축기준법이 공포되고, 1968년에는 도시계획법이 개정되었지만 제도체계 자체는 큰 변화가 없는 채 일본 도시계획의 근간이 된 제도로 현재에 이르고 있다.

일본의 도시계획제도는 구미의 선진적인 근대도시계획제도를 모방한 것이었다. 「도시계획」이라는 용어 자체, 구미(歐美)근대도시계획으로 다루어진 다이쇼(大正) 초기의 행정관이나 건축가들에 의해 city planning, town planning, stadtebau 등의 번역으로 사용되었던 것이다.

「도시계획」의 용어를 만든 사람은 오사카의 명시장으로 잘 알려진 세끼이찌(関一)이였다. 세끼(関)는 도시계획법 제정 이전부터 도시계획의 중요성을 계몽하고 나중에 내무성이 도시계획법 초안 기초를 위해 설치한 도시계획조사회의 위원이 되어 도시계획법 제정에 전력을 다하였다. 요컨대 용어 「도시계획」의 발명자인 세끼(関)는 동시에 일본의 도시계획제도의 아버지이지만, 그가 법안 검토 과정에서의 도시계획의 목적에 관한 논의에 대해서 다음과 같은 회상을 남기고 있다.

「'미관' 2자가 영구히 말살되고 일본의 도시계획은 도시미(都市美)와는 전혀 관계없이 되어 버렸다」[1](그림1,2참조)

일본의 도시계획제도에 있어서는 도시미(都市美)나 미관(美觀)이라는 도시풍경육성에 관한 용어는 도시가꾸기의 목적이나 기본이념이 되지 못하였다. 먼저 세끼이찌(関一)가 지적한 것처럼 도시가꾸기의 근간에 어떤 도시계획제도와 풍경계획과의 제도상의 격리가 생긴 경위에 대해서는 본 장의 1 · 2절에 살펴보기로 한다.

풍치지구 · 미관지구의 운용

그러나 세끼(関)의 회상은 약간 과장이 지나쳤을지도 모른다. 일본의 도시계획제도는 목적이나 기본이념으로서 풍경계획을 언급하지 않았지만 실제는 그 내부에 도시미(都市美)와 깊게 관계된 도시풍경의 육성을 강하게 의식하고 있다. 그것이 도시계획법에 규정된 풍치지구제도, 시가지건축물법에 규정된 미관지구제도였다.

풍치지구는 전쟁 전부터 현재까지 수많은 도시에서 지정되어 시가지나 주변의 자연환경을 보전하는 제도로서 적용되었다. 미관지구의 지정은 적었지만 미관 컨트롤의 첨병으로 의욕적인 시도가 행하여졌다.

본장의 1 · 3절에서는 도시계획제도 안에 내포된 도시의 풍경계획으로서 미관지구 · 풍치지구제도에 대해서 그 성립과정, 그리고 성립 후의 실제의 지정, 운용에 대해서 살펴보기로 한다.

도시의 풍경계획 확립을 위한 운동

미관지구 · 풍치지구제도의 존재로 도시계획제도와 풍경계획은 밀접한 관계를 갖고 있다 하더라도 양자는 친밀한 관계는 아니었고, 그것은 현재까지도 크게 변화는 없다.

그러나 세끼(関)가 사망한 다음해 1936년 시점에서 동경대 건축학과 명예교수 쯔카모토(塚本靖)가 「도시미운동의 전개」라는 제목으로 이미 다음과 같이 서술하고 있다.

「최근 각지에서 도시미라는 것이 불리어지면서, 도시의 풍경을 보호하고 더욱 앞선 풍경계획을 적극적으로 수립해가고 있다」[2)]

2차세계전쟁 전기에는 동경의 도시미협회를 시작으로 오사카, 교토, 나고야라 등 대도시를 중심으로 도시미의 실현을 목표로 한 광범위 한 운동이 각지에서 일어났다. 현행의 도시계획제도의 한계를 넘어서 도시의 풍경계획을 확립하는 것이 커다란 목표였다.

전후에도 도시계획제도 자체는 풍경계획으로서의 성격을 강하게 하는 것은 없었다. 그러나 특히 1960년대 후반 이후 고도경제성장의 폐해, 개발에 부수되는 여러 가지 문제가 의식되기 시작하여 「개발인가? 보전인가?」라는 대립이 넓게 사회문제가 되는 가운데 역사적 경관보전이라는 형태로 풍경계획이 다시 한 번 주목받게 되었다. 그즈음, 도시계획제도의 한계를 넘어선 것은 시민운동에 의한 문제제기나 그것을 배경으로 한 선진 지자체의 자주조례에 의한 독자적인 시도였다. 전후의 풍경계획은 이런

표1 · 1 일본에 있어서 도시의 풍경계획의 생성과정

년: 1900, 1910, 1920, 1930, 1940, 1950, 1960, 1970, 1980, 1990, 2000

도시계획제도의 성립과정과 풍경계획 (1 · 2)

1884 내무성에 市區개정심의위원회 설치(서양식 미관 사례 지역을 창출)
1906 동경시 건축학회에 건축조례안 작성 의뢰 (街上體裁의 장에서 미관컨트롤의 제안)
1910년경 도시미에 관한 계몽운동의 개시 (미술잡지 美術新報 등)
1913 용어 도시계획 첫 출현 (關一 花園도시와 도시계획)
1918 내무성에 도시계획조사회 설치 (도시계획법 · 시가지건축물법의 심의)
1919 도시계획법 시가지건축물법의 제정(풍치지구 미관지구 제도의 창설, 목적조항에서는 미관 삭제)
풍치지구 | 미관지구
1920년 이후 도시의 미관에 관한 저작의 증가 (특히 관동대지진(1923) 이후)

풍치지구 · 미관지구의 운용 (1 · 3)

1926 전국최초의 풍치지구 지정 (동경의 메이지신궁 주변 지구)
1927년 지시사항 도시의 풍치 및 미관에 관한 건 (전국도시계획 주임관 회의)
1930 교토부, 도쿄부에서 풍치지구 지정 (이후 전국 각 도시에서 풍치지구 지정 진행)

풍치지구:
1933 교토부풍치지구위원회의 설치
1935 도쿄부풍치지구연합회의 설립
1968년 도시계획법의 개정
1970 건설성통지 (풍치지구규제기준의 명확화)
2002 풍치지구제도의 개정 시정촌에 일부권한을 이양

미관지구:
1933 전국최초의 미관지구지정 (동경의 황궁 주변 지구)
1934 오오사카부에서 미관지구 지정(오오사카부 御堂筋 沿道)
1939 시가지건축물법 시행규칙의 개정 (미관심의위원회제도 창설)
1950년 건축기준법의 제정 (검토단계에서 「경관지구」의 검토, 구상 실현시키지 않음)
1953 「도쿄도시미관지구조례(안)」의 검토, 제정되지 않음
1965~ 「도쿄도미관지구건축조례안」의 검토, 제정되지 않음
2000 鎌倉市에서 건축기준법에 기준한 미관지구조례 제정

도시의 풍경계획 확립을 향한 운동(1 · 4)

1925 도시미연구회의 설립 (관동대지진 후의 부흥에 있어서 도시미문제를 연구)
1926 도시미협회의 설립 (도시미연구회의 개조)
1930 도시미협회, 경시청의 신청사의 조망에 대한 撤廢운동
1930 도시미협회, 帝都미화위원회에 관한 의견서를 동경시장에게 제출 (이후 계속해서 도시미위원회 설치를 주장)
1934 제4회 전국도시문제회의 (1934) (도시미의 문제를 처음으로 전국 규모의 대회로 의논)
1937 제1회전국도시미협의회 개최 (이후 1938년에 제2회, 1940년에 제3회를 개최)
1949 倉敷도시미협회 설립 전국최초의 지역주민에 의한 마을보존단체
1964 鎌倉의 鶴岡八幡宮裏山의 개발문제
1964 교토타워 건설을 반대하는 운동
1965~ 마루노우치 미관논쟁
1968 金澤市전통환경보존조례의 제정
1968 鎌倉市전통미관조례의 제정
1972 교토시시가지경관조례의 제정
1978 코베시도시경관조례의 제정
〈이후 각 도시에서 경관조례 제정〉

움직임이 리드해 왔다. 그리고 1980년대 이후 전국의 수많은 시정촌(市町村)이 경관조례를 제정하고 경관기본계획을 입안하도록 되었다.

본장의 1·4절에서는 이러한 도시풍경계획의 확립을 목표로 한 운동으로서 전개하였던 기존의 도시계획 틀 안에서 머무르지 않는 다양한 시도의 계보를 살펴보기로 한다.

1·2 도시계획제도의 확립과정과 풍경계획

근대화의 미관론(美觀論)과 건축조례

일본의 근대 도시가꾸기는 근대적 수도로의 개조를 목적으로 한 국가 주도의 시구역(市区)개정으로서, 메이지 시대에는 시작되어 있었다. 제국의 수도의 위선을 위한 「서양식 미관 지구를 창조해야 한다」[3]라면서, 의례적인 시점에서 파리의 오스만류의 서구풍의 미관이 이상처럼 되었다. 동 시기에 병행하여 진행되었던 관청집중계획에서도 같은 모양의 이상형이 그려졌다.

그러나 실제로는 장대한 서구풍 미관의 실현정책은 나타내지 못하고 도심부의 도로나 철도, 교량이라는 오로지 실용에만 철저한 근대도시의 개별의 인프라 정비, 설계에 힘을 모았다. 반대로, 개개의 사업의 실시에 있어서는 잊어져 가는 풍치, 미관 보존이 때때로 제기되었다. 예를 들면 甲武鉄道(현 JR중앙선)의 神田三崎 연장의 경우 市区改正委員会는 「특별히 四ツ谷牛込間(요츠야-우시코미間)

그림1·1 1丁런던의 마을 전경(마루노우치 거리) (출전 : 『建築工藝叢誌』 第1期前篇 제2책, 1912년 5월)

의 조망이 비길 데 없는 풍치를 갖고 한층 전시역의 미관을 더해 가려면 궤도포설 기타 일절의 공사에서도 충분히 주의하여 풍치는 훼손시키는 공사를 하지 말 것」[4]이라고 사업자에게 지시를 하였다.

그러나 메이지 말기가 되면서 개별사업의 집합에 지나지 않는 시가지개정을 벗어나 시가지 전역의 형태를 컨트롤하는 건축조례의 제정이 바람직하게 되었다. 1960년에는 당시의 동경시장 오자끼(尾崎行雄)으로부터 건축학회에 미관, 위생, 경제, 방화, 내진의 시점에서 외국의 예를 참고한 건축조례의 작성이 의뢰되었다.

이 동경건축조례는 6년여에 걸쳐 검토된 결과 안이 완성된 것은 아니었다. 그러나 검토되었던 조례안에 있어서는 「가로경관」의 장이 설치되어, 건축물의 높이나 색체의 컨트롤 등의 규정이 많이 삽입되어 있어 도시미관을 위해서 건축물을 집단적으로 규제하자는 사고법의 싹이 보였다. 나중에 이러한 사고는 시가지건축물법의 미관지구제도로 발전했다.

이 조례의 정리에 중심적 역할을 하였던 건축가, 소네다쯔조(會禰達蔵)의 도시계획은 미관만이 아닌 방화, 위생, 편리성, 미관 등 여러 형태의 관점에서 종합적인 도시로 밟아 나가는 것이었지만, 특히 도로 모퉁이 건물에 대해서는 연출을 하여야만 하고, 황궁의 濠는 매립하지 않고 교량을 만드는 것으로 공간의 넓이를 확보하여야 한다고 했다. 실용적인 인프라 정비와는 달랐던 풍요로운 도시설계적인 발상은 특별했다.

조례안의 검토과정에서는 런던, 파리, 베를린, 시카고, 로마 등 여러 외국의 도시계획·건축법규의 번역이 이루어졌다. 동경도시건축조례는 시구개정 이후의 열강에 대한 대항의식과 근대국가건설로의 의사가 도시미관이라는 명제를 계속 끌어가며 제도적인 면에서 종합적이며 구체적인 도시 가꾸기의 정책을 처음으로 검토했다는 그것이 성과였다.

또 동경시건축조례 제정의 움직임과 거의 동시에 도시미관사상의 계몽도 시작되었다. 예를 들면 「도시의 미관이라는 것은 우리 도시의 한 모퉁이에서 살고, 그리고 다소 미(美)라는 것을 염두에 두고 있는 숙제였다.」[5]라 하고 『미술신보(美術新報)』 上에서 「도시의 미관」이라고 제시한 인터뷰 연재가 개시되었던 것은 1910년이었다. 「도시의 미관을 진행시킨다고 운운하기에는 상당히 멀다」[6], 「도시의 미관이라는 것이 어떻게 판단하더라도 2~30년은 빠르다」라는 회사상황을 인정하면서도 위정자나 건축가는 미관을 말하기 시작하고 건축조례제정의 촉진을 주장해 왔다.

이러한 메이지 시기는 위정자나 건축가들의 근대화로의 초조함이 서양식 미관을 창조하는 풍경계획을 시구개정 건축조례에 의한 도시의 설계로서 구성시켰다는 것이다.

「도시계획」과 「도시미(都市美)」의 탄생

다이쇼기(大正期)에 이르러 구미 근대도시계획을 배운 세끼(関)일행에 의해 「도시계획」의 용어, 개념이 일본에도 받아들여졌다.

구미 근대도시계획과의 직접적인 접정은 1910년에 개최된 영국국립건축가협회 주최의 런던도시계획회의에 한사람의 일본인 건축연구자 쯔치야준이치(土屋純一)가 출석한 것이 최초였다. 土屋가 회의 결과를 겸하여 1913년에 발표했던 일본건축계 최초의 근대도시계획에 관한 논문에서는, 도시계획이라는 것은 「교육, 위생, 경찰, 교통 등의 각 방면은 물론이지만, 이를 크게 보면 도시의 미관은 국가의 위엄에도 관한 것이기 때문에 심각한 주의를 하여야 하는」[7] 것으로 시구개정(市区改正), 건축조례안을 계속하여 말했다. 요컨대 도시의 미관을 실현시키는 도시의 설계수법으로서 도시계획은 이해되어 소개되었던 것이다.

그리고 1915년 말에는 건축학회 내에 방치되어 있던 동경시 건축조례안 재고가 건축가 오까다 신이치로(岡田信一郎)의 제안에 의해 개시되었다. 같은 시기에 오사카에서도 일본 최초의 도시계획연구자였던 片岡安가 중심되어 세끼(関) 일행과 함께 오사카에서의 시구개정의 실시, 후에는 초점을 건축조례제정에 맞추어 운동을 시작했다. 이런 동경과 오사카의 운동은 계속되어 도시계획조사회의 설치, 도시계획제도를 목표로 한 도시계획운동으로의 결집됐다.

건축조례제정을 검토함에 있어서 오까다(岡田)는 1916년 『東京朝日新聞』에 「도시계획과 건축조례」라는 논설을 실었다. 『東京朝日新聞』 지상에 최초의 용어 「도시계획」이 나타난 이 논설에서는 도시계획의 목적으로서, 메이지시기에는 보이지 않았던 신선한 용어 「도시미」가 사용되었다. 예를 들면 「우리들이 찾고자 하는 도시건축은 그 자신만의 임무를 나타내는 것과 함께 都市美에 더하여지는 그 어떠한 것이다.」[8] 오까다(岡田)는 도시계획을 기본적으로는 시구개정과 건축조례를 조합한 도시설계수법이라고 이해하고 土屋와 같이 도시미관을 그 주요한 목적으로 했다.

한편 오사카의 가타오까(片岡)도 1916년의 저서 『현대도시계획의 연구』에 「교통, 위생, 방어 등의 모든 실제적인 요구와 도시의 미관이 융합하는 것」[9]을 도시계획이라고 호칭하고, 역시 시구개정과 건축조례의 조합으로 이해했다.

요컨대, 도시계획운동을 목표했던 건축가들의 인식은 도시계획이란 것은 종래의 시구개정과 건축조례의 조합이었던 도시설계수법이고, 그 주요한 목적의 하나는 도시의 미관을 창출하려고 한다는 점에서 대부분 공통점이 있었다. 그리고 그 도시계획의 목적을 표현하는 것이 「도시미」인 것이다.

「도시계획」도 「도시미」도 확실하게 신선한 메아리였지만, 이렇게 보면, 그것이 의미하는 것이 메이지시기와 별로 변화 없는 도시의 설계수법과 미관론이었다. 확대되는 도시의 여러 문제에 대처하는 형태로 구미에서 생겨났던 도시 총체의 토지이용 컨트롤까지 밟아 들어가는 도시계획은 아직 널리 이해된 도시계획은 아니었다.

일본의 도시계획제도, 즉 도시계획법 및 시가지건축물법은 이런 상황에서 제정되어 왔던 것이다.

도시계획 제도화와 都市美의 후퇴

도시계획제도의 제정은 1916년 시가지의 건축행위를 단속하는 건축경찰이 제도화되었던 것으로 빠르게 구체화되었다. 그리고 경시청(警視庁)에서는 동경시 건축조례안을 근본으로 한 경시청건축규제 초안이 작성되었다.

1917년에는 내무대신의 고토신페이(後藤新平)을 회장으로 일본최초의 도시계획에 관한 전문가 단체인 도시연구회가 설립되었다. 또 1918년에는 片岡의 요청으로 간사이(関西)건축협회, 도시연구회, 건축학회, 일본건축사회의 4개 단체 공동의 형태로 도시계획법 제정의 청원운동이 시작되고, 각 장관들에게 진정을 하였다. 그리고 고토(後藤)가 의회에 요구를 하여 도시계획제의 조사심의 예산이 통과되었다.

이렇게 하여 내무성 내에 도시계획조사회가 설치되어 도시계획법, 시가지건축물법의 검토가 시작되었다. 양 법안은 「가로 경관」을 포함한 동경시건축조례안, 그 후 경시청에서 검토되었던 건축규칙을 근거로 기초되었다.

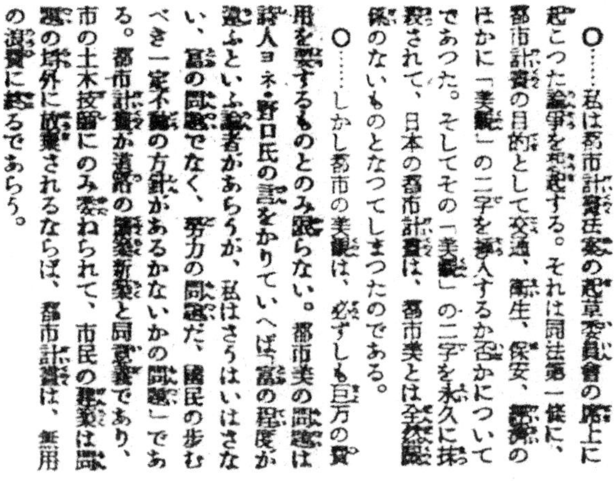

○……私は都市計画法案の起草委員會の席上に起こつた論争を想起する。それは同法第一條に、都市計画の目的として交通、衛生、保安、經濟のほかに「美観」の二字を挿入するか否かについてであつた。そしてその「美観」の二字を永久に抹殺されて、日本の都市計画は、都市美とは全然關係のないものとなつてしまつたのである。

○……しかし都市の美観は、必ずしも巨万の費用を要するものとのみ限らない。都市美の問題は詩人ヨネ・野口氏の語をかりていへば富の程度が違ふといふ論者があらうが、私はさうはいはさない、富の問題でなく、努力の問題だ、國民の歩むべき一定不變の方針があるかないかの問題」である。都市計画が道路の新築新設と同意義であり、市の土木技師にのみ委ねられて、市民の趣味は問題の埒外に放棄されるならば、都市計画は、無用の濫費に終るであらう。

그림1·2 関一의 회상 (출전 : 関一「사는 기분이 좋은 도시」「오사카 毎日新聞」 1929년 1월 17일 단락이 없게 일단에 가공)

이 도시계획법제의 조사심의의 과정에 있어서 도시계획운동을 해왔던 건축가들을 대신하여 논의를 리드하였던 것은 내무성 도시계획과의 초대 과장인 조사회 간사도 역임했던 이케다히로시(池田宏)였다. 이케다(池田)는 교외부의 질서를 중심으로 했던 도시의 物的환경의 총체적 컨트롤, 각종 사업·규제수법의 체계화라는 최신의 구미근대도시계획을 잘 이해하여 일본 도입에 힘을 다 바쳤다.

그 이케다(池田)가 양 법안의 심의 과정에 있어서 도시계획의 재원확보에 대하여 심하게 조사하는 재무부차관 가미노가 쯔노쯔케(神野勝之助) 사이에 「이케다(池田)·가미노(神野) 논쟁」이라고 일컬어지는 논쟁을 전개했다. 가미노(神野)가 「도시에 미관을 첨부한다 라면 좀 오해가 있을지 모르지만 도시를 멋지게 만들어가기 위해 보조하는 것은……」[10]라고 미관을 목적으로 도시계획에의 국고보조에 반대했던 것이 논쟁의 발단이었다. 신노의 발언에 대해서 이케다는 「결코 옳음은 도시를 멋지게 하는 것이 미관을 첨부했다라고 전해지는 의미로 도시계획을 하는 것은 아니다」[10]라고 필사적으로 반론을 펼쳤다. 그리고 이케다 측에서는 「이케다(池田)·가미노(神野) 논쟁」 이후 미관이라는 한쪽 측면만을 이유로 도시계획의 재원을 잃어버리고 나아가서는 법안이 성립되지 못하는 결과가 되지 않도록 도시계획의 주제로서의 미관을 의논한 것을 의도적으로 피해갔던 것이다.

요컨대 시구개정과 건축조례의 조합의 종래적인 도시설계로부터 본격적인 근대도시계획에 의한 컨트롤로부터의 탈피를 추구하는 이케다에게 있어서 근대도시계획에 대한 불필요한 오해는 마음밖에 있었다. 그리고 당시의 건축가들의 이해의 범주의 도시계획과의 다름을 선명하게 하기 위하여 주요한 목적의 하나로 당연히 거론될 미관, 도시미를 새로운 도시계획제도의 한편에 넣어 두는 것을 결과적으로 선택했던 것이다.

이러한 교통, 위생, 보안, 경제 등으로 목적을 정한 일본의 도시계획제도에 있어서 미관은 목적조항에서부터 벗어났다. 그리고 풍치지구, 미관지구라는 아주 한정적인 제도만이 남게 되었다. 요컨대 일본의 도시계획제도는 도시의 미관을 깍아내리는 것으로 어렵사리 성립된 것이다. 제도상 풍경계획으로서의 성격은 한정적으로 항간에 보여지는 정도였다.

1·3 풍치지구와 미관지구의 운용

풍치·미관 보존에 관한 법제도

풍치나 미관이라는 개념으로 받아들여졌던 당시의 도시풍경은 앞에서 다루었던 고부(甲武)철도의 연장선에서 제시된 것처럼 메이지 시기에는 미리 보호할만한 대상이었다. 실제 숲으로 둘러싸인 절의 경내의 풍치나 길가 늘어선 가로수·고향마을의 정경의 미관을 보존하기 위한 규칙이 메이지시기에 전국 각지에서 제정되었다. 얼마 안 있어 1900경부터 지역 고유의 사적이나 명승보전을 목적으로 한 애향운동이 활발히 나타나면서 1911년에는 사적명승 천연기념물협회(史蹟名勝天然記念物協会)가 설립되었다. 이러한 운동을 배경으로 경관보호와 사적보존 양자를 포함한 의미로 역사적 환경의 보전을 근간의 제도로서 사적명승천연기념물법(史蹟名勝天然記念物法)이 제정되었던 것은 도시계획제도성립과 같은 1919년이었다.

또 목적에서 「미관 또는 풍치를 보전하기 위해」라고 명문화된 도시부의 풍치·미관의 보존에 초점을 맞춘 최초의 제도인 광고물 단속법도 1911년 제정되었다. 다시 말해 도시계획제도의 성립기는 풍치, 미관, 보존의 여러 제도의 성립기이도 하다. 풍경계획과 거리가 먼 도시계획제도에 있어서는 특이하게 반영하는 풍치지구, 미관지구도 보존제도의 계보에는 충분히 상정될 수 있었다.

풍치지구와 미관지구의 성격

풍치지구, 미관지구는 각각 도시계획법, 시가지건축물법으로 별도로 규정되었지만 양 법안의 검토 단계에서는 오랫동안 미관과 풍치의 개념은 나눠지지 않은 채로 취급되어 왔다. 아주 초기 단계에서는 양자는 미관구역이라는 명칭으로 검토되었었다. 이 미관구역은 구미제국에서는 미관은 시가지 일반에 요구되지만, 일본의 경제상황에서는 먼저 중요한 지구, 신전이나 공원 등으로 정리해 가면서 미관을 창출해 가는 것이 타당하다라는 판단을 근거로 지역을 한정하는 제도였지만 결코 미관 보존이 아닌 그 적극적인 창조를 상정하고 있었다.

그러나 이 미관구역에 관해서도 「이케다(池田)·가미노(神野) 논쟁」 후에는 그 목적에 대해서 「하여튼 적극적으로 미관에 필요한 설비를 명하는 방법이 아닌 부정한 방법으로는 안 된다고 전하는 것이군요.」라고 질문을 하면 이케다로서는 「그렇습니다.」[11] 대답을 하지 않을 수 없게 되었다. 요컨대, 적극적으로 미관을 창조하기 위한 제도라기보다는 그 보존을 위한 소극적인 제도로서의 성격으로 되었던 것이다.

결국 검토과정에서 미관과 풍치는 분리되고 미관지구가 시가지건축물법으로, 풍치지구가 도시계획법에 규정되는 제도로서 성립되었다. 내무성 도시계획과의 사무관이었던 飯沼一省는 그의 저서 「도시계획의 이론과 법제」(1927년) 안에 「미관지구가 도시에 있어서 도시미를 증진시킴에 기여한 것에 대하여, 풍치지구는 도시 내외에 있어서 자연미를 유지하고 이를 파괴되지 않음을 기대한다」[12]라고 하면서 양 지구 각각의 목적을 설명했다.

그러나 같은 해 「도시공론」지상에 발표되었던 내무성 도시계획기사인 기나무라 토쿠다로(北村德太郎)에 의한 「풍치지구에 대해서」에서는 미관이나 풍치라는 추상적인 개념을 명확하게 정의하는 것은 곤란하다 하고, 그 정의에 대해서는 「즉, 단속요건을 구체적으로 예상해서 하나하나의 실제문제로 하는 것이 좋다」[13]라고 서술하고 실제의 제도운용 안에서 명확하게 해두면 좋다라는 자세를 나타내고 있다.

이상과 같이 미관 구역은 검토과정에 있어서 소극적인 제도로서 성격을 갖게 되어 최종적으로는 미관지구, 풍치지구로 분리했던 것을 제정 후에도 상세한 부분에 대하여는 명확하지 않는 부분이 남게 되었다. 그것은, 또 적극적인 운용의 가능성을 잉태하고 있었다라고 말할 수 있다.

하여간 풍경계획과 격리된 행태를 보였던 도시계획제도이다. 풍치지구 미관지구가 실제로 지정, 운용되기까지는 제정 후 어느 정도의 시간이 필요했다.

관동대지진 후의 도시계획과 풍치 미관

1923년 9월 관동지방을 공포로 몰아넣었던 대지진으로 동경시가지는 파멸적 피해를 입었다. 그러나 제도화되지 못하고 있었던 도시계획으로 참화에서의 부흥은 그 힘을 시험하는 절호의 기회였고 정부는 도시부흥원(帝都復興院)을 설치하고 강력한 체제로 부흥계획의 입안에 매진했

표1·2 풍치지구에 관한 조문의 검토안과 최종안

1918년 9월6일 안 제4조	주무대신은 필요하다고 인정될 때는 전조의 지역 내(도시계획사업집행구역)에 있어서 재해예방 위생 및 도시의 미관풍치의 유지를 위한 지구를 지정할 수 있다.
1919년 도시계획법 제4조	도시계획구역 내에 있어서는 시가지건축물법에 의한 지역 및 지구 외 토지의 상황에 의하여 필요하다고 인정 될 때는 풍기(風紀) 또는 풍치의 유지를 위해 특별히 지구를 지정할 수 있다.

주) 검토단계에서는 미관과 풍치의 개념은 구분되지 않았다.

표1·3 미관지구에 관한 조문의 검토안과 최종안

1918년 9월 18일 안 제25조	内務大臣令으로 정한 장소를 미관지구를 지정하고 미관 및 풍치상 필요한 제한을 하는 것이 가능하다.
1919년 시가지건축물법 제15조	주무대신은 미관지구를 지정하고 이 지구내에 있어서 건축물의 구조, 설비 또는 부지에 관하여 미관상 필요한 규정을 설치할 수 있다.

주) 검토단계에서는 미관과 풍치의 개념은 구분되지 않았다.

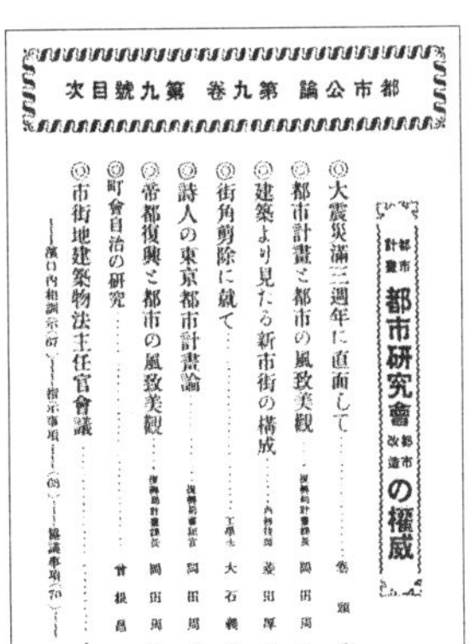
都市公論 第九巻 第九號目次

都市計畫 都市研究會の權威 改造都市

◎大震災滿三週年に直面して……[illegible](1)
◎都市計畫と都市の風致美觀……復興局計畫課長 岡田周造(2)
◎建築より見たる新市街の構成……内務技師 菱田厚介(17)
◎街角剪除に就て……工學士 大石義[illegible](30)
◎詩人の東京都市計畫論……復興局事務官 岡田周造(41)
◎帝都復興と都市の風致美觀……復興局計畫課長 岡田周造(55)
◎町會自治の研究……曾根[illegible]一(61)
◎市街地建築物法主任官會議……(67)
——濱口内相訓示(67)——指示事項——(69)——協議事項(70)——

그림1·3 『도시공론』 9권 9호의 목차 岡田周造의 세 가지 논설이 게재되어 있다.

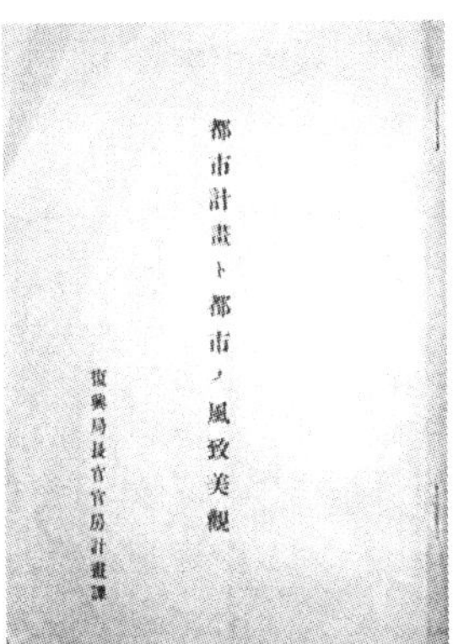

그림1·4 『도시계획과 도시의 풍치 미관』의 표지

다. 지진 재해로부터의 부흥은 새롭게 창출되는 도시의 경관에 관한 논의를 필연적으로 동반했다. 그리고 정부주도의 도시부흥(帝都復興)에 대해서 경관의 보호, 육성을 확실하게 고려해야 한다는 의견이 민간 특히 예술가나 건축가를 중심으로 다수 생겨났다. 예를 들면 岡田信一郎는 가장 먼저 「지금 타다 남은 재보다 싹으로서 부흥의 꽃을 피워야 하는 황도는 필히 아름다운 도시로 만들지 않으면 안 된다.」[14]라고 주장했다. 미술잡지 『미쯔루(みづゑ)』의 「신동경의 미관문제」특집을 시작으로 많은 잡지에서 도시미가 도시계획의 문제로서 취급되었다.

지진재해의 그 해 연말에 부흥계획 정책의 홍보를 위해 도시부흥원(帝都復興院)이 발행했던 『현대도시의 건설』에서는, 도시계획의 목적은 「도시교통을 완비, 경제적 능률을 증가시켜 쾌적한 주거 환경을 확보, 도시의 미관 도모」[15]로 되어 있다. 부분적이지만 미관이 확실하게 목적으로 기록되었다.

1926년 9월에는 도시부흥국(帝都復興局, 復興院에서 변경)의 계획과장이라는 요직에 있었던 岡田周造가 (1) 「도시계획과 도시의 풍치 미관」, (2) 「한 시인의 동경도시계획론」, (3) 「도시부흥과 도시의 풍치 미관」라는 3개의 논문을 동시에 도시연구회 기관지 『도시공론』에 발표했다.

이것들은 (1) 외국도시계획제도에 있어서 경관 · 풍경의 위상을 연구하고 (2) 민간으로부터 밀려들어 오는 도시미를 중시한 도시계획론에 찬동을 표시하고, 결과 (3) 일본의 도시계획에 있어서 풍치 · 미관의 정의를 재고하고, 그것들의 근본 취지를 결정시킬 것을 주장했던 것이다.

이들 논문은 별책이 도시부흥국(帝都復興局)으로부터 간행되는 등 岡田 개인적인 도시계획관에 머무르지 않았다. 풍치 · 미관은 근본 취지라고 말할 것도 없이 도시계획의 목적으로서 공인되었다.

그것은 1927년의 전국도시계획주임관회의에서의 「도시계획국은 … 중략 … 도시의 미관에 유의하여 교내외(郊內外)의 풍치 유지에 노력하고 시민의 보건 복지에 이바지함을 바람」[16]이라는 지시에서 확인된다. 그리고 그 지시에 따라서 각 지에서 풍치지구나 미관지구의 지정을 목표로 조사가 시작되었다. 도시계획제도 안에 한정적으로 남아 있던 풍경계획적인 성격이 빛을 보게 되었다. 풍경계획에 대한 거추장스런 장식이 벗겨져 나가기 시작했다.

戰前期 풍치지구의 전개

1926년 9월 동경부에서 전국 최초로 풍치지구가 지정되고 동시에 풍치지구규정이 공포되었다. 그러나 지정지구가 메이지신궁 주변이라는 아주 특별한 지역이었던 것도 있어 풍치지구 운영에 대해서의 일반적인 논의가 된 것은 한참 뒤의 일이었다.

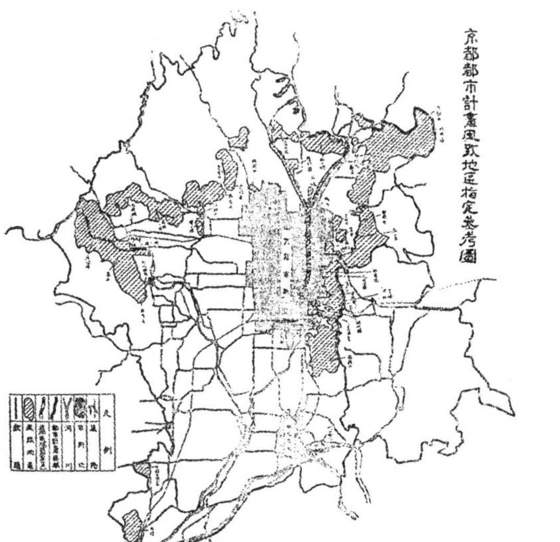

그림1 · 5 京都府 풍치지구 지정도 (출전 : 関口勲 「교토도시계획풍치지구에 있어서」 『도시공론』 13권 7호 1930년 p.114)

그림1 · 6 東京府 풍치협회연합회발행의 『풍치』 표지에는 東京府의 풍치지구의 분포도가 게재되어 있다. (출전 : 「풍치」 1권 6호, 1936년)

앞에서 말한 주임관회의가 개최되었던 1927년 4월, 그리고 계속해서 7, 8월에는 3회에 걸쳐 「도시공론」에 北村德太郎에 의해 「풍치지구로 나아가」가 게재되었다. 이 논문에서 처음으로 풍치지구의 개념, 지정표준, 운용방법(단속규칙이나 保勝會) 등의 틀이 광범위하게 제시되었다.

주임관 회의에서의 지시와 北村의 논문에 의해 풍치지구 지정의 기초는 정비되어 각지에서 풍치지구 조사가 시작되었다. 결과, 1930년에는 교토부의 카모가와, 히가시야마, 키타야마, 또한 동경부의 武藏稜, 洗足, 石神井, 善福寺, 에도가와 등 각 풍치지구가 지정되었다. 그 후 1940년도까지 전국에서 464지구, 면적으로 87,569ha가 풍치지구로 지정되었다. 풍치지구는 도시의 풍경계획을 이끌어 가는 제도로써 적극적으로 활용했던 것이다.

그 가운데에서도 교토부와 동경부의 풍치지구의 지정 운용은 특히 적극적이고 선구적인 시도가 이루어졌다.

교토부에서는 1930년에 시가지를 둘러싸고 있는 三山과 카모가와(鴨川)·가쯔라가와(桂川), 다음 해에는 사찰 경내와 그 주변이라는 순으로 자연경관과 역사적 경관을 함께 보전한다는 명확한 방침 하에 구획한 지구가 풍치지구로 지정되었다.

그리고 운용면에서는 풍치지구 규칙에 의한 출원심사(出願審査)를 할 때 행정의 심사 관념에 의한 판단이 최적이 아닌 것으로 한, 1933년 4월에 부지사(府知事)의 자문기관으로써, 학자나 의원을 위원으로 구성한 교토부 풍치지구위원회를 설치했다. 府지사는 풍치유지상 중요한 지구의 출원단속 방침을 위원회에 자문하고 위원회는 구체적인 방침, 기준치를 회신했다. 그깃이 풍치지구의 내규로서 운용되었다. 예를 들면 1933년에는 가모가와연안(賀茂川沿岸)풍치지구의 단속방침, 1934년의 가모가와 동쪽, 히에이산(比叡山)호텔 문제나 가모가와 개량계획 등 구체적인 안건도 포함해서 다양한 자문을 받아 답신했다.

한편 동경부에서는 중요한 부분의 미래 공원화와 이상적인 교외주택지의 형성을 목표로 설정하여 관동대지진 후 시가화가 시작되었던 교외부에, 1930년, 1933년 2회에 걸쳐 모두 8개 지구가 풍치지구로 지정되었다.

이들 풍치지구에서는 지역유지·지주를 중심으로 지구내 경치의 보전 및 육성과 선양을 목적으로 한 풍치협회가 설립되어 동경부와 공동으로 풍치지구의 계획·사업을 전개했다. 1935년까지 8지구 전부 풍치협회가 설립되고 그 풍치협회로 구성한 동경부 풍치연합회도 설립되었다. 도시계획시설(당시에는 풍치지구도 도시계획시설이었다)의 관민 파트너쉽에 의한 운영이라는 선진적인 시험이 행하여졌다. 「풍치지구라고 말하더라도 소극적인 (어떤 것도 할 수 없어!) 보전주의로 나가는 것을 어떨까 라고 생각한다. 풍치를 유지한다는 것은 법의 안목이지만 풍치를 새롭게 만들어 가더라도 진정한 풍치라면 저해하지 않는다」[17]라는 생각을 기조로 시설설비도 포함한 창조적인 풍치행정이 전개되었다.

그 위에 동경에 관해서 부언한다면 「적은 면적에서 시작하여 커다란 동경 전체를 하나의 커다란 풍치지구로서 실현하는 것이 그 방침」[18]을 기본으로 도시경관의 골격인 하천 연안을 중심으로 광역에 걸친 추가지정이 검토되었다는 것이다.

오사카에서는 中之島의 일부, 오사카성, 天王寺 등 25개소의 풍치지구가 지정되었다. 삿포로에서는 독자적으로 노선형 풍치지구지정을 행하였다. 또 센다이나 가나자와의 풍치지구에서는 동경을 모방한 풍치협회가 설립되는 등 전쟁초기에는 전국으로 적극적인 지정, 운용사례가 보여졌던 것이다.

戰前期 미관지구의 전개

미관지구는 1933년에 황궁외곽 일대가 최초로 미관지구로 지정될 때까지 제도화 후 10년이 필요했다.

이 동경에 미관지구가 지정되는 한가지의 계기가 된 것은 1929년의 경시청청사신축계획이었다. 사쿠라다문(櫻田門)밖에 건설이 시작되었던 경시청 신청사는 당초 계획에서는 청사 높이 90尺(약27m)의 망루를 건설하는 것으로 되어 있었지만, 이에 대하여 같은 해 9월에 궁내성(宮內省)으로부터 궁성濠(해자)와 인접하여 건설되는 건물에 대하여는 사전협의를 하도록 요청되었다. 또 같은 해 11월에는 경시총감과 영선관재국장 앞으로 민간단체인 도시미관협회로부터 『경시청사 망루철폐에 관한 청원서』가 제출되었다. 그 내용은 사꾸라다문(櫻田門) 밖에 건설 중인 경시청사의 망루가 같은 시기에 건설 중인 국회의사당 첨탑의 건축적 효과를 현저하게 손상하게 되어 주위의 건축물과 부조화를 일으키고 있는 것과 또 황궁을 내려다보는 것으로 됨으로 인한 문제는 없는가 라는 2가지의 이유를

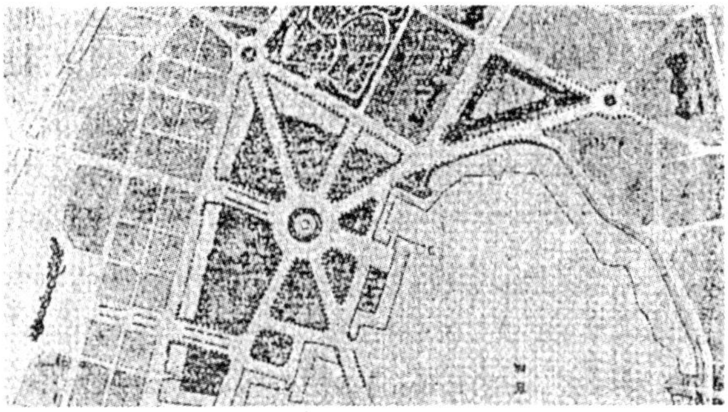

그림1·7 내무성의 帝都中枢지구계획안 (출전 : 小林隆德 「일본帝都中枢계획의 변경과 미관지구의 지정」 『도시공론』 15권 2호, 1932년, p.50)

그림1·8 동경도 도시계획 미관지구구역도 및 建築物 높이제한도 (출전 : 도시계획동경지방위원회 「동경에 있어서 도시계획의 지구 통제」 『제4회 전국도시문제회의 총회1 연구보고』 15권 2호 1934년, p.428)

가지고 망루의 철폐를 요망하는 것이었다.

그 결과로 건설 중에 있었음에도 불구하고 경시청의 망루는 35척(약11m)이 철거되었다. 그리고 다음해 11월에는 궁내성(宮內省)이 궁성(宮城)밖 濠(해자)에 근접하는 지역에 건축하는 정부소관 건축물에 사전협의토록 하는 문서를 다시 한 번 제출하고 사전협의 대상이 되는 지구와 건축물의 높이를 제시한 도면이 작성되었다. 이렇게 하여 궁성주변의 건물 건설에 대한 관심이 높아지던 중에 內務省이 중심으로 된 大藏省영선관재국, 東京府·市, 경시청, 관공서(宮內省)의 관계 官公廳에 의한 협의회가 조직되어 미관지구 지정을 향하여 검토 작업이 시작되었다. 사전협의를 요하는 지역의 범위 당시의 시가지 건축법에 의한 높이 규제 31m를 밑도는 높이제한에 대한 검토가 행하여졌다.

이러한 미관지구지정의 경위로부터는 황궁에 접촉하는 건물을 금지하기 위한 지정이라는 측면을 확실히 알 수 있으나 지정 의도는 그것만을 의미하는 것은 아니다.

당시 가스미가세키·나가타쬬(永田町)에서는 국회의사당을 포함한 대장성 영선관재국에 의한 중앙관가계획이 진행 중이었지만 관청건축물은 시가지건축물법의 적용이 제외되어 있어 31m의 높이 제한도 존재하지 않았다. 미관지구지정에 의해 일반건축물보다 더욱 엄한 높이제한 규제를 받는 것은 관청건물이었고, 가장 먼저 문제로 되었던 경시청청사 건설은 그 계획의 제1탄이었다. 이에 대하여 내무성 도시계획과는 그 이전에 국회의사당으로의 전망을 중시한 독자의 제도중추(帝都中樞)지구계획(그림 1·7)을 입안했다. 당시의 내무성 도시계획과가 경시청의 건물을 「극히 열악한 안(영선관재국안)이 이 제도수도(帝都)의 중추를 이루는 중앙관청 지역 가로계획안으로서 결정되어, 이미 그 일부가 경시청이라는 괴상한 모양으로 실현되었다」[19]라고 엄하게 비판했던 것은 국회의사당으로 향한 전망을 중심으로 제도수도에 어울리는 미관을 창출한다는 내무성입안의 제도중추지구계획에 비추어 확인하는 것이었다. 앞에서 말한 도시미관협회의 국회의사당 첨탑의 건축적 효과를 현저하게 손상시키지 않고 주변건축

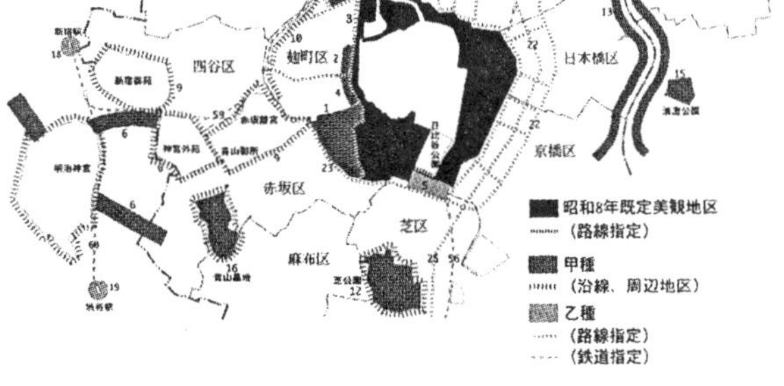

그림1·9 「미관지구 확장 지정안」상정도 (출전 : 小藤林田正夫·三原正德 「'동경미관지구' 제고-경관행정의 단서(端緖)로서의 '미관지구'」 『조경』 18호 1998년, p.121)

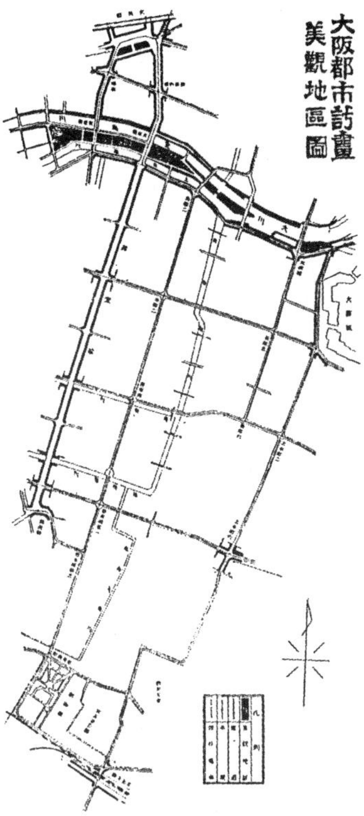

그림1 · 10 오사카의 미관지구 지정도 (출전 : 오사카 시청 토목부 『오사카 도시 계획과 동사업 輯攬』 1937년, p.34)

물과의 조화를 소홀히 한다는 주장도 이 풍경계획과 보조를 같이 하고 있었다. 요컨대, 미관지구 지정의 밑받침은 내무성을 중심으로 입안한 풍경계획의 존재였던 것이다.

동경의 미관지구에서는 1939년에 경시총감의 자문기관으로서 전문가에 의한 미관심의위원회가 설치되어 미관지구의 실재 운영체제가 정비되었다. 1937년부터 건축통제가 실시되었던 관계로 대규모 건축물의 건설은 성지되었기 때문에 미관 심사라는 기능은 충분히 발휘되지 않았지만, 주요한 가로, 하천 등을 중심으로 미관지구를 대폭 확장하는 안이 이 위원회에서 검토되었다. 미관지구지정에 의한 적극적인 풍경계획이 구상되고 있었던 것이다.

전쟁 전에는 그 외에도 오사카에서는 片岡安가 회장으로 있었던 건축협회에 의한 미관지구지정 촉진운동의 결과 메인스트리트로써 완성된 고토수지(御堂筋)가 1934년에, 그 종점 오사카 역 앞이 1938년에 미관지구로 지정되었다. 건축물의 최저높이를 규제하고 가로의 미관창출을 도모했다. 미에 현 伊勢市(당시 宇治山田市)에서는 伊勢神宮의 內宮 · 外宮의 참배도로와 御幸거리가 1939년에 미관지구로 지정되었다. 미관지구는 풍치지구에 비해 그 지정 수가 아주 적었지만 건축물을 대상으로 하여 적극적으로 도시경관을 컨트롤하는 풍경계획의 단서였다.

2차 세계대전 후 미관지구와 풍치지구

전쟁이 끝나던 1945년 12월에 각료회의(閣議)에서 결정되었던 전화지부흥(戰災地復興)계획기본방침에서는 「부흥계획의 목표」로써 능률, 보건, 방재와 함께 「국민생활의 향상과 지방적미관의 선양을 기획하여 지방의 기후, 풍토, 관습 등에 즉시 대응하는 특색 있는 도시취락을 건설하자」[20]라고 경관 · 풍경이 커다랗게 다루어졌다. 그리고 각지의 전화부흥도시계획은 도시미를 의식하여 입안되었다. 예를 들면 이시가와 히데아끼(石川栄耀)가 책임을 갖고 입안했던 동경의 전화부흥 계획에 있어서는 미관, 풍치상의 정비를 보다 상세하게 하는 것을 목적으로 한 공관, 문교, 소비, 유흥 등의 특별지구가 지정되었다.

이 전화지부흥 기본방침의 실제화, 그리고 특별지구의 법제화를 염두에 두고 1919년에 구 도시계획법과 함께 제정되었던 시가지건축물법을 대신한 새로운 건축법 제정의 검토도 진행되었다. 이 시기의 건축법 초안에서는 시가지 일반에 넓게 경관 · 풍경에 대한 배려가 요구되고 독립된 장으로서 「경관」이 취급되고 풍경계획에 투자하는 「경관지구」의 지정이나 「경관위원회」의 설치가 검토되었다.

그러나 1950년에 실제로 제정된 건축기준법에서는 당시의 사회상황에 따른 시빌 · 미니멈(주민을 위하여 근대도시가 갖추어야할 생활의 최저기준)이 목표로 해석되는 것으로 건축법안에 비하여 풍경계획의 배려는 대폭 후퇴하고 말았다. 같은 시기에 검토되고 있던 도시계획법의 발췌개정도 유산되고 각 도시에서 시행되었던 특별지구도 문교지구 등 아주 일부분만이 법제화 되어 많은 부분이 실효력을 잃었다. 그리고 긴축재정 속에서 사업은 축소되고 전화부흥사업으로서의 역 앞 광장이나 광폭원도로도 상위 계획의 경관설계에 치우쳐 전국이 획일적으로 되어 부흥계획의 목표에 역행해 지방성 상실을 초래하는 경우도 있었다. 전쟁 전과 비교할 수 없을 정도의 수많은 민간 건설 활동에 직면하여 전쟁 전부터 거의 변하지 않은 도시계획제도에서는 각 도시의 실정, 개성에 맞추었던 계획을 세워 도시의 풍경을 육성하여 나가는 것은 역부족이었던 것이 분명해졌다.

건축기준법제정 이후 미관지구의 필요한 규제에 관하여는 지방공공단체가 별도의 조례로 정하여 운영하도록 하였다. 1953년에 아케이트 식 내화공동건축의 건설이라는 예외적인 목적으로 전후 초기의 미관지구 지정이 沼津市에서 이루어졌지만 前부터의 미관지구에서는 적극적인 운영이 기피되어 조례가 제정되지 않고 유명무실화되었다.

예를 들면 동경의 미관지구에서는 1953년에 沼津市의 미관지구조례에 영향을 받았던 「동경도 미관지구 조례(안)」, 또 100m를 넘는 동경해상화재보험 빌딩의 건설에 동반하여 1965년에 일어난 '마르노우치' 미관 논쟁의 시기에 「동경도 미관지구 건축 조례안」이 만들어지는 등 조례제정의 시도는 있었지만 누구도 실현에는 다다르지 못하였다.

풍치지구는 전후에도 지정이 진행되어 1975년에는 699지구에 이르렀다. 그러나 戰後의 개발압력 앞에 어쩔 수 없이 감내하여야 의무 내의 규제로는 운영에 한계가 있었다. 또 도시계획법 개정에 동반한 1979년의 정부령에 의해 재량의 폭을 축소하는 형태로 수림(樹林) 등의 자연환경의 보전 목적을 한정하고 규제의 기준치가 명확해졌다. 이후 폭 넓은 풍치 보전에서부터 수림지(樹林地) 보전으로 라는 운영이 한정되어 가게 되었다.

이렇게 전쟁 전기에 풍경계획으로서의 역할을 한손에 쥐었던 미관지구, 풍치지구도 전후에는 그 효력을 충분히 발휘할 수 없었다. 전후의 풍경계획은 풍치지구, 미관지구의 한계를 타고 넘을 만한 도시계획제도와는 별개의 체계로서 전개하게 되었다.

1·4 도시의 풍경계획 확립을 향한 운동

大正期 도시미화 운동론

일본에서의 근대도시계획의 탄생 배경이었던 도시로의 인구 집중은 도시의 새로운 중간계급의 대두를 불렀다. 그리고 신중간계층을 특징하는 합리화사상, 계몽사상은 주택개량회나 생활문화연구회 등에 의한 생활환경개선을 목표로 한 운동의 전개를 재촉하게 되었다. 이들 운동이 도시미화운동에로의 전개하는 시간은 얼마 걸리지 않았다. 大正中期, 1920년이 되면서 아래에 대표되는 것과 같은 운동론이 전개되었다.

예를 들면, 잡지 「정원」의 1922년 5월호는 「도시수식호」로서 「우리들은 실용 이상으로 아름다운 의장과 주택을 희망한다. 우리는 공동의 의장이며 주택인 도시를 보다 아름답게 하려고 하는 운동에 눈뜸이 결코 시기상조는 아니다」[21]라고 하고 「도시계획정신을 바탕으로」[20]라고 합리적이면서 필연적인 도시미화운동을 제창했다.

또 같은 해의 『중앙미술』 7월호는 「도시의 예술생활 연구호」로서, 건축가를 중심으로 미술가, 평론가들이 해외도시, 국내도시미를 논했다. 후에 도시미협회를 창설하는 이시하라(石原憲治)(동경도 건축기사)는 「예술가로서의 도시계획가는 모든 인간의 기술과 과학과 활동 그 위에 경제와 도시의 행정기관과 모두를 종합해서 하나로 조화되는 중에 통일과 미를 창출하여 그것에 생명을 부여하는 사명을 갖는 것이다」[22]라 하고, 예술가들에게 「예술의 대상으로서의 도시 및 도시계획운동」[22]을 하자고 하였다.

그리고 관동대지진 후에는 나중에 이히하라(石原)와 함께 도시미관협회를 설립하는 橡内吉胤(신문기자 출신)이 앞장서서 「인공적으로 정비한 신제국수도를 한층 장엄화하고 미화하여 위생적으로 하기」[23] 위해서 「종래의 도시계획의 항목 중 자칫하면 경시되는 경향을 가지고 있는」[23] 도시녹화에 관해서 구체적으로 식수운동을 제창하게 되었다.

이처럼 도시계획제도가 도시의 풍경계획에 대해서 어떻게 소홀함을 가장하고 있었다 하더라도 의식이 높은 신중간계층을 대상으로 한 아름다운 도시, 생활환경을 얻으려는 大正期의 운동론은 도시계획과 떨어져서는 생각할 수 없었다.

도시미협회(都市美協会)의 설립과 활동

1925년 10월의 도시미협회의 설립은 도시미화 운동론의 성숙을 상징적으로 표현할 수 있었다. 지진피해 후의 동경에서 식수운동을 전개하고 있던 橡内吉胤가 설립을 주창하고 이시하라(石原憲治), 나까무라(中村鎮)(건축가) 등 도시미에 관심을 갖고 있는 다양한 사람들이 발기인으로 이름을 걸었다. 회의 목적은 「제국수도의 부흥 미관통제로 정돈된 도시구축의 연구를 목적으로 그 위에 또 도시구축가, 미술가, 도시개량가, 도시연구가를 포용하는 도시미에 관한 사적 의견의 단결력에 의한 강화를 시험 삼음」[24]이고,

축제나 강연회 등을 개최하여 도시미의 계몽을 하였다.

다음해 1926년에는 연구회에서 실천단체로의 발전을 염두에 두고 조직을 정비 도시미협회로 개칭했다. 그리고 도로교통, 건축의장, 공원 및 사적 명승, 도시문제 및 도시계획의 4위원회에 의한 조사 심의 체제를 정비 옥외광고물 단속이나 풍치보전에 관한 건의서를 계속해서 관계 각 부처에 제출하는 것에 의해 도시미를 사회적인 문제로 끌어 올렸다.

예를 들면 1929년 말의 경시청신청사의 철거를 요구한 운동은 앞에서 서술한 바와 같이 일본에서 최초의 미관지구지정이 됨과 동시에 빈번하게 신문에 보도됨으로 인하여 도시미협회의 인지도를 높이고 「都市美」라는 단어를 널리 일반용어로 정착시켰다.

그리고 지진복원사업이 종료되고 동경시가 시역확장(1932년10월)을 행한 시정의 일대 대전환기였던 1930년대 전반에 도시미협회는 동경시 토목국 내에 사무소를 옮기고 임원·촉탁으로 동경시 공무원을 다수 맞이하여 동경시의 내곽단체로서의 성격이 강했다. 거의 모든 일이 동경시와 공동개최로 도로축제나 건축축제, 도시미 이념 육성을 목적으로 한 대규모의 행사도 개최하게 되었다.

도시미협회의 활동 중에, 풍경계획의 생성이라는 문맥에 있어 특징적인 것은 도시의 풍경에 관한 동경시장의 자문기관으로서의 도시미위원회 설치의 제안이었다. 도시미협회는 도시미를 풍치지구나 미관지구라는 한정적인 지역의 문제로서만 취급하는 도시계획제도나 기타 관계 제법규도 포함하고 각각의 소관 관청간의 연락이 충분치는 않아 종합성이 결여되는 시책체계를 비판했다. 그리고 공공건조물의 디자인 심사를 하는 기관으로서 미국 각 도시에 설치되어 있던 예술위원회를 참고로 한 도시미위원회를 동경시에 설치하는 것을 제안했던 것이다. 이것은 풍

표1·4 「도시미의 체계」(도시미협회, 1930년경)

1930년 11월 27일 일본의 도시미협회에서 심의되어 후에 공시된 것, 당시의 도시미개념과 대상의 범위가 보여진다.(出典 : 和久田實 「도시미화정책을 위한 연속통제기관의 설치를 제창」『도시문제』15항4호, 1932년, pp.986~988)

<table>
<tr><td colspan="4">1. 총설편</td></tr>
<tr><td>A 자연적 요소
(1) 지세
(2) 지질과 식물관계
(3) 동물
(4) 기상
(5) 수경</td><td>B 인위적 요소
(1) 지구의 배치
(2) 整地미
(3) 건축미
(4) 造園미
(5) 가로와 광장</td><td>C 역사적, 사회적 요소
(1) 자연미에서 構築미로 표현되어지는 시대상
(2) 사회제도, 풍속습관에서 종교신앙에 의해 역사적으로 성숙된 도회색</td><td>D 종합과 조화
(1) 자연적으로 짜여 나온 미
(2) 계획적으로 정돈된 미</td></tr>
<tr><td colspan="4">2. 가로편</td></tr>
<tr><td>A 가로계통
(1) 가로계통
(2) 가로의 폭과 구조종별</td><td>B 교통시설
(1) 광장
(2) 교통완화에서 안전시설</td><td>C 가로섬유물
(1) 노상부설장
(2) 노면사용물
(3) 건축물취부돌출물</td><td>D 가로청정</td></tr>
<tr><td>3. 건축편</td><td></td><td></td><td></td></tr>
<tr><td>A 공공건축
(1) 中央官衙지구와 건축
(2) 교통건축
(3) 敎化지구와 건축
(4) 民衆娛樂지구와 건축</td><td>B 상업건축
(1) 오락적 상업 건축
(2) 사무소건축지구와 건축
(3) 백화점 배치와 건축
(4) 상점가의 정경건축제한</td><td>C 공장지구 건축
D 주택지구 건축</td><td>E 고건축물, 기념적건축물의 보존
(1) 역사적 건축물
(2) 기념적 건축물</td></tr>
<tr><td colspan="4">4. 녹지편</td></tr>
<tr><td>A 공원기타
(1) 공원조직의 풍치적 분자</td><td>B 가로의 부대물과 볼만한 조원적 시설
(1) 街路並木
(2) 路傍정원
(3) 가로에 면하는 정원
(4) 건축물을 녹화시키는 것</td><td>C 特用녹화로서 공공성 있는 것
D 공개정원</td><td>E 都市城에 연접시킨 녹지로써 직접 도시의 풍치에 영향이 있는 것</td></tr>
<tr><td colspan="4">5. 수변편</td></tr>
<tr><td>(1) 橋梁橋台地</td><td>(2) 河川</td><td>(3) 河岸辺</td><td>(4) 水質水色</td></tr>
<tr><td colspan="4">6. 풍경편</td></tr>
<tr><td>(1) 色彩</td><td>(2) 기념적 건조물과 意匠</td><td>(3) 간판광고물</td><td></td></tr>
<tr><td colspan="4">7. 衛生편</td></tr>
<tr><td>A 음향
(1) 교통소음
(2) 작업장소음
(3) 屋內소음
(4) 시민음악</td><td>B 공기
(1) 연소하기 쉬운 곳에 연통방지
(2) 有毒瓦斯及취기
(3) 유독균</td><td>C 광선
(1) 광선차단물
(2) 광선부족의 細民街</td><td>D 湿潤</td></tr>
</table>

표1·5 도시미협회의 제안 (도시미협회, 1934년)

도시미협회는 1930년 12월 「帝都미화위원회에 관한 의견서」를 동경시장에게 제출한 것을 최초로 도시미위원회설치의 제안을 계속했다.
(출전:上床三次郎「도시미협회의 조직과 활동상황」, 도시미협회편『4회 전국도시문제회의총회 제출 연구보고』1934년, pp.251~263)

1934년 3월 16일 동경시장님께
「동경도시미설치에 관한 건의서」

동경도시미위원회(참고안)

제1조 동경도시미위원회는 동경시장의 자문에 응하고 帝都의 풍치미관의 유지 증진에 관한 사항을 조사 심의한다.

제2조 위원회는 前條의 사항에 관하여 시장에게 건의할 수 있다.

제3조 위원회는 그 목적달성에 필요한 사항의 조사를 관계 각 廳長에게 위촉할 수 있다.

제4조 위원회는 위원장 1명, 위원 약간명으로 조직한다.

제5조 위원장급 위원은 시장에게 이를 위탁 또는 명할 수 있다.

제6조 위원장은 회무를 총괄하고 위원장이 사고가 있을 시는 위원장이 지명하는 위원이 그 직무를 대신한다.

제7조 위원장은 필요가 있다고 판단될 때는 위원이외의 자를 출석시켜 의견을 진술하게 할 수 있다.

제8조 위원회에 간사급 서기 약간 명을 두고 시 직원 중에 시장이 명한다. 간사는 위원장의 명을 받아 서무를 정리하고 서기는 상사의 명을 받아 서무에 종사한다.

一. 관계관청
宮內省, 내무성, 문부성, 통신성, 대장성운영관제국, 철도국, 관광국, 경시청, 東京府, 육군성

二. 동경시
관계국과장, 公園상설위원장, 토목사업상설위원장, 방문객시설위원장

三. 학식경험이 있는 위원
건축가, 토목가, 造園家, 미술가, 사학가, 기타 도시미에 중요한 관계가 있는 전문가

경계획의 권한을 기초지자체인 市에 일원화하는 제안이기도 했다.

이 제안은 동경이나 오사카 등 6대 대도시가 자치권 확립을 요구했던 특별시운동, 특히 동경시에 의한 都制촉진운동과 깊이 관계되어 있었다. 도시미협회는 건축경찰권의 동경시 이전을 염두에 두고, 동경시에 의한 경관컨트롤을 장래구상으로 했다. 그것은 도시계획법·시가지건축물법에 의해 규정되었던 풍치지구, 미관지구나 일반의 건축규칙이라는 기존의 틀만으로의 도시풍경계획을 의식적으로 넘고자 하는 일본 최초의 구체적이면서 조직·계속적인 제도제안이었다.

都市美 운동의 전국 전개

1934년 10월에 동경에서 개최되었던 제4회 전국도시문제회의에서 도시미협회가 공식 참가했다. 그리고 의제의 하나로 「도시환경과 개선문제」에 있어서 전국규모의 대회에서는 처음으로 도시미의 문제가 집중적으로 의논되었다. 도시미협회에 의해 제안되었던 도시미위원회에 대해서도 사전에 앙케이트라는 형태로 전국의 道府縣, 市町村, 도시계획지방위원회, 전문가가 의견을 내어 많은 찬동을 얻었다.

1937년에는 도시미협회의 주최로 제1회 전국도시미협의회가 개최되었다. 그 무렵까지 도시미운동은 도시미협회에 의한 동경을 중심으로 한 민간운동으로부터 전국규모의 다원적인 민관에 걸친 운동으로 전개되고 있었다.

예를 들면 오사카에서는 오사카 도시협회에 의한 녹화운동이나 일본건축협회에 의한 미관지구·풍치지구지정건의 운동 등이 쇼와 초기(1926년 이후)부터 전개되어 1934년에는 미관지구도 지정되었다. 1937년에는 오사카도시협회와 로터리클럽이 협동한 오사카도시미위원회(오사카 도시협회 내)를 설립했다. 또 광고 간판의 통제를 하는 민관합동의 부지사(府知事)의 자문기관인 전국 최초의 광고심의회도 그 해 설립되었다.

교토에서는 1933년에 앞에서 서술한 바와 같이 풍치지구 운용에 있어서 府知事의 자문기관으로서 교토부 풍치지구위원회가 설립되었고 또 같은 해 관광도시로서의 교토 미화를 위한 시민협력의 필요에 의해 솔선해서 실행운동을 할 목적으로 시장을 회장으로 하고 시내 보존위원회를 망라한 교토 미화운동연합회가 설립되었다.

동경에 있어서도 1935년에 일본도시풍경협회, 다음해인 1936년에는 상업도시미협회라는 새로운 도시미운동단체가 설립되었다. 이 양 단체의 각각의 설립 주창자이며 도시미협회의 설립주창자이기도 했던 橡內吉胤와 내무성의 도시계획기사였던 이시가와 히데아키(石川榮耀)는 함께 당시를 대표하는 도시미운동가이며 그의 활동은 동경에만 머무르지 않았다.

橡內吉胤는 모리오카도시미협회의 설립을 시작으로 고향 이와테 현 내의 지방중소도시를 중심으로 시민주체의 도시계획, 도시미의 계몽운동 및 지도를 전개했다. 동시에 도시의 풍경계획에 관한 선진적인 논문을 발표하고 지방도시의 개성으로서 의 도시풍경의 육성을 순회 설명하고 각지의 역사적 가로경관을 칭찬하고 그 보전운동의 선구자가 되었다.

이시가와(石川榮耀)는 본 업무인 법정 도시계획에 대한 문제 의의를 상점가를 중심으로 한 실지의 활동을 중심으로 했다. 간판, 조명 연구가들과 나고야 도시미연구회 등을 조직하고 각지의 상점가 조직과 협동하여 도시의 커뮤니티를 중심으로 직접 활동하는 도시미 육성에 중점을 두

었다. 1935년에는 나고야도시미협회, 히로시마도시미협회의 설립을 주도하는 등 전국 각지의 상업을 기반으로 하는 도시미운동의 전개를 주도했다.

전국도시미협회는 그 후에도 계속되어 제2회는 1938년 오사카에서, 제3회는 1940년 교토에서 개최되었다.

전쟁 전기의 최후의 대회였던 제3회 전국도시미협의회에서는 교토를 무대로 「도시에 있어서 신구문화를 조화시키는 대책」과 도시위원회의 제안 이래 「미관심사위원회연락통제에 관한 방책」에 대해서 논의가 행하여졌다. 그리고 「도시미에 있어서도 근간이 되는 장소의 우수한 기본적 종합계획이 있고, 각각의 건설에 훌륭한 기술이 있으면서 그것을 신뢰할 만한 지도자가 있어 처음으로 우수한 도시건설이 기대된다」[25]라고 종합적인 풍경계획의 수립이 논점이었다.

전쟁 전기의 도시미운동은 도시미협회 상무이사로서 운동을 주도했던 이시하라(石原憲治)의 말을 보면 「도시미의 근본은 기획성을 가진 것만이 아니라는 것이 가장 먼저 생각된다. 그리고 그것을 미관계획이라면 그것을 도시계획의 일부로서 비도시계획 그것 자신 안에 없어서는 안되는 것이다. …중략… 풍경계획이라는 것은 일조일석에 생기는 것이 아닌 수십 년 수백 년을 걸치는 과거 역사를 통해서 무수한 사람들의 하나의 방향으로 쌓고 집적시킨 문화적 결과일 수밖에 없다. …중략… 일본의 도시계획 역사는 반드시 오래되지는 않았고 또 서구적 도시계획의 역사와 비교해서 그 전통에 있어서 부족한 것이 많다. 그러나 일본의 도시계획에는 자연풍토적인 배경이 있기 때문에 그 일각에 있어서 풍경성격의 표현에 신생명을 열지 않으면 안된다.」[26]라고 도시의 풍경계획 확립을 향한 의지를 확실하게 가지고 있었던 것이다.

일본 전체가 전시체제에 돌입하면서 광범위한 시민의

표 1.6 전쟁전기의 전국 도시미협회

전쟁 전기에는 동경시에 사무소를 둔 도시미협회 외에도 「도시미협회」라고 칭하는 조직이 전국에 산재되어 있었다. 여기에서는 각각의 도시미협회의 前身단체나 관련단체를 함께 소개한다.

명칭(장소)	설립년도	목적 · 취지	발기인 · 임원 · 회원 등	비고
도시미협회(동경)	1926년	「본회는 도시미에 관한 연구를 하는 것이 존중할 만 하다라는 관념의 보급과 함께 도시미의 구성에 따라 질의하는 것임」(「도시미협회회칙」『도시미』 2호,1931년)	[회장]阪谷芳郎, [부회장] 本多靜六, 塚本靖, 牧彦七, [이사] 笠原敏郎 外 [常務理事]渡辺銭藏, 中村鎮, 石原憲治, 橡内吉胤	1933년 이후 사무소를 동경 시 토목국내에 두었다
제국수도식수협회(帝都植樹協會)	1923년	「동경대지진 후 동경식수계획의 중요성을 통감하여」(橡内吉胤 「도시와 그린 문제」『도시문제』 8권5호, 1929년)	[회원]橡内吉胤 등	식수축제는 도시미연구회에서 계속
도시미연구회	1925년	도시미에 관한 연구, 비판, 계획, 建議宣傳을 목적함」(「도시미연구회(잠정)회칙」, 1925년)	[창립발기인]渡辺銭藏, 金子馬治, 田口鏡次郎, 鈴木文史郎, 中村鎮, 島田藤, 石原憲治, 橡内吉胤, 池田信一, 工藤英一	1주년총회에서 도시미협회로 改組
일본도시풍경협회	1935년	「帝都의 도시미를 정감파괴로부터 정서가 풍부한 도시로 가꾸어 가려는 자유인의 집합, 그 운동을 도시를 사랑하는 민중의 소리로서 지켜가려는 모임」(『報知新聞』 1936년 2월 19일)	[설립발기인]橡内吉胤, 長谷川如是閑, 川路柳虹, 黒田鵬心, 福原信三, 岸田日出刀, 田村剛, 安藤正純, 岸衛, 石川榮耀 [회장] 我祐邦	도시미협회로부터 탈퇴한 橡内가 설립
盛岡都市美協會(盛岡)	1934년	「專門으로 조사 연구하지 않고 도시미이념의 보급 및 발달을 도모할 것」(『岩手日報』 1935년 5월 29일)	[회장]盛岡市長 [고문]橡内吉胤 [구성원]縣 · 市의 技師, 학식경력자, 시의회, 상공회의소 직원 등	橡内의 저서 출판기념회에서 발기
名古屋都市美協會(名古屋)	1935년	「도시의 경관질서 유지의 조사 연구를 목적으로 종래의 도시미연구회를 확대하고 내용을 정비하여, 나고야시를 여러 각도로 관찰하여 보다 견실한 발전을 준비함」(『名古屋新聞』 1935년 4 월 5일)	[회원]高松定一(나고야상공회의소 사업부장)외 조명, 광고관계기술자, 연구자	石川가 창립총회에서 강연
名古屋都市美研究會	1928년 경	「시내에 각각의 활성화 장소 건설」(石川榮耀 「地價의 고찰 기타」『都市創作』 4권8호 1928년)	石川外, 상공회의소를 중심으로 한 간판 및 쇼윈도 연구자	나고야도시미협회의 前身
廣島都市美協會(廣島)	1935년	「히로시마도시미의 발상에 조사연구 지도를 위하고 문화향상에 투자한다」(「히로시마도시미협회회칙」『히로시마상공회의소 월보』 15권8호 1935년)	[회장]상공회의소 회장 [고문]石川榮耀, 縣부장, 시장, 電氣 · 瓦斯회사관계자 등 [간사]引野通夫(縣도시계획기사) 등	石川지도로 설립
商業都市美協會(동경)	1936년	「본회는 옥외광고, 간판, 상점 앞 장식, 가두장식 기타 상점미술 전반에 해당하는 도시미적 효과의 연구 및 지도를 목적으로 함」(「상업도시미협회회칙」『상업도시미』 1권3호 1936년)	[주창자]石川榮耀 [위원]商工省 관료, 동경시 · 부의 상공과장, 상공회의소 관계자나 상업 · 광고 관계의 기술자, 연구자	石川가 친형 根岸榮隆 등과 설립
臺灣屋都市美協會(臺灣)	1938년 경	「종합적인 美的 장식은 최후의 美的 육성을 달성하는 것으로 전 도시 시민이 도시미에 대해 깊이 인식하고 노력하지 않으면 안된다」「本島도시의 건전한 발전에 기여합시다」(中村剛 「臺灣의 都市美片影과 도시미운동」「도시미」 26호 1939년)	[발기인]井出府영업과장, 関中研林業部長, 青木專賣局技師, 榊原臺北市토목과장, 今川專賣局長, 滿富府防空事務官 등 관민 유력기술자 약 70명 [회장]盛岡총무장관 [부회장]今川 專賣局長	※실제의 설립 년월, 활동실태 등은 불명

지지를 얻을 정도로는 성숙하지 않았던 도시미 운동은 후생, 방공 등의 새로운 도시가꾸기를 목적으로 길을 바꾸게 되었다. 그러나 전후의 경관조례를 주축으로 한 지방자치체의 독자적인 풍경계획의 시도를 일본의 근대 도시계획이나 일반건축규제를 관철한 중앙집권적 성격과는 다르다. 지방의 주도권에 의한 움직임으로 추적한다면 도시미협회에 의한 1930년대 전반에 도시미위원회 설치의 제안이나 그 후의 전국 규모의 대회에서의 논의, 각 도시에서의 도시미운동단체의 활동은 그러한 움직임의 하나로 위상되어지는 것이다.

전후 고도경제성장기의 풍경계획

전후, 건축기준법은 제정되고, 도시계획법 개정은 유산되어 도시계획제도의 한계를 방치한 채로 일본은 고도 성장기를 맞게 되었다. 동경에서는 올림픽준비로 국가적인 도시미화운동이 진행되었다. 1959년에는 수도정비위원회에 의해 도심부 전역의 「미관지구」 지정을 상정했던 수도경관법이 검토되어 1962년에는 도시미화심의회 추진본부가 설치되었다.

그러나 이 시기의 풍경계획의 전진은 이러한 국가주도의 수도에서의 움직임이 아닌 주로 지방의 시정촌(市町村)의 노력이 핵이 되었다. 도시의 경관에 커다란 변화를 초래한 개발행위에 대하여 시민이 이의를 제기하기 시작했던 것이다. 대표적으로 가마꾸라(鎌倉)의 쯔루오까 팔

그림1 · 11 미관 논쟁을 보도한 신문기사 (출전:『朝日新聞』1966년 11월 12일)

번궁(鶴岡八幡宮) 뒷산의 개발문제(1964~65년), 동경타워건설을 반대하는 운동(1964년), 전국 각지의 역사적 마을 전경에 대한 보전운동(1974년에는 역사적 마을 전경 보전연맹이 설립되었다) 등이 있다. 이들 운동의 결과 고도(古都)에 있어서 역사적 풍토에 관한 특별조치법보존법이 초당파 의원입법에 의해 1966년에 성립되었다.

또 동경 마루노우치에서의 동경해상빌딩을 발단으로 한 미관논쟁(1965년~)에서 경관을 계획적으로 컨트롤하는 것 자체에 의문이 제기되었다. 그러나 몇 개의 선진지자체는 광범위한 시민 층의 지지를 근거로 적극적인 풍경계획의 실적을 쌓아 나가는 것으로 의문에 대답하려고 하였다.

예를 들면 倉敷에서는 지역주민에 의한 전국 최초의 마을경관보전단체로서 1949년에 설립되었던 구라시끼(倉敷)도시미협회에 의한 건축협정 제안 등의 운동이 1968년의 倉敷市전통미관 보존조례 제정의 원동력이 되었다. 한발 앞서 있던 가나자와시(金沢市) 전통 환경 보전조례, 다음해의 야나기가와시(柳川市전통미관조례와 함께 역사적 환경보전을 위한 선구적 자주 조례가 운용되었다.

교토에서도 1960년에 시작되었던 종합계획의 책정작업에 있어서는 도시미도사부회(都市美調査部會)가 설치되어 보존적 미관지구와 창조적 미관지구 2종의 미관지구지정계획 조례안을 1962년에 완성시켰다. 그 내용은 건축기준법의 규정을 넘었던 것이었지만, 종합계획 자체의 작성이 늦어짐도 있어 실제로 지정에 이르지는 못했다. 그러나 이런 검토의 경험은 그 후의 고층빌딩에 대한 주민운동이나 심포지엄, 시민의견 모집 등의 시민의 지지를 배경으로, 대상을 역사적 환경에서부터 시가지의 경관 총체로 확대시켰던 교토市 시가지경관조례의 제정(1972년)에 연결되었다.

이러한 선진적인 지자체의 움직임을 전문가들도 측면에서 지원했다. 1970년의 유네스코 주최의 「교토 · 나라 전통문화보전 심포지움」은 고도경제성장하의 개발에의 反動이기도 하고 일본근대화를 냉정하게 성찰하고, 역사적 환경의 이야기에 귀를 기울이는 필요를 논하고, 이후 역사적 경관은 풍경계획의 중요한 대상으로서 정착했던 것이다.

그리고 1975년에는 문화재보호법이 개정되어 중요 전통적 건조물군 보존지구제도(傳建地区制度)가 창설되었다. 지구지정, 보존계획 작성은 시정촌(市町村)이 담당하는

내용으로 각 지자체의 실천 노력을 법 제도적으로 지지하는 것이었다.

이 무렵까지의 선진적인 도시에서는 각 도시의 특성에 맞추어 표어로서의 「도시미」를 역사적 경관뿐만이 아니고 때로는 교토시처럼 일반시가지의 「경관」, 그보다 더한 요코하마시처럼 「도시디자인」을 전개시키면서 도시계획제도와는 별개의 풍경계획의 체계 확보 및 실천을 모색하게 되었다.

미관지구나 풍치지구라는 도시계획제도에 내재하는 실제적 운용은 소극적이었던 반면 도시계획의 주요한 관심의 범주에 풍경계획이 위상되었던 것은 1975년 5월에 일본도시계획학회의 학회지가 경관론을 특집으로 처음으로 만든 것으로 확인할 수 있다. 당시 상황은 그 책머리에서 「생산 지상적 개발과 생활조건을 만족시키면 좋다는 개발에로의 편중은 국토와 국민생활에 많은 문제를 발생시켜 왔다. 그 반성의 하나로 여기 수년간 많은 법률, 조례, 계획 중에 우리들을 여러 형태로 환경을 지키고, 또 양호한 상태로 바꿔나가는 노력이 시작되고 있다」[27]라고 기술되어 있다.

1978년에 제정되었던 고베시 도시경관조례는 도시경관 기본계획의 작성, 도시경관 형성 지역의 지정, 지역경관 형성 기준의 책정 등 민간건축물에 대한 경관유도의 매뉴얼을 체계적으로 확립했다. 중요 전통적 건조물 보호지구(傳建地區)와 독자적인 조례도 도시경관형성지구의 연계가 도모되었던 것도 보전과 창조를 동 차원에서 다루는 전진이었다. 이후, 전국 각지에서 이 조례를 모델로서 경관조례가 제정되게 되었다. 요컨대 일본의 현대 풍경계획의 체계가 그 모습을 보였던 것이다.

운동에서 실행으로

1980년대에는 양에서 질로의 전환이라고 이야기되는 도시가꾸기에 있어서는 「어메니티」가 시대의 키워드가 되어 경관이라고 불려졌다. 이 시기에 일본의 현대 풍경계획은 기본적으로 도시계획제도와는 별개로 각 지자체의 자주조례인 경관조례를 중추적으로 체계화 되었다.

그 풍경계획의 체계화를 각종 법제도의 개정, 정부에 의한 충실한 보조사업 등으로 후방에서 지원해 왔다.

예를 들면 1980년의 도시계획법 개정으로 창설되었던 지구계획제도는 시정촌에 의한 경관조례의 계획과 실질적인 규제를 준비하는 역할도 담당하게 되었다. 또 1980년대 이후 충실히 해왔던 지역의 개성을 살린 시정촌이나 주민에 의한 마을 가꾸기를 지원하는 국가보조사업 메뉴(도시경관 형성 모델 도시(1987년 창설)이나 HOPE 계획(1982년 창설)도 사업면에서 같은 양상의 움직임이었다. 1993년 창설한 가로환경정비사업에서는 도도부현, 시정촌의 경관조례와 연계하는 방법이 채택되었다.

또 최근 도시계획법 개정에 의해 풍치지구는 「도시 내에 잔존하는 소규모이면서 쉽게 이용 가능한 양호한 자연적 경관녹지의 유지에 대한 도시주민의 요청이 한층 높아짐에 따라 10ha 미만의 풍치지구에 대해서는 지역의 실정에 맞게 보다 자세한 도시계획결정을 하는 것이 바람직하다」[28]라 하고 운용 권한이 도도부현에서 시정촌으로 이양되어 그 활용이 기대되고 있다.

미관지구에 관해서, 교토 시에서는 1996년에 조례를 개정하고 지구의 종 구분을 늘렸다. 倉敷市에서는 자주조례만을 근거로 한 미관지구를 2000년이 되어 건축법에 기준한 미관지구로 옮겼다. 조례는 말할 것도 없고 지침조차 길게 존재하지 않았던 동경의 미관지구에서도 2002년에 리오다구(千代田區)에 의한 가이드라인이 새롭게 제정되었다.

이상과 같이 지방분권의 커다란 흐름 속에 지자체에 의한 각각의 도시특성에 맞춘 풍경계획의 중요성이 증가되고 있는 한편 도시계획제도에 내포되었던 풍치지구, 미관지구도 같이 지방분권의 문맥에 있어서 적극적으로 활용되게 하고 있다. 요컨대 풍경계획 확립의 운동은 자주조례인 경관조례를 중심으로 한 체계화로 일단의 목표를 달성했다. 다음 단계로서 근거법을 갖지 않은 것에 기인한 한계에 눈을 향하기 시작하여 그 한계에 대처하는 것으로서 도시계획제도에 내포된 풍치지구, 미관지구의 가능성이 재확인 되게 되었던 것이다. 도시계획의 아버지 関가 일찍이 지적했던 것과 같이 도시계획제도와 풍경계획과는 근대도시계획의 확립이라는 명제 하에서 제도상은 격리된 채 여겨지는 것은 어쩔 수 없었지만, 그것은 역으로 시정촌이나 광범위한 시민층에 의한 풍경계획의 주체적인 획득을 목표로 한 운동을 낳게 되었던 것이다. 일본에 있어서 戰後 풍경계획의 대부분은 이런 운동의 발자취이기도 했다.

일찍이 도시의 풍경계획을 장래적으로 확보하여야 할 목표로 정하여, 그 실현을 목표로 한 운동단계의 풍경계획이 있었다. 그러나 1980년대 이후 현재에 이르기까지 20여 년 동안에 도시의 풍경계획은 일단은 눈앞에 등장하였고 앞으로는 그 것을 어떻게 충실하게 하여 실효성을 어느 정도 높여 갈 것인가, 그리고 도시가꾸기의 근간으로 어떤 도시계획제도와 어떠한 관계를 구축하여 갈 것인가가 의문되어진다. 실행 단계로 완전히 이행되고 있다. 지금 논의되어야 할 것은 이러한 풍경계획의 발자취로 지원받은 실행의 문제이다.

＊註

1) 關一,「살아 기분 좋은 도시」,「오사카매일신문」1929년 1월 17일
2) 塚本靖「도시미운동의 전망」『都市美』14호 1936년 p.1
3)「東京市市區改正幷品海築港審査議事筆記」제1호 1885년 p.8
4)「東京市區改正委員會議事錄」제85호 1893년 p.54
5)「도시의 미관」『美術新報』9卷 7號 1910년 p.12
6) 金子子 談「도시의 미관」『美術新報』9卷 10號 1910년 p.18
7) 土屋純一「타운 프래닝을 따라서」『建築雜紙』27卷 319號 1913년 pp.362~371
8) 岡田信一郎「도시계획과 건축조례-도시계획과 絶好의 大典기념」『東京朝日新聞』1916년 1월 5일
9) 片岡安「현대도시의 연구」건축공예협회 1916년p.238
10)『都市計劃調查會議事速記錄』付編 P.54
11)『都市計劃調查會議事速記錄』付編 P.227
12) 板沼一省『도시계획의 이론과 법제』良書 보급회, 1927년 pp.282
13) 北村德太郎「풍치지구에 있어서」『都市公論』10권 4호 1927년 pp.2~13
14) 岡田信一郎「復興帝都의 美觀」『中央美術』9권 10호 1923년 pp.86~89
15) 帝都復興院計劃局 編「현대도시의 건설 그 하나」1923년 p.12
16)「全國都市計劃主任官會議」『都市公論』10권 5호 1927년 p.29
17) 水谷駿一「綠陰雜話(一)」『公園綠地』2권 7호 1938년 p.29
18) 橫山信二「풍치지구결정의 기본방침」『庭園과 風景』14권 12호 1932년 p.27
19) 小林隆德「日本帝都中樞計劃의 變更과 미관지구의 지정」『都市公論』15권 2호 1932년 p.53
20)「戰災地復復興計劃基本方針」『復興情報』2호 1946년 p.3
21)「主張 都市修篩의 眞諦」『庭園』4권 5호 1922년 p.1
22) 石原憲治「도시계획가로서 본 오사카」『中央美術』8권 7호 1922년 pp.24~32
23) 橡內吉胤「新復都의 植樹計劃」『中央公論』38권 12호 1923년 pp.51~58
24) 橡內吉胤「新復都의 植樹計劃」『中央公論』38권 12호 1923년 pp.51~58
25) 平野眞三「미관심사 위원회 설치 및 연락 통제에 관한 방책」『都市美』31호 1940년 p.22
26) 石原憲治「미관의 기획성과 풍경의 성격」『大오사카』15권 9호 1939년 pp.22~24
27) 渡辺貴介「특집 풍경론에 대하여」『都市計劃』83호 1975년 p.2
28) 國土交通省橡「도시계획운용지침」2002년

2

각종 제도와 풍경계획

小出和朗 · 山崎正史

2·1 풍경계획의 제도·경관조례의 발전 경위와 문제점

경관으로의 전개

1·4절에는 전후의 풍경계획 개략의 흐름을 말했다. 여기서는 다소 중복되나 제도면을 중심으로 1960년대 이후의 풍경계획전개를 살펴본다.

경관에 관한 대응에는 세 가지 포인트가 있다. 먼저, 1960년대 후반에서 전반의 "역사적 환경보전"에의 대응이고, 두 번째가 80년대 이래 "지방의 시대" 세 번째가 1990년 전후의 "경관조례" 나아가 "마을가꾸기조례" 시대이다. 또한 "지방분권"이라는 키워드가 이에 이어지지만, 이점에 대해서는 이후 필연적인 전개의 성과를 기다릴 필요도 있어, 다른 기회에 정리하고자 한다.

◘ 역사적 환경의 보전

1960년대 후반부터 역사적 경관에의 대책이 시작되어 구체적 제도로 연결되는 성과에 도달한 배경에는 고도 경제성장기의 시가화 개발압력에 대한 비판적 자세가 있었다 해도 과언이 아니다. 그 예는 먼저 고도(古都) 보존 문제이다. 이에 대해서는 1장에 기술했고 또, 니시무라의 저서[1]나 "지방분권 시대의 마을가꾸기 조례"라는 본고[2]에도 기술했기 때문에 요점만을 말하고 싶다. 1960년대에는 다음과 같은 상황이 있었다.

- 고도 가마쿠라의 배경의 산줄기에까지 택지개발이 미치는 상황 안에서 가마쿠라 고도 보존회의 활동은 개발에의 반대 운동에서 녹지 보전에의 제도 모색으로 전개되어 간 점
- 교토, 나라(히라지로 궁적 후지와라 궁절 등)에 있어서도 사적의 가까이까지 택지 개발이나 도로 정비가 행해져 역사적 환경 파괴가 진행되는 것에 대한 의문이나 걱정에서, 역사적 풍토 보전의 목소리가 높아진 점.

이 의견은 전국으로 파급되어 점점 "개발과 보전"에 관한 논쟁이 퍼져 국민적 인식 문제에 이르렀다. 그 외에도 공해문제가 당시의 커다란 사회문제로 또 자연환경 보전이라는 관점도 강하게 인식되어지게 된다. 학생운동도 활발한 시기로 고도경제성장에로의 여러 왜곡 등에의 의문은, 그 시점을 역사적 환경보전이라는 테마에 관심을 갖게 했다.

이들 시민운동의 성과의 하나가 고도보존법의 제정이다. 1966년, 국회는 의원 입법에 따른 법률 "고도 보존법"을 제정한다. 일본의 경관에 관한 새로운 전개는 먼저 시민운동에서 시작된 것이다.

또, 역사적 거리 역사적 가치를 가진 건조물이 사라져가는 것에 대한 위기감도 함께 확장되었다. 이 시기부터 일본의 전통적 풍경이 크게 변용되기 시작했다. 공업화에 따른 근대적 재료나 공법의 발전은 일본 풍경을 나날이 변화시켰다. 이런 상황 아래 역사적 거리를 남기라는 주장은, 역시 시민운동으로 발전했다. 전국적 거리보존 연맹이 결성되어(1974년) 거리 보존의 필요성과 그 제도 구조가 제안 검토되는 상황이 된다.

가로경관의 보전이라는 테마에는 먼저 지방지자체가 앞장섰다. 1968년에는 가나자와시나 구라시키시가 조례에 의한 가로경관 보존을 시작한다.[3] 양쪽 다 보존지구를 지정, 보호하는 역사적 건조물의 수리에 대해 보조한다는 구조로, 시민운동의 성과는 그 후의 가로경관보존제도의 틀을 선취하는 형태가 되었다.

문화청은 1970년경부터 제도화에의 대책을 적극화해, 1972년에 "취락 가로경관 보존 대책협의회"를 설치, 1975년에 문화재 보호법과 도시계획법을 개정 「전통적 건조물군 보존지구」 제도를 창설했다.

건조물군 보존지구 제도의 특징으로서 특별히 언급할 것으로서 두 가지를 들고 싶다.

- 종래의 "점"(중요 문화재 등에 의한 민가의 지정)에 의한 보호가 아니라, 일정지구를 대상으로 한 면적인 보호제도이라는 것.
- 보존지구를 국가가 지정하는 것이 아니라, 시정촌이 지정하고 국가가 보조대상이 되는 지구를 선정한다는 구조라는 것.

특히 후자의 사고는 시민운동에 지지를 받아 가로경관 보존제도의 모습을 그리는 발상으로 이 시기의 정부제도로서 주목할 필요가 있다.

고도 보존법, 군보존지구제도의 창설이 이 시기의 큰 성과임에는 틀림없다. 이러한 것과 경관의 전개는 직결하는 것이 아니었다.

또, 자연환경보전법이나 도시 녹지 보전법 등의 녹지보전의 신제도가 제정된 것도 이 시기이다. 이들 제도와 경관(풍경)의 직접적 관계는 약하게 보이나 나라현이 자연환경보전법에 앞서 제정한 조례에는 "경관보존지구"라는 지구명칭을 쓰고 있었다는 사실이다.

「지방의 시대」의 대응

1970년대 이래 경관, 풍경 만들기에 관한 지자체나 국가의 제도가 점점 늘어갔다. 또, 그 분야도 넓어져 역사적 환경뿐만 아니라 예를 들면 "문화의 1% 사업", "조각이 있는 마을 가꾸기" 등의 다양한 형태를 취하게 된다. 더욱이 국가에 있어서도 건설성에 한정하지 않고 각 부서의 시책으로서도 전개되어 갔다.

1973년 오일 쇼크는 일본의 사회경제에 큰 영향을 미친 사건이었고, 이 영향은 대도시 인구의 정체와 지방인구 증가 즉, 대도시에서 지방으로 인구, 도시기능의 이동이라는 현상을 낳았다. 이 현상은 10년 후에는 다시 대도시로의 이동, 그 후 버블경제의 전개가 되어갔으나 이 시기를 상징하는 「지방의 시대」라는 단어를 낳았다, 즉 미츠마(1977년)는 "지방의 시대"라는 키워드를 도입해 지방의 개성을 중시하는 사회를 테마로 했다. 그 영향은 지방의 특성 있는 경관을 중시하고 이를 이어가는, 혹은 이들 지구의 환경(경관) 정비에 접목시키는 사례와 연계 되었다.

- 모델사업

1980년대에는 모델사업[4] 시대라 불리운 시기가 있었다. 매년, 중앙정부의 보조제도 메뉴가 개정되어 이에 관한 정보가 제시되었다. 그리고 각종 모델 사업 안에 점점 경관에 관한 제도가 늘어나게 된다.

예를 들면 구 국토청에 의한 「전통적 문화도시환경보존지구 정비사업」("전문사업"이라 축약)이 있다. 1975년에 창설된 전통적 건조물군 보존지구(「전건지구」라 축약)제도를 두고 건설성과 문화청이 1977~78년에 공공 조사를 실시하고 그 방향을 검토했다. 이 조사는 건설성의 문서[5]에 의하면 두 가지 제도로 연결된다. 그것이 「전문사업」이고 「역사적 지구환경정비가로 사업(「역사길사업」)이라 축약」이다.

국토청은 지방에 있어서 마을가꾸기, 지구차원의 정비사업에 대한 보조를 모색해 왔다. 또, 이 당시 경관조성을 국가의 시책으로 어떻게 위치 지워야 하는가 라는 발상도 나오게 된다.[6]

전문사업은 3개년 간에 한정해 행해진 것이다. (그 외의 테마도 같은 구조로, 3년 지나면 테마와 명칭이 변경되었다.) 또 「메뉴 보조[7]」라는 발상에 따라 같은 사업이라도 지역의 특성에 따라 보조금의 사용 방법을 유연하게 받아들이는 자세가 나타나 있다. 그런 의미에서 지방분권시대의 보조제도의 발상에도 연관된다. 전문사업의 대상도시는 히로시마 현 다케하라시, 기후현 다카야마시, 후쿠오카 현 야나기가오시 등으로, 사업 내용은 지구 내 도로나 수로의 정비, 가로 모퉁이 광장의 정비 등이 주체이다. 역사적 지구의 환경정비의 진행방식에 대해서는 찬반은 있다 생각되나. 이 시기에 하나의 형태가 만들어졌다.

또 역사길 사업은 구 거주환경정비가로사업의 역사 지구판이다. 말할 것도 없이 역사적 지구에는 도로를 확장하면 역사적 환경자체를 파괴해버리는 경우가 많다. 그러나 역사적 지구에 도로 정비의 필요성이 없는가 하면, 실은 전혀 반대로 역사적 지구야말로 정비의 필요성이 높고 사업의 효과는 더 컸다. 1980년의 지구 계획이 창설과 관련해 지구레벨의 마을가꾸기 이후 도시계획의 축이라는 논란이 행해지는 가운데에서 역사지구에 있어서는 옛길 "역사적 연도(길)"의 정비는 도시계획의 역할이라고도 생각되게 되었다고 볼 수 있다.

경관을 키워드로 한 보조제도는 건설성 국토청뿐 아니다. 각 성청이 이전부터 지금까지 경쟁해왔다고도 할 수 있을 만큼 다양하다.

예를 들면 농수성에 의한 「우리 마을은 아름답게」 등이 그 예이다. 농수성은 서독의 정책인 「우리 마을은 아름답게(Unser Dorf soll schoner werden)」을 참고로 후지와

그림2 · 1 요코하마기의 도시 디자인 사례 구스노키 광장
(출전 : 요코하마 도시디자인포럼 실행위원회)

라의『농(農)의 미학』[8]이라는 저서가 화제를 물러 자극을 준다. 이 대응은 보조제도 자체가 아닌 농촌종합정비사업에 관한 여러 모델 사업 중의 하나였다. 또 이 대응은 정확하게는「실험적」이었나고 말해야 할지도 모르나, 농수성은 1992년에 아름다운 마을 만들기 추진사업 같은 모델 지구정비사업으로서 제도화되었다. 이외에도 농수성의 생산조성에 의한 휴경지에 연꽃 등을 심는 경우「경관작물」로서 보조대상으로 하는 사업도 경관 관련 사업으로서 리스트 업 되었다.

현 시점에서 이들을 세심하게 열거해도 의미가 별로 없으므로 여기서는 당시 각 중앙정부 부처가 이 경쟁하며 경관에의 대응에 대한 시책을 만들어내고 있는 상황이고, 경관을 직접 주체로 한 사업과 경관 만들기라는 발상을 도입하는 것이 가능한 사업을 들어 각각 경관에 대응하고 있음을 나타내려고 한 것을 이해했으면 한다.

• 도시디자인의 시대

또 한편으로는 아사히가와시, 요코하마시 등의「도시 디자인」이 화제가 되었다. 아사히가와시에는 도시의 중심부의「쇼핑거리 공원」요코하마시는 시청의「장목(녹나무) 거리」의 정비사례가 소개되었다. 이외에도 주택공단에 의한 뉴타운 중심지구 등에 대해서도 새로운 도시공간의 모습이 제공되었다. 이처럼 구체적 공공 공간의 정비에「도시 디자인」이라는 개념을 가져온 것은 경관이라는 테마에 대한 대응 방식을 모색 중인 자치 단체나 전문가에 대해 시사를 안겨준다. 즉 경관의 보전뿐 아니라 경관의 창조(만드는 경관)라는 새로운 발상의 가능성이 제시되어진다고 평가할 수 있다.

도시 디자인이라는 경관에의 대응에 폭이 넓어진 것은 그 후의 전개에 커다란 영향을 미쳤다.

그 포인트를 두 가지 들면, 하나는 건설청 등의 경관에 대한 모델 사업 등에 미치는 영향으로 구체 사례를 통해 개개의 도시에 응용하는데 있어 실마리가 되는 효과이다. 보조 사업이 지향하는 정비형태로서도 가능성을 나타냈다 할 수 있다. 다만 그 내용은 어떤 면에서는「정비의 업그레이드」즉 포장재료 등의 단가를 높인다는 표층적 대답에 지나지 않는 사례도 낳은 면이 있다.

다른 하나의 포인트는 종적행정의 문제를 개혁하고「가로(횡)」의 연대, 즉, 행정내용의 정비기능을 중시하는 필요성을 구체적으로 나타낸 것이다. 또 아사히가와 시의 예는 행정내용 뿐 아니라 시민(상점가 등)과의 연대도 도시공간을 형성해 가는 데 중요한 문제임을 시사했다 할 수 있다.

이와 같은 성과로 "경관"의 제도는 다음의 단계로 들어간다.

• 도시경관 형성 모델사업-모델 도시지정

1983년에 도시경관형성 모델사업이 창설되어 1987년에는「경관형성모델도시」지정이라는 제도가 만들어졌다. 이때부터 도시경관이라는 단어가 많이 쓰여지게 된다. 도시계획중앙심의회의 답신「양호한 도시경관의 형성을 지향하며」[9]가 간행된다. 이 책은 건설청의 공식문서는 아니지만 경관에 대응하는 시정촌에 있어 교과서적인 매뉴얼이 되었다.

그 내용을 필자 나름대로 정리한 것이, 그림2 · 2이다.

◘ 경관조례

경관에 관한 법 제도에 따르지 않는 조례 중, 역사적 환경 분야 이외에는 미야자키현의「연도수경미화조례」(1969)가 가장 오래되었다. 이 조례는 지정된 간선도로의 연도 20m의 범위에 대해 지정 수목벌채의 허가제, 연도 수경 식재지구의 지정 등을 규정한 것으로 풍경을 다룬 것으로 주목받았다. 그러나 이에 이은 사례는 별로 없었다.

이미 논한 것처럼, 1970년 전후에는 가로경관 보존에 관한 조례와 함께 여러 제도가 정비되었다. 여기에 이어 1970년대에는 역사적 지구의 경관조례제도가 주가 되었다.

이미 많은 지방지자체가 경관에 대해 어떻게 대응할지 각각 검토되기 시작했고, 1980년대 중반에는 나고야시, 기타큐슈시 등에서 조례화가 진행된다. 그리고 1980년 전후의 국가의 정책에 연동해 전국적으로 경관조례를 제정하는 시정촌이 늘었다. 그 배경에는

- 1980년의 지구계획제도 창설에 의해 지구 계획의 필요성이 인식되어져 있던 점.
- 국가의 보조제도로서 공공공간을 대상으로 한 가로사업 등 경관에 관한 보조사업이 늘어, 그 활용에 계획적 대응이 요구되어진 점.
- 도시계획 운용에 대해, 이미 10년을 넘는 실적이 있어 개발허가나 건축행정의 수속을 통해 경관에 관한 지도나 협의를 행하기가 어렵지 않았던 점 (이점에 대해서는, 고베 시 조례의 의미가 크다.)

등이 있다.

1990년 전후는 경관조례제정의 「붐」이라 할 만한 시기로, 연간 20가 넘는 조례제정이 행해졌다. 그 후 경관조

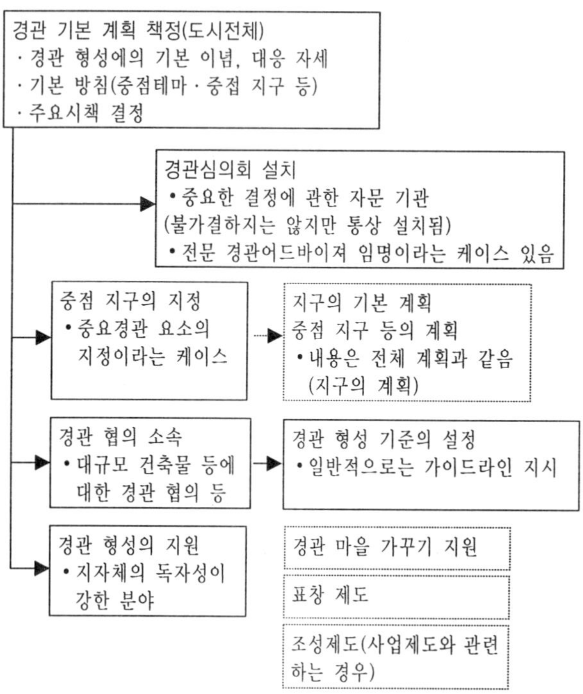

그림2 · 2 경관기본계획의 구성

례를 갖는 시정촌은 약 400에 달하고 있다.[10] 이들 경관조례의 대부분은 자주조례라 불리고, 법률에 의한 근거를 가지지 않는 것이 일반적이다. 즉 이전의 요강행정의 연장선상에 있어 현실의 건축행위나 개발행위에 대한 판단에 대해서 국가에 의한 법제도가 우선될 가능성이 크다는 상황에 있다.

도시경관이라는 단어, 경관의 가치라는 점에 대해 사회적으로도 넓게 인지되는 상황에 이르렀지만 또, 2.2절에서 다루겠지만 시정촌에 의한 경관 조례 등에 의한 룰(내적인 규제)이, 주민의 합의를 전제로 해 국가의 보조제도에 있어 적극적으로 평가되는 단계에 도달하면서도 현 상태에서는 경관을 유지, 보전, 혹은 창조한다는 관점에서는 아직 문제가 남겨져 있다고 말하지 않을 수 없다.

일본의 경관 형성 문제

시점을 조금 바꾸어, 일본의 건축, 도시계획 제도가 가지고 있는 경관형성에 관한 기본적 문제를 지적해 둘 필요가 있다.

◘ 전국 일률기준과 지역특성을 반영하는 구조

제1의 문제는 전후 오래 이어져 온 건축, 도시계획 제도의 문제이다.

예를 들면, 도시계획법을 보면 알 수 있듯이, 현재 법률에는, 역사 혹은 경관에 관한 단어가 적다. 구 도시계획법에서 풍치지구, 미관지구 외에는 역사라는 단어는 「역사적 풍토보존지구」가 있으나, 이들 대부분은 지역지구(법 제12조)에 관한 것이라고 해도 과언이 아니다. 단 지방분권에 대응하여 국토 교통성이 제시한 「도시계획운용지침」[11]에는 시대의 요청에 응한 형태로 역사 경관에 관한 배려사항이 늘어난 것을 확인할 수 있다. 상황은 변화하고 있다고 할 수 있다.

전후 제정된 건축기준법은 전국 일률의 최저기준으로 되었으나, 과거로부터 계속되거나, 혹은 역사적으로 가치있는 것(도시의 기억, 혹은 그리운 것이라고 할 수 있다.)에 대해 너무 냉담한 제도가 아닐까? 전후 사회상황에서 근대화의 요청 등 필요한 규제가 있었던 것은 부정하지 않으나, 예부터 있었던 것에 대한 (예외적) 취급이라는 것에는 능숙치 못했다. 이에 따라 잃어버린 것이 너무 많았다고 생각한다.

전통적 건축양식의 건조물은 문화재지정에 따른 예외적용(전진지구제도도 건축기준법의 규정[12]만을 볼 때 예외규정이다.)이라는 방법 이외에는 소유자의 강한 의지가 없는 한 남겨지지 않았던 점은 전통적 양식을 남기기 어려움도 고려해야 하지만, 역시 반성해야 할 것이다.

단 건축기준법에는 지역의 특성을 반영한 특례취급의 규정(법40조) 등이 있어, 운용에 따라서는 할 수 있는 것도 있으리라 생각한다. 그러나 이런 특례를 일반적 규정에 의해 엄한 규제를 행하는 성격의 것이라 이해되어 왔다고 하나, 전통적 양식 등의 계승을 목적으로 완화하는 일은 이루어지지 않았다.

법과 그 운용방식(지구지정의 방식 등)의 양자가 연동하여 역사적 경관을 배제해 왔다고도 할 수 있다. 준방화지구에서는 부지경계 또는 도로중심선에서 1층에서 3m이내, 2층 이상에서는 5m 이내의 범위가 연소의 위험이 있는 부분이라고 해 목재부를 노출하는 전통적 양식은 기본적으로 금지되어 왔다. 京都를 예로 들면, 전쟁전의 시가지는 아마 모두 준방화지역으로 지정되어져 있어 도로 폭은 5m정도이므로 격자가 있는 상가는 모두 위반이 된다. 기존 부적합 건축으로써 존속은 인정되나, 다시 말하면 부서지는 것을 기다린다는 것이다. 많이 개조해서 계속 사용하거나, 주택에서 요리점이나 점포로 용도 변경해 이용하는 것은 불가능했다. 요즘에는 상가 재생이용이 붐이 되어, 이들 정가의 이탈리안 레스토랑이나, 카페 등이 인기를 부르고 있으나, 그 대다수가 건축기준법 위반이다. 그러나 설계자로서도, 경영자로서도 위반행위를 하는 것은 망설여질 것이고, 보험, 융자 그 외의 조건에서도 불리하다. 건축기준법은 京都 뿐만 아니라 역사도시의 풍경을 지우려 하고 있다.

문제는 상가뿐이 아니다. 유명 사원에서도 탑두(塔頭)나 사원은 때때로 부지경계 가까이에 건물이 있고, 개축 시 모르타르를 칠한 알루미늄 샤시 건축으로 하거나 RC조로 하지 않으면 안 되게 되어 있다. (예외로 인정되는 문화재 지정 건축은 경내 매우 일부에 지나지 않음). 역사도시의 관광 면의 인기를 생각하면 이러한 법의 자세는 국민의 상식적 감정에서 비켜서 있는 것 같다. 京都에서는 최근 도심부에서 준방화지역 지정을 풀기 위한 조례를 제정하고 있다.

도시의 불연화는 도시계획법의 기본적 목적의 하나이다. 그것의 정당성은 반론하기 어렵다. 그러나 도시계획법과 건축기준법이 그를 위해 규정한 내용을 보면 일본의 역사도시가 어떠한 건축물로 채워져, 건축문화 및 경관적 문화가 어떠한 조건으로 존속해 왔는가를 간과 혹은 무시하고 새로운 나대지에 하나부터 새로운 도시를 형성하는 시스템이 되어있다.

마치 역사 문화가 없는 국가인 듯한 제도라고 하면 과언일까? 다양한 궁리와 조건을 붙여 목조건축문화의 계승을 꾀하는 방법은 있을 것이라 생각된다.

건축기준법의 개정으로 성능기준이 요구되게 되어 상황은 겨우 바뀌어졌다. 목재에도 불연화처리 등의 연구에 따라서는 사용의 길이 열릴 듯이 생각되었다. 그러나 기본적 방침으로서 역사적 환경을 계승하려는 자세는 희박했기 때문에 그 계승이 어려운 상황에는 변화가 없었다.

역사적 경관의 계승이라는 관점에서 보면 도로에 관해서도 문제가 있다. 일본에서 모든 도로는 폭 4m 이상이지 않으면 안 되고 4m 미만을 인정하는 법 42조 제2항 도로도 기존 부적격도로로 다음 개축 시에는 중심에서 2m 후퇴하지 않으면 안 된다. 여기에는 완화 규정이 없다. 예를 들면 京都다운 경관으로 알려진 가모가와 주변의 사키마스쵸는 매년 각 지역에서 도로 폭이 넓어지고 있다. 각 지역의 마을에서 볼 수 있는 정서 혹은 골목길은 모두 없어질 운명이다. 조건에 따라서 존속을 인정하는 경우가 있어도 좋지 않을까?

지방분권 이전은 도시계획이 국가의 사무라는 기본적 성격이 있었다. 국가에 의한 법류의 일원 관리와 하나의 발상이 예외를 배제하는 자체가 장해(障害)의 하나였다. 또 보조금(補助金)을 쥐고 있다는 입장에서 국가가 지배적인 입장에 있었던 것도 사실이다. 또 조례에 의한 규정에 대해서는 법률선점권 아래 지방의 룰(기준)에 따라 국가의 일률적 판단이 우선한다는 자세가 있어 택지개발요강과 같이 조례에 의한 규제의 상승 등은 제도적으로는 행정의 「부탁」에 지나지 않는다는 해석이다.

이와 같은 예로서 사례 편에 있는 것처럼 구라시키시가 경험한 시 조례(약칭 「전통미관조례」에 의한 행정지도가 부정되고 대신(大臣)에 의한 건축 확인 명령이 내려진다는 경우가 있다.(8 · 3절 참조)

이처럼 경관형성에 관한 문제는 현실적인 법 제도에 근거한 건축행위(건축기준법에 의한 확인신청수속에 대한 판단에 어떤 형태로, 경관조례 등의 규제가 반영되어지는가 라는 점이다.)

도시계획 제도와 풍경계획

역사적 경관계승이라는 시점에서 문제의식을 넓혀 환경의 역사적 특성에의 의식의 희박함도 지적하지 않으면 안 될 것이다. 이는 도시계획제도와 풍경형성간의 문제로, 다시 말하면 토지이용의 자유라는 문제이기도 하다. 여기서도 법과 지구지정이라는 운용의 양자가 어우러져 경관의 혼란을 낳기 쉬운 상황이다.

일본의 지방도시는 일반적으로 중심부에 2층 건물로 목조 건축이 상점가를 형성해 왔다. 상업 지구라는 이유로 도시계획법의 상업지역으로 지정해 왔다. 그러나 예부터 상업을 영위해온 지역과, 도시계획법에서 말하는 상업지역에는 큰 차이가 있다. 우선 용적률 규제가 최저도 400%이었던 것, 소도시의 상점가에서 상업용도라면 개축해도 기껏해야 3~5층 건물인 것이 고작이다. 여기에 수십 층에 달하는 맨션이 건설되게 된다. 주택이외의 거대용적에의 수요가 없는 것이다. 한편 상업지역의 용도로서 특성이라 한다면, 대규모 영화관이나 풍속영업을 허가한다는 내용으로 대부분의 상점은 근린상업지역이나 주거지역에서 충분해지는 것이다. 상업지역에서는 일조를 비롯하여 거주에 적합한 환경확보는 보증되어지지 않는다. 이러한 시점에서 각지에서 보이는 거대 맨션과 상점의 혼재는 경관적 혼란으로서 눈에 보이는 것이다. 지금은 상업지역에서 200%규제도 조하에 추가되어졌으나 이미 늦어 높은 용적으로 규정된 지가의 하락을 두려워해 다운・조닝은 매우 곤란하다. 이는 건축디자인으로는 해결할 수 없는 경관적 문제라 해야 한다. 필자는 이를 경관의 사회적 혼란이라 부르고 싶다.

또 용적률의 문제는 최대이용을 인정한다는 점에만 있는 것이 아니다. 400% 규제지역에서는 주차장의 0%용적에서 150%정도의 주택 혹은 거대 맨션의 400%까지 어떤 용적에서도 자주 그때까지 거의 2층 건물이었던 환경이 해가 감에 따라 용적배치의 부도화가 진행된다. 이는 경관 프로포션을 망가뜨린다는 문제만이 아니다.

이전의 마을 구성은 앞에 2층 건물을 쭉 세우고 가구(번지를 정리하기 위해 작게 나눈 시가지의 구획) 뒤편에는 뒤뜰과 단층집의 객실이나 창고가 배치되어 있어 일조나 통풍을 확보하고 있었다. 가구로서의 환경형성이 있었던 것이다. 현재의 규제는 토지이용의 자유뿐 아니라 가구로서의 환경형성 목표가 없다. 뒤뜰의 연속이 끊어져 햇빛이 들어오지 않게 되거나 바람이 통하지 않아 이전처럼 새나 나비가 놀러오지 않게 된다. 혹은 뜰 저쪽에 아스팔트 주차장이 출현한다. 이것은 경관의 사회적 환란이라 말할 수 있다. 동경이나 오사카 중심부에는 도시계획법이라는 상업지역이 성립하고, 이에 따른 환경이 형성되었으나, 대도시에서도 주변부는 이 같은 상황이 보이고, 일반적이 지방도시의 대부분에서 같은 문제가 진행되고 있다.

토지이용용지에 관해서도 지역이 어떠한 성격의 도시가 될지 도시계획제도에서는 명확하지 않다. 품위 있던 상점가에 풍속점이나 장례식장이 어느 날 돌연히 출현한다. 유럽도시에서는 지구지정이 일본에 비해 매우 상세하다. 또 재량으로 지역의 성격에 맞지 않는 것을 배제하는 제도도 있다.

집이 새로 고쳐지어질 때마다. 경관도 환경도 어떤 모습을 향해 수렴을 하는 것이 아니라 반대로 발산의 방향으로 간다. 그것은 경관적 환경적 혼란을 의미하고 있다. 도시의 미래는 혼란으로 향하고 있다고 한다면 과언일까? 도시의 경관문제가 심각한 것은 도시환경의 미래에 대한 불안이 분석을 할 수 없을지라도 적어도 정서적으로는 시민이 알게 되어 경관문제로서 떠오르고 있다는 점이 아닐까? 도시계획법의 지구계획제도야말로 이 문제를 해결해야 할 역할을 담당하고 있는 것이다. 그러나 재산권의 벽에 막혀 토지권리자의 대다수의 동의가 전제되어 그 활약무대는 매우 제한되어 있다. 풍경 기준법은 사태를 개량하는 다른 하나의 길로, 국민이 이해하기 쉬운 방도라고 생각된다.

2・2 경관(풍경)계획과 사업제도

사업에 의한 유도

현재, 중앙정부의 경관에 관한 사업수법을 표2・1에 정리했다.

경관에 관한 보존제도는 많이 정리되어 왔다. 그러나 현재는 어느 사업에 있어서도 경관에의 대응이 포함되어 있다고 생각할 수 있고, 또 경관을 직접적인 목적[13])으로 하는 것이 아니라, 전체적인 계획의 한 가지 요소 혹은 부분으로서 경관의 문제를 받아들이는 방식도 정착해 왔다. 더욱이 국토교통성의 보조제도처럼 지자체(시정촌)의 시책을 지원하는 제도도 있다.

보조사업에 대해서는 국가와 지방의 재원 배분문제가 있다. 지방에의 재원이양을 진행시키는 것이 불가분하고 지방분권시대의 흐름은 시간은 걸릴 것이다.

지방에의 재원 이양과 지방의 도시경영적 발상에 근거한 자주적 재정운영의 가능성을 넓혀갈 필요가 있다.

국가의 자세

(1) 시정촌의 자치로서 마을 가꾸기를 제도적 · 기술적으로 지원하는 것.

(2) 정보의 파악과 공유화를 중시하는 것 (재정적인 권한의 파악보다 중요함.)

(3) 개발 등의 기준에 대해서도 지금까지의 최저한의 기준(내셔널 · 미니멈으로서 위치 지어져 옴)과 지역의 특성에 입각 혹은 기준의 관계를 재구축하기 위한 새로운 제도를 만들어 가는 것 등에 시프트(shift)해 가야 한다 생각한다. 경관 혹은 풍경이라는 영역은 이들의 방향성을 나타내는 최적 분야의 하나이다.

표 2.1 풍경계획사업표

		소속관청	사업주체	비고
종합정비	마을조성특별대상사업	총무성	시정촌등	지역의 창의연구에 따른 개성적이고 매력 있는 마을조성을 지원, 광역행정도
	마을조성종합지원사업	국토교통성	지방공공단체 등	지역의 창의연구를 활용한 마을 조성을 지원 집행은 시정촌의 재량권을 확대
역사 · 전통환경의 보전	지역문화재 · 역사적 유산활동에 의한 지역살리기 사업	총무성	지방공공단체	지방지정의 문화재를 사고, 수복 등에 대한 보증
	기념물보존정비사업	문화청	지방공공단체 등	문화재보호법에 의한 지정문화재 보존 수리 등 소유자도 대상
	지방거점사적 등 종합정비사업	문화청	지방공공단체	사적을 소유관리 중인 단체에게 공사비 등을 보조
	사적 등 활용특별사업(고향과 역사광장)	문화청	지방공공단체	위와 같음
	역사길 활용추진사업	문화청	지방공공단체	고도 등 역사적 유산의 조사 · 활용에 대한 보조 계획-도도현, 사업-시정촌
	건조물 등 수리사업	문화청	지방공공단체 등	문화재보호법에 의한 지정 건조물의 보존수리 등 소유자도 대상, 전건지구 포함
	역사적 건조물 등 활용형재개발사업	국토교통성	재개발사업과 같음	역사적 건조물 등의 활용에 의한 일체 재개발 대상
	역사적 항만 환경 창조사업	국토교통성	항만관리자	항만에 있어서 역사적 유산의 보전활용대상
항만정비	항만 경관형성 모델 사업	국토교통성	항만관리자	항만의 경관자원을 활용한 양호한 경관조성
상업지정비	중심시가지 등 상점가 · 상업 집적 활성화 사업	경제산업성	상업가 등	리노베이션 보조 중심시가지 등의 활성화를 위한 하드 · 소프트 사업
	중심시가지 활성화 특별대책 사업	총무성	시정촌	중심시가지 활성화에 대한 종합적 지원제도
주환경정비	마을기리 환경정비사업	국토교통성	지방공공단체	지구주민과 지방공공단체가 협력해 행함. 마을거리 · 경관정비를 지원
	밀집주택시가지 정비촉진 사업	국토교통성	지방공공단체 등	밀집시가지의 환경개량을 위해 지구시설 등의 종합적 정비 경관정비도 중요요소
	주택시가지 정비종합지원사업	국토교통성	지방공공단체 등	도시의 기성시가지의 주택공급을 통해 양호한 시가지 경관형성을 꾀함.
농촌취락정비	전원정비사업	농림수산성	지방공공단체 등	아름다운 농촌경관의 보전을 배려한 시설 · 길의 종합적 정비
	지역용수환경정비사업	농림수산성	지방공공단체	농촌지역 소로 등의 수변 공간 활용
	고향과 물과 흙접촉사업	농림수산성	지방공공단체 등	중산간지에 있어서의 시설 유지보전 친수 공간 등의 정비
	계단식 논 지역 등 보전 정비사업	농림수산성	지방공공단체	계단식 논 등의 보전에 관한 생산기반, 생활환경시설 등의 종합적 정비
	농촌진흥종합정비사업	농림수산성	도로부현	농촌생산기반과 농촌생활 환경정비를 종합적으로 실시
도로 · 가로정비	로드정비사업	국토교통성	지방공공단체 등	도로정비에 대해서는 도시 · 지역정비국 · 도로국도, 경관정비의 요소를 중시. 도시 · 지구레벨의 계획에 따라 어떤 타입사업에서도 경관에의 대응이 가능
	친근한 마을조성지원	국토교통성	지방공공단체 등	
	가로사업 생활의 길만들기 사업	국토교통성	시정촌 등	
	커뮤니티 도로정비사업	국토교통성	도로관리자	
하천정비	하천개수사업	국토교통성	한천관리자	*하천정비에 대해서는 하천사업전반에 주민의향의 반영과 경관에의 대응이 일반화되어있어 어느 사업에서도 가능
	하천재생사업	국토교통성	한천관리자	
	고향과 강정비사업	국토교통성	한천관리자	
공원정비	다양한 필요에 대응하는 도시공원사업	국토교통성	지방공공단체	*공원정비에 대해서는 공원사업전반에 경관형성이 테마가 되어있음.
	중심시가지활성화광장공원사업	국토교통성	지방공공단체등	

종래의 제도와 최근 제도의 차이

종래 제도는 국가가 메뉴와 그 상세한 채택조건을 준비하고, 시정촌이 그 요건에 맞추어 사업 계획을 작성 할 필요가 있었다. 제도에 유연한 자세는 있다 하나 단적으로는 메뉴를 조금 변경한 「모델사업」 시대가 이어졌다. 새로운 제도가 생기면 「시험적으로」 무리하게 적용시키는 웃을 수 없는 현실도 적지 않았다.

국가의 허가를 얻기 위한 사무가 번잡한 것(몇 번이고 가야 하고, 심사의 서류가 방대함 등), 보조의 구조가 지구에 적합하지 않는 경우(국가가 준비한 메뉴의 한계이기도 함) 등등의 문제가 있었다. 단, 시정촌으로서는 재원 확보의 방법으로서 마약적 성격이 있어 예산을 확보하는 유력한 수단이었다.

경관에 관한 사업제도는 당시에는 도로사업 등의 통상적 사업에 「경관이라는 테마를 덧붙인다」는 구조였다. 예를 들면, 심벌로드 사업은 가로 사업의 한 가지 메뉴로, 가로 담당 소관으로, 2·1절에서와 같이 도시 디자인형 사업의 이미지라 해도 좋다. 단, 다른 관련 사업은 다른 구조(이것도 모델 사업이다)를 덧붙일 필요가 있다 할 수 있다. 따라서 계획은 지구 레벨에서 생각한다 해도 사업 계획은 가로를 중심으로 만들어진다고는 하나 경관에 관한 사업의 경우 다른 분야에 비해 비교적 빠른 단계에서 전체계획을 요구한다는 발상이 있었던 것이 사실이다.

변화하는 사업의 조직에의 대응

90년대에 들어서, 건설성의 사업제도는 크게 변화한다. 「가로·마을만들기 종합 지원사업」, 「가로 환경 정비사업」의 시대가 된다. 이들 사업의 특징은 한마디로 말하면 시정촌의 계획을 국가가 보조금에 의해 지원한다는 자세로의 전환이다. 지방 분권이라는 커다란 과제 안에서 국가가 취한 대응책이라 하면 뿌리도 줄기도 없으나, 제도의 방향성만은 틀리지 않았다 생각한다.

포인트는 네 가지이다.

하나는 계획의 중시, 두 번째로 지구에 필요한 사업을 통합적으로 다루는 것이 가능해진 것, 세 번째로 지구 특성에 대응해 기준의 유연화이다. 네 번째로는 대상지구 주민의 합의 형성 프로세스(주민의향의 반영을 위한 조치)를 중시하는 것이다.

사업의 구조

가로 환경 정비 사업, 마을만들기 종합지원사업의 창설은 보조제도로서 터닝·포인트로 규정 할 수 있다 특히, 가로 환경 정비사업은 지방 지자체의 경관 시책과 연대한 보조제도라는 차원에 도달했다고 보아도 좋다.

가로 환경정비 사업의 발상

국토교통성의 가로환경정비사업(통칭 : 「가환」)은 지자체의 경관조례와 연계한 유연하고 사용하기 쉬운 제도로서 활용된다. 단, 이것이 완성된 제도라 해서 방치 할 수는 없을 것이다.

잡지 「조경」 33호의 「마을 만들기 디자인의 현재」를 근거로, 「가환」의 사업 구조 등을 소개하면서 경관·풍경 만들기 사업에 관한 문제점에 대해 말하고 싶다. 먼저 「가환」의 요점은 세 가지이다.

- 경관조례 등에 의한 위치 규정

「가환」은, 기성 시가지의 밀집지구를 대상으로 한 두 가지 타입의 수복형 정비 사업이라는 전력을 가지고 있으나, 여기에 경관이라는 테마가 더해져, 3가지 계통이 혼재한 형태로 되어 있다. 그 중에서도 경관의 비중이 높아지고 있다.

대상지구는 역사적 지구가 많으나, 밀집 시가지의 사례가 있고, 한신·아와지 대지진의 피해지도 있다. 주택단지나 공영주택을 포함한 지구의 마을 가꾸기, 미니개발의 집적지나 마을 가꾸기의 예, 농촌취락, 어촌취락의 마을 가꾸기도 대상이 되고 있다. 지구의 규범도 여러 가지로 다양한 지구에 「가환」이 적용되고 있다. 「가환」의 채택요건 중 하나는 「조례 등에 의한 경관 형성을 꾀해야 한다고 되어 있는 구역」이라는 항목이 있다. 시정촌에 경관조례가 있고 경관 형성 지구로 지정되어져 있으며, 경관 가이드 라인이 적용되어져 있는 등의 조건이 있으면, 요건은 거의 충족 된다. 경관 조례의 보급에 의해 「가환」이 활용되는 범위가 넓어져 있다.

- 마을가꾸기 협정

「가환」에서는 지구의 마을가꾸기 조직을 만들어 「마을만들기 협정」의 체결을 표준화한 내용이 필요하다. 시정촌은 지구의 주민·관계자와의 협의체를 만들어, 협정을 체결해 갈 필요가 있다(이에 대신할 것이 있는 경우 그 규정에 의함). 「가환」의 「마을 만들기 협정」의 내용은 관주도의 이미지도 있으나[14], 지구계획이나 건축협정과 비교해 발상이 자유롭고 유연하다.

「가환」의 협정은 법에 근거하는 것이 아니라 임의의 협정이다. 일본의 지역 사회에서는 옛날에는 모두 모여 지구의 규정이나 약속 등을 정하는 것이 보통이었다. 그 내용은, 지역에서는 당연해도 도시계획법이나 건축 기준법 등 법률만으로는 컨트롤의 대상이 아닌 것도 많았으리라 보인다. 이 같은 지역에 있어 당연한 일이 지금 제도로는 매우 불가능할지 모른다.

「가환」의 경우, 협정을 가짐으로서 「보조금」을 얻을 수 있다. 큰 금액이 아니라 할지라도 지구의 정비, 주거 환경 개선으로 연계되는 사업, 특히 도로를 중심으로 한 현안 사항이 조금이라도 해결된다. 또 「마을 거리 정비」로 연결되는 개개 건물의 개보수에 공적 조성금이 나온다. 이 구조가 「마을의 룰」을 만들어 내고 있다.

• 수경에 대한 보조

「가환」의 특징은 기준에 적합한 건축행위에 조성할 수 있다는 것이다. 이전부터, 일본의 제도에서는 개개의 가옥에 대한 보조는 할 수 없는 것이 기본으로 되어 있었다.(밀집지구만 예외였다). 이것이 경관이라는 영역에 겨우 적용되게 되었다. 지구 내의 도로 등의 시설 정비뿐만 아니라, 건물에의 수경에 보조가 나온다는 것은 매우 큰 의미이다.

지방 분권시대가 되었으나, 지방자치 단체의 재정 시스템은 이전과 다름이 없다. 그러나 많은 관청의 담당자는 이 조성금을 「사용하기 쉽다」고 느끼고 있다고 대답한다.

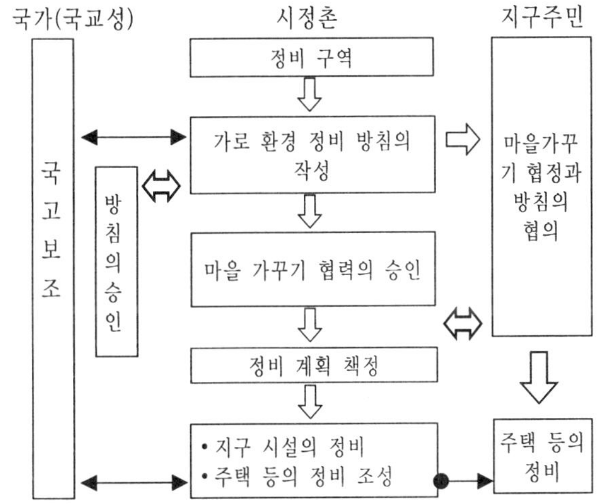

그림2 · 3 가로 환경 정비 사업의 구조

그 이유는, 필요 이상으로 세심한 점까지 요건을 정하고 있지 않기 때문이다. 이런 「계획 만들기」의 사고를 시정촌의 담당자가 컨설턴트에 맡겨두지 말고 스스로 배워 익히는 것이 중요하다. 지구의 마을 가꾸기 플랜을 만들어, 그것에 근거해 시간을 두고 다양한 시책을 진행시킨다는 발상이 시정촌에 정착되어 가는 것이 중요하다.

국가의 보조제도는 「가환」이라는 형태의 하나의 모델에 이르렀다. 또, 가환뿐 아니라, 가로사업(친근한 거리 조성 지원 사업)이나 종합형 보조제도(마을 만들기 종합 지원 사업)등처럼, 시정촌의 마을 가꾸기를 지원하는 시스템은 변화하고 있는 중이다.

• 디자인 등의 문제

디자인 문제가 실은 크다. 문제는 좀 더 뿌리 깊은 것 같다. 필자는 「가환」에 매우 높은 평가를 주고 싶다. 그 의미는 구조로서 이 단계에까지 도달한 것을 평가하는 것이다. 그러나 그 후, 사례를 돌아본 결과 몇 가지 실패 사례를 보았다. 거리 가꾸기 뿐 아니라 「마을 훼손」이 아닌가 하는 사례가 있다.

두 가지 점을 지적해 두고 싶다.

첫 번째로 「가환」의 대상지구는 공통된 표정을 가지고 있다. 도로의 포장, 가두(길모퉁이)광장의 정비가 기본 메뉴로 개성이 없다. 어떤 지역에서도 같은 표정이 되는 케이스가 적지 않음은 어쩐 일일까. 이것은 현재 「경관 정비」라는 사업에 있어 공통점일지도 모른다.

두 번째로 개성이 사라지는 것 이상으로 새로운 사업에 의해 마을이 파괴되어 가는 경우도 현실이다. 이래도 되는 것일까?

이런 사례 중에는 「날림 공사」의 경관 정비라고 할 정도의 것도 있는 것이 사실 놀랍다. 예를 들면 외벽은 백색이고, 가이드라인대로도 전통적 양식이라 해도 좋은 걸까 하는 상태. 극단적으로 말하면 이런 일을 할 능력이 없는 사람이 설계해서 이를 체크하는 사람도 없는 게 아닐까 싶다.

지역의 역사나 특성을 살린 경관정비에는 미술, 과다한 디자인의 범람은 마을을 망가뜨린다. 구조가 완성되어도 이를 잘못 사용하면 큰 마이너스가 된다. 중요한 게 뭔지를 재고하지 않으면 안 된다. 디자인의 질에 대해서는 아직 구조에 반영되지 않는 상태로 특히 역사적 경관에 대해서는 서두르지 않으면 안 된다.

그림2 · 4 가로환경 정비사업의 전형 사례 미야자키 현 효가 시 미미리츠 지구

우선은 건설자의 문제, 역사적 지구의 마을 가꾸기, 수경이라는 일을 하는 사람에겐 소양이 필요하다. 소양이 없는 사람에게 일을 시키지 않기 위해서 연수 혹은 일정 자격이 필요하다. 또, 지구 전체상을 고려한 도시 디자인도 중요하다.

더욱 중요한 것은, 행정 사이드의 전문가가 필요한 것이다. 프랑스 제도처럼 국가 자격을 가진 전문가[15]를 두는 것도 좋다. 실패 사례로 보이는 도시에는 이런 지도가 가능한 사람이 없다고 생각된다. 가이드라인의 규정과 건축확인 신청도서가 갖추어져 있으면 보조 사업이 가능 하다고 한다면 곤란하다.

◘ 사업제도와 관련된 문제

마을 가꾸기, 경관 만들기의 보조사업제도는 일정 수준에 도달했다. 이 구조의 개선을 바라기보다 사용하는 측의 문제나 제도의 사용 방식의 문제를 생각하는 것이 중요하다.

이와 함께, 여전히 구조 뒤편에 감추어진 「건축의 자유」 문제가 크다. 지방 분권시대에 대응할 시정촌의 계획에 대한 관여와 판단, 시민 의견의 반영이 큰 포인트이다. 즉, 사업제도의 문제가 아니라 규제(컨트롤)수법의 과제이다. 지역특성에 대응한 「지역의 마을 가꾸기 기준」을 유효한 규제책으로 하는 것, 디자인의 문제는 「블랙박스」라는 형태(다시 말하면, 기준은 단순히 수치나 가이드라인에 따르는 것만으로는 불충분하고, 경관 어드바이저 등 제3자에 의한 심사회 등 판단을 맡기는 케이스를 상정)의 역할을 재고할 필요가 있다.

또, 최근 서서히 이긴 하나, 이들 계획 만들기 등에 관한 주민모임(마을 만들기 협의회 등)의 활동이 보조 대상이 되는 경우가 많아지고 있다. 본래는 시정촌의 자주 재원으로 충당해야 할 영역이나, 소프트한 대책으로서는 중요하고 이 점은 보다 일반화되길 기대한다.

◘ 앞으로의 사업제도에 대해서

여기에 덧붙여, 네 가지 점을 지적해두고 싶다.

먼저 주목해야 할 사례의 하나는 효고 현의 대응이다. 효고 현은 현의 경관 조례에 의해 시정촌 레벨의 경관 지구 지정과 지구의 경관 사업에의 보조 시스템을 창설하고 있다. 이 시책은 현 내의 각 시정촌에 강한 영향을 준다고 평가된다. 어떤 의미에서는 효고 현의 「경관 기본법」이기도 하다. 현 조례, 현의 보조금을 통해 시정촌의 경관을 유도하고 있는 예로서 평가되어져야 한다. (실제로는 여러 문제도 있다고 한다).

다음으로 보조금에 의한 사업을 통해 경관 유도와 함께 시정촌에 의한 소프트 시책이 이후 제도의 주(柱)가 될 것이다. 주민에 의한 경관에의 대응, 다시 말하면 지구 레벨의 룰, 약속한 일의 중시이다(이에 대해서는 다음절을 참조).

세 번째는 세금 제도에 의한 유도이다. 전통 건조물 보존 지구제도에는 문화재 지정에 동반하는 고정 자산세 감면 조치가 있다. 여러 도시의 예로, 이 인센티브는 효과가 큰 유도 수법임을 알 수 있다. 풍경으로서 도시의 경관에 기여하고 있는 건조물 등에 대해서는 간접적 시책을 검토해야 한다.

마지막으로, 지방 공공단체는 공사 등(혹은 NPO라는 경우도 생각할 수 있음)에 의해, 지금쯤 직접적 경관 사업에 참여해도 좋지 않을까. 역사적 가치가 있는 건조물 등은 고정적 모뉴먼트로서뿐 아니라, 실제 사용되는 「살아있는 경관 자원」으로서 활용하는 방법은 해외의 사례에서는 보통 있는 일이다. 경관을 특별한 것으로서가 아니라 실제 사회적 구조 안에 남겨두어야 한다는 과제도 크다.

2·3 자주조례의 가능성과 문제점

시정촌 조례의 역할

경관 조례의 법적 성격

경관, 풍경 문제만이 아니라 「도시의 계획」과 「도시 계획 제도」는 이미 분리되고 있는 중이 아닐까. 지방 분권 시대의 제도가 도시 계획을 자치 사무로 한 것이라면 도시계획이나 마을 조성 제도는 보다 지역화 되는 방향에 있는 것이리라.

지자체의 조례는 지방자치법에 근거한 지자체의 조례 제정권을 그 근거로 하고 있다. 법률과의 관련을 보면, 조례에는 「위임조례」와 「자주조례」가 있다. 전자는 법의 규정에 근거하고 후자는 근거법이 없는 경우를 총칭한다.

위임조례로는, 예를 들면 도시계획법에 준한 미관 지구에서는 도시계획법 제8조의 규정[16]에 의해 시정촌은 미관 지구의 여러 기준을 정하는 조례를 제정할 필요가 있다(지구 지정만으로는 그 고용이 불가능하다). 이 경우의 위임 조례에 대해서는 정령에 의해 기준으로 해야 할 항목이나 그 가치 등이 규정되는 것이 원칙이다(단, 예로 든 미관지구는 그 규정이 없는 드문 예이다).

또, 전통 건축물 보존 지구에 관한 보존 조례는 문화재 보호법에 근거한 위임 조례를 기준으로 하고 있다. 그러나 지정지구의 사례 중에는 전통 건축물 보존 지구와 함께 그 주변 지구를 포함해 지구 지정하여, 그 일부를 법에 근거한 전통 건축물 보존 지구로 하고 있는 예가 있다.[17] 위임조례의 부분과 자주 조례의 부분이 한 조례에 병존하는 상태이다.

따라서 시정촌 조례 형태는 세 개가 되나, 하나의 시책에 관해 복수 조례를 함께 운용하고 있는 예도 있으므로

표 2·2 지방지자체의 경관 조례의 성격

		시정촌 등의 예
1	위임 조례	전통 건축물 보존 지구(다카야마 시 그 외) 풍치 지구, 미관 지구 등
2	복합 타입 조례	교토시 시가지 경관 조례(미관 지구, 전통 건축물 보존 지구 등)
3	위임 조례와 자주 조례의 조합	구라시키 시 전통 미관 보존 조례 등 5가지 조례에 의한 조합
4	자주 조례	도시 경관 조례 (고베 시 등)

注) 本書 8·3 節を 參照

이를 더하면, 지자체의 조례는 표 2·2처럼 네 개의 형태가 된다.

그런데, 일반적으로 경관 조례로 불리워지는 것은 많은 경우 자주 조례이나, 위임 조례의 성격을 가지는 것도 있다, 경관에 관한 시책의 폭이 넓어서, 지방자치 단체에 따라서는 앙케이트 조사 등에 대해 법에 근거한 위임 조례(예를 들면, 도시 계획 법의 풍치 지구 조례나 자연 환경 보전 조례 등)를 드는 경우도 적지 않다.

위임조례는 2·2절에서도 말했듯이 법률·정령이 규정하는 범위라는 제약이 기본적으로 있다고 보는 것이 일반적이다. 행정법의 전문가 중에는 위임조례의 의미, 법의 제약에 대해 종래대로의 해석을 계속해선 안되고 지방분권의 취지를 살려 법률의 해석권은 국가와 지자체가 동등한 입장에 있다고 해, 지역 특성에 관계하는 여러 기준에 대해서는 자치 단체 독자적으로 판단하는 성격의 것이어야 한다는 의견이 있다.[18] 도시계획, 도시 경관에 관한 조례의 기본적 성격을 지방 자치 제도로서 재고하여 받아들여야 한다는 것이라 해도 좋을 것이다.

나도 이 의견에 동조한다. 경관 조례 뿐 아니라 토지 이용 규제, 환경 정책의 분야 등에 있어서도 자주 조례에 의한 시정촌 시책의 실행이 다양하게 진행되고 있다. 예를 들어 교토 시나 가나자와 시 등 (제Ⅱ부의 사례 편 참조)은 그 최선단에 있다 할 수 있다.

자주 조례의 실적

앞서 말했듯, 역사적 경관에 관한 조례는 국가가 전통 건축물 보존 지구 제도를 선취한 것이었다. 또, 도시 계획 법이나 건축 기준법의 개정 내용에는 시정촌의 조례 등에 의한 독자적 발상이나 지역의 특성에 따른 시책을 법제도가 보좌하는 것처럼 보이는 것도 있다. 앞서, 무사시노시 등의 요강이 일영 규제의 제도화의 배경에 있었고, 도시 계획 구역 외 등의 건축 형태 규제에도 그 같은 성격이 있다.[19]

도시 계획법이나 건축기준 법은, 실제 사회에의 응용을 통해 법제도의 실효성이나 정확함을 확인해 가는 성격의 것이라 하면, 지방 자치 단체 측에서 새로운 시도가 선행되는 것은 이상한 일이 아니다. 실제 현장에서 일어나는 여러 문제에 대응하고 있는 것은 지자체로, 문제의 다양성 때문에 법 제도에 근거한 처리, 수속에 의문이나 걱정을 느끼는 경우도 있는 것이 현실이다.

특히, 지역이 소중히 해 온 건물이나 암묵의 약속 등을

건드리는 것이나, 지역의 풍경에 어울리지 않다고 모두가 느끼는 경우에 직면한 사례 등 어떤 대책이 필요하다고 생각하는 것은 당연하다. 이런 경우에도 법 제도에서는 거의 거부할 수 없어 법 제도와 지역의 감각에 차이가 있다고 생각된다.

현행제도상 건축 기준법은 1925년 도시계획법은 1968년에 골격이 만들어져, 수정, 개량은 더해져 왔으나 그 후의 변화에의 대응은 충분치 않다. 그 중 하나가 옛 건물이나 마을의 적용방법 다른 하나는 사회 경제의 변화에 연동하는 새로운 것에 대한 적용방법이다.

전자는 새로운 기준으로의 적합이 요구되는 것으로 공간적 변화가 불가피한 경우가 많다. 후자는 지역이 받아들이고 싶지 않아도 일정조건 아래 허용되게 되는 경우가 많다.

또, 이들 제도는 완화기조로 용적 등도 고용적화 하는 경향이 있다. 법은 전국일률의 기준으로, 지역특성을 배려하는 부분이 적다. 건축 기준법(40조 등)은 그 발상이 없지는 않겠지만, 경관에는 대응되어 있지 않다. 자주조례라 불리우는 것 대부분이 이런 상황 아래 있기 때문에 나온 것이라 할 수 있다.

◘ 풍경계획의 성격

경관은 매우 지역특성의 반영에 관계하는 문제이다. 단, 그것을 어떻게 느끼는 가는 사람에 따라 크게 다른 것도 사실이다.

경관이라는 말과 풍경이라는 말의 사용방법은 여기(이 책)에서도 여러 가지가 있어 통일되어 있지 않다. 단 경관이 보이는 환경과 물리적 환경을 컨트롤 하는 경향이고, 풍경이라는 말은 경관보다 심상적 요소를 많이 가지는 것이라 생각한다. 경관정비라는 시책에 여러 가지 과제가 있어 뒤에 논하는 것처럼 앞으로는 지역의 특성을 보다 폭넓게 받아들이기 위해 풍경이라는 말을 중시하고 싶다.

일본의 경관은 요즘 그 개성을 잃어가고 있다. 또 일본은 선진국 중에서는 가장 역사적인 것의 계급에 능숙치 못해, 또 사람들이 모여 사는 방식도 매우 능숙하지 못하다. 역사적으로 보면, 고도경제성장기의 전까지는 그 정도는 아니었다 본다. 그 후, 사건들은 경관, 풍경으로서 좋은 것을 파괴해온 것이라고 생각되고, 바뀌어 온 것이 일반적으로 「더럽다」고 생각되는 것이다.

지방분권 이전의 도시계획 · 건축의 제도는 중앙집권에 의한 국가의 고권적 정책이었다. 단, 모두가 틀린 것이 없다고도 생각할 수 없다. 국가의 일정한 리더십은 필요한 것으로 인정되고, 고도 경제성장기의 질보다는 양이라는 시대에 대응해온 것으로 볼 때 좋은 점이 있다. 더욱이 행정기구, 시스템을 정비해 온 것도 높이 평가할 수 있다.

그러나 뒤로 밀쳐진 점 하나가 지역의 룰 문제이다. 이른바 택지개발요강에 대해 건설성이 취한 자세에 단적으로 나타나 있다. 이는 한마디로 말하면 법정 외의 규제의 배제였다. 「요코다시」(덧붙여서 여러 가지 조항을 만들어 내다는 뜻) 「우와노세」(기존규제에 더해 다른 규제를 가하다는 뜻)[20]라는 단어를 아시는 분도 많으리라 생각되나, 현 시점에서 생각하면 택지개발요강은 당시의 지자체가 생각해 낸 도시계획법을 보완하는 「로컬 · 룰」이었다.

이에 대해 국가는 냉담했다 생각한다. 요강행정에는 도시계획법의 운용상의 불명확함을 보완하는 요소도 많았다고 보인다. 또, 도시계획법의 운용경험을 가진 시정촌의 발상이 경관에 관한 협의나 지도에도 도입되었던 것이다(고베시의 경우)

경관이 지역 특성에 깊이 관계된 문제라면 「요코다시」「우와노세」의 성격이 전혀 없다고는 생각할 수 없다. 또, 디자인의 문제는 통상 경관가이드라인이라는 형식으로도 실현이 어려운 문제로 극단적으로 말하면 개발자 측과 시정촌 측(규제하는 측)의 공동작업 성격을 가진다. 경관 풍경을 생각할 경우 「로컬 · 룰」을 얼마나 현행제도와 공존시키는가가 포인트가 된다.

실효성 확보를 위해

경관에 대한 시책을 충실하게 하기 위해서는, 풍경에 관한 제도를 지자체의 제도로서 확립해갈 필요가 있다. 이 방법으로서 시정촌의 자주조례에 의한 가능성을 넓혀 가는 것을 의식할 필요가 있다. 실효성 확보를 위해 이하 네 가지 점을 지적해 두고 싶다.

◘ 「로컬 · 룰」을 늘리는 것

지역특성에 대응한 조례 등에 의한 로컬 · 룰을 늘리는 것이 중요하다.

시정촌의 현실에 대한 대응책에서 새로운 시책영역이 확대되어 왔다는 실적을 감안하면 이들 시책에서 도태되어 우수한 대응책이 다음 단계의 지역 특성에 대응한 시스템을 낳는 것이다. 변화하는 사회·경제상황에의 센서는 필요하다. 다시 말하면 법제도의 고용, 개정 등에 관한 「씨앗」을 키운다는 의미에서 지자체로부터의 제안은 언제나 중요하다. 시정촌에 있어서는 지방자치제도로서 로컬·룰의 적확성과 적합성이 제기된다. 국가의 방침(이전은 통달(通達)이 없다)을 해석해 지역에 어울리는 제도로 해 가는 책임이 있기 때문이다.

◘ 현행제도와의 연대

자주조례에 의한 규제가 건축확인제도와 연대하지 않는다는 문제는 구라시키市에게 도시계획법과 건축 기준법에 의한 미관지구지정을 한 선택 하게 했다.

구라시키市는 30년 이상 역사적 환경보전에 관한 시책이 시민에게도 받아들여져 있는 주요시책이긴 하나, 협력을 거부하는 사업자와 국가제도해석에 대해서는 실효성을 가지지 못했다. 구라시키市로서는 지자체의 시책으로서 완성되어 있는 제도라 할지라도 그 실효성을 확보할 필요가 있었던 것이다.[21)]

요즘에는 실효성을 의식해 경관에 관한 도시계획 건축제도를 활용하는 시정촌이 늘고 있다. 미츠오카市의 고도지구지정, 다자이후시의 특별용도지구지정(이에 연동하는 고도지구 지정의 기준변경) 등이 그 예이다.

지구 계획의 활용도 포함해 경관에 관련되는 도시계획제도의 활용은 먼저 채용을 검토할 필요가 있다.

◘ 지역주민에 의한 룰과의 연대

지역주민에 의한 마을가꾸기 활동과 연대한 룰 만들기를 추진하는 사례가 늘고 있다. 또 활동을 지지하는 구조도 충실화되어있어, 가로 환경정비사업처럼 주민 룰(마을조성협정)을 조건으로 하는 보조사업도 등장했다.

전후의 사회는 지역의 룰을 근대화라는 사고방식 안에서 행정, 혹은 법률에 대신하는 방향을 과도하게 취한 것은 아닐까? 지구계획제도나 건축 협정에 의한다는 방법은 있으나, 보다 친근한 환경에 관한 지역의 자주적인 룰을 시정촌 제도로 보좌하는 것도 지방분권의 이후의 틀로 받아들일 수 있다.

◘ 경관에 관한 근거법의 필요성

이점에 관해서는 13장에서 다룰 문제이므로 간단하게 문제점만 지적해 두고 싶다.

- 경관에서 풍경으로

경관의 가치는 이미 국민적 가치의 하나로 인식되고 있다. 단 단어로서 경관에는 조금 때가 낀 것처럼 생각된다. 공공사업을 중심으로 하는 「경관형성」이 다용되어 개개경우에는 의문을 품게 되는 예도 대단히 많다. 도로 포장의 고품격화 등의 시책은 전체적 마을 경관이 어떻든 경관정비가 된다. 그런 의미에서 조금 더 경관의 의미를 폭 넓게 받아들여 「풍경계획」이란 시점을 재고해 가고 싶다.

- 풍경계획의 성격

앞으로, 풍경계획은 지자체의 마을가꾸기, 경관의 기본정책으로서 중시해야 할 분야이다. 서두에서 쓴 것처럼 현재의 도시계획제도가 점점 실제도시 계획, 실적과 분리되어 간다는 상황 아래서는 실태적으로 도시의 장래를 생각하는 실마리 중 하나가 풍경계획이 된다고 생각된다. 풍경계획에 관한 근거법을 제정해, 도시계획 제도의 상위법으로서 기능하는 것이 하나의 이상적 형태이다. 단 토지기본법이 이념법으로서 위치 지워져 있는 점, 국토이용계획법이 개별법에 개개의 규제를 맡기고 있는 현 상황에서는 낙관을 할 수 없다.

* 註

1) 니시무라 『환경 보전과 경관 창조』 녹도 출판사, 1997년
2) 고이데 「경관계 마을 조성 조례」 『지방 분권 시대의 마을 가꾸기 조례』 학예 출판사, 1999년
3) 가나자와 시 「가나자와 시에 있어 전통적 환경 보존에 관한 조례」 1968년 제정.
   구라시키시 「구라시키시 전통미관보존 조례」 1968년 제정.
4) 모델 사업의 정의는 명확하지 않다. 농림수산성은 이전부터 파일럿 사업이라는 형태로 상례 일반석 제도로 하기 위한 시험적 보조사업을 행하고 있기도 했으나, 이때 모델 사업으로 불리운 것은, 지역의 특성에 맞춘 계획을 만들어 계획에 대응해 보조금을 집행한다는 현 제도의 발상이 이때부터 이미 나타났다고 보고 싶다.
5) 예를 들면, 지역 교류 센터 편집 「The 모델 사업」(규제 1991년)의 「역사적 지구 환경 정비 가로 사업」 등의 기술.
6) 이 외에도 「전통 산업」, 「물과 초록」, 「꽃과 초록」, 「극설도시」라는 모델 사업도 존재했다.
7) 「메뉴보조」란 보조제도에 보조 대상이 되는 사업 항목이 나와 이를 지구의 실태에 맞추어, 시정촌이나 지구를 적당히 조합시키면 되는 것으로, 지금은 통상적인 것이다. 당시의 제도는 상당히 운용 폭이 좁았다 할 수 있다.
8) 가츠바라 「농(農)의 미학」 논창사, 1979년
9) 도시경관 연구회(건설성 도시계획과 감수) 「도시 경관을 생각한다」 대성 출판사, 1988년

10) 참고 문헌으로서 국토 교통성 도시·지역 정비국「도시경관형서 추진 조사」(2001년 3월) 등, 단 자치 단체의 담당자에 따라 경관 조례에의 인식이 다른 경우가 있어, 정확한 조례수는 조사 때마다 증감한다. 여기에는 위임 조례도 포함된다.

11) 지방 분권 일괄법 제도에 이어, 2000년 도시 계획법 개정에 따라 그 때까지의 통달에 대신하는 것으로 도시 계획 운용 방침이 작성, 공표되었다.

12) 건축 기준법 85조 2에 의해, 전건 지구의 전통적 건조물(특정물건도 경우에 따라서, 혹은 일반적으로 전건물이라 한다)에 대해서는, 13의 조항이 적용 제외가 된다.

13) 초기의「경관 사업」에는 새로운 것을 만드는 것이 요구되는 듯한 느낌이 든다. 도로나 하안에 그림을 그리는 것, 모뉴먼트를 설치하는 등 많이 쓰이고, 어울리지 않는 풍경도 자주 생겨났다. 또 포장에 대해서는 석재나 타일이 쓰여 언덕이 미끄러지기 쉬운 타일로 포장되어진 예, 화강암의 포장이 역사적 마을거리의 분위기를 망친 예도 있다. 경관을 토털로 받아들이는데 있어서의 어려운 점이다.

14) 국가에 의한 조사 매뉴얼이, 관 주도의 이미지가 강하다.

15) 프랑스 건조물 감시 건축가(ABF)『도시의 풍경 계획』학예 출판사, 2000년 참고.

16) 미관 지구는 도시계획법 제8종 규정되어져 있으나, 조례를 규정하고 있는 것은 건축기준법 68조이다.

17) 이 타입 조례는 와퀴마치, 사하라시 등. 이런 사고방식은 현재의 문화청이 바람직하다고 하는 형태이다.

18) 기타무라「위임 조례의 법 이론」『조례에 의한 종합적 마을 조성』학예 출판사, 2002년

19) 예를 들면 오오이티 현 유노엔쵸의 조례에 의한 미(비)구획 도시 계획 구역에 있어서의 건축 제도의 구상은 그 후의 법률개정에 의해 건축 기준법, 도시 계획법에서도 가능해졌다.

20) 법의 기준에 규정되어 있지 않은 항복을 규제하는 경우를「요코다시」, 법의 기준치를 넘은 규제를 행하는 경우를「우와노세」라 부름.

21) 본서 8·3절 참조.

3

풍경계획과 계획주체

北澤 猛 · 下間久美子 · 龜井伸雄 · 岡﨑篤行

3·1 풍경만들기에 있어서의 지자체와 중앙정부의 역할

풍경은 지역만들기의 기본

풍경은 지역의 고유성을 나타내는 것이다. 풍경에는 「경치로서의 경관이나 거리, 역사자산」 「정경으로서 생활문화나 산업」 그리고 「생활자의 사고방식이나 삶의 방식의 규범」이라는 세 가지 시점이 있다. 이는 고도성장기 이후 우리가 잃어버린 지역사회의 목표를 재설정하는 기본이 되는 시점이기도 하다. 즉, 풍경은 지역의 원점으로 활용 가능한 자원이기도 하고, 지역에 공유되는 이념이나 목표가 되는 것이다.

비정상, 비확장의 시대로 앞으로는 인구나 경제활동을 포함한 축소 · 경감의 시대가 도래한다. 이 전환기에 있어 어떻게 풍요로운 생활을 그릴 수 있는지, 그것을 뒷받침하는 지역이나 도시를 어떻게 재생해갈 것인지가 과제이나 풍경만들기는 그 기점이 되는 것이라 생각한다. 지역성을 활용하는 것으로 경제나 사회활동도 지속석 힘을 가질 수 있고, 또 공간을 조정하는 것으로 풍요로운 생활을 지원할 수 있게 되기 때문이다.

본서에는 풍경만들기의 틀과 그 주체가 되어야 할 지지단체의 역할, 국가와의 관계를 정리한다. 지자체는 시정촌 합병이나 재정재건 등 힘겨운 상황에 놓여져 있으나 이 전환기야말로 지역의 비젼을 나타내, 종래형 행정 등 근본적으로 변혁시킴으로서 새로운 지역만들기의 전개가 꾀해질 수 있는 시기이다. 「인구감소시대는 정체사회가 아니다. 행복한 인간적 생활을 하면서 주위의 생활환경의 질을 비약적으로 개선할 수 있는 커다란 기회가 주어졌다라고 생각해야 될 것이다.」라는 지적이 있듯 풍요로운 생활과 공간을 확보하는 주체로서 지자체의 역할을 재고할 필요가 있다.

◘ 풍경 만들기의 틀(테두리)

지금까지의 지자체의 실천에 입각해, 생활자의 기반이 되는 지역 공간, 그리고 개성이나 창조성이 발휘되는 지역 사회를 형성하는 것이 목적일 것이다. 그 때 풍경이라는 지역 공간을 통해 생각하는 것은 복잡한 문제를 생활자에게도 알기 쉽게 하고, 또 해결책도 잘 알 수 있도록 하는 것이 아닐까. 예를 들면, 성장확장시대의 상징이기도한 미국의 각 지역에 있어 실시되고 있는 성장관리계획은 자연과의 공생이나 에너지 량의 삭감, 지역사회의 유지 등을 목적으로 한 공간 이용 계획이기도 하다. 종래의 공간이나 시간을 소비하는 사회에서의 전환이 의도되어져 있는 것이다. 또, 독일 여러 도시는 수치목표를 정해 공공교통의 전환이나 절전 에너지 책을 실시하고 있고, 도시개발의 재고도 종합적으로 모색되고 있다. 이들 공간의 정책은 행정에도 지역의 기업이나 생활자에도, 각각의 공간이 한정되어 있고 귀중한 공유재라는 관념을 가질 것을 요구하고 있다는 점에 주목하지 않으면 안 된다.

일본에서 공간에 관한 정책은 경제정책에 대해 수동형이고 하위에 위치해 있다고 할 수 있다. 또, 그 체계도 불명확했으나, 최근에서야 겨우 광역플랜(광역지자체나 지자체 연합)에서 도시플랜(지자체), 나아가 지구플랜(지자체 혹은 지역조직)과 중추적으로 진행되어지게 되었다. 또, 상위하위계획이 아닌 각각이 역할을 가지고 상호조절을 도모하는 수평적 관계를 이루도록 천천히 바뀌어가고 있다.

실현에 있어서 도시계획법의 지역지구제도나 지자체의 경관조례 등의 사회규제가 일정한 성과를 나타내, 역사적 건조물의 보존이나 복원 등의 이용, 소규모 개발 등 점진적 재생이 주축이 되어가고 있다. 또, 문화예술이나 산업의 활동을 육성하는 시책이 이에 연동하는 등, 물적 환경뿐 아니라 활동환경이 계획이나 실현방책에 포함되는 등 새로운 전개를 보이고 있다. 풍경 만들기는 생활에 가까운 거주환경이 중심이긴 하나 광범위한 환경보전에서 생활문화 및 산업까지도 통합해가는 중요한 정책이 되는 것이다.

◘ 지역성을 활용한 계획시스템

지역공간의 질에 관한 계획시스템의 현 상태는 평가 가능한 것이 아니나, 지자체가 진행시켜 온 시민참가 등 상세한 프로세스나 디자인에는 상응의 축척이 있다.

그러나 실태화된 것은 전체적으로 볼 때 한정된 범위의 것으로 대부분의 생활공간에는 계획도 없으나 생활자의 관심이 높아져 스스로 지역계획이나 규범을 설정하려는 움직임 (조례에 의한 마을만들기 협의회 및 자주적 마을만들기 단체)이 유발되어 왔다는 성과도 있다.

성장과 확장, 그 측면으로서 균질화와 획일화가 발생했던 20세기의 지역공간과는 명확히 다른 다양성과 지역성이 나타나려 하고 있는 것도 사실이다. 때문에 계획책정이나 실현의 주체로 지자체가 주도하는 시대로부터, 생활자로서의 시민이나 지역기업이 적극적 역할을 담당하고 이를 지원하는 지자체와의 새로운 관계의 시대로 도입하고 있다. 각각의 지역성을 중시하기 위해서도 독자적 계획이나 실현시스템 만들기가 지자체에 요구된다.

분권화시대 지자체의 공간정책

1997년의 지방분권 일괄법에 의해, 국가와 지자체의 관계가 상하주종에서 대등협력의 관계로 대두되었다. 종래부터 지자체의 자주성이나 종합성의 확보가 과제가 되면서도 실제 상황은 전후 지방자치제도의 확립 이래 거의 진전되지 않았고 이제 막 분권화사회에 도입한 단계로 국가와지자체, 지자체와 시민과의 적절한 관계 즉, 시민, 시민조직에 주체가 있고 이를 지원하는 지자체와 지자체를 보완하는 중앙정부라는 분권사회의 도래에는 아직 거리가 있다 할 수 있겠다. 예를 들어, 지자체의 재정을 나타내는 「지방재정계획(2002년도)」에 따르면 총 세출(87.6조엔)의 대부분을 국정보조사업과 국가가 법령 등으로 실시를 의무화하고 있는 것(지자체에의 위양과 과세자주권)은 전개되고 있지 않다.

그러나 생활자가 진실로 바라는 것이나 지역성을 활용한 마을 만들기의 실현은 지자체가 스스로 계획과 재원, 책임에 의해 행하는 것에서 시작된다, 납세자인 지역생활자와 지자체 정책의 관계, 즉 부담과 수익이 명확해져 지역에 따른 목표가 설정되어 그 개성이 활용되어지는 것이다.

◘ 지자체의 제도설계

예를 들어, 도시계획권한이 분권되었으나 기본이 되는 지역구제도나 형태규제를 담보하는 건축기준법은 여전히 전국 일률적이다. 일부에서는 메뉴방식이 되었으나 중앙정부의 기준이나 표준에 좌우되는 상태이다.

그러나 풍경은 각각의 지역에 따라 다양한 것으로 그 계획이나 규제도 또한 다양할 것이다. 국가의 법체계는 전국을 일반적이고 추상적으로 받아들인 것이나 각각의 가치 공익성이나 공공성은 다른 것이다.

또는 도시계획, 건축, 광고물, 농촌계획, 자연지등이 각각 나누어진 법제도여서 지역이 요구하는 경관에서 생활활동에 이르는 종합적 시야가 결여된다는 문제가 있다. 따라서 지자체가 필요에 따라 지역의 룰을 확립하기 위해서는 자유도가 더 보장된 법체계가 필요해질 것이다.

지자체와 중앙정부의 제도계획은 어떻게 되어야 할까, 하나의 방법을 나타내는 것으로 구조개혁특구(2002년)의 흐름이다. 이는 일본의 활력상황이 목적이나, 그를 위해서는 지역성에 따른 시책이나 규제개정이 필요하다는 논의에서 비롯된 것이다. 즉, 지역의 자원을 활용한 산업이나 생활이야말로 경쟁력이 있어 지속성이 있다는 인식이다. 「규제개혁은 전국 일률형태이지 않으면 안된다는 종래 발상에서 지방특성에 따라 여러 규제가 있을 수 있다는 발상으로 전환해야 한다.」(제1회 구조개혁 특구추진본부에서의 고이즈미 총리대신의 발언), 국가 「일국이제도」에도 일보 진전했다고 할 수 있다. 또 규제 「완화」의 논의 중심으로, 지역자원이나 풍경을 어떻게 해 유효하게 활용할까라는 시점, 즉 유용한 규제(사회규제)는 강화한다는 자세를 가지지 않으면 지역의 지속성은 손실되어 버린다.

◘ 지자체개정에서 시작되는 중앙정부와의 새로운 관계

특구는 그 취지에서 보면, 지자체(민간단체 포함)가 계획하여 제도를 설계하고 중앙정부가 이를 인정한다는 방식이다. 그러한 의미에서는 지자체가 주체적으로 국가의 법제도에 관해 제안하여 실행할 수 있는 시스템이다.

그러나 분권이나 특구에 있어서의 규제개혁도 아직 정착해 가는 상태로 한편에서는 지자체의 개정에 대해서도 미온적임이 지적된다. 분권을 계기로 효과적인 행정운영이나 생활자의 시점에서 정책에 우선순위를 정하는 등 전국일률적인 보조 사업에 의한 관청의 논리는 통하지 않게 되는 것이다. 자치단체가 사명이나 목적을 정리해 필요한 정책을 선택, 효과적인 실시나 평가를 행할 필요가 있다. 이는 필연적으로 시민의 참가와 협동을 촉진하게 된다.

지자체가 스스로의 개혁을 선행하는 것으로 국가와의 새로운 관계 그리고 분권사회를 이루는 것이 필요하다.

지자체 마을만들기의 전개와 과제

지자체의 최근 마을 만들기를 돌아보면서 그 과제를 정리해 본다. 지자체의 마을 만들기의 초창기는 1960년대 후반으로 볼 수 있고, 선구적 지자체가 공간적 질을 개선해 보전하는 사업이나 제도를 창설하고 있다. 요코하마시의 고속도로 지하화 구상(1968년) 등 공공 공간의 개선, 아사히카와시의 쇼핑공원(1972년)을 계기로 한 상점가와의 연대사업, 「가나자와시 전통 환경 보존 조례」(1968년) 등 보전시책의 움직임을 볼 수 있다.

초창기의 특징은 지자체개혁의 일환이었던 관계로 종적 사업제도를 조정하는 시스템이나 조직이 창설되었다.

예를 들어, 요코하마시에서는 1968년에 기획조정국이 설치되어 기간사업(프로젝트)과 토지이용규제(컨트롤)가 일체적으로 추진했다. 많은 지자체에서 「기획 정책과 종합 조절」의 기능이 강화되어가게 되었다.

또 한 가지의 특징은, 조례요강(기본이 되는 중요한 사항)등의 제도설계이다. 특히, 교토시나 고베시가 복수의 법률에 관계된 사항을 정리해 자신들의 계획에 따라 지구를 지정하는 시스템을 확립해 가는 것으로, 풍경이나 역사적 거리보전, 경관형성에 관계하는 지역 룰이 폭넓게 시민에게 알려졌다. 이에 따라 풍경 만들기 기초가 완성되어 지역의 개성을 중시하는 지자체의 독자적 시책이 전개되게 된다. 그 후, 30년 정도의 실적은 국가의 법률이나 제도가 나타내는 기준에 따르지 않고, 오히려 지자체가 독자적으로 설정한 룰이 커다란 성과를 가져 왔음을 실증 해준 것이다. 많은 지자체에서도 풍경에 관한 제도와 고용체제가 정비되어 지역 룰로서 정착, 일경산업소비연구소의 조사에 의하면 적어도 383개의 지자체에서 경관에 관한 조례가 제정되어졌다.

세 번째 특징은 시민참가와 기업 간의 연대이다. 민관협동의 선구로서 지역생활자가 조직하는 마을 만들기 협의회나 자주적 룰로서 마을 만들기 협정 등 다양한 전개가 있었다. 또, 개발주체와 지자체가 대화에 의해 좋은 방향을 이끌어내는 사전협의지구제도라는 유연한 시스템도 나타나게 되었다.

지자체와 중앙정부의 시책운동

시민운동이나 지자체의 활동이 지지를 받으면서, 정부도 풍경에 대한 시책이나 사업이 증가되어 왔다. 고도보존법 등의 움직임이 계기가 되었으나, 특히 커다란 의미를 가진 것은 1975년 문화재보호법과 도시계획법의 개정에 따라 「전통적 건조물군 보존지구」가 제도화된 것이다.

문화청과 구건설성이 각 부처의 벽을 넘어 연대한 시책으로, 지자체가 조례에 의해 역사지구를 지정해 규범을 설정한 후 국가가 문화재로서 선정(중요 전통적 건조물군 보존지구), 재정적 지원을 한다는 방식은 종래중앙정부제

그림3 · 1 다케토미시마 노빈헌장을 기본으로 전통적 건조물군 보존지구에 의한 환경보존을 진행시키는 외에, 도민들이 생활문화산업과 지역만들기에 성과를 올리고 있다.

그림3 · 2 이세가와사키 상인관 이세시 가와사키의 마을거리보존운동의 하나의 성과로서 사카마야(에도 · 명치의 창고와 정가 9채)가 시에 의해 수리 복구되어져, NPO법인 이세마을만들기중이 관리 운영하고 있다.

도에서는 볼 수 없었던 지자체의 주체성을 존중하는 것이었다.

1980년에 들어서면, 지자체의 시책도 경관조례 등을 통해 충실해지고 대규모 개발이나 고층건축문제를 통해 시민들이 풍경이나 경관계획의 관심도 높아졌다.

세타가야 구 도시디자인실이 제창한 시민과 함께 생각하는 마을 만들기나 워크숍 등의 참가방식은 전국적으로 전개되어 갔다. 나아가 참가방식을 정착시켜 시민발의(의견발표) 그리고 시민주체의 마을 만들기를 촉진하는 「마을 만들기 조례」에로 전개되었다.

이들은 도시계획법개정에 의해 도시마스터플랜 책정에 시민참가가 명문화 되는 등 국가제도개정에도 연결되는 것이다.

또, 80년대에는 윤택한 국가자금에 지원을 받아 경관의 시책이 일시에 사업으로서 전개된다. 1988년의 1억엔 고향창조기금을 비롯, 마을 만들기 종합대책비(특별기재)등을 계기로 하여 내용도 다양화되어 갔다. 양적인 충족만

그림3 · 3 가와고에 「가와고에구라 모임」의 활동을 베이스로 지역 룰로서의 시민조직 「마을만들기 규범」을 낳아, 지자체와 지역의 협동에 의한 마을만들기 보전이 진행되고 있다.

그림3 · 4 타마뉴타운 NPO법인 나가이케Fusion은 나가이케 네이쳐 센터의 운영을 하고 있는데 주택 · 환경 · 복지 등 여러 가지 활동 그룹의 연대조직이다.

을 지향했던 공공사업도 역사적 지구환경정비가로사업이나 심벌가로 사업, 고향 얼굴만들기 모델 구획 정비사업 등의 공공 공간의 질적 향상, 나아가 경관형성모델도시나 지역주택계획(HOPE) 등의 지역성을 유발하는 제도가 생기는 등 국가모델사업이 많이 생겨났다.

이들 중앙정부 시책은 지역성을 살리는 사업을 지원한다는 입장으로 지자체측의 선택이 넓어져 이들을 유효하게 짜맞추는 지혜나 궁리에 의해 성공한 사례도 많다.

그러나 한편으로는 국가가 사업방식을 주도하는 한 채택기준이 일률적으로 적용하게 된다. 지자체도 조성금의 확보가 목적화되게 되어 다시금 획일적인 정비가 되어 예를 들어, 컬러포장이라는 유행을 탄생시키는 등의 안이한 시책으로는 국가의 사업계획이나 지자체의 능력을 의심케 하는 결과가 되기도 했다. 종합적인 마을 만들기가 진행되지 않은 것은 보조사업이 국가나 지자체 각각에 종적행정범위 내에서 행해지기 때문이다. 그 후, 구건설성에 있어서도 4국이 협력해 「거리 · 마을 만들기 종합자원사업」을 창설하는 등 복잡화한 보조사업을 정리, 지역의 실정에 따라 선택할 수 있는 방식을 채택하기 시작하고 있다. 이처럼 지자체와 국가시책이 연동하여, 또 개선되어 왔으나 일반화되어 있다고는 말할 수 없다.

◘ 시민 마을 만들기의 전개

1980년대 후반에는 거품경제를 배경으로 한 제2의 도시화 현상, 민간개발의 규제완화와 지가폭등 등이 심각한 문제를 일으킨다. 자치단체의 경관을 비롯한 공간정책은 점진적으로 정착해 가기 시작하나, 그 전개를 웃도는 속도로 도시가 변화되어 갔다.

지자체의 공간 정책은 대부분 행정에 그쳐 있어, 시민발의(의견을 말함)나 자주성으로서 정착하는 단계는 아니다. 따라서 일반시가지에 대한 지역규범은 확립되지 않았고, 개발에 의해 혼란스런 시가지에 대한 시민교통에 대해서도 국가의 정책에 대해서도 독자적으로 제어를 가할 체제가 확립되어 있지 않았다고 할 수 있다. 또 경관조례가 제정되어 있어도 대다수는 노력 의무이고, 명확한 기준이 있어도 위반하는 민간 개발을 법적으로 규제할 수는 없다는 모순이 있다. 또, 경관이라는 종합적 행정도 확립되나 역으로 종적 일부분으로 정착해버린다는 조직적 딜레마가 생겨나기도 한다.

한편, 지자체의 경관 마을 만들기는 다른 행정 분야에

영향을 주어, 정보공개나 시민참여를 유발, 일반화되는 원동력이 되었다.1990년대에 들어서면 시민의 마을 만들기 활동은 복지나 교육 등에서도 활성화되어 종래 지연적 커뮤니티에서 테마형 커뮤니티 등 다양한 활동이 생겨난다. 1997년에는 NPO법의 규정에 의해 법인격이 인정되게 되어 새로운 마을 만들기의 섹터로서 시민조직의 의미가 명확해졌다. 주체가 확립된 것이다.

지역룰과 지역 매니지먼트

인간은 지역에 공간을 가지거나 공유하면서 비로소 생활이 가능해진다. 「공간은 인간생활의 기본이 되는 것이고, 생활은 인간의 존재를 공간적으로 표현한 것이다.」라고 말해지듯 인간과 생활, 공간의 관계를 다시금 재고해 볼 필요가 있다. 자연이나 역사적 환경의 파괴, 환경문제 혹은 사회적 약자 및 여성의 사회진출을 막는 장애, 거리나 주거환경 등의 과제, 통근 등 시간의 소비, 문화 환경의 미정비 등 여러 가지 문제를 지적할 수 있다. 또, 지역산업의 피폐는 심각해 새로운 지역 만들기가 요구되어지고 있다. 그 중에서 풍경이나 생활공간에서 마을 만들기를 진행시키기 위한 목표나 전략은 어떻게 되어야 할까?

첫 번째로, 지역 자원을 재평가하는 것이다. 역사적 거리를 방문했을 때 받는 감명은 거기에 담긴 사람들의 생각이나 창의연구 그리고 장인의 흔적이다. 공간에 축적된 생활이나 문화가 그 지역의 개성을 만들고 있는 것이다. 이들 생활자의 시점에서 평가하는 구조가 필요하다.

그런 다음, 마을 만들기의 기본이념을 명확히 한다. 보행자를 중심으로 한 마을을 재구축한다. 혹은 풍경을 지키고 마을거리를 정비한다는 기본적 목표나 이념을 공유하는 것이 개개의 개선을 착실히 진행하여 커다란 성과에 연결시켜간다.

즉 장기에 걸쳐 민간 기업이나 시민사업이 축척되어진 구조와 조절역할이 필요하다.

이것이야말로 앞으로의 지자체가 담당해야 할 역할이다. 실제 지역에 있어서의 계획이나 실행은 지역으로 주체가 옮겨지고 있다. 이미 계획 책정은 시민 참가에서 시민 주체에로 이행 중이다. 또 실행을 위한 시민활동을 조성하는 마을 만들기 재정과 지원시스템 등이 미흡하긴 하지만 정착되고 있다. 앞으로는 계획과 실행을 담당하는 힘 있는 지역 조직이 필요하고, 이를 위한 제도가 확충될 필요가 있다. 생활의 장면에 대응하는 상세하고 종합적인 구조는 지역에 있어서만 가능하다고 할 수 있다. 국가도 지자체도 완전히 이런 지역성에 대응할 수는 없는 것이다. 지역공간은 정비되어지는 것뿐만 아니라 잘 사용되어지지 않으면 그 유효성이 발휘되지 않는다. 가와고에 일번 가에 「마을 만들기 규범」은 거리 보존과 생활, 공간과 생업과 지역을 매니지먼트해 가는 방법을 보여준다. 또, 나가하마 「흑벽」을 비롯한 마을 만들기 회사, NPO가 지역공동체 및 경영 주체로서의 역할을 하고 있는 등 실례도 많이 보인다.

이런 실적을 통해서도 행정이 지역조직에 위탁이나 위임을 진행시킬 필요성이 있고, 이는 국가와 지자체의 역할을 크게 바꾸어가게 할 것이다. 지자체는 사업 주체로 사업의 조절이나 자원으로서의 역할을 확인하고 마을 만들기의 체계나 규범을 설정하는 것이 중요하다.

3·2 풍경계획과 문화재 보호

◘ 풍경계획과 문화재 건조물 보호의 접점

본고는 문화재건조물의 보호를 사례로 현재 제도와 그 과제를 정리, 일본 풍경계획 정착과 발전에 있어서 문화청의 역할, 즉, 중앙정부가 할 수 있는 역할의 일부에 대해 고찰하고자 한다. 문화재 보호는 선조의 발자취를 전하고 마음이 풍요로운 사회를 제공, 자기인식과 상호 이해를 촉진하는 것으로 평화로운 사회를 차세대로 전해 줄 사명을 가진다. 이 사회적 사명 중에 문화재건조물의 보호는 사적소유이면서도 공공재로서 다루어지는 객관적 근거를 발전시켜 물리적 개혁을 규제해 왔다.

그 규모나 형태. 주요 의장 등에 대해서는 현 상태의 답습을 기본으로 하는 규제조치가 취해지므로 사회의 개발과는 괴리한 분야로 인식되어지기 쉽다. 그러나 문화재건조물의 보호도 전술한 바와 같이 사회의 건전한 발전의 한 축을 담당하는 것으로 그 목적의 수행에 있어 토지 및 건축규제의 이론과 실천의 일부를 형성하고 있다. 이런 점에서 문화재건조물 보호는 풍경 및 경관의 계획, 규제기술과 큰 접점을 가진다.

◘ 사회와의 연대 필요성

풍경계획은 환경보전의 여러 정책 분야와 관계된다. 그 중, 문화재보호법이 대상으로 하는 유형문화재건조물 및 전통적 건조물군만을 대상으로 하기에는 고찰의 한계도 있을 것이다.

그러나 시대의 요청에 맞추어 현상변경 규제의 형태가 어떻게 변화하고 있는가에 접점을 맞춤으로서 고찰의 과정과 결과는 다른 관련분야와 많은 것을 공유할 수 있으리라 생각된다. 왜냐하면, 환경보전에 관한 현재 큰 공통과제는 공익 아래 국가가 법령을 정해 일률적으로 보전, 관리하여야 하는 것이라도 법적수단에만 의지하는 것이 아니라 보전대상을 유지하는 주변 환경이나 사회, 문화적 배경을 고찰하면서 보다 넓은 사회와의 연대를 꾀하는 구조를 구축하는 것에 있기 때문이다.

문화재 건조물에 관한 주요 보호제도

◘ 보호대상의 확충과 수법의 다양화

문화재보호법은 1950년에 제정된 문화재보호를 위한 총괄적 법률이다. 1949년의 법륭사 금당화재를 계기로 법제화되어 이전의 국보 보존법, 중요미술품 등의 보전에 관한 법률, 사적 천연기념물 보존법 등을 발전적으로 계승하고 있다. 건조물의 보호에 크게 관계하는 것은 오래된 고사사(신사와 절)보존법으로부터의 흐름을 짐작한 중요문화재(국보를 포함) 1975년 개정으로 도입된 전통적 건조물군 보전지구 1996년 개정으로 창설된 등록유형문화재의 각 제도이다.

그 중, 문화재건조물을 보호 시책의 중심을 이룬 것은 중요문화재의 지정제도(이하 지정제도)이다. 이는 일본에 있어 역사상 예술상 혹은 학술상의 가치가 높은 건조물을 엄선해 지정, 소유자에게 일정한 제약을 부과하면서도 국민의 재산으로서 항구적으로 보호하는 것을 목적으로 한 것이다.

이에 반해, 전통적 건조물군 보존지구제도(이하 전건제도)는 점(개체)에서 면(환경)으로, 등록유형문화재제도(이하 등록제도)는 우수품뿐 아니라 문화재의 범위를 형성하는 많은 오래된 건조물까지 보호의 대상으로 확충해 각각의 목적에 따라 시책을 도입함으로써 보호수법의 다양화와 충실을 가져온 것이다.

◘ 지정제도에서 알 수 있는 종래보호의 특징

1세기를 넘는 일본의 문화재건조물 보호의 대책을 반영해 지정제도는 세 가지 큰 특징을 가진다.

첫 번째는 메이지 유신 후 구화주의나 폐불 훼석, 소화시대 초기의 경제 불황, 전쟁 중이나 후의 사회 혼란, 전후의 국토개발이나 도시개발 등으로 황폐, 파괴의 위기에 직면한 역사적 건조물을 보호하기 위해 국가의 규제 권한을 강화하는 방향으로 체제의 정비가 꾀해져 온 것이다.

개체의 문화재건조물보호에 있어서도 일반적으로 지켜야 할 대상물을 특정 소유자나 관리자에게 훼손 신고 의무를 부과해 해당문화재의 상황과 긴급조치의 필요성을 파악한다.

아울러 수리나 현상변경의 정보를 신고, 허가신청에 의해 사전에 얻어 그 행위가 문화재의 가치에 미칠 영향을 당국이 판단 필요한 지도조언을 행한다.

중요문화재의 경우, 법문상 문부과학대신이 소유자의 의사에 관계없이 지정할 수 있고, 문화청장관은 관리나 수리에 관한 명령, 권고 현상 변경제한을 위한 행위의 정지명령, 환경보전에 필요한 행위의 제한 금지 등 보호를 위한 규제력을 발휘할 수 있게 되어 있다.

두 번째는 고대 중세를 중심으로 하는 근세 이전의 고사(오래된 신사와 절)를 주요 보호대상으로 해온 것이다. 2002년 12월말 현재, 중요문화재건조물 3,784채 중 약 92%는 근세 이전의 건물로 그 중 약 63%가 사찰건축이다.

법 제도의 충실을 통해 보호의 대상이 사찰에서 성곽, 구족주택, 민가, 서양건축으로 확대되고, 근대에는 근대건축이나 근대화 유산을 포함시키며 종래와는 종류, 재료 등이 다른 대규모 중요문화재가 증가해 소유 형태나 활용에 의한 요망도 다각적으로 미쳐 보호시책 전체의 재고가 행해지고 있다.

세 번째는 목조건축이 보호대상의 대부분을 차지해 온 것이다. 중요문화재건조물의 약 9할이 목조이다. 목조의 건조물이 문화재로서의 가치를 잃지 않고 적정하게 보호받기 위해서는 경험적으로 100~150년마다 근본적인 수리, 35~40년마다 유지수리가 필요하다고 한다.

이러한 대규모 보존 수리의 대부분이 국고 보조 사업으로서 실시되어져 왔다.

그 중에는 해체 작업을 통해 부자재의 신구나 거기에 남은 흔적 등을 꼼꼼하게 확인 건물의 개수 역사를 명확히 한 후 그 건조물이 유형의 학술적 예술적 소산으로서 가장 가치가 높았다 판단되는 시기의 모습으로 복원하려는 노력이 행해져 왔다.

그러나 국민 전체의 생활수준이 향상해, 사람들의 가치관이 다양해지면서 국가로서 중요한 것만을 중점적으로 엄격히 지키는 것이 아니라 지역에 있어 중요하고 유익한 문화재까지 폭 넓게 계승하기 위한 다양한 보호 수법이 필요해지고 있다.

◘ 등록유형문화재 제도의 특색

등록제도는 유형문화재로서의 건조물 중 국가, 도도부현, 시정촌이 지정하지 않은 것을 대상으로 「그 문화재로서의 가치를 감정 보존 및 활용의 조치가 특히 필요한 것」을 폭넓게 문화재 등록원부에 기재하는 것이다.

중요문화재 등에 지정할 만큼 학술적 근거를 가지지 않아도 각각의 지역에서 친숙한 역사적 건조물은 다수 존재한다. 등록제도는 그들을 문화재보호의 대상이 되는 물건임을 관보 고시나 등록 플레이트 교부에 따라 공시, 보호에 대한 사회의 이해와 노력을 얻어 가면서 신고서 제출 및 지도, 조언, 권고에 의한 규제와 세제(세금제도)우대, 저금리 융자 보조금 교부로 이루어지는 지원조치를 준비해 소유자의 자주적 보호와 적극적 활용을 촉진하는 내용이다.

이처럼, 지정제도를 보완함으로, 광범위한 역사적 건조물에 보호의 틀을 갖추게 하고, 자유로운 활용을 사고의 기본으로 두어 적절한 보존의 추진을 소유자의 이해와 노력에 맡기고 있는 점이 등록제도의 특색이다.

또, 이 제도의 추진에 의해 많은 문화재에 대한 보호의 실마리가 확보되어 문화재보호 효과가 폭넓게 창출되리라 기대되고 있다.

2002년 12월말 등록건수는 2980건으로 그 내용은 주택, 사무실, 공장, 공공건축 등 다양한 건축이나 다리, 수로, 댐 등의 토목구축물 등 다양하다.

◘ 전통적 건조물군 보존지구제도의 특색

전통적 건조물군은 「주위의 환경과 일체를 이루어 역사적 풍치를 형성하고 있는 전통적 건조물로 가치가 높은 것」이라 정의된다.

「전통적」이라는 단어는 역사풍토에 맞는 풍습, 제도 기술 등을 사람들이 발전, 계승해 온 시간의 흐름을 내포한다.

일본의 문화재 보호활동에서는 종래, 개개 문화재의 학술적 가치를 지정한 후, 건축연대나 기술, 의장 등이 나타내는 시대를 척도로 「역사적」이라는 단어를 엄밀히 사용해 왔다. 이에 반해 전통제도에서는 건조물이 집단적으로 남아 있음으로 지역의 변천이나 사람들의 생활 추이에 가

표3 · 1 문화재건조물의 보호에 관계된 주요제도

	중요문화재	등록문화재	중요전통적건조물군 보존지구
제도상의 목적/대상	- 항구적 보호를 목적으로 강한 규제와 두터운 보호에 의해 이를 담보하는 제도 유형문화재 중 중요한 것(각 시대나 유형의 전형으로 엄선된 것)을 대상으로 한다.	- 활용하면서 완만히 보호하는 구조에 의해 소유자의 자주적 보호를 촉진 다종다양한 많은 문화재에 대해 보호의 실마리를 확보하는 제도. 유형문화재 중 그 문화재로서의 가치를 감정, 보존 및 활용 조치가 특히 필요한 것을 대상으로 한다	- 시정촌의 수제성을 중시하면서 역사적 집락 마을 거리의 보존 정비를 도시계획과 연대하여 행하는 제도 - 주위 환경과 일체를 이루어 역사적 풍치를 형성하는 전통적 건조물군 중 가치가 높은 것을 대상으로 한다.
지정,등록/선정기준	건축물, 토목구조물 및 그 외 공작물 중 다음의 하나에 해당하고 또 각 시대 및 유형의 전형이 되는 것 · 의장적으로 우수한 것 · 기술적으로 우수한 것 · 역사적 가치가 높은 것 · 학술가치가 높은 것 · 유파적 및 지방적 특색이 현저한 것	건축물 토목구조물 및 그 외의 공작물(국가 및 지방공공단체의 지정문화재를 제외) 중 원칙적으로 건설 후 50년이 지나고 다음의 하나에 해당하는 것 · 국토의 역사적 경관에 기여하고 있는 것 · 조형의 규범이 되어 있는 것 · 재진하는 것이 용이한 것	전통적 건조물군 보존지구를 형성하고 있는 구역중 다음 하나에 해당하는 것 · 전통적 건조물군이 전체로서의 의장적으로 우수한 것 · 전통적 건조물군 및 땅의 구획이 구 형태를 보존하고 있는 것 · 전통적 건조물 및 그 주위환경이 지역적 특색을 현저히 나타내고 있는 것
지정,등록/선정 수속	국가(문화청) (1) 소유자의 동의 (제도상 필요 없으나 운용상 동의를 얻음) (2) 문화심의회 자문 답신 (3) 관보고시 소유자에 통지	국가(문화청) (1) 소유자의 동의 (제도상 필요 없으나 운용상동의를 얻음) (2) 관계지방공공단체의 의견을 들음 (3) 문화심의회 자문 답신 (4) 문화재등록원부에 등록 (5) 관보고시 소유자에 통지	시정촌, 시정촌교육위원회 (1) 전통적 건조물군 보존 대책성 조사 (2) 전통 건조물군 보존지구 보존조례의 제정, 문화청장관에게 보고 (3) 보존지구결정, 문화청장에게 보고 (4) 보전계획의 책정 및 고시 (5) 문부과학대신에게 선정신청 국가(문화청) (6) 문화재로서의 가치조사 (7) 문화심의회자문, 답신 (8) 관보고시 해당 시정촌에 통지

치평가의 시점이 놓여져 지역 고유의 공간구성이나 역사적 경관의 형성과정을 전하는 각 시대 건조물이 전통적 건조물로서 특정된다.

법제도 상 문화재로 볼 수 있는 것은 이 전통적 건조물로 구성된 「군」이다. 그러나 「주위 환경과 일체가 되어 역사적 풍치를 형성한다」는 조건을 만족시키기 위해 전통적 건조물군과 경관 상 밀접한 관계가 있는 수목정원, 연못, 수로, 돌담 등을 환경물건으로서 함께 특정하고, 지구 「전통적 건조물 보존지구(이하 전건지구)」를 나누어 보존을 도모한다.

전통적 건축물 보존 지구의 결정은 지역이 정하는 전통적 건조물군 보존지구보존조례(이하 보존조례)에 근거해 행해지고, 도시계획구역에는 시정촌의 도시계획으로서 결정되어진다.

또, 전통적 건조물 보존 지구내의 보존사업을 계획적으로 진행시키기 위해 시정촌(일본의 행정구회 단위) 교육위원회는 보존조례에 근거해 보존계획을 정하고 이를 고시한다.

국가는 시정촌으로부터 신청을 받아 일본에 있어 가치가 높은 것이라 판단되는 것을 중요 전통적 건조물군 보존지구(이하 중전건)에 선정한다. 제도상 지정이나 등록의 요건에 소유자의 동의가 포함되지 않은 지정제도나 등록제도와는 이런 점에서 크게 다르다. 선정에 의한 새로운 규제는 발생하지 않고 가치를 알림으로써 보다 효과적인 지원조치가 부가되어지게 된다.

이처럼 전통이라는 단어 안에 변화의 지속과 유도를 허용 지구의 지정에 의해 주위환경과의 일체적 보존 · 정비를 가능케 하고, 시정촌이 보존의 주체로 여러 가지 판단을 맡기는 점이 전통적 건조물 보존제도의 특색으로 문화재 보호와 마을 만들기와의 접점을 이루어 왔다. 2002 12월말 현재, 중요 전통적 건조물 보존의 선정 수는 61지구(55시정촌)이다.

현상변경 규제의 동향

현상변경제도의 실제

일본의 문화재보호행정에서는 소유자의 관리 의무와 보호 책임을 명확히 함으로서 보존과 활용을 확실히 하는 구조이며, 원칙적으로 보호물건의 소유권에는 개입하지 않는다. 사적소유를 전제로 하기 때문에 법률의 집행에 있어서는 재산권의 존중이 필요하다.

특히 전후에는 민가(군)나 근대 건축. 토목구조물 등 현재시설로 사용되고, 일상 생활행위나 생산행위 안에서 개선이 요구되는 다종다양한 건조물을 보호의 대상이 포함되게 되었다. 이와 함께 소유권에 대한 배려는 더욱 중요해졌다.

소유자에게 특별제한을 두는 전형이 현상변경의 규제이다. 중요문화재에 대해서는 현상변경에 문화청장관의 허가가 필요하고, 현상변경의 불허가나 허가에 붙은 조건에 따른 손실보상제도가 생기게 된다.

그러나 실제로는 현상 변경허가를 신청하는 대부분의 사례가 보존수리를 동반하는 복원조치이다. 때문에 복원에 필요한 많은 비용과 이변성에 의한 영향이 소유자나 관리 단체에게 과도한 부담을 주지 않도록 보조금 교부 등에 의한 조정이 시행되어 왔다.

민가의 보존에서 나타나는 소유자에 대한 배려

그 현저한 사례가 민가이다.

개발 과정 중 급박한 위기를 맞은 민가의 중요문화재지정은 1950년대 중반부터 시작되었고. 1960년대 말에는 국고보조에 의한 보존수리사업 안에서 복원하는 사례도 급속히 늘기 시작했다. 그 중에는 개구부가 닳아 폐쇄적 공간이 된 변소나 욕탕 등에 부가된 공간이 제거되는 등 생활에 불편을 주는 경우도 적지 않았다.

보호의 문제가 대두되자 문화청에서는 거주하면서 보존하는 의의를 인정하면서도 현실적 시책으로서 공유화를 추진하는 조치를 도입했다. 1969년에는 지방공공단체에 의한 건물 및 그 부지 매입에 국가가 보조할 수 있게 되어 1972년에는 중요문화재로 지정된 동산 및 건물(토지제외)을 국가 지방공공단체에 양도한 경우의 양도소득이 비과세가 되었다.

1972년에는 또 민가 보존관리 시설비의 건설비용에 대한 국고보조가 인정되게 되었다. 이는 중요문화재인 민가 복원 등의 결과, 일상생활에 큰 장애를 가져오는 경우 현지에 있어서 지속적 관리를 확실히 하기 위해 소유자에 대한 시설을 건설하는 비용을 국가가 보조하는 것이다. 보조금의 집행 상 관리에 대한 보조나 실질적으로 보상조치로서도 활용되고 있다. 그러나 거주자가 없어져 일상생활 행위가 없어진 민가는 부패가 빨라 관리가 곤란한 경

표3·2 전통적 건조물군 보존지구에 있어서의 건축물 등의 현상(태) 변경허가기준(문화재보호법시행령 제4조 제3항)

행위의 내용	전통적 건조물	전통적 건조물 이외의 건축물 등
건축물의 외관의 변경	• 증축 혹은 개축, 수선, 양식변경 및 색채의 변경은 그 위치 규모형태, 의장, 색채가 전통적 건조물군의 특색을 유지하고 있다고 인정되어지는 것	• 신축, 증축 혹은 개폐, 수선, 양식변경 혹은 색채의 변경은 그 위치, 규모 형태 의장 혹은 색채가 보존지구의 역사적 풍치를 심하게 손상시키고 있는 것이 아닐 것
이전	• 이전 후의 전통적 건조물의 위치 및 이전 후의 상태가 해당 전통적 건조물군의 특성을 유지하고 있다고 인정되어지는 것	• 이전 후의 건축물 등의 위치 및 이전후상태가 보존지구의 역사적 풍치를 심하게 손상시키고 있는 것이 아닐 것
제각	• 제각 후의 상태가 전통적 건조물군의 특성을 유지하고 있다고 인정되어지는 것	• 제각 후 상태가 보존지구의 역사적 풍치를 심하게 손상하는 것이 아닐 것
용도	• 전통적 건조물의 보존 및 보존지구의 환경 유지에 상당한 장애를 미칠 위험이 없는 것	• 좌(左)와 같음

출전: 문화청 건조물과 편 〈역사적 마을 거리의 보존 중요 전통적 건조물군 보존지구가이드〉

우가 늘었다. 공유화해도 재정 상황이나 전문직원의 부족, 해당 건조물의 입지 조건의 열악함 등의 이유에서 지방공공단체가 충분한 관리조치를 행할 수 없기도 했다.

이런 경험에서 계속 살면서 계승해 가는 것이 건전한 모습임을 재인식하고 또 민가 이외에도 활용을 중시해야 할 중요문화재가 계속 늘고 있는 현상을 고려, 최근에는 현상변경의 심의에 있어 변경 후의 관리나 활용의 방식이 보다 깊게 고려되어져 있다

합의형식을 위한 보존관리계획

중요문화재에 대해서는 보존에 영향을 주는 행위에 대해서도 문화청장관의 허가가 필요하다. 보존에 영향을 주는 행위란 이벤트의 개최에 의한 많은 사람의 입장, 가설적 설비의 설치, 인접지에 있어서의 대규모 굴삭 등 중요문화재 자체에는 변경을 주지 않으나 그 보존 상태에 어떤 식의 영향을 줄 수 있는 행위를 말한다.

영향이 경미한 경우에는 허가가 필요 없으나 경미한 영향에 해당하는지의 여부가 판단되지 않은 경우 허가를 받을 필요가 없음을 서면으로 확인해 두고 싶은 경우에도 행위의 실무자가 허가신청을 제출한다.

어떤 행위가 허가를 요하고 어떤 조건을 만족시키면 허가받을 수 있는지 신청자가 판단하기 어려운 상황은 문화재건조물의 관리, 활용이 소극적으로 되어 문화재 보호와 사회와의 거리가 멀어졌다고 할 수 있다.

최근, 활용의 적절한 추진이 과제가 되고 있는 가운데 문화청은 99년 3월「중요문화재(건조물) 보존활용 계획책정지침」을 정했다. 웬만한 보존과 활용을 위해 소유자 등이 자주적으로 행할 수 있는 활용범위를 명확히 하고 그 절차의 필요 불필요에 대해 관계행정기관과 합의 형성을 도모하는 것이 보존활용계획 책정의 목적 중 하나이다.

규제규법과 허가기준

문화재건조물은 각각 다른 가치를 가지고 있고, 놓여진 상황도 다르므로 중요문화재현상 변경이나 보존에 영향을 주는 행위에 관해서도 일률적 적용이 가능한 기준을 정하기란 곤란하다.

그러나 등록문화재처럼 장래 많은 건수가 지정되리라 예상되는 것이나, 전통적 건조물군 보존 지구처럼 군집으로서 일체성을 가치 기반으로 다수의 이해관계자가 있는 경우 일정한 기준을 정함으로서 법제도로서의 합리성과 공평성을 보유되게 된다.

양 제도 모두 주민 생활이나 영업 활동 양립을 꾀할 필요가 있어,「통상 멀리서 바라볼 수 있는 범위」로서, 도로 등의 공공장소에서 바라볼 수 있는 외관(위치, 규모, 형태, 의장, 색채)을 주 규제 대상으로 하고 있는 것이 특징이다.

등록제도의 경우에는 이축이나 변경의 범위가 통상 바라 볼 수 있는 범위의 1/4을 넘는 경우가 현상변경에 해당, 문화청 장관에게 신고서 제출이 의무화되어 있나. 문화청장관은 필요에 따라 지도, 조언, 권고를 할 수 있으나 행위제지나 변경을 명령할 권한은 없어 결국에는 소유자의 양식에 맡기게 된다.

통상 바라볼 수 있는 범위의 1/4을 넘는 경우에도 같은 재료·공법을 쓰는 것은 신고할 필요가 없어, 등록제도에서는 보존에 영향을 주는 행위규정은 정해져 있지 않다.

유연한 규제내용이긴 하나, 지금까지 등록된 약 3,000건 중, 보존 및 활용의 조치를 취할 필요가 없어진 등록말소 물건은 10건 정도에 그치고 있다.

전통 건조물군 보존지구 제도에서는 전통적 건조물의 일부개수, 그 외의 건조물의 개수나 신·증축, 토지의 조성, 목재의 벌채 등 전통 건조물군 보존지구 내의 현 상황

을 변경하는 대부분의 행위에 허가가 필요하다. 허가신청은 시정촌(일본의 행정구획 단위) 교육위원회(도시계획에서 정한 전통 건조물군 보존지구에서는 시정촌장 및 시정촌교육위원회)에서 행해진다. 구체적 규제내용은 문화재보호법시행령에 정해진 기준(표 3.2)에 의거, 지구를 보유하는 시정촌이 보존계획으로 정하고 있다.

구체적, 정량적 규제기준을 정한 곳도 있으나 추상적, 정성적 기준을 설정해 사전협의에 의해 보완하는 곳도 있어 기준의 표현도 디자인상의 규범으로서 말로 나타낸 것, 모델적 수경플랜을 나타낸 것, 사진이나 도면으로 카탈로그로 나타낸 소유자의 선택에 맡기는 것 등 그 지구의 특성이나 시정촌 사무체제에 따라 다르다.

조성금 교부와 함께 현상변경의 기준이 디자인코드로서 작용, 변경에 따라 지구의 경관이 유도되는 구조로 되어 있는 것이 특징이라 할 수 있다

◘ 적절한 보호를 지속시키는 환경의 형성

전통적 목조건축에는 부재의 구조나 설치양식에 일정한 대응관계가 있어 하나의 부재가 없더라도 다른 부재의 흔적에서 그 과거 상태가 판명된다. 또 못 구멍의 형상, 표면의 가공, 장식 상태 등 하나하나의 정보가 건물의 역사를 해명하는 열쇠가 된다.

따라서 문화재건조물은 부재 하나하나에 가치가 있다고 인식되어 왔다. 그 원칙은 이후에도 변함없을 것이다. 그러나 건조물의 물리적 특성뿐 아니라 적절한 보호를 지속시키는 환경에까지 시야가 넓혀지고 있는 지금 공적 개입에 의한 강한 규제조치로의 과도한 의존이 유산을 오늘날까지 전해온 종래 시스템이나 메커니즘의 건전한 발전을 막아버리는 점도 인식된다.

보존활용계획의 책정에 의해 개별적으로 문화재관리를 확인하고(중요문화재),지켜야 할 최저기준을 정해(등록문화재) 혹은 현상변경의 바람직한 방향성을 나타내(전통적 건조물)면서, 사회의 이해와 적극적 관여를 얻으며 보다 좋은 결과를 내려는 노력이 오늘날 현상변경규제의 구조에 있어 행해지고 있다.

이와 관련해 보호에 관한 일반적인 보급, 소유자 가까이에서 기동적 활동을 할 수 있는 기술자, 기능자의 육성, 일반시장에서 없어져 가고 있는 전통자재나 기능의 부흥 등 소유자가 관리하기 쉬운 환경을 형성하는 것으로 문화재를 소유하는 부담을 경감, 보존, 활용에 의욕을 높이는 것이 지향된다.

문화재가 진실로 사회와 공생할 수 있는 의미를 추구하면서 이후 문화재 보호 행정에 있어서도 법률상 소유자나 관리 단체뿐 아니라 그 보존과 활용에 적극적 역할을 하는 지역민, 민간단체, 사업계, 지방 공공단체 등을 지원하여 보다 다채롭게 확실한 전개를 전해가야 할 것이다.

문화재와 사회의 공생을 지향하며

◘ 풍요로운 사회생활에 의한 공헌

2001년 12월 문화예술진흥기준법(2001년 법률 제148호)이 공포되었다. 이 법률은「경제적 풍요로움 안에서, 문화예술이 그 역할을 다할 수 있는 기반 정비 및 환경의 형성이 충분한 상태에 있다고 할 수 없다」(전문)는 인식에 의한 것으로 문화예술의 진흥에 관한 이념과 그 방향성을 제시, 종합적 시책을 꾀하기 위해 제정되었다. 문화재나 그 보존기술의 보존과 활용도, 문화예술의 진흥을 꾀하는 기본적 시책의 하나에 포함된다.(제13조)

사찰 보존법이나 국보 보존법과 함께 문화재보호법은 구체적 이념을 나타내지 않는다. 법률의 목적(제1조)에서「국민의 문화적 향상에 기여하고, 세계문화의 진보에 공헌 한다」고 명시되어 있을 뿐이다.

한편, 문화예술진흥기본법은 그 전문에서 문화예술이 창조성의 육성, 상호 이해와 존중의 형성 등에 기여하고, 국민 공통의 신뢰를 쌓아 마음이 풍요롭고 활력 있는 사회의 형성에 중요한 의의를 가진다고 하고 있다. 이 기본법에 의해 문화재의 보존과 활용에 의한 풍요로운 사회생활에 공헌의 노력이 포함되는 것이 명시되어져 있다

문화예술진흥기본법에서는 문화예술의 진흥에 관한 시책의 종합적 책정과 실시를 국가의 책무(제3조)라 하고 지역의 특성에 따른 시책의 자주적이며 주체적인 책정과 실시를 지방공공단체의 책무(제4조)라 하고 있다.

국가, 지방공공단체, 학술, 연구기관, 기업, 지역사회, 가정, 개인 등 여러 입장에서 논해지는 이념이나 제도의 형태를 지자체의 시책, 국가의 시책으로서 정리해가는 지금 지역은 더 이상 행정 실무상의 말단 현장이 아니다. 각 개인이 가진 지역사회에서 공유되는 문화적 생활에 대한 가치관이야말로 가장 중요한 것이 된 것이다

◘ 문화재보호의 새로운 전개

현재의 문화재 보호법은 문화재를 유형문화재, 무형문화재, 민속 문화재기념물, 전통적 건조물군으로 정하고 있다.

일본의 문화재보호행정은 실질적으로 이 유형에 의해 체계를 세운 것이다. 민가에 있어서도 중요문화재(건조물)로 지정된 것이 있는가 하면 중요 유형 민속 문화재 및 사적으로 지정된 것도 있어 각각의 가치 판단에 따라 취급법이 달라진다. 그러나 어느 쪽의 유형에 속해 있다 해도 소유자나 지역주민이 가지는 애착이나 친근감 등 그 민간에 대한 사람들의 심정은 변하지 않는다.

마찬가지로 어떤 사원에서는 건축물이 중요문화재(건조물)로, 정원이 명승지로, 불상, 불구나 오화(맹장지에 그린 그림) 등이 중요문화재(미술공예품)에 지정되어 각각에 따라 보호조치를 받고 있다. 그러나 방문하는 사람들이 감명을 받은 것은 그들이 일체가 되어 이루어내는 역사의 깊이나 예술성의 높음에 있다 할 수 있다

또, 문화재의 지정구분을 유형문화재(건조물)에 관련해 보면 문화재보호법상 중요문화재와 등록유형문화재로 나뉘어져 그 외 도도부현이나 시정촌의 문화재보호조례에 의한 지정이나 등록제도가 존재한다.

각 지자체가 독자적으로 제정한 경관조례에 의해 지정된 건조물도 매우 많다. 국가의 등록유형문화재임을 근거로 그 수리경비를 독자적으로 보조하는 시정촌도 나타나고 있으나, 기본적으로는 기존의 행정체계나 범주 안에서 각각의 법제도에 따라 별개의 보존이나 활용을 위한 조치가 취해지고 있다.

그러나 제도상의 문화재 정의나 가치기준, 서열은 행정조직이 그 권한 범위에서 보호 조치를 취하는 구체적 근거를 명시한 것으로 그것이 해당문화재의 가치를 완전히 고정적으로 나타내고 있다고는 확정지어 말할 수 없다.

한 사람 한 사람이 살고 싶다 생각하는 환경을 구상해 문화재와의 관련을 재고하면서 지정문화재로서의 가치지역에 있어서 경관상의 중요성 ,지역주민의 정서, 애착, 친숙함 등을 함께 포함시켜 가는 종합적 사고가 지역 사회로부터 나타나고 있다. 일본의 문화재보호행정이 21세기에 지향해야 할 사회란 이런 사회일 것이다

◘ 시책실현을 위한 역할분담

풍경계획은 풍경, 경관이라는 개념을 축으로 종적으로 편중하기 쉬웠던 일본의 행정시스템을 불식시키고, 환경의 총체적 해석 평가에 의한 계획구제수법을 정착시키는 것으로 주목된다. 그 실현은 문화재의 다양한 가치 역할을 지역사회에 구체화하는 수단을 일반화해 법제도로는 채울 수 없는 풍요로운 문화 활동의 정착과 발전을 가져올 것이다.

종합적인 지역 시책의 책정 · 실시를 담당하는 지방자치체, 그 구조를 뒷받침하는 시민의 관심, 이해, 당사자의 의식 이외 기업이나 시민단체 등이 가세해 협력구도를 그려가며 여러 지역에서의 문화재 보호 활동이 자율성을 가지고 기동적으로 행해질 수 있도록 국가 자원의 보존논리의 일관성을 보유하며 판단이나 해석지침을 규정, 기준의 명확화나, 절차의 투명성을 꾀하는 노력을 계속해 가는 것, 그리고 문화재를 유지시키고 있는 것은 누구일까 문화재를 둘러싼 사회는 어떻게 변동중인가를 끊임없이 고찰하면서 문화재가 놓여진 전국 상황을 알기 쉽게 세상에 알려, 이론적 테두리, 법제도적 테두리를 정비해가는 것, 이것이 국가에 기대하는 중요한 역할이라 생각한다.

3 · 3 시민참여의 풍경계획

풍경계획에 있어서 시민참여의 의의

풍경계획에 시민의 참가, 혹은 보다 깊이 참여하는 것은 널리 행해지게 되었다. 이런 참가, 참여의 중요한 의의로서, 일반적 마을 만들기에의 참가 의의 외에 (1) 풍경은 누구에게 있어서고 가깝고 알기 쉬운 테마이므로 마을 만들기에 참가하는 계기가 될 수 있다는 점 (2) 경관정비는 행정에 의한 기반정비나 시책건설만이 아닌 개인의 건축행위 등이 모여 성립하고 있는 점 (3) 특히 사유권 제한을 동반해 규제를 하는 경우, 지역 주민의 이해와 합의가 불가결하다는 점 등을 들 수 있겠다.

여기서는 먼저 풍경계획이나 경관문제를 둘러싼 시민참여의 전후에 있어서의 경위를 연대별로 정리해(표3 · 3), 현 상황과 과제에 대해 고찰한다. 또 전체적으로 가로 경관 특히 역사적 경관의 비중이 커진 점에 대해 양해를 구하고 싶다.

표3 · 3 풍경계획에 있어서의 시민참여 경위

년	사항
1962	평성궁 유휴리 보존운동
1963	가마쿠라풍치보존회
1964	교토타워 논쟁
1966	교토 후다가오라의 개발반대운동
1966	고도보존법
1967	마루노우치 미관논쟁
1968	(재)관광자원보호재단 (현(재)일본내셔널트러스트)
1968	가나자와시, 구라시키시의 경관보전조례 신도시계획에 의한 도시계획결정수속
1971	쯔마고를 지키는 주민헌장
1972	교토시시가지경관조례
1974	덴진자키의 자연을 소중히 하는 모임
1975	전국 가로경관보존연맹 전통적건조물군 보존지구제도
1977	지상100㎡운동
1978	고베시 도시경관조례
1980	지구계획제도(도시계획법) 자연환경보전법인제도
1982	건설성 도시경관형성모델
1983	내셔널트러스트를 진행하는 전국모임 일본 내셔널트러스트 협회 동경도 내각지에서 원룸맨션 반대운동
1984	(사)나라 만들기센터 동경도 세타가야구에서 처음 건축협정
1985	아리타 HOPE연구회
1987	동경역 보존운동
1988	가와고시 마을만들기 규범 건설성 마을거리환경정비사업 교토시중심부각 지구에서 마을만들기 헌장. 선언 고민간재생공방
1989	(주)흑벽 야나카학교 마쯔루쵸 의회,리조트맨션 건설 동결선언 후지사와시 도시경관조례
1990	교토호텔, 역빌딩 경관논쟁
1992	교토상가 재생연구회 오타루의 역사와 자연을 활용한 마을 만들기 조례 시정촌 마스터플랜제도
1993	공익신탁 하코다테 색채 만들기 기금 세타가야 마을거리만들기 지원 센타
1994	마나즈루쬬 마을만들기조례 〈미의원칙 기준〉 동경도 나가노구 도시 경관가이드라인
1995	나라물 도시박물관 마루빌딩 보존운동 (재)일본그라운드워크 협회 시민녹지제도(시민녹지보전법)
1996	히자와후루가와 고향과 경관조례
1997	일본민가재생리사이클 협회
1998	특정영리활동촉진법
1999	동경도 세타가야구 풍경만들기 조례 동경도 마을거리만들기포럼
2002	동경도 구니다치시 맨션재단 후쿠오카시 포항매립 가교계획반대운도 도시계획결정조례에 의한 부가 (도시계획법) 주민에 의한 지구계획안 신청제도 (도시계획법)
2001	토요사토 소학교보존운동
2002	풍경지 보호협의 제도 경나화 고속자동차로의 평성경적 통과반대운동 구정전저 보존운동

※ 연호는 조직, 제도의 설립년도 및 시설의 완성년도를 나타냄

시민참여의 경위

◘ 1960년대 경 :
개발에 대응하는 고도(古都)의 경관보전운동

이 시기에는 고도성장기의 개발에 대항해 사적이나 고도(古都)의 경관을 보호하는 운동으로서, 주로 광역적, 국민적 관점에서의 운동이 속출했다.

평성궁 유휴리에 철도차고를 건설하는 계획에 대한 반대운동, 교토 후다가오까의 개발반대운동에서는 행정이 토지를 매수함으로서 해결되었다. 가마쿠라 시오야츠의 택지개발계획에서는 주민에 의한 가마쿠라 풍치보존회가 부지를 매입, 일본에 있어서 내셔널트러스트운동의 선구자라 일컬어진다. 이들 운동의 결과 이른바 고도(古都)보존법도 제정되었다.

또, 영국의 내셔널 트러스트를 모델로 한 (재)관광자원보호재단(현(재) 일본 내셔널 트러스트)도 이 무렵 설립되었다.

한편 교토타워건설계획이나 동경 마루노우치 동경 해상빌딩계획 등의 고층건조물을 둘러싼 경관논쟁이 일어났으나 이들은 모두 준공되었다.

◘ 1970년대 :
주변 생활환경으로서의 경관보전운동

60년대 말부터 가나자와시, 가마쿠라시 등을 비롯한 선진적 지자체가 전통적 경관을 보존하는 조례를 제정하게 되고, 교토 시에서는 첫 종합적 경관조례라 일컬어지는 시가지경관조례가 제정되었다

이 무렵 지역의 주변 환경으로서의 경관보전 움직임이 각 지역에서도 일어난다. 이농 현상이 문제가 되어 있던 나가노현 미나미기소 쯔마고에서는 쯔마고를 사랑하는 모임이 결성되어 「처용숙을 지키는 주민헌장」이 체결된다. 각지 마을거리 보존 운동은 전국적 마을거리 보존연맹의 발족이라는 결실을 맺는다. 이들을 배경으로 문화재 보호법이 개정되어 전통적 건조물군 보존지구 제도가 설립되었다.

자연경관에 대해서도 와카야마현의 덴진자끼의 자연을 소중히 하는 모임이나 홋카이도의 지상 100㎡ 운동 등 트러스트운동이 전개되었다. 이들 운동은 이후의 내셔널 트러스트를 진행시키는 전국 단체 결성으로 이어진다.

더욱이 이와 같은 내셔널 트러스트운동을 행하는 특정 공익법인을 자연환경보전법인(통칭 내셔널트러스트 법인)

으로 지정 부동산 취득이나 자금기부에 관한 세제(세금제도)상의 우대조치가 세워졌다. 나중에 이 지정 제1호가 된 것이 이 덴진자끼의 자연을 소중히 하는 모임이다.

1980년대 전반 경 : 행정제도에 근거한 참가

이 시기에는 경관에 관한 행정제도가 정비되고, 그 범위 내에서의 참가 기회가 마련되어 갔다.

70년대 말에는 그 후의 도시경관조례모델이 되는 고베시 도시경관조례가 제정되었다. 이 조례에서는 경관형성시민단체의 인정이나, 경관형성시민협정의 체결 등, 시민참가의 제도도 준비되었다, 그 후 80년대 초의 건설성에 의한 도시경관성 모델사업을 계기로 경관정비나 경관조례의 제정이 전국적으로 활발해졌다

법정도시계획에서는 60년대 말 제정된 신도시계획법에 의해 도시계획결정수속이 정해가게 되나, 통상의 운용에 있어서의 참가는 형식적인 것에 그쳤다.

새로이 창설되어 의장에 관해서도 규제가 가능한 지구단위계획제도에서는 지정 때 통상 도시계획결정절차에 대해 지자체의 조례에 근거한 주민참가절차가 설정되었다.

이 무렵 경제활동의 활발함 등의 배경으로 동경도내에서는 각지에서 원룸, 리스, 맨션건설에 대한 반대운동이 일어난다. 이것도 주변의 풍경을 지키는 운동 중 하나로 볼 수 있을 것이다.

이 문제의 대응책으로서 동경도 세타가야구에서는 처음으로 건축협정이 체결된다. 건축기준법에 정해진 건축협정제도 자체는 1950년부터이나 이를 계기로 세타가야구에서는 이 제도가 활발히 활용되어지게 된다.

1980년대 후반 경 : 주체적 마을 만들기의 활성화

종래형 경관보전운동에도 마을 만들기로서의 측면은 있었으나 이 시기에는 주민이나 전문가의 주체적 참여활동이 더욱 활발해져 본격적 사업을 전개하는 NPO적 조직으로 시작되어 나타나게 된다.

나라시 구나라쵸의 도시계획 도로문제를 계기로 70년대 후반 설립된 조직을 전신으로 하는 (사)나라마을 만들기센터는 현 전역이나 국제적 교류도 포함한 활동을 전개해 일본의 민간비영리조직의 창시가 되었다 사가현 아리타쵸의 아리타 HOPE연구회나 동경도 다이토구의 야나카 학교에서는 건축 등의 전문가가 중심이 되어 주민과 협력하면서 지역에 기반한 디자인 활동을 시작했다.

또, 사가현 나가하마시의 (주)흑벽은 시도 일부 출자하는 제3섹터이나 시민이 주체가 되어 운영하고 있다.

흑벽은 매수한 역사적 건조물의 활용으로 지역에 새로운 유리산업을 부흥시켰을 뿐 아니라 복수점포의 전개나 그 외 점포와의 연계에 의해 지역 전체의 활성화와 경관보전에 공헌하고 있다.

자주적 협정이나 헌장제도가 있다. 사이타마현 가와코에시에서는 역사적 마을거리가 있는 상점가와 협정을 해 마을만들기 규범이라 불리는 디자인코드를 제정해 행정제도에 의거하지 않는 자주적 디자인 컨트롤을 실시했다. 또 거품경제를 배경으로 한 맨션건설이 문제가 된 교토시 중심부에서는 대항조치로서 마을만들기 헌장이나, 마을만들기 선언제정이 연이었다.

그 후, 교토에서는 교토호텔과 교토역 빌딩이라는 두개의 대규모 건축계획에 대해 주로 건축물의 높이를 둘러싼 경관 논쟁이 일어났다. 계획을 추진하는 사업가, 행정과 반대하는 시민과의 사이에 심각한 대립이 발생 전국적인 관심을 불렀으나, 절차의 타당성이 문제시 된 채로 계획은 준공되었다.

거품기에 일어난 다른 문제로서 동경역의 철거문제가 있다.

이는 국가의 중추적인 역할로 이미 결정되어져 있었으나 시민운동에 의해 철회된 드문 케이스이다. 또 전국에서 리조트맨션 건설에 의한 경관파괴도 문제시 되었다.

가나가와현 마나즈루쵸에서는 의회가 리조트맨션 건설동결선언을 내기에 이른다. 마나즈루쵸의 대응은 그 후 마나즈루쵸의 마을만들기 조례 및 미의 원칙, 미의 기준으로 제도화된다.

1990년대 전반 경 : 보편화된 제도참가와 NPO적 활동의 진전

행정의 시책에 근거한 참가 기회도 이 시기에는 더욱 충실하게 된다.

80년대 말에 건설성이 시작한 가로경관 환경정비 사업에서는 경관에 관한 규제를 정한 주민협정이 있으면 공공시설 뿐 아니라 민가의 수경이나 주민활동에 대해서도 보조금이 교부되게 되었다. 이 무렵 제정된 후지사와시 도시경관조례에서는 경관형성지구의 지정범위나 규제내용을 주민에 의한 경관형성 협의회가 입안해 이를 시장이

승인하는 형식이 되어 있다. 또 그 후 오타루시가 제정한 오타루의 역사와 자연을 활용한 마을 만들기 조례에서는 「시민참가의 경관형성」이라는 장이 마련되어 주민이 제안함으로서 마을 만들기 경관제안을 제출할 수 있는 제도가 마련된다.

이 무렵 도시계획법의 개정에 동반해 설립된 시정촌 마스터플랜제도에서는 시책에 있어 공청회 등의 개최가 의무화되었다. 이에 따라 전국 각지에서 워크샵 등에 의한 입안 작업이 보급된다. 풍경에 관해서도 동경도 나가노구의 도시경관 가이드플랜책정에 워크샵이 도입되고 있다.

이 후 90년대 후반 초, 기후현 후루가와쵸에서 제정된 도비자와 후루가와 고향경관조례에서는 조례내용이 모두 주민에 의한 위원회에서의 협의에 의해 입안되었다. 한편 이시기에는 시민의 NPO적 활동도 다른 단체에 의한 지원활동 등의 진전을 보인다. 공익신탁 하코다테 색채 마을만들기 기금(약칭 : 하코다테 트러스트)은 타 단체의 활동에 대한 재정적 지원 구조를 구축했다. 80년대 전반의 원룸, 맨션 문제의 경험에서 전문가에 의해 설립된 세타가야 마을만들기 지원센터는 주민에 의한 건축협정체결 활동 등 지원하고 있다.

진술한, (주)나라만들기센터는 임대한 전통적인 상가를 모금이나 조성금에 의해 수복(수리하여 본모습과 같게 함)해 나라쵸 도시박물관이라 이름 붙여, 자신들의 사무실 및 지역주민 교류시설로서 활용하고 있다.

이는 민간비영리 단체에 의한 수복사업으로서 선도적인 것이다. 거리경관 보존운동과는 흐름이 다른 민가 · 상가의 재생활동도 이 시기부터 활발해진다. 초기의 대응으로서는 80년 후반에 오카야마현에서 활동하는 고민가 재생공방이 설립되었다. 이 시대가 되어 교토에서 교토상가재생연구회가 설립되었다. 또, 각지에서 전통자재를 유통시키는 대응책도 보급돼 후에 첫 전국단체인 일본 민가 재생 리사이클 협회도 설립되었다.

또 이 무렵에는 행정과 민간의 파트너쉽의 중요성이 대두되게 된다. 기업도 참가한 지역 환경 개선활동을 행하는 그라운드 워크 트러스트 활동을 추진하는 (재)일본 그라운드워크협회도 설립되었다.

◘ 1990년대 후반 경 : NPO제도의 확립과 행정의 시민활동지원

이 시기에는 NPO에게 법인격을 주는 특정비영리활동촉진법이 제정되어 이후 확정을 받는 단체도 매년 늘고 있다.

또 이와 같은, 시민활동의 의의도 널리 일반적으로 인식되게 된다. 이에 대응해 행정측으로서도 단순히 참가기회를 마련하는 것이 아니라 시민에 의한 자주적 활동이나 그 부흥을 지원해 풍경계획에 협력하여 대항하다는 자세가 두드러지게 된다.

동경도 세타가야구가 행한 가로경관만들기 포럼(2000년부터 풍경 만들기 포럼으로 개칭)은 학습장이었던 이전의 가로경관만들기 강좌에서 전개된 것으로 풍경 만들기 조례의 운용에 주민과 행정이 협동으로 활동하는 장이 되었다.

조례로 정해진 지역풍경자산의 선정프로세스에서도 이 포럼이 큰 역할을 하고 있다.

법정지구 계획제도에서도 법 개정에 의해 주민이 지구계획의 결정이나 안건의 내용에 대해 발의할 수 있게 되었다.

또, 일반 도시계획결정에서도 마을만들기 협의회에 의한 제안 등을 조례에 부가할 수 있음이 명시되어 있다.

자연경관에서는 도시녹지보전법의 개정에 의해 시민녹지제도가 마련되었다. 이 제도에서는 지방공공단체가 녹지관리기구가 소유자와 일반 공개 및 관리에 관한 계약을 맺게 되나, 관리 기구에는 공익법인 및 NPO법인을 인정할 수 있다.

또 자연공원법의 개정에서 마련된 풍경지 보호협정제도에서도 NPO법인 등이 처음으로 국립 국정공원내의 자연풍경지의 관리에 참가할 수 있게 된다.

이는 계단식 논이나 시골산 등의 보전활동을 행하는 시민단체가 늘어난 것이 그 배경이 되고 있다.

◘ 2000년대 전반경 : 광범위한 관심을 부르는 보전운동

시민의 참가나 참여가 진행 중인 가운데 아직 경관파괴에 관한 반대운동도 잠잠해지지 않았다. 90년대 중반 동경 마루노우치 빌딩 재건설계획에서는 시민의 보존운동이 일어났으나, 널리 알려지지 않은 채 철거되었다. 단 저층부의 벽면 계승과 일부벽면보존이 실현되었다.

그 후도, 후쿠야마시의 매립 · 가교계획에서는 역사적 항만을 보호하려는 시민운동을 미국에 본거지를 둔 월드 · 모뉴먼트 · 펀드가 지원 대상으로 채택됐다.

교나와 고속자동차도계획에서도 평성궁 유휴지 및 그 근방을 통과하는 것에 대한 반대운동이 일어나 유네스코

세계유산 센터도 상황보고를 요구하고 있다. 이들 사례에서는 지방의 반대운동이 보다 광범위한 관심을 불렀다.

나아가 동경도 구니다치시 대학거리에 건설된 고층 맨션을 둘러싼 재판에서는 1심에서 맨션 일부를 철거할 것을 명령하는 판결이 나와(4·2절 참조)주민의 경관이익의 법적보호가 처음으로 인정되었다.

또 사가현 토요사토쵸의 토요토 초등학교와 동경도 시나가와구 구 마사다 저택의 보전운동에서는 모든 것을 소유하는 행정에 대해 지역주민이 철거금지를 요구하는 가처분 진정을 재판소에 행했다

거의 같은 시기의 이들 세 사례는 TV의 전국뉴스에서 연일 보도되어 국민적 관심을 불렀다.

시민참여의 현 상황과 과제

시민참여의 테두리

풍경의 모습에 관한 시민의 참여 방식은 첫째로, 행정의 계획이나 사업에의 참가, 참여의 경우와 행정시책과는 직접 관계없는 자주적 활동으로 나눌 수 있다.

후자는 경관파괴에 대한 반대운동도 포함한다. 두 번째로, 계획이나 사업을 실시하기 전인가 후인가에 따라서도 성질이 달라진다.

표3·4 풍경계획에 있어서의 시민참여의 틀

	시민의 자주적 참여	행정시책에 따른 참여
사전참여	• [참여의 구체 예] • 보전운동 • 보급계몽 활동 • [키워드] • 정책제언	• [관여의 구체 예] • 입장작업에의 참가 • 의사결정의 참가 • [키워드] • 어카운트빌리티
사후참여	• [참여의 구체 예] • 자율적 유지, 관리 • [키워드] • 인터미티어리	• [관여의 구체 예] • 책임, 의무 • 디자인유도 • [키워드] • 폴리스파워, 규제 • 어센티시티, 정통성 • 어세스먼트 평가

이 테두리(틀)를 정리한 것이 표 3.4이다.

전술한 시민참여 경위도 적용하면서 표3.4의 카테고리에 따라 풍경계획에 있어서의 시민참여의 현 상태와 과제에 대해 고찰한다.

시민의 자주적 사전 관여

이 카테고리의 키워드는 「어드보커시」 즉 정책제언이다.

일반적으로 마을만들기에의 시민참여는 반대운동, 제도참가, 자주적 활동으로 진행되어 왔고 전항의 경위도 대략 이 흐름에 따르고 있다.

단, 반대운동의 형태를 취하는 참여방식은, 어느 시대에도 존재하고 최근에 빈번해졌다. 이는 풍경계획의 분야에서는 제도가 아직 준비되지 않아 정식참가의 장이 마련되지 않았음을 나타낸다. 다시 말해, 제도의 정비가 따라갈 수 없는 새로운 문제에 대해 시민운동이 선행하고 있다고 할 수 있다. 일본시민활동은 미국 등과 비교하면, 문제가 발생한 후 개별운동에 그쳐 장래를 내다 본 정책제언까지는 도달해 있지 않은 상태이다.

앞으로 입법 활동도 포함한 정책제언 활동이 필요해질 것이다.

또, 환경 학습의 일환으로서 교육 활동도 미국, 캐나다 등에 비해 늦어 장기적 시점에서 대응할 필요가 있을 것이다.

행정시책에 따른 사전참여

여기서의 키워드는 「어카운트빌리티」이다.

정보공개제도의 정비 등 최근에는 어카운트빌리티 즉 설명책임이라는 개념도 상식이 되었다.

심의회에 있어서의 회의 및 의사록의 공개, 공공사업에서의 공공개입(블릭. 임블브먼트) 등 입안 과정이나 의사과정 결정에 의한 참가는 보다 실질적인 것으로 진화되고 있다.

그러나 일반도시계획에 있어서 실제 운용에서는 아직까지 개선되지 않은 부분이 많아, 환경 영향 평가 절차 등과 비교하면 낙후될 수밖에 없다. 또, 몇 십 년 전 결정된 도시계획도로가 새로운 시대의 필요로서의 경관 보진과 모순된 경우도 전국적으로 많이 발생하고 있다. 계획의 정기적 재고나, 사업인가단계에서의 시민참가도 도입해야 할 것이다.

행정시책에 의한 사후참여

첫 번째 키워드는 「폴리스파워」이다.

경관조례 등에 의해 경관형성지구로 지정되면 그 지구에서는 디자인 유도가 행해진다. 심의나 협의는 주로 심의회 등에서 행해지고, 여기에 시민이 위원으로 참가한다.

이 같은 디자인 유도에 있어서의 과제 중 하나는 「부탁조례」라 불리듯 폴리스 파워 즉 법적규제력의 약화이다. 경관권의 확립을 향해 국민적 운동이 활발해가지 않으면

안된다. 선구적인 구니다치시의 사례는 그 선구 예로 들 수 있다 또 하나의 과제는 목표경관상의 설정과 디자인 질의 문제이다.

따라서 두 번째 키워드는「어센티시티」이다. 이는 참가 유무에 관계없이 일어날 수 있는 문제이나, 현실적으로는 지구 전체의 컴퍼터빌리티 즉 조화를 편중한 나머지 개별 건축의 어센티시티 즉, 정통의 진정성이 손상되는 예가 많이 보여진다.

또 제도 도입에 의해 경관은 보전되어지나 정통 건축을 파괴해 그레프리카를 재현하는 사태도 발생하고 있다. 상세한 조사에 따라 지역의 문맥을 잘 이해하는 시민(전문가 포함)의 지식을 빌린 본물(실제물) 지향의 디자인유도가 행해지지 않으면 안된다.

단, 경관조례 등에서 디자인 유도가 실시되고 있는 지역은 전체 중 극히 일부에 지나지 않는다. 대부분의 지역에서는 풍경에 대한 영향이 고려되지 않고 개별개발이 진행된다. 따라서 다른 하나의 키워드로서「어세스먼트」즉 영향평가를 들고 싶다. 종래의 디자인 유도 대상구역을 확장하는 것을 우선 생각할 수 있으나, 다음 단계로서 환경 어세스먼트와 동시에 풍경에 관해서도 조사, 예측, 평가의 과정을 도입하는 것도 가능할 것이다.「효고현 경관형성 등에 관한 조례」에 있어서의 경관영향평가제도(11조, 18조, 24조)는 그 선진적 예이다. 나아가, 그 프로세스 안에서 넓게 시민의 목소리가 반영되는 구조도 검토해야 한다.

한편, 역사적 건조물의 보존에 대해 말하자면 지자체가 미국이나 캐나다 같은 기초적 인벤트리를 가지지 않는 즉, 어디에 어떤 건물이 있는지를 폭 넓게 파악하지 않고 있거나 혹은 파악하고 있더라고 그것이 특정 부서의 내부자료에 그쳐 충분한 활용이 되고 있지 않은 점이 최대 문제이다.

본래는 그런 조사에 근거해 도시계획 등의 사업이나 개별개발이 행해져야 한다. 미국에서는 인벤트리에 기재된 건조물에 대해서 철거하기 전에 대체안을 검토하는 지자체제도가 있다.

또, 국가의 등록대장에 기재된 건조물에 대해서 공공사업 등의 시행에 있어서는 대체안의 검토가 필요해진다. 캐나다에서도 중요국유건조물은 사전의 대체안 검토의 대상이 된다.

현 상황에서는 풍경에 주는 영향을 논의하는 열린 장소가 부족하므로 시민은 반대운동형식으로 의견을 표명할 수밖에 없다.

어세스먼트 등의 제도가 정비되었다 하더라도 운동이 불필요해지는 건 아니겠지만 적어도 현재보다 건설적이고, 장기적으로 보면 효율적 논의가 가능해질 것이다. 또, 지켜야 할 대상이 확대되고 있는 오늘날에 있어서 그 선택에 있어서도 동경도 세타가야구의 지역풍경자산처럼 시민참가로 대응하는 것이 중요하다.

◘ 시민의 자주적 사후참여

NPO법의 시행 이래 시민활동단체의 발전이 현저하다. 이에 대해, 행정도 시민활동지원시책을 연이어 발표하고 있다. 행정으로부터의 사업위탁도 포함해 보전대상의 자율적 유지, 관리를 담당해가기 위해서는 인적, 재정적기반이 과제가 되고 있다. 이처럼 시민활동 단체의 기반강화에는 수평적 연대가 중요하나, 일본에서는 아직 충분하다 할 수 없다. 따라서「인터미터어리」즉, 중간조직을 키워드로 들고 싶다. 예를 들어, 미국, 캐나다의 역사적 환경보전단체에서는 시 · 주 · 구의 광역단위에서 지역 내 개별단체가 가맹하는 연맹조직의 위계(피라미드형 계층조직)가 형성되어 이 중간 조직이 개별 하부조직의 활동이나 일간활동을 지원한다. 이처럼「시민조직을 지원하는 시민조직」으로서 중간조직의 설립에 대한 초기지원을 행하는 것도 행정과정 중 하나일 것이다.

또, 역사적 건조물의 보존에 대해 지가가 비싼 일본에서는 영국의 내셔널 트러스트와 같은 매수에 의한 보존을 시민조직이 하기에는 특히, 도시부에서는 쉽지 않다. 자연경관에서의 시민녹지 제도처럼, 사지 않고 계약에 따라 보전하는 수법의 제도화도 검토할 가치가 있을 것이다.

4

풍경 계획과 그 법적 근거

河野俊行 · 日置雅晴

4·1 풍경계획의 법적 근거에 관한 비교법적 고찰

독일(바이에른 주와 뮌헨 시)의 사례

본고의 목적은 독일에 있어서 도시경관유지를 위한 법제도의 개략을 소개하는 것이다.

독일은 연방제를 채용하고 있어 기술에 있어서 특정 주, 기초 지자체에 초점을 집약할 필요가 있다.

본고에서는 바이엘 주 뮌헨시를 대상으로 한다. 또 뉴욕시의 규제도 비교를 위해 다루고 싶었으나, 양국의 법체계가 근본적으로 달라 각각의 규제체제가 복잡해 그 서술에 많은 양이 필요하기 때문에 미국법의 서술은 다음으로 미루고자 한다.

그런데 경관보호의 중심은 각종 공법적 규제임은 말할 것도 없어, 본고도 그를 주 대상으로 하고자 한다.

그 외 사법적 규제라고 불리어지는 경우가 있으며, 이는 독일에서는 제한을 요구하는 자가 있어야 비로소 발동되는 제한을 의미하는데 반해 미국의 사법적 규제는 제한을 받는 자가 누구인가라는 관점에서의 규제임에 주의할 필요가 있다. 후자는 예를 들어 개발업자가 받는「단독주택에 한함」「일구획은 최저 ㅇㅇ평방피트 필요함」등의 제한이다.

역사적 발전

19세기에 있어 자유주의 고양의 결과 봉건주의와 결별의 상징으로서 독일에 있어서는 토지에 관한 절대적 소유권, 건설의 자유가 강조되게 된다. 토지 소유자는 그 필요에 따라 건축하는 시기 장소, 방법을 정할 수 있다고 되어져 있다.

이러한 상황 아래서 도시계획은 경찰규제 특히 화재대상에 한정되게 된다. (도시의 도로배치도 포함되어 있기는 하나, 그 또한 소방단의 통행 확보를 위한 것이었다.) 이와 아울러 산업혁명에 의한 도시에의 인구유입도 압력이 되어 무질서한 건축행위가 일어나게 되었다. 예를 들면 7층 건물의 뒤 정원 부분에 있어서도 5.3㎡ 이상은 필요 없다고 되어 있었으나 이는 소방관이 소화행동을 위해 방향을 바꾸는데 필요한 스페이스였다

그러나 1868년에 바덴, 1875년 프로이센에서 각각 제정된 지방 도로법, 건축선법에 따라 지자체는 도로나 건축선 지정에 관해 규제를 들 수 있는 독자적인 권한을 부여받게 된다.

그러나 그 이외의 점에서는 경찰규제가 있을 뿐이고, 거기다 이 경찰규제 권한은 국가가 독점하고 있었다. 오늘날도 독일의 규제가 계획법과 규제법(즉 경찰규제)으로 나뉘어 논의되어지는 것은 이런 역사적 사정에 배경을 두고 있다.

오늘날, 계획법과 규제법의 구별은 연방과 주의 입법권한의 배분 문제이기도 하다. 이는 1954년 6월 16일 연방헌법재판소의 감정서(BverFGE 3,407, 423ff.)에 의해 명확해졌는데, 연방은 연방 헌법 74조 1항 18호의「토지거래」와「토지법」에 관한 입법권만 가지게 되었다. 여기서 토지법이란 도시계획 · 건설계획에 관한 입법으로 구체적으로는 연방건설법전이 그것이다. 이 법률은 표제어「건설」법으로 명기되어 있으나, 그 내용은 계획법임에 주의하지 않으면 안된다. 또, 개별 건축물을 규제대상으로 하는 규제법의 입법권은 주에 전속되는 것이 명확해졌다.

즉, '계획법=연방', '규제법=주'라는 관할배분이 된 것이다

건설계획법 · 도시계획법

◘ 연혁 · 구조

이미 논했듯 19세기 후반의 계획법은 사회의 발전에 왜

곡이 생긴 경우에, 이를 막거나 혹은 이를 교정하는 기능을 하는 것에 지나지 않았다. 도시의 질서를 보다 발전시키려는 사상이 계획법에 담기게 된 것은 20세기에 들어서면서이고, 그를 실행하기 위한 법적수단이 정비되기 시작한 것은 전후부흥이 시작된 1945년 이후의 일이다. 이 시기 각 주는 이른바 전후 부흥법을 제정, 지자체에 건설계획 수행에 필요한 수단을 광범위하게 부여했으나, 이를 연방 차원에서 통일적으로 규정한 것은 1960년의 연방건설법전이다.

즉, 이것에 의해 계획법의 입법 관할이 연방에 있음이 명확해진 것이다.

이 1960년의 연방건설법전에 있어서 도시계획은 2단 구조로 되어 있고, 이것이 현재까지의 계획법의 구조가 되어 있다. 그 하나는 지자체의 영역 전체를 포함하는 대략적 토지이용기본 계획(F플랜)과 지자체의 각부의 토지에 있어서의 건설규제인 지구 상세계획(B플랜)이 그것이다. 그리고 이 양자의 계획을 포괄하는 개념이 건설관리계획이다.

즉, 도시계획은 이 건설관리계획을 축으로 전개되지 않으면 안된다.

연방건설법전 1조는 건설관리계획이 배려해야 할 여러 요소를 열거하고 있고, 독일의 건설계획의 배경인 여러 사상의 조감도도 되고 있다. 구체적으로는 건강한 주거노동관계(5항 1호), 주민의 사회적, 문화적 필요(3호), 풍경의 유지, 발전(4호), 역사적 건조물 보호(5호), 환경보호(7호) 등이 열거되어 최근 개정에 의해 더 강조되게 된 자연환경보호 외에 전통적 건물의 보존, 미관보호라는 각종 요소가 종합적으로 고려되지 않으면 안 됨을 알 수 있다.

◘ 토지이용(기본)계획(F플랜)

F플랜은 지도상 1/25,000, 경우에 따라서는 1/100,000의 축적에 의해 지자체 전역의 토지이용이 그려지지 않으면 안 되고 (연방건설법전 5조 1항)그릴 수 있는 이용토지 가능성의 내역은 법률에 예시 열거되어져 있다.(동2항)

F플랜은 「시정촌이 가까운 장래 토지이용은 이렇게 하고 싶다」라는 토지이용에 관한 프로그램으로서 행정 내부에서 의미를 가지는 준비 조치이긴 하나, 시민에 대해 직접 법적 구속력을 가지지는 않는다. 그렇지만 토지이용에 대해 시민에 직접 이해를 미치는 B플랜은 F플랜을 기초로 하지 않으면 안 되므로 F플랜의 책정에 있어서도 B플랜 책정과 유사한 절차를 밟을 필요가 있다. 특히, 후술하는 바와 같이 시민에의 열람 이의 신청의 기회 여부가 필요하다는 것에 주의해 둘 필요가 있을 것이다.(연방건설법전 2조~4조)

◘ 지구상세계획(B플랜)

한편, B플랜은 지자체에 의해 조례로서 결정된다.(연방건설법전 10조) 이는 경우에 따라 1/500 척도를 이용해 2~3의 도로 및 개개 토지에 대해서도 구획단위의 정밀도를 가지고 그려지는 것이다.

지자체는 F플랜에 의한 전체 구상을 책정하고 있지 않으면 B플랜의 신규 책정, 변경, 보완, 폐지할 수 없으며(연방건설법전 8조 2항), F플랜이 없는 B플랜은 위법 무효가 된다.

B플랜은 조례로서 시민을 직접법적으로 구속하는 것으로 건설 자유의 제한이 된다. 그 제한을 위한 법률상 근거가 되는 것이 연방건설법전 9조로, 같은 조1항이 제한될 수 있는 내용을 한정적으로(즉, 이 이상 확대는 불가능하다는 형식으로) 열거하고 있다. 더욱이, 이것과 함께 각주는 나중에 언급할 주 법상의 규제도 B플랜에 적용할 수 있기 때문에(동 4항) 지자체는 예를 들어 건물의 횡, 종, 높이, 옥상의 구배(경사), 창의 형태, 거주용 · 공업용이라는 건물의 용도 등 개개 토지상 장래 행해질 건설에 관한 거의 대부분을 규제할 수 있게 되었다

당초 연방건설법전의 규제는 개개토지의 건설 이용 규제에 한정되어 있었으나 70년대의 개정에 의해 공원 등의 공간, 보행자천국, 자연보호 상 중요한 지역 등에도 규제를 적용할 수 있게 된 결과(예를 들어 9조 1항 11호 참조) 건설계획의 테두리를 넘어 종합적 토지이용계획으로 발전 전환되었다고 할 수 있다. 때문에 이 B플랜이 도시의 미관유지에 있어 중요한 역할을 한 것이다.

B플랜에 의한 규제수단은 건축허가이다.

F플랜, B플랜에 대해 약간 시점을 바꾸어 정리하면 다음과 같다.

연방법에 의한 토지이용규제로서 F플랜, B플랜이 있다. F플랜은 시정촌의 전역을 대상으로 하는 토지건축이용의 대략적 형태를 규정한 것이다. 한편, B플랜(조례의 형식을 취함)은 F플랜을 기초로 해야만 책정할 수 있다. 시정촌 영역의 일부인 건축이용 및 그 외 이용을 개별 사례별로 구속하는 것이다. F플랜이 없으면 B플랜은 책정할 수 없다.

F플랜 이 외에도 토지이용에 관한 계획이 있으면 그것도 B플랜 책정 시 고려하지 않으면 안된다.

어떤 지역이나 토지에 B플랜을 책정할 것인가는 시정촌의 정치적 결정으로 시민은 정치적 결정을 하도록 힘쓸 수는 있으나 B플랜 책정을 요하는 법적청구권은 가지지 않는다.

어떤 토지에 건물을 건축하는 경우, B플랜과의 관계에서 보면 3가지 패턴으로 나누어 생각할 필요가 있다.

첫 번째로는 B플랜이 존재하는 지구 내에 건축하는 경우(연방건설법 30조) 연방건설법 30조 1항에 의하면 B플랜은 건축이용의 방법(거주용, 영업용, 혹은 양자의 혼재), 양적 규제(몇 층까지 가능한지, 토지와 건축면적의 관계 등) 및 그 지구의 교통이 이용되는 구역을 내용으로 포함하고 있지 않으면 안되나 건축주가 이들 규제의 범위 내에서 건축하는 경우 바이엘에서는 건축허가 취득 의무를 면제해(바이엘건설 규제법 64조) 신속하게 건설을 개시할 수 있다.

두 번째로 B플랜이 책정하고 있지 않은 토지나 그 토지가 이미 건물이 지어진 지구에 관계된 장소일 경우에는 건축주는 건축허가를 받아야 한다.

그를 위해서 해당 건물은 주위건물과 조화되지 않으면 안된다(연방 건설법 34조). 또 이 허가를 얻기 위해 어떠한 이용 방법에 의해 또 어떤 양적규제를 따른 필요가 있는지는 관할 관청과 함께 확정하게 된다.

즉, 건축허가를 얻는데 있어서는 건축허가권한을 가지는 담당관과 교섭하게 된다. 담당관은 연방건설법전과 주 건설규제법을 둘 다 고려하며 판단하게 되나, 그 때 중요한 의미를 가지는 것이 연방건설법전 34조이다.

이 규정은 「건축이용의 방법, 규범, 건축수법, 토지면적이 주변과 잘 조화되는지 여부」를 건축이 허가될지 아닐지의 기준으로서 들고 있다.

주변과의 조화가 이루어지고 있는지가 결정적 근거가 되나 실제로 그 판단은 담당관이 주관적 판단에 크게 영향을 받고 또 거기다 부정의 원인이 되기도 하는 듯하다.

세 번째로 토지가 B플랜책정지구의 가장 외측에 위치하는 경우(연방건설법 35조)에 건축 행위는 원칙적으로 허가되지 않는다.

어떤 사정상 예외가 있을 수 있으나 항상 지자체 관할 관청과 협의하지 않으면 안된다.

◘ 소유권의 자유 · 건축의 자유와의 관계

이처럼 계획의 규제 대상이 확대되어가는 지금 그에 따라 발생되는 소유권의 자유 · 건축의 자유와의 관계를 어떻게 생각하면 좋을 것인가 독일법상 소유권은 사회구속을 받는 의무 연방헌법 14조 1항을 지나 특히 토지에 대해서는 구속 정도가 높아 비례원칙(즉 규제의 필요성과 규제성 정도의 밸런스가 이루어져 있는 것)이 지켜져 또 소유권의 본질적 내용이 유지되어지고만 있으면 헌법의 요청은 만족시켜진다 생각된다.

여기서 말하는 소유권의 본질적 내용이란 처분이용권으로, 계획에 따라 제한을 받아도 그 토지를 매각하거나 담보설정하거나 B플랜의 지정에 따라 이용하는 것이 가능한 이상 토지의 경제적 이용은 허용되고 그 한도 내에서 소유권의 본질적 내용은 제한받지 않는다고 한다. 예를 들어 B플랜이 건축 이용의 종류만을 정한 후 소유자에 맡기는 경우는 말할 것도 없고 녹지를 지정한 경우 층마다 이용구분지정이 정해진 경우 등도 소유권의 사회적 구속 범위 내의 규제라고 되어 있다. 어떤 사람의 토지가 B플랜상 상업시설용지로 되어 있는 경우, 그 사람이 자택을 건축하고 싶다고 해도 허가되지 않고, 계획에 정해진 용도에 따라 건설하거나, 매각할 수밖에 없게 되는 것이다

건설의 자유를 둘러싸고 70년대를 중심으로 논쟁한 적이 있다. 그때 자유주의적 건설의 자유는 오늘날에 있어서도 토지소유권의 내용이 될 것인가, 혹은 도시소유권의 내용이 아니라 B플랜 의해 소유자에게 토지이용권이 주어진 것에 지나지 않은가 논해졌다.

여기서 주의해야 할 것은, 건설의 자유는 헌법의 재산권 보장에 포함된다는 전자의 입장을 취하는 측도 무제한 건축의 자유를 주장한 것이 아니라 오히려 이 입장을 취하는 어떤 논자의 말에 의하면 절대적이고 무제한적 소유권이란 법질서에 의해 구체화 되어진 것으로는 한 번도 존재한 적이 없었다고 되어 있는 것에 주의해야 한다.

여기서의 논점 등 건설 행위는 B플랜에 따라서 허용된다는 것을 대전제로 하고 이를 헌법의 범위 내에서 설명하려고 하거나, 권리의 내용을 법률에 의해 정해지는 것에 지나지 않음, 즉 건설계획법에 의해 주어진 것에 지나지 않는다고 하거나라는 점이다. 다수설은 전자의 입장으로 토지이용규제는 법치국가로서의 제약을 고려하지 않으면 안 되고, 헌법에 의해 공공의 복지를 이유로 해서만 제

한은 정당화된다고 한다. 그 심의기준은 법률에 근거해 규제하는 것, 규제가 필요성에 맞는 것(비례원칙) 소유권의 본질이 확보되어 있을 것임은 앞서 말한 바와 같다

그 결과 오늘날의 독일에 있어서 건설의 자유는 자신의 토지에 건물을 세울지 말자, 언제 세울지, 세울 경우에는 (B플랜 범위 내에서) 어떻게 구체화할지(주거용도 지역과 지정된 지역에 있어 단독주택을 세울지, 아파트로 할지, 화려한 건물로 할지, 저소득자 지향의 건물로 할지 선택할 수 있다) 등의 결정의 자유를 의미하는 것에 지나지 않는다고 해석된다.

발전계획

그런데 1976년 개정에 의해, 연방건축 법전에 「발전계획」의 개념이 도입되었다. 이는 도시발전을 사회적 여러 요인에 맡겨지는 것이 아니라, 도시의 발전을 국가의 손으로 어떤 바람직한 방향으로 유도된다는 발상이나 이는 건축의 자유와의 관계에 새로운 문제를 야기시킨다. 이에 의하면 적절한 때 적절한 장소에 적절한 건축배치가 실현되지 않으면 안되나(예를 들어 신흥 주택지에 있어서는 주택, 학교, 공공교통기관, 쇼핑센터 등이 동시에 갖추어질 필요가 있어 또 모든 시설은 해당도시에 있어 적절히 배치되지 않으면 안되는 것이 된다) 이는 당국의 권한 확대를 의미하기 때문이다.

1993년 개정에 의해, 일정 지역을 엄격한 발전 계획안에 포함시키는 것도 가능해지게 되었으나(연방건설법전 163조 이하) 발전계획에 있어서는 상당한 이유가 없으면 헌법상의 문제가 발생할 가능성이 있기 때문에 많은 경우 노력 목표 이상의 의미는 가지지 않는다.

건설규제법

주법으로서의 건설규제법

계획법이 토지 평면을 대상으로 하는 규제임에 반해 건설규제법은 건설되는 개별 건물을 대상으로 하는 규제법이다. 거기다 연방 헌법 74조 18호의 「토지」법에는 해당되지 않고 지금까지 연방 및 각주의 관계성청 대표자로 이루어진 위원회가 건설규제 모델법을 몇 차례에 걸쳐 (1959년, 1981년, 1996년) 작성해 왔다.

현재 각 주에서는 이를 모범으로 건설규제법을 책정하고 있어 내용적으로 주마다 매우 다르지는 않다. 바이엘 주에서는 바이엘 건설규제법(이하 baybo로서 인용)이 그것에 해당한다. 주법 간의 차이는 사회적 환경적 요인의 고려, 건물 간 거리 규제 수납공간 설치의 의무 등의 개별점에 있어 나타나는데 지나지 않는다. 한편 절차적으로는 나중에 논하나, 건축 허가를 면제하는 움직임이 있어 이것이 각 주에 따라 법칙 방법 등이 다른 점에 주의를 요한다.

규제 개설

건설규제 대상이 되는 「건축물」이란 각 주거의 공통적으로 (1) 토지의 정착물로서, (2) 건축자재를 사용하여, (3) 건조된 것일 것이라는 세 가지 요소를 포함한 것으로 정의되어져 있다(baybo 2조1항 1문) 지면에 고정되어 있는 광고용 시설(자동판매기를 포함)은 이에 해당하는지 의문이 남는 부분이나, 바이엘 주에서는 입법적으로 해결해서 이를 포함시키고 있다(같은 조 같은 항 2문).

건설 규제의 관할 기관은 주에 따라 다르나 바이엘 주의 경우는 원칙적으로는 바이엘 주 내무성을 정점으로 3단계 구성으로 되어 있다. 동시에 문화재 보존이 관계될 경우에는 교육, 문화, 연구, 예술성이 공동으로 관할한다. (baybo 59조 1항) 건설 규제는 주의 고유 사무로 지자체는 위임사무로서 실질적 실무를 담당하게 된다.

규제 대상이 되는 건축 행위에는 신축, 철거, 재건축, 용도 변경(예를 들어 영화관에서 디스코텍으로) 등이 포함된다.(baybo 60조 2항) 건설규제법의 주 컨트롤 수단도 건축허가이다.(baybo 62조 72조)

건축허가는 소유자의 건축 행위의 제한으로 건축자유와의 관계가 여기서도 문제되나 여기서도 무제한의 건축의 자유는 기본적 인권의 내용이 된 적은 없다. 소유자는 그 건축계획이 공법적 규제에 반하지 않고, 건축을 허가 하도록 요구하는 청구권을 가지는 한, 건축의 자유는 만족시켜진다고 일반적으로 이해되고 있다. 건축의 사소한 부분의 건축·변경에 대해서는 예외로서 건축허가를 필요하지 않는다. 무엇이 이에 해당하는 가는 각 주의 건축규제법에 열거되어 있다.(바이엘 주의 경우는 baybo 63조, 예를 들면 같은 조 1항11호 a는 광고라면 1㎡ 이하의 것을 들고 있다) 이외에 최근의 규제 완화의 흐름을 받아들여 전통적으로는 건축허가를 받지 않으면 안 되는 건축물이 건축허가절차에서 해방되고 있는 중이다. 바이엘 주의 경우 일정 요건을 만족시키면 허가받은 것으로 보는 간이수속제도(예를 들어 baybo 73조) 필요서류를 제출하면 일

정 시간 경과 후 관할관청의 결정을 기다리지 않고 건축이 가능해지는 제도(예를 들어 baybo 64조)가 있다. 또 후자의 제도에 대해서는 관할관청은 심사하는 것을 막지 않으나 심사의무는 지지 않음에 지나지 않는다고 해석하는 학설이 많다.

이들의 배후에는 그것에 의한 경제자극책의 하나로서 주택건축의 조기완성을 꾀하는 규제완화의 일환으로서 건축허가 사무의 민영화(전문가에의 권한 위양)라는 각종 고려가 있다.(baybo 90조 10항 2호 66조 참조) 관련 경향에 대해서는 사후적 컨트롤로서의 재판소의 위법 건축철거 명령은 실제로 얻기 힘듦으로 사전의 컨트롤을 철저하게 하지 않으면 안 된다는 비판이 강하다.

건설 규제는 크게 나누어 (1) 위험방지 (2) 미관 (3) 사회적 고려의 요청에 근거한다고 할 수 있다. (1)에 대해서는 예를 들어 방화 관점에서 보면 옆집과의 거리 확보 (3)에 대해서는 통풍 채광 관점에서의 옆집과의 거리 확보 혹은 2세대이상이 입주한 아파트에 있어서의 아동유희용 공간 확보라는 요건이 여러 요청을 재현하는 것이다. (2)의 미관의 관점에 대해서는(baybo 91조 1항 1호)에 의해 지자체가 그 외의 경관유지 · 형성을 위해 건축물의 외관에 관해 조례를 정해 규제하는 것을 허용하고 있다. 또 동 2호는 마찬가지로 지자체에 의한 광고 금지에 대해서 정하고 있다.

뮌헨시의 제도

도시 경관규제를 상세하게 알기 위해서 특정 지자체의 사례를 살펴 볼 필요가 있다. 여기서는 뮌헨시를 예로 든다.

◘ 발전계획

뮌헨 시는 법적 구속력이 없는 도시발전계획을 1963년부터 1998년까지 4차례에 걸쳐 책정해오고 있다. 최근의 1998년판은 매 회 항목 수를 증대시켜 온 지금까지의 발전계획과는 달리 컨셉을 제시한 비교적 간단한 것이다. 그것은 뮌헨시를 둘러 싼 정세의 변화에 발전계획이 따라갈 수 없어 계획 그 자체는 간단하고 2, 3년에 한번 보고서를 내 보완하는 형태로 바꾸었기 때문이다.

◘ 토지이용기본계획(F플랜)

F플랜(http://www.muenchen.de/plan/fnp/indexfnp.html)은 현재 일곱 개의 시역에 나뉘어 책정되어 있다.

각 시역은 다시 소지구로 나뉘고, 예를 들어 남동부의 제6구는 다시 6개의 지구로 나뉘어 각 지구별로 용도별로 색으로 구분된 지도가 작성된다. 용도로서는 건설용(주택전용지구 2종류, 주택, 사업혼재지구 2종류, 상공업 전용지구 3종류, 공동이용지구) 교통용(주차장을 포함해 4종류)녹화 · 개방지구(묘지 · 숲을 포함 9종류)로 분류되어져 있다. 이는 고정적인 것이 아니라 변경이 가능한 것이다. 이를 책정하는 프로세스는 이미 논했듯 후에 논하고자 하는 B플랜과 기본적으로 같을 필요가 있다. 2003년 4월 시점에서 F플랜의 예는 새로운 축구장 건설이 결정된 Frottmaning 지구의 변경 예정의 F플랜이나, 중앙역에서 라임(Laim) 파진(Pasing) 연선의 F플랜이 흥미롭다

◘ 지구상세계획 (B플랜)

B플랜은 앞서 논했듯, 개개의 토지사용에 대해 시민을 직접 구속하는 것이다. 거기다 그 정책에는 시민 참가의 길이 확보되어져 있다. 때문에 많은 이해 조절이 필요해져 책정까지 몇 년이나 걸리기도 한다. 계획 책정에서 중요한 것은 소유자가 누구인가, 소유자가 무엇을 건축하고 싶은가가 아니라 F플랜 상 무엇을 해야 하는지가 중시된다. 이 계획은 하나의 거리를 위해서도 가능하고 또 필요하다.

B플랜 책정 절차의 흐름 및 그 때의 주민참가는 다음과 같다. 예를 들어 시내의 어떤 토지가 이용되지 않고 남아 있다고 하자.

(1) 시의회는 B플랜 책정을 걸의, 신문 등에 고시한다.
(2) 뮌헨 시 도시계획국에서 그 토지에 가장 어울리는 이용에 대해 조사 검토하여 입안한다.
(3) 계획안에는 도면, 목표, 효과를 적은 설명서가 작성되어 고시된다.
(4) 동시에 1개월간 계획국에서 공개해 누구라도 구두나 서면으로 의견을 논할 수 있다.
(5) 시민이 요청하면 공개 검토회가 열려 행정측 대표자도 출석해 의견을 듣고 논의에 참가한다.
(6) 계획국은 이런 의견을 집약해 필요에 따라 계획안을 변경, 초안을 작성한다.
(7) 초안은 시의회의 의견을 거쳐 계획국에서 1개월 열람하게 한다.
(8) 이의 제안에 대해서는 계획국이 회답한다.
(9) 열람 기간 중 모아진 이의 제안은 계획국에서 검토하여 필요에 따라 다시 시의회에 제출, 재열람한다.

(10) 최종적으로 모든 의견 이의를 함께 시의회에 제출해 안이 확정되어 조례로서 의결된다. 그 후 고시, 발효, 열람이라는 프로세스를 밟는다. 또 이 단계에서 더 논쟁하고 싶은 자에게는 행정재판소에 제소할 수 있는 길이 열려 있다

B플랜책정에서의 주민참가의 방법은 이렇게만 제한되는 것은 아니다 예를 들어 규모가 큰 개발행위가 행해지는 경우에는 특별수속을 밟을 수도 있다. 그 예로서 (http://www.muenchen.de/plan/fnp/indexfnp.html)에 업로드 되어 있는 제1758호 B플랜 바뉴얼(bajuwarn) 거리의 책정 과정에 있어서의 토지 소유자를 포함시킨 워크숍(2002년 7월 19~20일 개최)의 리포트가 있다. 이는 제15지구위원회 (토르테닝 리무 지구)가 요구해, 다시 시의회가 이 B플랜(1758호) 책정에 있어 주민 참가를 확대된 형태를 해야 한다고 의결한 것에 근거한 것이다

이 워크숍에서는 주택 밀도 높이, 주택 형태, 주차장 설치, 고령자 · 청소년용 시설 등에 대해 상세히 논의되어져 있다.

또 조례로서는 시역 전체를 대상으로 하는 조례도 있어 거기서도 자세한 규제가 정해져 있다. 보다 일반적인 형태를 취하는 것으로 1996년 5월 8일 성립한 건축 완결된 토지의 개방 공간 형성 · 정비 및 건축물의 녹화에 관한 조례나 2000년 7월 31일 성립한 전원도시 조례 등이 있다.

예를 들어 전자의 조례에서는 100㎡ 이상인 평지붕은 녹화하지 않으면 안된다.(4조 1항 1문) 거주 면적 25㎡마다 1.5㎡, 또 최저층 면적 60㎡의 아동 유희시설을 설치하지 않으면 안된다(5조 1항). 옥외주차장은 5대마다 둘레 20~25㎝의 나무를 한그루 심지 않으면 안된다(6조 3항 2문)고 규제해 또 후자의 조례에서도 2가구 주택 및 집합주택에 있어서의 가렛지의 지붕은 평지붕 혹은 경사 20도 이하의 지붕으로 하지 않으면 안된다(5조 2문)고 하는 규제가 있다.

제2차 대전 후 일본의 많은 도시처럼 초토화되었던 뮌헨시가 오늘날 내외로부터 많은 사람들을 끌어당기는 매력적 도시가 된 배경에는 건축의 자유에 대한 극단적인 규제적 해석과 각종 규제가 존재하는 것이 명확해졌다. 또 거기에는 철저한 주민참가 보장 분권화에 의한 지역밀착형 규제수법이 있다. 이를 뒤집어 보면, 규제의 완화, 계획책정 과정에서의 주민 참가의 불충분함, 철저하지 않은 지방분권화에 의한 조례규제의 불충분 건축규제와 재산확보 보장의 분석, 연구의 미성숙이라는 일본의 풍경계획을 둘러싼 법적 약점이 그대로 부각되었다.

본고에서는 다루지 않았으나 프랑스에서도 강력한 도시경관 규제에 대해 파기원(최고재판소에 해당)이 합법판단이 제시되고, 일본이 처한 상황을 객관적으로 명확히 하기 위해서는 본격적 비교법연구를 서두르지 않으면 안 될 듯하다.

4 · 2 일본의 경관권, 환경권의 가능성

경관소송의 유형과 판례

여기서는 일본 재판에 있어서 경관의 규정을 부감한다. 경관을 둘러싼 소송은 크게는 사법적 청구권에 근거한 민사소송과 공법적 규제를 문제시하는 행정소송으로 나눌 수 있다.

사법적 청구는 개인 및 법인이 경관권 침해를 근거로 침해행위의 저지 및 손해배상을 청구하는 소송이고, 민사소송으로서 제기된 유형이다.

이에 반해 공법적 규제를 다투는 사례는 기업 등에 의한 건설행위, 개발행위가 경관을 파괴하는 경우에 행정이 이를 규제하는 경우, 이처럼 규제행위에 대해 사업자 등이 그 효력을 다투는 경우가 있다.

또, 반대로 개발허가 등의 경관침해 행위를 일으킬 가능성이 있는 행정처분이 개발계획으로 제시 될 경우에, 근린주민 등이 처분을 다투는 경우도 있다.

이러한 경우에는 행정소송으로서 공법적 규제의 위반성이 의문시되게 된다.

단. 이 사법과 공법, 양자의 관계는 미묘하고 배타적이기도 하므로 구체적 분쟁 사안에서도 양자의 소송이 행해지고 있는 사안도 많다. 또 행정이 주체가 된 개발계획에 의한 경관파괴 및 행정이 경관규제를 발동하지 않는 경우 등에서 그 제지, 규제의 발동을 요구하는 유형의 소송도 있어, 이런 경우에는 사법, 공법 양면에 걸친 문제가 생기는 경우도 있다. 행정이 주체가 된 행위에 대한 소송으로서는 지방자치법의 주민소송 형태가 많으나 저지소송, 손

해배상소송, 부작위의 위법확인 등의 소송형태도 있다. 현실적으로는 행정소송 주민소송에는 원고적격이나 소송이익, 재무회계 행위성 등 본안 전의 요건이 엄격해 많은 사건에서 경관 그 자체에 대한 재판소 본안의 판단이 제시되지 않은 채 종료되고 있다.

본안 안에 경관을 중시한 판단이 제시된 것은 지금까지 닛코타로스기 사건 등 매우 소수에 지나지 않으나 최근 구니타찌②, ③사진, 시라카베쵸 마을, 거리보존지구 사건 등 도시경관을 중시하는 움직임이 보인다.

또 당사자적격을 비롯한 행정소송제도에 관해서는 사법제도 개혁안에 발본적제도 개정이 검토되어지고 있음을 말해둔다.

공법적 판단기준으로서의 경관

◘ 닛코타로스기 사건

닛코타로스기 사건은 국립공원 내의 특별보호지구에서의 도로확장을 위한 토지수용법상의 사업 인정 처분에 대해 토지를 소유하고 있던 동조궁이 삼나무의 벌채 등을 파괴한다며 허가 취소를 요구한 사안으로 우츠노미야지법(지방재판소)은 「본건사업계획은 도로확대의 필요성을 가장 쉽고 낮은 가격의 방법으로 하는데 급급해 이에 의해 국민공동이익이라 할 만한 경관적 , 풍치적, 종교적, 역사적, 학술적 문화가치의 중대성을 손실했다」라며 이를 취소했다.

공소심의 동경고법(고등법원)도 본 건 토지부근은, 이런 경관 풍치상의 가치와 아울러 전술한 바와 같이 종교적 역사적, 학술적 가치까지 동시에 가지고 있어 그것만으로도 소중한 고도 문화가치를 가진다고 할 수 있다.

그리고 이와 같은 문화적 가치는 긴 자연적, 시간적 추이를 거쳐 비로소 만들어진 것으로 인위적 행위가 가해지면 인간의 창조력만에 의해서는 다시 원래대로 된 것이 사실상 불가능하다는 것을 생각할 때 본 건 토지의 소유자야말로 피공소인(동조궁)의 사유에 속하긴 하나 그 경관적, 풍치적, 종교적, 역사적 제가치는 국민이 균등하게 공유해야 할 문화재산으로서 장래에 걸쳐 그 유지 · 보전이 꾀해져야 하는 것으로 보아야 한다. 경관보호의 이익을 검토한 결과 공공성 있는 도로건설보다도 위에 둔 드문 판결 예이다.

행정에 대해 경관경시를 경고하는 의미에서 매우 중요한 사건이다.(우츠노미야법 쇼와 44.4.9판결 동경고법 쇼와 48. 1. 13 판결)

◘ 역사적 경관을 둘러싼 소송

와카우라 경관 소송은 지역주민이 지자체를 상대로 명승지 와카우라의 경관보전을 요구한 소송이나, 재판소는 「역사적경관권은 헌법상 명문화되어 있지 않고 실정법적 내용을 가지지 않아, 권리로서 보호할 정도로 성숙해 있지 않다」며 경관의 권리성을 부정했으나 「행정은 정책입안 · 수행 때 역사적 경관에 대해서도 이를 고려하는 것이 요구된다」고 일정한 평가를 하고 있다.(와카야마지법 평성 6년 11. 30일 판결)

◘ 도시경관을 둘러싼 소송

- 구니타찌시 육교 사건

구니타찌의 대학거리에의 육교설치행위에 대해 지역 주민이 소송을 제기했으나, 재판소는 처분성을 부정했다

재판소는 「육교의 설치에 의해 대학거리의 풍치미가 파손되어 부근 주민에게 있어 생활의 휴식공간이 없어진다는 점에 대해서는 공소인의 주관적 정서적 감정이나 도로이용 상의 반사적 이익에 지나지 않는다. 이른바 환경권이라는 이름 아래 본 건 육교의 설치를 배제해야 할 권리에 이르는 법률상의 이익으로 인정할 수 없다」며 경관 등의 환경은 반사적 이익으로, 법률상 권리가 아니라고 했다. (동경고법 쇼와 49년 4.30 판결 청구기각)

- 히비야 공원 종합설계 취소 청구사건

히비야 공원의 인접지에 종합설계제도 · 특정가구제도를 적용 초고층빌딩건설 허가가 나와, 이에 대해 도민이 히비야 공원의 환경이나 경관이 손상된다며 주민소송에

그림4 · 1 히비야 공원과 문제의 특정가구의 빌딩군

의해 그 취소청구를 행했으나 재판소는 도시계획법이나 건축기준법상의 인허가는 재무회계상의 행위가 아니어서 주민소송의 대상이 되지 않는다 했다.(동경지법 1978. 10. 26 청구 각하)

◘ 공법적 규제근거로서의 경관권

• 건축기준법 도시계획법과의 관계

일반적인 경관규제입법이 존재하지 않는 현 상태에서 경관을 근거로 하는 행정적 규제는 지방지자체의 행정지도 또는 독자조례에 의한 규제나 지구계획이나 고도지구 등의 건축기준법이나 도시계획법에 규정된 규제수법의 경관보호 목적으로서의 활용에 거의 한정된다. 그러나 각각 법적 문제점을 안고 있다. 그 중 도시계획수법에 의한 규제에 대해서는 구니타찌의 사례에서 볼 수 있듯, 재판소의 평가도 크게 나뉘어져 있는 상태이다.

• 요강행정의 한계

지법 1992.2.24 판결은, 야마나시의 청리리조트 맨션 건설계획에 대해 현이 경관조례에 의한 행정지도를 하고 있는 사이 건축확인을 유보한 것을 위법이라 한 것은 행정지도의 한계를 재차 명확히 한 사례이다. 법적강제력을 동반하지 않은 행정지도라는 수법은 지도를 무시하고 무리하게 개발계획을 추진하는 당사자에 대해서는 대응이 곤란하고 큰 한계를 가진다.

• 조례개정의 한계

경관보호를 목적으로 한 독자적인 규제조례를 둘러싼 판결은 보이지 않으나 독자적인 조례의 효력을 둘러싸고는 이를 위법이라 한 다음 두 판례가 있다.

◘ 무라가타시 폐기물조례 무효판결

소각설치계획 폐지권고처분 무효 확인 청구사건 후쿠오카 지법 1994.3.18판결은 자연환경보전 등의 관점에서 산업폐기물의 처리시설의 설치 등에 대해 시장에게 신고 및 시장에 의해 계획변경 ,폐지지도, 권고 등의 규제를 정한 무라가타시 환경보전조례의 규정은, 자연환경보전법에 위반하지 않으나 폐기물처리 및 청소에 관한 법률에 의한 산업폐기물 처리시설에 대한 규제의 법 목적과 효과를 저해하여 위법 무효라 판단하고 있다.

◘ 공작물 철거명령 무효 확인 신청사건

최고재판소 제1소법정 1978.12.21의 판결은 보통 하천의 관리에 대해 정한 보통지방공공단체의 조례와 하천법과의 관계에 대해 보통하천의 관리에 대해 정한 보통 지방공공단체의 조례에 있어, 하천법이 이른바 적용하천 및 준용하천에 대해 정하는 것 이상으로 강력한 하천관리의 기준을 정하는 것은 같은 법에 위반 허용되지 않는다고 판시하고 있다 이들 판결은 독자조례에 관해 기존법률의 규제의 법 목적과 효과를 저해 하는 것을 이유로 법률 이상의 규제를 가하는 조례를 무효라 하고 있다

이들 판례의 사고방식을 도시계획과 건축분야에 적용하면, 도시계획법이나 건축기준법이 충분한 경관보호규제를 행하고 있지 않은 현상에서는, 이를 넘는 경관보호규제를 가하는 독자조례는 위법이 될 가능성이 있다. 많은 지자체에 있어서의 경관보호조례는 이 같은 상황에서 행정지도로 대처 하던가, 규제를 가한다 해도 위반행위에 대해 권고, 공표정도의 조치에 그치는 것이 대부분으로, 공법적 규제에 의한 경관보호는 법률에 의한 충분한 규제체제가 잡혀있지 않은 현재로서는 한계가 있다.

◘ 교토시 건축심사회부언에서 보는 고충

교토시 건축심사회는 맨션에 의해 역사적 가로경관과 주거환경의 훼손이 소송제기 된 건축 확인처분에 대한 심사청구사건에 있어 청구를 기각했으나 판단 이유안의 부언으로서 다음과 같이 지적하고 있다.(헤이세이 12.4.24 재결)

「본 건 건축 확인 처분에 위법점은 볼 수 없다. 그러나 본 건 건축물의 건축 그 자체는 교토시의 가로경관의 보전에 있어 매우 유감스러운 것이라 할 수 있겠다.」

이는 본 건 건축물의 존재가 어떻게 보아도 교토시가 추진하고 있는 도시경관 마을만들기의 보전, 그를 위한 건축협정 등을 거의 무의미하게 할 정도로, 그 장소에 적당치 않은 규모와 형태를 나타내고 있기 때문이다. 본 건처럼 현행 법제 아래서는 문제가 없다고만 딱 잘라 결론짓는다면, 그는 보다 엄격한 규제가 필요해지는 사태를 부르지 않을 수 없고 이미 그 필요를 현실화할 정도의 상황에 서 있다고도 할 수 있겠다.

여기서는 객관적으로 보아도 도시경관은 훼손된다고밖에 평가할 수 없는 건축물에 대해, 공법적 규제 수단이 거의 무력한 현 상태에 대한 위원회의 분노를 읽어낼 수 있다.

사법규제의 근거로서의 경관권

사법적 청구권으로서의 경관권

• 조망침해에 근거한 청구

특정 피해자의 소재지에서 특정 경관의 조망을 막는 시안에 대해서는 사루가교 온천사건(전교지법 1961.9.14판결) 야비 해안 사건(요코하마지법 요코스카 지부 1979.2.26 판결) 목조구고원 사건(오사카지법 1992.12.21 판결) 등 이를 위법이라 한 판결은 몇 개 볼 수 있다. 특히 여관, 리조트 건물 등의 사례에 있어서는 조망침해가 경제적 이해의 침해로 연결되는 것이 비교적 명확하고 조망 침해행위를 소유권의 침해행위로서 사법적 청구권이 인정되어질 여지가 있다.

또 최근의 판례로, 교외형 맨션에서의 일반적으로 조망을 막는 사안에 대해 손해배상을 인정한 사례(오사카법 1998.4.16 판결)가 있으며 여기서는 「농지나 잡목림, 시가지를 널리 멀리까지 관망할 수 있는 곳으로 일반적 시가지에 있어서의 경관과는 달리 본건 주택에 생활하는 자에게 특별한 안도감이나 충족감을 주는 것이었다 할 수 있다.

그렇다면 본 건축에서의 조망 이익은 이를 고수하는 것이 사회 통념상 독자적 이익으로서 승인되어져야 할 정도의 중요성을 가지고 있다고 할 수 있다.

따라서 원고의 자택에서의 조망에 의한 이익은 법적보호의 가치가 있다고 할 수 있다」고 명승지의 여관 등이 아닌 케이스에서도 조망 이익을 보호하는 판단을 행했으나, 공소심(오사카고법 1998.11.6 판결)을 「조망은 모두가 법적 보호대상이 되는 것」이 아니라, 그 조망이 사회 관념상 독자의 생활이익으로서 승인되어야 할 중요성을 가지는 경우에 비로소 법적보호의 대상이 되어야 한다.

그리고 무법적 보호 대상이 되는 조망 이익의 침해가 행해진 경우 그것이 피침해자에 대한 관계에서 위법 부당한 침해가 되는 것은 피해 건물의 입지 환경, 위치 · 구조, 조망 방해의 상황, 건축, 사용 목적, 조망 방해에 대한 피해 등을 포함한 제반사정을 감안해 수인한도를 넘는다고 인정되는 경우에 한정된다」고 해당 사안에 대해서는 수인한도를 넘지 않는다고 인정되어 청구를 기각하게 되었다.

• 동결 용인은 예외적

무엇보다 조망권 침해사례에 있어서도 동결까지 용인하고 있는 사례는 예외적으로, 판례로서는 사루가교 온천사건, 교토 오카자키 유락장 사건(교토지법 1973.9.19 결정) 마츠시마 해안 사건(센다이지법 1983.5.29 결정) 정도로 나중의 2개는 모두 판단 이유가 기재되어 있지 않아 그 요건은 반드시 명확하지 않으나, 사법적 권리로서 인정된다 하더라도 그 권리성은 매우 강한 원리라고는 인식되고 있지 않은 것이 현 상태이다.

• 도시경관 역사적 경관에 근거한 청구

교토 호텔동결 가처분 사건(교토지법 1992.8.6 결정)은 교토 불교계가 교토 호텔의 건축에 대해 종교적 · 역사적 문화환경권(경관권)을 주장하며 저지를 요구했으나 재판소는 경관권은 그 내용 요건 등이 불명확해 이를 사법상 권리로 보기는 어렵다고 했다.

시라가베쵸 가로경관보존지구의 공사동결 청구사건결정(나고야지법 2003.3.31 결정)은 역사적 가로경관 보존지구 내에 건설 중이었던 맨션에 대해 보존요강(근본이 되는 중요사항)에는 법적 구속력이 없으나, 후에 언급한 구니타찌 맨션 철거 판결에 이어 도시경관의 법적이익을 인정, 보존사업의 취지에서 높이 20m를 넘는 부분의 건축을 저지했다.

지금까지 도시경관 침해를 이유로 한 사법적 청구는 허용 예가 없었으나 여기서 구니타찌 맨션 철거판결(판례3) 시라가베쵸 사건 결정 등 「경관이익」 침해 행위에 대한 용인사례가 제시되어, 재판소 판단기준 변동의 조짐이 보인다.

구니타찌 시를 둘러싼 일련의 경관관련 소송과 판결

구니타찌 시를 둘러싼 재판

동경도 구니타찌 시는 전쟁 전 계획적으로 형성된 도시이고, 역전의 대학거리를 중심으로 한 경관은 매우 높게 평가되어 왔으나, 그 지역에 최근 고층건물이 추진되게 되어 많은 문제를 낳았다. 도시경관의 유지를 선거공약으로 한 후보자가 구니타찌 시장에 당선, 마침 표면화된 명화지소의 맨션계획에 대해 지구계획과 건축제한 조례의 제정에 따라 20m 높이 규제 등 경관보호정책을 행했으나 업자는 건축을 강행했다. 구니타찌시를 둘러싸고는 도시경관을 둘러싼 많은 소송이 행해지고 있고 그 때 다수는 현재도 진행 중이나 여기에서는 일본의 경관을 둘러싼 문제가 집약되어 있다. 재판소의 경관에 대한 평가도 나뉘어져 있으므로 그 개요와 각 재판소의 경관에의 평가를 해설한다.

• 대학거리 경관소송

동경지법하치오지지부2001, 12, 10판결 청구기각(공소로 피고 구니타찌시와 화해, 동경도는 동경고법 헤이세이 15, 2, 27공소기각) : 판례 그림4 · 2①)

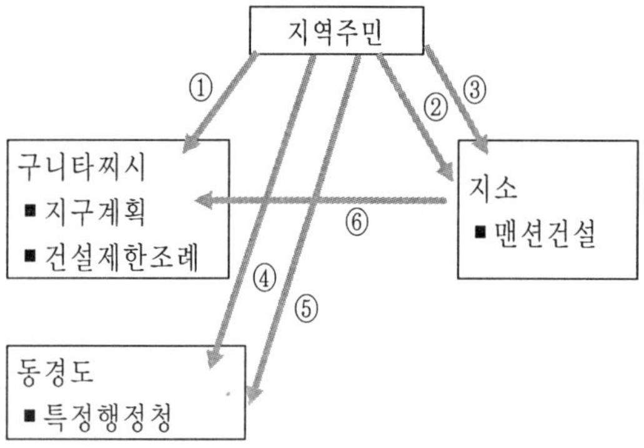

표4 · 2 구니타찌를 둘러싼 재판담당자 관계

대학거리의 고층건물 건축계획을 둘러싸고 적절한 도시계획규제를 게을리 했다 하여 지역주민이 동경도와 구니타찌시를 상대로 위법 도시계획에 의한 정신적 위자료를 요구한 국가배상소송이다. 「주로 사유재산에 의존하는 경관을, 해당 사유재산 소유자 등의 형편과 관계없이, 경관권의 대상으로서 개인에게 귀속시켜, 타인에게 임의로 좌우되지 않는다고 하는 것이 과연 허용되는 것인가를 생각하면 약간 의문이 남는다. 양호한 경관은 누구에게라도 그 기호에 따라 발견될 수 있고 향유할 수 있는 것으로 인격적 통일이 꼭 필요하다 보이는 명예권이나 배타적 지배에 맡겨야 할 객관성 · 보편성을 갖춘 재산권과는 성질이 다른 것이라 할 수 있다.

개개인의 사유재산으로서의 경관권 대상이라는 것은 적합하지 않고, 또 이를 유지해야 하는 것이라 하면 이는 특정개인에 맡겨져야 하는 것이 아니라, 오히려 주민을 대표하는 자의 현명한 생각에 맡겨야한다. 그런 다음 법률이나 조례로 충분히 구체화된 경관의 전부 및 일부 요소를 취해 그 변경을 허가하지 않는 제도가 만들어져 제도의 목적을 이루기 위해 주민 등의 이해관계인에 의해 역할이 나누어진 경우에는 경관을 향유할 이익을 배경으로 담당한 일정 권리의 행사로서 제도 위반을 배제할 것이 기대되며 생각된다.」

• 건축동결(철거 청구) 소송

(가처분 동경고법 2000. 12, 22결정:판례②, 본 소동경지법2002, 12, 18판결(공소):판례③)

명화지소의 맨션건설에 대해 근린주민이 사법적 권리침해에 의한 동결을 요구한 가처분 및 본 소사건으로 가처분에서는 고법은 공법상 위반 건축이 된다고 하였으나, 사법적 수인한도는 넘는 피해는 없다며 동결을 각하시킨 것으로, 이유 안에 경관은 입법 · 행정에 의해 유지되어져야 한다고 했다.

환경 · 경관에 관해서는 이른바 환경권을 권리로서 인지해야 할 취지가 제창되어 약 30년이 되었으나 이래 이를 사법상의 권리로서 인지해 사법재판소에 의해 보호받는 것을 가능케 한 입법은 재정되어 있지 않다.

환경이나 경관은 개개 주민의 이익이라기보다는 시대 및 세대를 넘는 지역사회 전체의 이익으로서 국가나 지자체에서 그 내용을 명확히 해 이를 유지할 근거가 되는 법령을 정해, 그 행정을 통해 유지되어야 하는 것으로, 사적인 개인에게 우발적으로 발생하는 분쟁의 해결을 통해서 유효하고 적절히 유지되어진다 할 수 없다. 본래 이를 사법 과정을 통해 유지시키는 것이 가능한지의 여부 및 그 범위를 결정하는 것은 입법정책의 문제 이지만, 일본에 있어서는 경관에 관한 이익 · 환경 모두에 대해서 재판범위가 되는 입법은 행해지고 있지 않다.(구니타찌시 경관형성조례도 이런 의미에서의 재판 규범이라 볼 수 없다.) 이는 일본에서는 이를 사법재판소에 의해 유지해야 한다는 국민의 수요가 입법을 재촉할 정도로는 강하지 않음을 나타내는 것이다.(가처분 고법결정)

이에 반해 본 소송에 있어서는 동경지방재판소는 본 건 맨션은 공법상으로는 위법이라 할 수 없으나 사법상 위법성에 관해 일본의 재판소로서는 처음으로 도시경관 보호를 인정해 민사상 위법이라 판단하고, 맨션 건물이 대학거리에 면한 한 동의 높이 20m 이상 부분의 철거 등을 명령했다.

재판소는 경관권이라는 일반적 권리까지는 인정하지 않았으나 「어떤 특정지역에서 지역 내의 지권자들이 충분한 상호이해와 결속 아래 자기의 토지이용에 관해 일정한 자기규제를 장기간에 걸쳐 지속한 결과로서 해당 지역에 독특한 도시경관이 형성되어, 그 특정 도시경관이 해당 지역 내에서 생활하는 사람들뿐 아니라 널리 일반사회에게도 양호한 경관이라 인정받는 것에 의해 전기의 지권자들의 소유한 토지에 특정 부가가치가 생기고 있는 경우에는 지권자들은 그 토지권에서 파생되는 것으로서 형성된 양호한 경관을 스스로 유지할 의무를 가짐과 동시에 그 유지를 상호 요구하는 이익(「경관이익」)을 가지게 되었다고 보아야 하며, 이 경관이익은 법적 보호의 가치가 있으며 이를 침해하는 행위는 일정한 경우에는 불법행위에 상당한다.」고 하는 판단을 내려, 구니타찌 대학거리 경관의 법적보호를 인정, 그 침해 정도에 따라 명화지소의 태도 등도 고려한 후, 일부 주민에 관해 수인한도를 넘고 있다고 판단해, 그 정도를 고려해 금전배상만으로는 구제될 수 없다며, 건물의 일부 철거와 철거까지의 위자료나 변호사 비용 등의 배상을 인정한 것이다.

조망뿐 아니라 도시경관의 침해행위에 대해 민사상 위법성을 인정했다는 점, 피해 복귀를 위해 금전 배상에 멈추지 않고 대규모 건축물의 상당 부분의 철거를 명한 점 등에 있어 매우 획기적 판단이라 할 수 있다.

• 시정명령의무부과 소송

(동경지법 2001.12.4 결정 일부허용 : 판례 ④, 동경고법2002.6.7판결 청구각하(상고 중) : 판례⑤)

명화지소의 맨션 건설에 대해 근린주민이 위법건축이라며 동경도에 시정명령 등을 요구한 행정소송이다. 동경지법은 지구계획 대상 지역 내의 주민에게 경관보호 등은 공법상 법률상의 이익이 되고, 경관유지를 목적으로 하는 조례는 행정목적의 실효적 실현 수단이라 하여 조례위반의 건축으로서 시정명령을 내려야 한다고 했다. 고법은 본건 맨션에는 높이규제는 적용되지 않는다며 청구 자체를 부적법하다 했기 때문에 경관에 관해서는 판단을 내리고 있지 않다.

「본건 건축조례에 의해 직접 규제를 받는 대상자인 높이제한지구 지권자의 앞서 논한 내용의 대학거리라는 특정경관을 향수할 이익에 대해서는 개개인의 개별적 이익으로서도 보호해야 한다는 취지를 포함한다고 보아야 할 것이다.

그리고 본건 높이제한지구 지권자의 경관이익은 가로경관의 높이를 20m로 한다는 객관적 수치에 의해 보호의 대상이 되는 이익 범위 및 내용의 범위가 명확하다.

그렇다면 본건 높이제한지구의 지권자의 대학거리 경관에 대한 이익은 본건 건축조례 및 건축기준법에 의해 보호되어진 법률상 이익에 해당한다고 해석할 수 있다.

본건 건축조례, 본건 지구계획, 본건 지구정비계획, 건축기준법, 도시계획법에 의해 본 건지구의 건축물 높이를 규제한 취지는 이미 존재하는 대학거리라는 특정 구체적 경관을 장래에도 유지 보전을 꾀한다는 행정 목적을 유효적으로 실현한다는 것이라 볼 수 있다.」

• 지구계획 등 취소 손해배상소송

(동경지법 2002, 2, 14판결 일부허용(공소):판례⑥)

명화지소가 구니타찌시와 시장을 상대로 지구계획과 조례의 취소, 손해배상을 청구한 행정소송, 국가배상소송에서 동경지법은 지구계획과 조례의 취소 등은 처분성이 없다고 해 각하시켰으나, 지구계획과 조례의 제정행위는 경관유지의 필요성을 과대시 해 기존 권리자의 이익을 위법적으로 침해했다 하여 손해배상을 허용했다.

「유지하는 것이 바람직한 양호한 경관이 구체적으로 어떤 것을 의미하는 지에 대해서는 아직까지 국민사이에 공통적 이해가 존재한다하기 어렵고, 더구나 구체적인 법령상의 규제가 없는 경우에까지 경관의 유지 관점에서 사유재산권의 행사가 제약된다는 사고방식은 일반적이라 하기 어렵다. 경관유지의 관점에서 새로운 법적 규제를 할 때에는 그 규제 내용이 적정한지의 여부와 함께 그 규제가 기존 권리자에게 어떤 영향을 미칠지를 신중하게 검토하는 것이 필요」

◘ 재판소의 판단과 도시경관에 대한 평가

일련의 재판에서 재판소의 판단은 각 재판소에 따라 지법과 고법에 있어서도 크게 판단이 나뉘는 결과가 나타나나, ③의 판결은 민사소송에 있어 재판소가 경관 이익을 보호법익으로서 적극적으로 그 침해 행위로부터의 구제를 명한 일본 첫 판결로, 도시경관을 높이 평가하는 것으로, 지금까지의 재판소의 소극적 자세를 크게 바꾸는 판단이라 할 수 있다.

도시경관 유지를 위한 공법적 규제 수속의 적극적 활용에 대해서는 ①, ②, ④의 판결은 적극적으로 평가하고 있는데 반해 ⑥의 판결은 부정적 평가로 재판소의 판단은 전혀 다르다. 사법에 있어서도 경관에 대한 법적평가는 정해져 있지 않는 것이 현 상태이다.

또, 본건 사안에서는 지구계획에 의한 높이 규제가 적용되어진 시점에서 규제 전의 내용에 따른 건축 확인이 내려져 건축공사는 기초공사 전의 뿌리를 자르는 공사단계였다. 때문에 해당맨션의 높이 규제가 적용될지 여부에 대한 건축기준법을 둘러싼 해석도 각 재판소마다 달라 이점이 경관에 대한 판단을 행할지의 여부에 영향을 주고 있는 점에도 주위가 필요하다.

경관권을 확립하기 위한 정책

종전 판결에서 경관에 대한 권리성을 인정하지 않는 재판소의 사고방식은 대강 다음으로 집약되어진다.

(1) 권리내용이 객관적으로 명확하지 않다. 경관보호의 객관적 지표 · 대상물 · 범위 등, 어디까지가 권리의 대상이 되는지가 명확하지 않다.

(2) 경관에 대한 평가에는 개개인의 주관적 판단이 개입될 수밖에 없고, 개개의 사고방식에는 차이가 있다.

(3) 권리 주체가 누구인지가 명확하지 않다.

(4) 어떠한 권리 주장이 가능한지가 사회통념 상 충분히 성숙되지 않음.

확실히 명문의 근거가 없어 사법적 청구권 및 공법적 규제기준으로서 경관을 생각하는 경우에는 이런 약점이 있음을 부정할 수 없다. 이에 반해 ③판결이 경관이익을 인정한 대학거리에 있어서는 계획적으로 형성된 넓은 거리와 일정한 높이의 건축물이라는 비교적 기준이 명쾌한 도시경관이 기초가 되어 있어, 그 후에도 오래 시민의 적극적 관여에 의해 이것이 유지되어 왔기 때문에 그것이 경관 조례 등에 의해 공법적으로도 명문화가 꾀해졌다라는 사정을 지적할 수 있다.

이런 조건은 일본에 있어 매우 특수한 것으로 많은 지역에서 지금 바로 구니타찌와 같은 경관이익이 인정되는 상황은 아니고 ③판결도 일반적으로 경관권을 인정하는 것이 아니라하고 있다. 그러나 장래에 경관을 권리로서 확립할 수 있는가라는 시점에서 보면 일반적 도시에 있어 부족한 역사적 경위는 입법적으로, 혹은 절차규정의 정비에 의해 충분히 보완될 수 있어 우선은 이러한 점을 명확한 공법적 경관규제를 정책적으로 강화시켜야 하며 경관에 관한 공법적 규제에 대한 평가가 정해지면 그것을 배경으로 나아가 사법적인 권리로서의 경관권인지에 달할 가능성이 생길 것이다.

◘ 재판소의 지적에 대한 대응

재판소가 지적하는 경관권의 문제점을 해결하기 위해서는 경관기준법 제도 등 법률에 의한 경관규제의 도입이 중요하나 그와 병행해 지역 단위에 있어서의 규제의 연구가 필요하다.

(1) 규제내용의 명확화 : 규제기준을 제정할 때 규제의 객관적 지표 · 대상물 · 범위 등을 가능한 명확하게 함과 동시에 지역에 적합한 합리적 규제를 책정해야 한다.

(2) 가치관의 다양화 : 경관뿐 아니라 가치관은 이후 다양화할 것이 예상되나, 특히 경관규제에 관해서는 규제 책정 절차에 의한 시민 참가와 각종 절차적 보증규정의 정비에 의해 지역주민의 다양한 가치관을 도입한 지역의 합의 형태가 제도적으로 가능하도록 연구한다.

(3) 권리주체 : 예를 들어 건폐율이나 용적률 등에 의한 환경보장은 권리 주체가 반드시 명확하지 않으나 도시에 있어서의 규제수법으로서는 이미 확립되어 있다. 공적 규제로서는 사회적 컨센서스가 얻어진다면 권리 주체는 반드시 명확하지 않아도 허용될 여지가 있을 것이다. 오히려, 규제 위반 행위에 대해 저지나 시정 등을 요청할 수 있는 주체의 규범을 명확히 해야 할 것이다.

(4) 권리주장의 구체화 : 지역의 실정에 맞춰 지켜야 할 경관을 명확히 한다면 그에 걸맞은 규제수법을 생각할 수 있다. 여러 지역이 지켜야 할 경관에 따른 규제와 경관 유지의 연구는 본서 제Ⅱ부에 논한 바와 같이 사례의 집적에 의해 이후 명확화가 진행될 것이다.

5

풍경계획의 의의

中井檢裕

5·1 경관정책의 현황

국토교통성이 2000년도에 실시한 조사1)에 의하면, 전국 47개 도도부현 중 22개 도부현이 경관조례를 이미 제정을 하였으며, 향후 조례 또는 요강을 제정할 예정이 있는 9개의 도부현을 더한다고 하면 머지않아 전체 47개 도도부현의 2/3에 해당하는 도도부현이 경관 문제에 대해 기본적으로 정책을 가지고 있는 것으로 나타났다.

시구정촌(市區町村) 별로 보면, 전국 3,252개 시구정촌 중 약 1할에 해당하는 339개 시구정촌이 이미 경관조례를 제정하였으며, 경관조례를 제정하지는 않았지만 경관에 관한 요강을 가지고 있는 시구정촌이 129개로서, 조례 또는 요강을 제정할 예정에 있는 393개의 시구정촌을 더하면, 전국의 약 1/4에 해당하는 시구정촌이 경관에 대해 어떠한 형태로든 정책을 가지고 있거나 펼치고 있는 것임을 알 수 있다.

이와 같은 지자체의 경관정책이 결코 새로운 것이라고 할 수 없지만, 이처럼 많은 지자체가 경관 정책에 관심을 가지게 된 것은 비교적 최근의 일이라고 할 수 있다.

그림5·1은 시구정촌의 경관조례 제정 추이를 연도별로 나타낸 것인데, 1975년을 기준으로 소강상태를 보이다가, 1985년을 기점으로 점점 많아지다가 1990년 이후 매년 20~30개 정도의 지자체가 경관조례를 제정하고 있음을 알 수 있다.

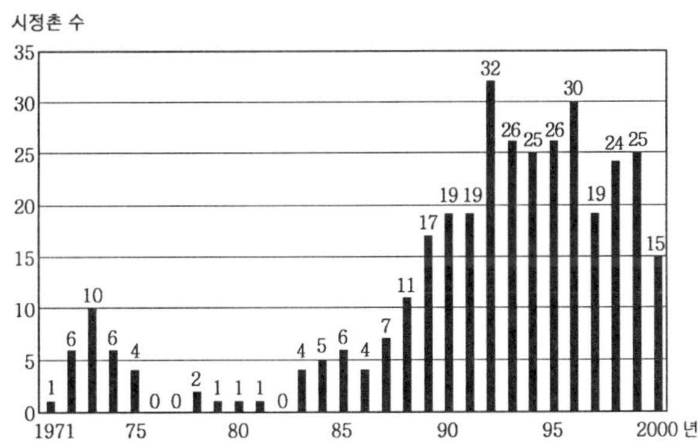

그림5·1 연도별경관조례 제정수(시구정촌) (출전 : 국토교통성, 2001년)

일본 전체 인구가 곧 감소기로 접어들 것이라는 예상 가운데, 이미 많은 지자체의 인구가 감소기에 들어가 있으며, 거품경제가 붕괴된 이후 경제상황이 점점 나빠지고 산업의 공동화가 진행되면서 지역발전을 모색해야 하는 상태가 계속되고 있다.

또한, 지방분권에 대한 논의가 있는 가운데, 2000년부터 도시계획 등과 같은 지역만들기를 위한 기본적인 권한이 어느 정도 지자체에 이양되었다. 이러한 상황에서 각각의 지자체들은 서로간의 경쟁에 돌입하게 되었다. 다른 지자체에 비해 보다 유리한 위치를 차지하고, 지역의 개성을 살린 양호한 지역만들기를 시도하리라는 것을 상상하는 것은 그리 어렵지 않다. 풍경에 관련된 정책적 시도라는 점에서 1990년 이후 경관조례의 융성을, 개성은 살린 지자체에 의한 지역만들기(창출)의 시도로 자리매김이 되고 있는 것으로 이해해야 하며, 향후에도 이러한 경향은 계속되리라 예상된다.

그러나 표제로서의 「지역의 개성을 살린 마을 만들기」라고 하는 의미에서 생각해 보면, 지자체에 있어서 풍경계획은 어떤 의의를 가지고 있는 것일까?

표5·1 경관형성지구의 유형

형성지구type	지구수	내용
역사 유지형	51	기존의 양호한 역사적 거리를 유지한다
자연 유지형	46	기존의 양호한 자연경관을 유지한다
주거 환경 유지형	14	기존의 자연 환경 이외 양호한 경관을 유지한다
중심지 형성형	25	도시중추기능을 집적된 도심경관을 형성한다
상업지 형성형	23	거리 수준을 개선해 상점가를 활성화 한다
심볼(상징) 형성형	12	큰 길 등 심볼 공간을 형성한다
주거 환경 등 형성형	13	신규개발 등에 맞추어 양호한 주거환경을 형성한다
총계	184	

그림5·2 미국의 고급주택지를 모방한 주택지의 개발 (나가노현 찌노시 green hills village)

표5·1은 전국 경관형성지구의 형태를 필자의 연구실에서 조사[2)]한 것이다. 이것을 살펴보면, 한마디로 풍경계획이라는 하는 것이 반드시 기존의 양호한 역사적인 거리나 자연경관을 보전하는 것만을 의미한 것이 아니라, 새로운 경관형성을 포함한 여러 가지 내용이나 의미가 있음을 알 수 있다. 예를 들어, 미국의 고급주택지를 모방한 주택지 개발(그림5·2)이나 유럽풍의 거리를 본뜬 상가도, 풍경계획의 한가지인데, 이런 풍경계획에는 어떠한 의의(의미)가 있는 것인가?

제5장에서는 표5·1을 가지고, 주로 지자체가 중심이 되어 시도하는 풍경계획을 염두에 두고, 그 의의를 논해 보고자 한다.

5·2 가치 있는 풍경의 보전

풍경의 가치

말할 것도 없이, 풍경계획의 가장 큰 의의는 가치 있고 양호한 풍경의 보전에 있을 것이다. 표5·1에서 보면, 역사유지형 지구계획이나 자연유지형 지구계획의 대부분이 이 경우에 해당하는데, 역시 지구 수만 보아도 많은 수를 차지하고 있다. 그러나 여기에서 말하는, '가치 있고 좋은 풍경이란 어떤 것을 가리키는 것일까?' 라는 물음에 답하는 것은 그리 간단한 것이 아니다.

齋藤潮는 나카무라 요시오(中村良夫)의 「경관이란 인간을 둘러싼 환경을 바라보는 것과 다름없다」라는 경관의 정의를 해석한 후, 경관은 인간의 주관이 개입되는 현상을 피할 수 없기는 하지만 그렇다고 해서 완전히 개개인의 가치에 귀속하는 것이 아니라, 복수의 인간이 경관의 가치를 서로 공유하는 것이 가능하다라고 논하면서, 그와 같이 경관 가치의 공유를 가능하게 하는 요소에 대해, 시노하라 오사무(條原修)가 정리한 내용을 인용하여, 「인간의 생존 본능과의 관계」, 「행동과학과의 관계」, 「인간의 시지각 특성과의 관계」, 「사회·문화에 기인하는 미의식」 등 4가지를 들었다.[3)]

바꾸어 말하면, 생물로서의 인간의 생리적 특징과 그 사람이 자란 풍토·사회·문화에 의해, 어떤 종류의 풍경을 보았을 때 그것을 복수의 사람들이 공통되게 「좋은 환경의 경치」라고 느낄 수 있을 것이라 한다면, 반대로 가능한 한 많은 사람들이 공통되게 「좋은 환경의 경치」라고 느끼는 풍경이 있을 경우, 그것은 인간의 생리적 특징과 풍토·사회·문화를 쫓는 것 이상으로 가치 있는 풍경에 대한 하나의 정의가 될 것이다.

국민 공통 자산으로서의 풍경의 보전

후지산이나 일본 삼경으로 대표되는, 자연 경승지인, 쿄토(京都)나 가나자와(金澤)와 같은 오래된 도시, 쓰마고(妻籠)나 마고메(馬籠) 등의 역참(驛站) 도시, 혹은 다카야마(高山), 쿠라시키(倉敷) 등에 남아 있는 역사적 도시 등 일본인이라면 누구라도 어떤 종류의 문화적 애착을 느낄 수 있는 풍경을 우선 국민의 공통된 자산으로 보전해야할 풍경으로 들 수가 있다.

풍경계획은 원래, 이와 같이 개인의 주관을 넘어 그 가치가 국민 공통의 자산이라는데 대한 인식이 많은 풍경의 보전으로부터 시작되었다고 해도 무리가 없을 것이다.

이와 같이 국민 공통의 문화적 자산으로 볼 수 있는 풍경을 보전할 책임은 지자체에 있다고 하기보다는, 중앙정부에 있다고 생각하는 편이 타당할 것이다. 예를 들어, 영국에서는 국민 공통 자산으로서의 풍경인 런던의 세인트폴 대성당과 같은 전망에 대해서는 Strategic View[4)], 혹은 뛰어난 전원 풍경에 대해서는 특별자연경관지역(Area of Outstanding Natural Beauty)이라는 형태로 국가 혹은 중앙정부가 지정하여 그 보전을 꾀하고 있다.

일본에도 국립공원 제도와 전통적 건조물군 보전지구와 같은 제도가 있다. 이런 것들이 보전해야 하는 국민 공통의 자산이라는 의미에서, 이런 풍경을 가지고 있는 지자체에 있어서는 국가 조직을 이용한 풍경계획은 자발적 지역만들기라고 하기보다는 오히려 지자체에 위임된 의무라고 생각해야 한다. 따라서 만일 풍경계획이 없는 곳이 있다 할 때, 풍경 계획이 있었다고 해도 그것이 강제력이 따르지 않는 종류의 것이라 한다면, 오히려 그 쪽이 더 큰 문제라고 이해해야 할 것이다.

지역 공통 자산으로서의 풍경의 보전

다른 한편으로는 이와 같이 국민 공통의 자산으로서 평가하기는 어렵지만, 어느 특정의 지역에 있어서 그 지역에서 생활하는 사람들에게 「좋은 환경의 경치」도 있을 수 있다. 말하자면 가치 있는 풍경의 지방판이라고 할 수 있는데, 이는 최근의 경관조례 제정의 배경으로 작용하는 경우가 많다. 재판을 통해 유명해진 동경도 구니다찌시의 대학로를 시작으로, 지역의 심벌이 되는 어느 특정의 건축물(예를 들어, 성의 천수각－망루－)이나 산괴(山塊：단층으로 주위가 둘러진 산지)의 전망 보전 등, 최근 들어 지자체의 풍경계획의 주류라고도 할 수 있는 형태가 지역의 공동자산으로써 보전해야 하는 풍경에 해당한다.

풍경을 컨트롤하기 위한 여러 가지 법률은, 일본에서는 도시계획법이든 건축 기준법이든 모두 전국에 똑같이 적용되는 획일화된 규정의 내용이며, 지역적 가치를 인정하는 예(법률)는 지금까지 없었다고 할 수 있다. 그렇지만 지방분권의 발전에 의해 그러한 지역적 가치를 적어도 지자체의 구역 내의 모두가 공유할 수 있는 것이라고 한다면, 이제부터는 지자체가 주체가 되어 한편으로는 국가의 도시계획이나 건축규제를 이용하면서도 다른 한편으로는 지자체법에 근거하는 이른바 지방자치조례를 제정하여, 풍경계획을 지자체의 정책으로 삼아 공식적인 계획을 전개할 수 있는 길이 열려져 있다. 이미, 마츠모토시는 고도지구로써 마츠모토성의 천수각과 천수각의 배경이 되는 일본 알프스의 산맥을 전망 보존(8·1절 참고) 한다거나, 경관 보전을 목적으로 한 후쿠오카현 다자이후시의 몬젠마찌의 특별 용도지구를 지정하는 등의 사례가 계속 나타나고 있다. 따라서 이러한 종류의 풍경의 보전은 지자체의 여러 주민이 공유할 수 있는 현저히 좋은 풍경 자원을 가지고 있는 지자체에 있어서는, 그 지역의 개성을 살린 마을만들기의 중심적 수단의 하나로서 전개되어야 할 것으로 여겨진다.

현저한 풍경자원에 버금가는 지역의 풍경계획

그러나 국민의 대다수이건 지자체의 많은 주민이건 앞서 말한 것과 같은 가치를 공유할 만한 풍경 자원을 가지고 있는 지역은 일본에는 그다지 많지 않다고 봐야 할 것이다. 이에 대해서는, 무엇보다도 노력을 계속함으로써, 그 지역의 가치를 공유할 수 있는 좋은 풍경자원을 찾아낼 수 있는 것이라는 사고도 존재한다. 필자는 그런 생각을 100% 부정할 생각은 없다. 그 지역의 뛰어난 풍경 자원을 찾아내는 노력은 계속되어야 할 것이며, 또 그와 같은 노력을 뒷받침할 수 있는 있는 여러 가지 개발 기술을 찾아내고 개발하는 것도, 풍경연구자들에게 부여된 중요한 과제라고 생각하고 있다. 그러나 한쪽에서는 지역의 풍경 자원을 찾아내는 노력을 계속하고 있음에도 불구하고, 다른 한쪽에서, 그러한 잠재력을 가지고 있는 풍경 자원을 영구적으로 잃게 만드는 개발행위나 토지개발이 계속되고 있다.

가치가 있는 풍경 자원의 발견을 기다려서는 안된다. 지금 중요한 것은 국가적 차원이건 지역적 차원이건 현저한 풍경자원을 현시점에서 발견하지 못하는 지역의 풍경 계획적 의의를 발견하는 것이다. 그렇지 못하면, 풍경계획은 일부 지역(풍경자원을 가지고 있는 지역)에 한정된 것이 되어버려, 일본의 대다수의 지역은 풍경자원과는 거리가 먼 존재가 되어버릴 것이다. 그리고 그 단서는 표5·1의 역사 유지형, 자연경관 유지형 이외의 유형 속에 있다.

여기에서는 그와 같은 풍경계획의 의의를, (1) 지역경제를 활성화시키기 위한 정책으로서의 풍경계획, (2) 지역이 공유할 수 있는 가치관 만들기로서의 풍경계획, (3) 지역 생활환경을 보전하기 위한 풍경계획, (4) 마을 만들기를 계몽(의식을 높인다는 의미)하기 위한 풍경계획 등의 4가지로 정리하여 이하에서 논하기로 한다.

5·3 지역경제 활성화 정책으로서의 풍경계획

관광진흥책으로서의 풍경계획

마츠바라 고우이찌로우(松原降一郎)는, 이탈리아의 지자체가 전통적 역사경관 정비로 도심부의 매력을 높여 관광객을 불러들이고 있는 것을 예로 들며, "경관보호를 경제활성화 관점에서 접근"5)할 필요성을 지적하였다. 표 5·1에도 「상업지 형성형」으로서 거리를 개선해 상가를 활성화시킬 것을 목적으로 지정된 경관형성지구가 있는데, 풍경계획에서 도시의 활력을 촉진시키거나 관광의 발전을 통해서 지역경제의 활성화에 기여할 수 있는 의의를 생각해 볼 수가 있다.

5·2절에서 논한 바와 같이, 많은 사람들이 공유할 수 있는 가치가 있는 풍경은 말할 필요도 없이 그 자체가 귀중한 관광자원이 되기도 한다. 그 일례로 세계문화유산이나 전통적 건축물군 보존지구가 얼마나 많은 관광객을 불러 모으고 있는지를 생각해 보면 알 수 있다. 그러나 세계유산과 같은 뛰어난 풍경자원이 없다고 할지라도, 새로운 풍경자원에 대한 시도(풍경자원의 개발)를 통해 관광객을 불러 모을 수 있는 경우도 있다. 예를 들어, 나가하마(長浜)의 흑벽(黑壁)과 같은 시도는 성하정(城下町)과 북국가도(北國街道) 등 역사성 있는 것이, 도시의 중심부에 남아 있는 단 1동의 근대 건축물의 보전으로부터 시작된 사실은 새로운 풍경 만들기의 시도이다. 그것이 지금은 연간 150만 명 이상의 관광객을 유치하는 데까지 도달하고 있다.6)

그런데, 관광 진흥책으로서 풍경계획을 파악하는 경우에는, 그곳의 풍경에 사람을 유치하는 효과를 기대하는 것이라는 점에서 사람들이 그러한 풍경에 대해 무엇을 요구하고 있는 가가 중요하게 된다. 관광으로부터 사람들이 기대하고 있는 것은 한마디로 말하면 '즐거움'일 것이다. 그리고 즐거움이라는 시점에서 생각하면 거기에는 2개의 방향을 생각할 수 있다.

테마파크형 풍경과 지역자원 연출형 풍경

첫 번째는 테마파크형 풍경이라 할 수 있는데, 이것은

그림5·3 주식회사 흑벽(黑壁)에 의한 중심시가지 풍경만들기

그림5·4 테마파크형 풍경(나가사끼 하우스텐보스)

그림5·5 映畵看板을 多用한 풍경 가꾸기

사람들이 평상시는 체험할 수 없는 비일상성으로부터 얻을 수 있는 즐거움의 연출을 겨냥한 것이다. 일본에 있어서 사례로는 네덜란드의 거리를 재현한 나가사키의 하우스텐 보스라고 할 수 있는데, 거기까지 가지 않아도 유럽

의 도시를 지향한 상가 등은 각지에서 그다지 진귀하지 않다.

테마파크형 풍경은 비일상의 풍경이지만 영향력은 매우 크다. 그러나 그 영향력은 일과성의 것이 대부분이므로 테마파크에 있어서는 반복해서 방문하게 하는 이른바 repeat의 획득이 성공의 열쇠이듯이, 그러한 효과를 계속 시키는 것이 과제이다.

다른 하나는 지역자원 연출형 풍경인데, 이것은 비일상성을 강조하는 테마파크 형과는 반대로, 그 지역의 일상성을 연출한 풍경 만들기이다. 예를 들어 아침 시장 등의 풍경, 사토야마(里山)나 田國의 풍경 등이 이에 해당된다. 지역자원 연출형 풍경은 결국 일상의 풍경이기 때문에 지역 간의 차별화가 어렵고, 필연적으로 풍경의 즐거움에 대한 측면에서는 경쟁력이 부족하다는 차이점이 있다.

그러나 최근 들어 관광이라는 관점에서 보면 테마파크나 체류형 리조트 등과 같이 일상생활을 떠나 비일상성을 요구하는 전통적인 관광의 개념뿐만 아니라, 어그리투어리즘(agri-tourism)이나 에코투어리즘(eco-tourism)과 같이 참가 체험형이라고 일컫는 새로운 즐거움에 주목한 관광 형태가 주목을 받고 있다. 더욱이, 교류 인구의 획득이라고 하는 관광 정책의 본래의 취지에서 보면 그 지역을 계속해서 방문하는 효과를 볼 수 있는 고향을 지키는 자원봉사자나 삼림자원봉사자 등과 같은 새로운 관광이라는 시점에 포함시켜서 생각해도 좋을지 모른다. 다시 말해, 「비」일상보다는 오히려 어떤 의미에서는 일상생활의 연장선상에 있는「반」일상의 교류형태라 할 수 있다. 가치관의 다양화로 인하여, 이와 같은 「반」일상적인 즐거움을 지향한 관관 형태의 수요가 증대된다고 하면, 그 지역의 일상을 연출하는 지역자원연출형의 풍경만들기는 계속적인 인구 교류의 획득 가능성이 적기는 하지만 어느 정도는 가능하다고 할 수 있을 것이다.

풍경계획과 지역경제의 활성화

실질적인 풍경만들기에 있어서, 테마파크형과 지역 자원연출형 중에서 어느 한쪽만을 택하는 극단적인 것보다는 그것들이 서로 조화되는 것들이 많다. 도쿄의 하루미(青梅)에는 낡은 영화간판을 많이 사용한 풍경만들기가 시도되고 있는데, 이것은 옛날의 그리운 영화간판을 많이 감상할 수 있다는 점에서는 테마파크형이라고 할 수도 있다. 하지만, 예전부터 하루미가 일본영화나 TV의 야외촬영에 많이 이용되었다고 하는 역사성이나 과거 어느 거리에나 존재했던 영화관이라고 하는 시설의 대중 엔터테이먼트성을 생각하면 지역자원 연출형이라고 해석할 수도 있다. 나가하마(長浜)의 검은 벽 시도도 테마파크형과 지역자원 연출형이 잘 조화를 이룬 예의 하나이다.

그리고 테마파크형이든 지역자원 연출형이든 나가하마의 성공 사례가 제시하는 잊어서는 안 될 중요한 점은, 지역경제 활성화 정책으로서의 풍경계획에는 경제를 활성화시킬 수 있는 본래의 방법인 산업창출(만들기)에 관한 소프트적인 시도가 동반하여야 한다는 점이다. 테마파크형으로 정비가 된 상가의 거리가 매력적이라고 할지라도 각 상점의 상품진열(상업적 의미에서)이나 서비스가 좋지 않으면 아무리 관광객이 많이 찾아온다고 해도 상품의 가치에 민감한 현대 소비자들은 결코 그 곳에서 돈을 사용하려고 하지 않을 뿐 아니라, 두 번 다시 그곳을 방문하려고도 하지 않을 것이다. 또한 참가형, 체험형 관광은 참가체험이 아주 매력적일 때 비로소 「즐거운」 관광이 된다. 검은 벽에 의한 풍경만들기도 유리공예라고 하는 산업창출과 세트가 되어 있다는 것을 잊어서는 안 될 것이다.

5·4 지역 공유의 가치관 만들기로서의 풍경계획

도(圖)로서의 풍경계획과 그 의의

지자체의 풍경계획에는 역 앞(역전), 큰길(대로), 대규모 공공시설, 지역의 중요 랜드마크 등을 둘러싼(포함하는) 공간 등, 지역 주민 모두가 공동으로 이용할 수 있는 장소 등 공간에 대해서 행해지는 형태가 있다. 표5·1에서 보면「중심지 형성형」,「심볼 형성형」등이 이에 해당한다.

도시계획에는, 도(圖)의 도시계획과 지(地)의 도시계획이 있다고 말하는 경우가 있다. '도'와 '지'란, 원래 게슈탈트 심리학의 용어로 '도'는 도형을 바라보았을 경우에 형태가 떠올라 보이는 역할을 말하며, '지'란 배경의 역할을 하는 것을 말한다.

「도(圖)」의 도시계획이란, 도시의 골격적 시설이나 거시적인 부분의 토지 이용 패턴을 결정하는 일반적으로 법정계획의 도(圖)로 표현되는 도시계획을 말하며, '지'의 도시계획은 '도(圖)'의 도시계획을 배경으로 지(地)의 모양을 확장시켜 시가지를 정비하는 것을 의미한다. 이러한 '도(圖)'의 도시계획과 '지(地)'의 도시계획 개념을 풍경계획에 부연할 경우, 「중심지 형성형」 「심벌 형성형」 등 지자체에게 있어 매우 중요한 지역의 풍경계획은 '도(圖)'의 풍경계획이라고 생각할 수 있다.

「도(圖)」의 풍경계획의 의도, 즉 의의를 한마디로 말한다면 지자체의 구역전체가 공유할 수 있는 가치관을 만들어 내는 것이다. 그러나 그러한 가치관을 만들어 낸다고 해도, 원래 풍경 자원이 부족한 곳에서는 그것을 만들어 내기가 용이하지 않다. 거기에서 이용되는 것이 지역이 가지는 「이미지」이다.

지역 이미지의 풍경으로의 전개

가령, 어떤 매립지에 대해 긴 시간 동안 수면에 잠겨 있었다는 의미에서 「물」을 그 지역의 이미지를 받아들이는 데는 그렇게 큰 위화감이 없는 것과 마찬가지로, 일반적으로 어떤 지역에나 긴 시간이 지나면서 지역의 특징을 나타내는 이미지라는 것이 있다. 도(圖)의 풍경계획에서는 이와 같이 눈에 보이지 않는 지역의 이미지를 눈에 보이는 풍경으로써 구현화하려는 경우가 많다.

이와 같은 풍경계획의 의도 자체는 어느 정도 납득할 수 있다. 지역의 이미지는 많은 사람들이 어느 정도 공감할 때 지역의 이미지일 수 있고, 그것이 눈에 보이는 형태로서 지역의 중요 공간에 있을 때, 많은 사람들이 거기에 자극을 받아 지역의 이미지를 가치관으로 공감(공유)할 수 있을 것이라고 보는 것이 타당할 것이다. 그러나 사실, 이러한 종류의 풍경계획은 성공한 예가 있기는 하지만 필자는 그다지 성공하고 있지 않다는 생각을 떨칠 수 없다. 바꾸어 말해서 모처럼 애를 써서 중요한 지역의 공간을 정비했음에도 불구하고, 그 자체가 시민들이 공감할 수 있는 가치관 형성(가치관을 만드는 것)과 연결이 잘 안 되는 경우가 많다는 것이다.

그와 같은 실패를 가져오는 이유는 주민, 시민이 가지고 있는 눈에 보이지 않는 지역의 이미지와 그것을 구현화(구체화)시킨 공간과의 차이에서 발생하는 것이라 생각할 수가 있다. 그리고 필자는 이 차이가 다음과 같은 2가지의 경우에 발생한다고 생각한다.

첫 번째는, 풍경계획의 주체 또는 구체적인 설계자가 지역의 이미지를 충분하게 이해하고 파악하지 못 했을 경우이다. 「도(圖)」의 풍경계획의 주체는 지자체인 경우가 많다는 점을 감안하면, 지자체나 전문가들만 만족하는 경우라 해도 좋을 것이다.

두 번째는, 설령 첫 번째에 해당하지 않는다고 하더라도 만들어진(창출해진) 「도(圖)」의 질이 아주 낮은 경우이다. 주민이나 시민들이 가지고 있는 지역의 어떤 이미지는 막연한 면에서 서로 공통되었다고 할 수 있지만, 세세한 항목으로 들어가면 미묘한 차이를 가지고 있다. 지역이 공유할 수 있는 가치 창출(만들기)을 위한 풍경계획에는 풍경이 사람들의 눈에 보인다는 이점을 살려, 세부적인 항목에서의 상이점을 극복하고 이미지를 공유화시키려는 의도를 가지고 있기 때문에 만들어진 풍경(이미지)의 질이 아주 중요하다. 대부분의 경우, 「도(圖)」의 풍경은 사업에 의해서 창조된다(만들어진다). 그리고 사업에는 자금을 필요로 하지만 사업의 질을 높이려는 곳에 자금이 잘 사용되지 않는 현실이 배경으로 작용하고 있다.

이와 같은 실패를 피하고, 「도(圖)」의 풍경계획의 본래의 의미를 가진 어떠한 지역의 가치관 창출이라고 하는 것에 도달하기 위해서는 당연한 것이지만, 다음과 같이 두 가지가 가장 중요하다고 할 수 있다.

먼저 첫 번째로, 풍경계획의 과정(process)이다. 「도(圖)」의 풍경계획에서는, 자칫하면 풍경계획의 결과인 풍경 그 자체만에 관심이 기울어지기 쉬운데, 사실은 풍경창출(만들기)에 있어서 그 공간을 이용하는 시민의 참가가 매우 중요하다.

그리고 두 번째로 「도(圖)」의 풍경의 질적인 느낌(질감)을 높이려고 하는 노력이다. 이미지를 공간에 투영시키려고 할 때, 중요한 키워드(Key word)의 하나가 authenticity이다. 현재, 매스컴이나 인터넷의 보급으로 여러 가지 정보가 전국 구석구석까지 전파되게 된 오늘날, 시민의 의식이 확연히 높아졌다고 할 수 있다. 그렇기 때문에 그럴싸한 것을 가지고 시민을 설득시킬 수는 없다. 「도(圖)」의 풍경계획에서는 지자체의 재정 상태가 어려운 상황에서 한정된 자금을 어떻게 사용해야 하는지(무엇에 써야 하는지) 고민을 많이 해야 할 것이다.

5·5 지역 생활환경 보전으로서의 풍경계획

지역 생활환경 종합지표로서의 「지(地)」의 풍경

5.4절에서 논의한 「도(圖)」의 풍경계획이 지역에서 공유할 수 있는 새로운 가치관의 창출이라는 의미를 가지고 있는 반면, 결론부터 말하면,「지(地)」의 풍경계획은 지역의 생활환경의 보전이라는 의미를 가지고 있다. 표5·1의 「주환경 유지형」이 바로 이 형태의 중심을 이룬다.

「지(地)」의 풍경은 어느 거리에나 존재하며 색다른 것도 없고 특별한 것도 없다. 또한 경관으로써의 객관적인 가치도 없다. 그러나 그 공간에서(혹은 장소에서) 생활하는 주민들에게는 매우 친근한 중요한 풍경이라고 말할 수 있다. 필자는 지역만들기를 할 경우, 이와 같은 「지(地)」의 풍경이 중요한 의미가 있다고 생각한다. 한마디로 말해, 「지(地)」의 풍경이라고 하는 것은 지역 생활환경의 「종합」적인 지표이기 때문이다. 그리고 이러한 의미에서, 「지(地)」의 풍경 계획은「풍경」 계획이라는 형식을 따르지만 사실은 지역의 생활환경 보전이라는 것을 목적으로 하는 것까지를 포괄하는 것이라고 필자는 생각하고 있다.

여기에서, 「지(地)」의 풍경이 지역 생활환경의 「종합」 지표라고 말할 때의 「종합」이라는 말에는 다음과 같은 두 가지의 의미가 있다.

첫 번째 의미는 지역생활환경을 구성하는 제반요소를 종합하고 있다는 것이다.

가령, 예를 들어 자신이 살고 있는 주 환경에 대해 생각해 보자. 주 환경의 요소에는 일조나 통풍 건물의 밀집도, 공간의 압박감, 주변 녹지 공간의 풍부함, 공공시설 등 여러 가지 요소가 포함되어 있는 것을 알 수 있다. 이와 같은 주 환경을 보전하기 위해 현재의 법률인 도시계획법이나 건축기준법은 이와 같은 요소를 요소마다 제어(규제)하려는 생각에서 만들어진 것이다. 다시 말해, 일조는 건물의 높이 등을 건물의 밀집도와 관련해서 건폐율을 제어하기도 한다. 또한 어떤 공간에 대한 압박감을 해소하기 위해서 사선 제한이나 천공률을 제어하기도 한다. 마찬가지로 녹지공간과 관련된 주변시설의 경우에는 도시계획법으로 도시녹지나 공원, 그 외 공공시설의 배치를 컨트롤하는 것과 같다. 이런 모든 것들이 사람의 눈에는 종합적으로 비추어진다는 것이다.

도시계획법이나 건축법에서 흔히 볼 수 있는 요소 분해주의는 「근대」 산업의 산물이라고 할 수가 있다. 이에 비해 풍경은 요소로 분해된 지역의 환경을 다시 눈에 보이는 공간의 형상으로 「적분」을 한 것으로 「포스트 근대」적인 지표라고 말을 할 수가 있다.

두 번째의 의미는 지역에서 생활하는 다수의 생활행위나 또는 그 기억을 종합적으로 표현하고 있다는 것이다.

필자는 조금 오래된 것이긴 하지만 「메구로 풍경 55」라는 자료를 가지고 있다. 이 자료는 1986년 동경도 메구로구에서 후보지추천투표, 선정투표를 거쳐, 주민들이 선정한 메구로구의 대표적인 풍경 55가지의 리스트이다.

선정된 리스트를 가지고 「도(圖)」,「지(地)」로 구분해 보면, 「도(圖)」의 풍경이 대부분을 차지하고 있다. 그러나 각각의 풍경을 자세히 살펴보면, 그 중에는 「축제」와 같이 그 지역의 이벤트와 관련이 깊은 것(유명한 절이나 신사가 아니라 지역의 수호신이나 그를 모신 사당 등)이 많다. 공원, 유료낚시터, 공공시설 등 구민들이 상당히 많이 그리고 자주 이용하는 장소를 언급하고 있는 경우도 적지 않다. 아마도 그와 같은 것은 부분적으로는 적어도 그 지역에서 생활하는 것을 전제로 한(필연적으로 그 지역에서의 생활이 필요로 함) 행위와 관련해서 선택된 풍경일 것이다. 그리고 지역과 친근한 풍경에는 이와 같이 그 지역에서의 생활이라고 하는 행위와 밀접한 관계를 가지고 있는 것이 적지 않다. 길거리에는 그 지역에 생활하는 사람들이 서서 이야기를 하고 있고, 상가에 가보면 그 지역에서 생활하는 사람들이 쇼핑을 하고 있으며, 공원에 가서 보면 어린이나 그 가족들이 함께 놀이를 하고 있다. 또 주택가에 가보면 매일 출근을 하느라 역까지 걸어가고 있는 사람들을 볼 수가 있는 것과 같이 생활을 구성하는 일부이거나 또는 그와 같은 기억을 배경으로 한 풍경이다.

이와 같이, 일반시민에게 친숙한 풍경은 지역 주변에 있는 어떤 사물(=하드웨어)에, 생활이라고 하는 인간의 일상행위(=소프트웨어) 그 자체나 혹은 그 기억을 배경으로 만들어진 것이 많으며, 단순한 사물(하드웨어)로서의 공간형상을 의미하는 풍경이 아니라 하드와 소프트가 일체화된 것이다. 이것을 본고에서는 특히 「생활 풍경」이라고 부르고 싶다.

단적으로 말하면, 「생활 풍경」은 개개인의 생활과 밀접하게 관련 있는 풍경을 말하므로 개개인에 따라 생활양식이 많이 다른 이상, 비록 같은 지역에서 생활하고 있었다고 해도, 한 사람 한 사람이 차이를 가지고 있다고 해야 할 것이다. 뿐만 아니라, 사물(하드웨어)로써 같은 공간을 바라보고 있다고 할지라도, 그 풍경과 관련된 일상생활의 영위가 다르면 A씨의 생활 풍경과 B씨의 생활 풍경은 전혀 다른 것이 될지도 모른다. 또, A씨의 생활 풍경만을 하나만을 보아도 생활 패턴이 시간이 흐름에 따라 변화하기에 과거와 현재는 또 다를 가능성도 있다.

「지(地)」의 풍경이란 지역 환경의 모든 요소를 적분한 것인 것과 동시에, 주로 하드웨어인 공간에 관해 개개인의 생활풍경을 적분한 것이기도 하다. 따라서 지역에서 생활하는 사람의 영위가 종합적으로 입력된 풍경이라고도 할 수 있을 것이다.

「地」의 풍경계획에서의 어려움

이와 같이 「지(地)」의 풍경은 지역 생활환경에 관한 새로운 포스트 근대적인 종합지표라고 생각할 수 있기 때문에 「지(地)」의 풍경 계획을 시도하려는 행정기관은 다음과 같은 어려움이 있기 마련이다.

이 지표 자체가 생활환경을 구성하는 여러 가지 요소나 생활행위를 종합한 지표라고 하는 것은 보는 사람에 따라서 다양한 의미를 가지는 지표라는 것을 의미한다. 예를 들어 「지(地)」의 풍경은 어떤 사람에게는 일조가 대리변수가 될 수도 있지만, 다른 사람에게는 녹지공간의 풍부함이 대리변수일지도 모른다. 또, 생활풍경이라는 시점에서 보면, 어떤 사람에게는 「지(地)」의 풍경의 어떤 부분이 아주 중요하지만, 다른 사람에게 있어서는 다른 부분이 더 중요할 것일 수도 있다. 이와 같이 개인마다 다른 다양한 가치를 포함하는 것을 계획으로서 조작의 대상으로 삼는다는 것은 아주 어렵다. 적어도 지금상태에서는 기술개발(계획적 측면에서의)이 많이 부족하다고 하지 않을 수 없다. 그러나 반대로 생각하면, 이와 같이 다양성이 있다는 점에서 「지(地)」의 풍경을 계획 대상으로서 삼는 의미가 있다고 할 수 있다. 필연적으로 지자체는 다양성으로부터 발생하는 계획의 어려움과 다양성이 있기 때문에 의미가 있다는 딜레마에 빠지게 될 것이다.

그리고 또 하나, 이와 같이 다양한 가치를 가지는 「지(地)」의 풍경은 5·2절에서 말한 대다수의 사람이 그 가치를 공유하고 있다는 면에서 보면 공공(public)의 풍경이 아니다. 기본적으로 「지(地)」의 풍경을 바라보는 개개인에 있어서는 사적(private)인 풍경이다. 따라서 「지(地)」의 풍경에도 공공(public)의 의미가 있다고 할 경우, 그것은 사적(private)인 가치의 집합체로써의(여러 사적 가치가 모여 발생하는 가치) 공공(public)을 의미할 것이다. 관습법이 발전한 영국과 미국에서는 공공(public)이라는 것이 그렇게 새로운 것도 아니지만, 적어도 일본의 행정기관이 말하는 공공(public)이라는 말의 의미는 개인의 이익 즉 사적(private)인 가치에 대립하는 개념으로서의 공공(public)적인 가치를 말하며, 사적(private) 가치가 모이면 공공(public)적인 가치로 발전한다는 사고를 가지고 있지 않았다. 따라서 일반적으로 행정(기관)은 공익을 위해 개인적인 이익을 제한하는 것 일뿐, 행정(기관)이 개인적인 이익(사익)을 보호·보전하는 경우는 그것이 보호받지 않으면 안되는 개인의 「권리」 수준까지 도달했을 경우에 한한다. 그리고 현재, 「地」의 풍경은 그와 같은 사적(private)인 「권리」와는 거리가 먼 상황이다.

이러한 문제는 행정(기관)에서 「지(地)」의 풍경계획을 시도하려고 할 경우, 공공(기관)이 어디까지 또 어떻게 관여해야할 것인가라는 문제로 연결되기 때문에, 건축행위나 개발 행위에 대한 강제력의 문제로써 표출이 된다. 실제로 「지(地)」의 풍경계획에 뜻을 둔 경관조례 등에 있어서는 건축 행위나 개발 행위에 대해 엄밀한 의미에서 강제력을 가지고 있는 것이 필자가 아는 한 현재에는 존재하지 않는다.

「지(地)」의 풍경이 지역 환경을 나타내는 「포스트근대」적인 지표인 것에 대해서는 이미 언급을 하였지만, 이와 같이 공공(public)적인 면에 있어서도 「지(地)」의 풍경계획은 「포스트근대」적인 사고방식을 요구하고 있다. 그리고 이 문제의 실마리는 나중에 논하는 풍경계획의 최종적 의미에서 찾아 낼 수 있을 것이라 생각하기 때문에 다음 절에서 좀 더 자세히 논하기로 하겠다.

5·6 도시만들기를 위한 계몽으로서의 풍경계획

풍경계획의 효과

본고의 처음에서 언급한 대로 필자의 연구실에서 실시한 「전국 경관형성지구의 운용 실태에 관한 조사」에서는 행정기관에 대해 경관형성지구를 지정했을 때의 효과에 대해서 물어 보았다. 표5·2는 그 결과를 나타낸 것이다.

표를 보면 알 수 있듯이, 「뛰어난 경관지구가 형성되었거나 유지가 가능하였다」라고 하는 경관형성지구에 대한 본래의 기대 효과 이외에, 「경관이나 도시 만들기에 대한 주민의 의식이 향상되었다.」라고 하는 효과에 다수의 응답자가 있다는 것을 알 수 있다. 즉 풍경계획에는 좋은 환경을 만들자 라고 하는 본래의 의의 외에 좋은 경관이라고 하는 것은 어떤 것인가에 대한 것을 생각하게 함으로써 도시만들기를 생각하게 하는 의의가 있는 것이다.

지자체에게 있어 풍경계획의 매력의 하나로 이러한 점을 들 수가 있다. 표를 더 자세히 살펴보면 도시만들기의 계몽으로서의 풍경계획은 모든 형태의 형성지구에서 찾아 볼 수 있지만 특히, 상업지 형성형, 심볼 형성형, 주환경 유지형에서 상대적으로 높게 나타나고 있다는 것을 알 수 있다.

이와 같은 것은 본고에서 논의하여 온 지역경제 활성화 대책으로서의 풍경계획(5·3절), 지역의 심벌을 창출하기 위한 풍경계획(5·4설), 지역 생활환경의 보전을 목적으로 하는 풍경계획(5·5절)이 각각 유연하게 대응하고 있는데, 거의 모든 것이 현저하게 뛰어난 가치를 가지고 있는 풍경자원을 가지고 있지 못하는 경우의 풍경계획이다.

본고 중에서 논한 것과 같이, 가능한 한 많은 사람들이 공감하는 「좋은 환경의 경치」가 가치 있는 풍경이라고 한다면, 지금 단계에서는 공감할 수 있는 가치를 찾지 못한 경우라고 말해도 좋을 것이다. 그와 같은 경우야말로 도시만들기에 대한 의식 향상효과가 높은 것은 도시만들기라고 하는 것은 지역이 공감할 수 있는 가치를 찾기 위한 행위로써, 이러한 풍경계획이 풍경을 만들어 가는 과정에서의 「즐거움」, 「지역이 공유할 수 있는 이미지」, 「지역의 생활환경」을 새롭게 공유할 수 있는 가치를 찾기 위한 과정(process)을 필연적으로 필요로 하기 때문이다. 거꾸로, 「주거환경 형성형」, 「중심지 형성형」에서 도시만들기 계몽효과가 떨어지는 것은 이것들이 모두 신규 개발 등에 맞추어 양호한 경관을 형성하고자 하는 것들로써, 개발업자, 행정기관 등이 지역이 공유할 수 있을 것이라고 생각이 되는 가치를 처음부터 패키지의 형태로 제시하는 까닭에 주민 스스로 공유할 수 있는 가치를 찾고자 하는 과정(process)을 수반(동반)하지 않은 경우가 많기 때문이라 해석할 수 있다.

그렇다면, 왜 풍경을 생각하는 것이 도시만들기 의식의 계몽과 쉽게 연결되는 것일까?

표5-2 경관형성 지구 지정의 효과

형성지구형태	경관	의식	없음	타	총계
역사 유지형	21	20	1	1	47
자연 유지형	19	11	1	5	46
주 환경 유지형	2	9			14
중심지 형성형	11	5		2	25
상업지 형성형	4	11	1	1	23
심볼 형성형	1	6		1	11
주 환경 등 형성형	8	4		1	13
총계	66	66	3	11	179

주) 가로방향의 내용
경관 : 뛰어난 경관지구가 형성되었거나 유지가 가능하였다
의식 : 경관이나 도시만들기에 대한 주민의 의식이 향상되었다.
관광 : 관광객이 증가했다.
없음 : 현 단계에서 확실한 메리트를 찾기는 힘이 든다.
타 : 그 외

그러한 이유로 가장 먼저 생각할 수 있는 것이 풍경은 눈으로 볼 수 있는 만큼 누구나 알기 쉽다는 것이다. 예를 들어, 어떤 지구의 녹지율이나 유효 공지율을 보여준다고 해도 지구 환경 전문가가 아닌 이상 구체적인 공간의 이미지를 떠올릴 수가 없을 것이다. 그러나 풍경은 그렇지 않다. 왜냐하면, 풍경이라고 하는 것은 구체적인 공간 그 자체이기 때문이다.

그리고 두 번째로 생각해 볼 수 있는 것은 풍경이라고 하는 것은 알기 쉽기 때문에 어떤 변화에 대해서 매우 민감하다는 것이다. 그 중에서도 특히, 생활환경의 적분치인 「땅」의 풍경에는 지역에서 생활하는 사람들의 일상생활의 일부분이 인풋(input)되어 있기 때문에, 일상성이 변화하는 것에 대한 민감함을 기대할 수가 있다. 가령, 매주 통근을 하는 도중에 볼 수 있었던 산의 풍경이 아파트

단지가 들어섬으로 인해 볼 수가 없다고 한다면, 그것은 주민들에 있어서 즉시 인지할 수 있는 「생활 풍경」의 변화일 것이다.

풍경계획의 강제력과 공공(public)의 의미

이와 같이 지역만들기 의식의 계몽이라고 하는 것은 그 계획단계의 과정(process)에 더 큰 의미가 있다는 것을 말하고 있다. 따라서 지자체로서는 그것만으로도 풍경계획을 책정하는 의미(가치)가 있다고 말할 수도 있지만, 과정(process)에 의미가 있는 것과 풍경계획의 결과물이라고 할 수 있는 좋은 풍경만들기가 실현될지 아닐지는 서로 별개의 문제이다. 그리고 좋은 풍경만들기의 실현에 대해 특히 규제라고 하는 방법을 행하려고 할 경우 역시 강제력이라고 하는 문제를 피해갈 수는 없다.

5 · 2절에서 논한 것과 같이, 보전 가치가 있는 풍경의 경우 강제력의 정당화는 비교적 용이하다. 물론 국민 모두의 자산으로서 보전필요성이 있는 풍경에 대해서는 소유권자의 의향과는 무관하게 강제력을 동반하는 수단을 취함으로써 보전을 할 필요가 있고, 지역차원에서도 풍경의 가치가 시민 모두가 공감하는 풍경에 대해서는 지역계획과 같은 공공법에 근거한 권력수단에 의해 보전이 가능한 쪽으로 적용되고 있다는 것은 이미 언급을 하였다. 아무튼, 이와 같이 풍경의 가치가 이미 확립되어 많은 시민이 공감하고 있는 경우에는 비록 시간이 걸릴지도 모르지만, 종래와 같이 전통적인 「공공의 복지」 개념의 연장선상에서 강제력을 정당화할 수 있다고 필자는 생각한다.

오히려, 강제력의 문제는 위에서 언급한 경우에는 별 문제가 아니다. 다시 말해, 현 시점에서 주민의 대부분이 공유하는 가치를 가지고 있는 않는 풍경계획의 경우 더욱 어렵다고 할 수가 있다. 그 중에서도 특히, 앞 절에서 논한 것과 같이 기본적으로는 사적(private)인 풍경의 집합체인 「지(地)」에 대해 풍경계획을 시도할 경우, 강제력의 문제는 심각하다고 할 수 있다. 그러나 지금까지 논의한 것과 같이, 만약 「지(地)」에 대한 풍경계획에 도시만들기(정비)의 의식 계몽의 효과가 충분하게 반영된다고 한다면 강제력 문제의 해결책으로 연결될 것이다.

이미 말한 것과 같이, 도시만들기라고 하는 것은 지역이 공유할 수 있는 가치를 창출(찾아내는)하고자 하는 행위라고 할 수 있다(이 행위 이외 다른 의미는 없다). 따라서 의식계몽의 결과 그와 같은 행위가 주민에 의해 진지하게 시도되어지게 될 것이고, 그 결과 많은 주민이 공유할 수 있는 가치가 점점 축척되어지면, 이윽고 공유할 수 있는 그 가치는 지역(local)의 풍경가치로서 인식이 확립될 것이다. 바꿔 말하면, 사적인(private) 풍경 속에 공공의 가치를 가지는 영역을 양성함으로서 이것을 「공공(public)의 가치」로서 생각하고자 하는 것이다.

이렇게 해서 창출된 「공공(public)의 가치」는 5 · 2절에서 언급한 「지역의 공공재산」과 본질적으로 다른 것이 없다. 다른 것이 있다고 하면, 전자는 도시만들기라고 하는 행위를 통해서 새롭게 발견되는(찾아내는) 것이지만 후자는 원래부터 존재하고 있었다는 차이 밖에 없다. 더 말하자면, 사실은 후자도 과거에 긴 시간 동안 사람들에 의해 발견된(사람들이 찾아 낸) 것이라고 할 수가 있다. 이러한 「공공(public)의 가치」를 만약 충분하게 확립했다라고 한다면, 지방분권시대에도 지구계획과 같은 강제력을 동원(가질 수 있는)할 수 있는 수단으로 연결해 나갈 수 있는 가능성이 높아질 것이다.

그러나 현실적으로는 지구계획이 감당할 수 있는 수준까지 「공공(public)의 가치」를 성장시키는 데는 매우 시간이 걸리고 어렵기도 하다. 실제로 존재하는 것은 주민들이 말 그대로 공유할 수 있는 가치로서의 「공공(public)의 가치」가 아니라, 상호간에 서로 다른 사적(private)인 가치를 인정하고 존중한다는 상황이다.

이와 같은 상황은, 지구계획과 같은 권력적인 수단에 의한 강제력을 가지는 방법과는 잘 융합이 안 된다. 오히려, 사적(private)인 존재인 주민들이 자발적으로 서로 각각의 사적(private)인 가치를 인정하고 존중할 것을 상호간에 약속함으로써 풍경계획을 실현해 나가는 방법이 적합하다. 많은 경관 조례에서 볼 수 있는 경관협정이 바로 이것에 해당한다.

미국, 영국에서는 이런 방법을 특히 covenant라고 한다. 역사적으로 보았을 때, 죠닝(zonning) 등과 같은 토지이용규제가 출발점이었던 점을 생각하면 covenant는 사적(private)인 개인 간의 약속과 「공공적(public)인 가치」에 근거한 권력적인 토지이용규제의 중간적인 형태라고 할 수가 있다.

일반적으로 일본의 건축 협정은 이 covenant를 모델로 한 것이라고 보고 있다. 물론 건축기준법에 근거를 둔 건축협정과 임의의 자주적인 조례에 근거를 두는(여기에서 논의의 대상이 되고 있는) 경관협정과는 당연히 강제력에 차이가 있지만, 강제력의 출발점이 공권력에 있는 것이 아니라, 당사자 간의 자발적인 의지에 있다고 하는 점이 covenant와 유사하다. 지구계획이 가져오는 공공적인 가치가 다수의 서로 다른 사적(private)인 가치를 더한 집합체로서의 공공(public)적 가치라고 하면, 여기에서 말하는 공공(public)적 가치라고 하는 것은 개인 간의 자발적인 유인력에 근거한, 다수의 서로 다른 사적(private)인 가치를 모두 내포하려고 하는, 다시 말해 집합체로써의 새로운 공공(public)이라 말할 수 있다.

도시만들기의 의식 계몽이라고 하는 것은 풍경계획에 있어 그리 중요한 것이 아닐지도 모른다. 하지만, 풍경계획이 사람들에게 호소하고 있는 것은 눈에 보이는 풍경의 존재뿐만이 아니라, 이와 같은 이중적 의미를 가지는 새로운 공공(public)의 존재이다. 그러한 의미에서 대략적인 풍경계획의 의의는 도시만들기 의식의 계몽과 조합되었을 때 처음으로 큰 의미를 가지게 되는 것이다.

5·7 풍경의 가치에 대한 호소

이상과 같이, 본 장에서는 풍경계획의 의의를 필자 나름대로 정리하여, (1) 가치 있는 풍경의 보존(보전), (2) 지역 경제의 활성화, (3) 지역 공동의 가치관 창조, (4) 지역의 생활환경의 보전(보존), (5) 지역 계획의 의식의 계몽과 같이 5개로 정리하여 각각을 논의했다.

물론 이밖에도, 아직 저자(필자)가 정리를 충분히 다 하지 못한 풍경계획의 의의가 있을지도 모른다. 실제의 풍경계획에서는 저가가 언급하지 않은 의의를 포함한 의의 중에서 어떤 한 가지만을 취하는 것이 아니라, 여러 가지의 의의를 동시에 얻을 수가 있다. 그렇기 때문에 풍경 계획은 그 지역의 개성을 살린 지역계획(지역 만들기)을 지향하는 지자체에 있어서 매력적이고 우수한 수단인 것이다.

본고에서도 언급을 했던 것과 같이, 보는 사람의 주관을 풍경의 가치에서 무시할 수 없기에 경관의 가치는 다양하다고 할 수가 있다. 한편, 기본적으로 지자체에 의한 계획이나 정책은 모든 시민의 가치체계 상에서 성립되어야 한다.

이미, 많은 시민이 공유할 수 있는 좋은 풍경 자원을 가지고 있는 지자체는 풍경계획 과정에서 이론적인 벽과 같은 장애는 없을 것이며, 실천 과정에서 하나하나씩 풀어나가면 될 것이다.

그러나 대부분의 지자체는 그런 풍경자원을 가지고 있지 않기 때문에, 풍경계획이나 정책을 수립하려 할 때 눈에 보이는 형태의 장점과 가치의 다양성이라고 하는 난점(난제)이 풍경에는 공존한다는 하는 점을 인식하고, 정면으로 부딪치려는 점이 무엇보다 필요하다. 역으로 말하면, 유행하는 장점(키워드 등)만을 도입하여, 모든 시민이 공유하는 가치체계로서 안이하게 받아들이려고 하는 것은 대단히 위험하다는 점을 인식하지 않으면 안 된다.

지자체에서 풍경계획을 수립할 때 중요한 것은 풍경은 모든 시민의 가치를 존중해야 한다는 것이며 곧 그것은 주민과 시민들에게 풍경의 가치는 무엇인가라고 하는 질문을 계속 던져서 얻을 수밖에 없다. 그러한 노력을 소홀히 하는 지자체의 풍경계획은 의미가 없으며 미래도 없다고 해도 과언이 아닐 것이다.

註

1) 國土交通省 「景觀に關する規制誘導方策のあり方に關する調査報告書」 2001年
2) 景觀條例及び同條例を根據とする形成地區を持つ全國141自治體(124市區町村, 17都府縣)を對象に實施したアンケート調査(2002年1月15日~28日, 回수率 85.5%). 調査によって詳細を把握できたのは106自治體(92市區町村, 14都縣)の184 形威地區である. 結果については, 高田眞・中井檢裕「景觀條例による景觀誘導の實態と効果に關する硏究」都市計劃論文業 37號, 2002年, pp.349~354を參照のこと.
3) 齋藤潮「景觀」原修編『景觀用語事典』彰國社, 1998年, pp.10~13.
4) ロンドンのストラテジック・ピューについては, 中井檢格・村目美責 「英國都市シ畵とマスタープランン」(學藝出版社, 1998年) を參照されたい.
5) 松原降一郎『失われた景觀』PHP選書, 2002年, p.216.
6) 黑壁による長浜のまらづくりについては, 矢作弘「都市はよみがえるか」岩波書店, 1997年に詳しい.

제 II 부

풍경계획의 실천 사례

6

광역의 풍경계획

宮脇 勝 · 村上祥司

1998년에 제5차 전국종합개발계획 「21세기 국토의 그랜드디자인－지역의 자립을 촉진과 아름다운 국토 창조」에 있어서, 多軸形의 국토구조의 형성이 의도됨과 동시에, 국토계획의 타이틀로 「아름다움」이라는 말이 등장했다. 國土軸은 북동, 일본해, 태평양, 서일본의 4개를 아름다운 국토 공간(정원의 섬)을 형성하려고 시도되었다. 동시에 지방분권, 시정촌 합병, 지역 사회의 자립, 다양한 주체의 참가, 지역 연대 등의 과제가 대두되었다. 이러한 배경 안에서 광역풍경계획의 필요성에 대하여 생각하고자 한다.

일본에서 국토풍경계획을 만들려고 하는 기본법체계는 유감스럽게도 없다. 그러나 약 70%가 산으로서 자연히 풍경의 골격이 유지되고 있다고 말할 수 있고 시가지 스케일에서는 콤팩트하게는 보이지 않지만 국토 · 광역스케일에서는 歐美에 비교해서 자연녹지대가 많고 지형적인 제약으로부터 도시지역이 한정되어 있다고 볼 수 있다. 풍경골격이 혜택 받은 일본에 있어서 하천, 호수와 늪, 산악, 식생이라고 하는 하나로 정리된 광역 스케일로의 종합적인 광역풍경계획을 하기 쉽다고 말할 수 있다. 한편으로 교통시설의 정비가 됨으로서 나날이 활동하는 영역이 넓어지게 되어, 시가화나 리조트개발의 파도는 복수의 市町村의 영역을 넘고 있다. 이러한 중에 개발과 보전의 광역풍경계획은 앞으로 중요한 테마가 되리라 생각된다.

그리하여 여기에서는 도도부현(道都府縣)에 의한 광역의 경관조례 및 옥외광고물 규제에 대하여 다루어 보고자 한다. 이것들은 도시계획법에 규정하지 않은 것으로 지역의 긴급성에 대응하고 개별대응에 위임되어 온 경위가 있다. 그러나 여기에서 지금까지 개개의 노력을 일단 통합하여 국토스케일에서 그 현상을 알고 장래 어떠한 국토풍경계획을 계획적으로 고려할 것인가를 지역의 자립에 필수불가결한 조례를 기본으로 실마리를 찾고 싶다.

6 · 1 도도부 현의 풍경계획

도도부현의 경관조례 책정 경향

일본의 도도부현에 의한 광역경관에의 노력은 국토계획이나 법적인 배경으로부터 직접 요청되었던 것이 아니고 지역의 자주적인 위기감으로부터 발생된 것이었다. 그 중에서도 조례의 제정은 도도부현이 행하는 가장 중요한 도구이고 지도행위를 정의하여 민주적으로 의회에서 정하여진 것이다. 그림6 · 1은 5년마다 경관조례의 공포상황을 본 것이지만 2002년까지 25개 도도부현으로 겨우 과반수가 넘게 되었다. 특히 대도시 근교의 도도부현(關西, 關東, 九州, 東北 등)에 연쇄적으로 필요에 따라서 제정되었다. 도시개발의 압력을 받아 풍경변화의 크기에 위기감을 가진 지역으로부터 제정되었다. 다만, 가장 오래된 1969년의 미야자키현 沿道修景美化條例는 이외의 예로서 미야자키교통 社長의 岩切章太郎씨와 黑木博知事의 리더쉽에 의한 현청의 광역적인 식수, 식목보전이 권장되었다. 이러한 노력이 결실을 거두어 허니문 장소로 남국(南國) 미야자키의 이미지가 정착되었다. 그러나 그 후 70년대에는 도도부현에 의한 경관조례는 전혀 만들어지지 않았다.

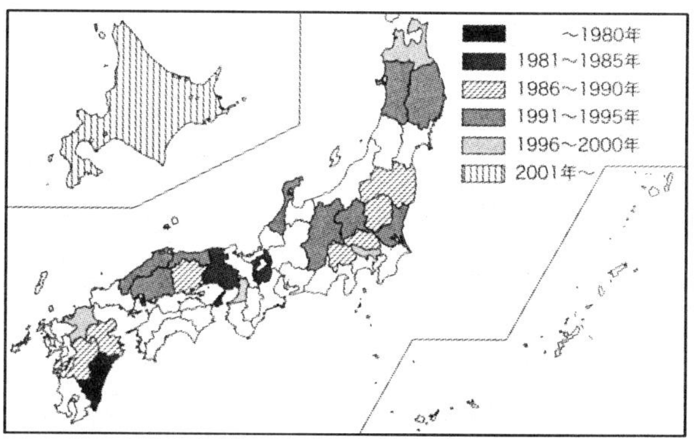

그림6 · 1 도도부현의 경관조례 시행 상황(2002년)

표 6.1 도도부현 경관 조례의 내용비교(2002년)

NO (公布年順)	도도부 현명	조례명	공포 연월일 (최신 개정)	주요 담당 부서명	지역지정(종류)	신청(종류별)	년간 신청건수 (200년도)	권고·공표·요청·벌칙 등 주1	경관조례가 있는 시정촌의 비율주2
1	宮崎 (미야자키)	미야자키현 沿道修景美化條例 (일부 개정 있음)	1969.4.1 (1999.12.24)	토목부도시계획과	◎2種	ㅇ지정지역내	0	금지·제한등·원상회복·3만엔 이하의 벌금	13/44(30%)
2	滋賀 (시가)	고향 시가의 풍경을 지키고 가꾸는 條例(일부 개정 있음)	1984.7.19 (1997.3.31)	네아호환경부 자연보호과	◎3種	◎지정지역, 대규모	지정지역 : 233 대규모 : 57	권고·공표·요청·신고위반에 5만엔 이하의 벌금	7/50(14%)
3	兵庫 (효고)	효고현 도시경관 형성에 관한 條例(일부 개정 있음)	1985.3.27 (1993.3.29)	현토지정비부마치즈꾸리국 도시계획과	◎2種,16지역지구 안 2지구는 시에 이관	◎지정지역, 대규모	풍경형성: 14 경관형설:127 대규모 :181	지도조언·요청·경관영향평가요강에 의한 공고 공람	19/88(22%)
4	熊本 (구마모또)	구마모또현 경관 條例(일부 개정 있음)	1987.3.16 (1999.12.20)	토목부도시계획과 경관정비실	◎2種	◎지정지역,특정시설, 대규모	지정지역:444 특정시설:195 대규모: 302	지도조언·요청·신고 위반에 3만엔 이하의 벌금	7/50(14%)
5	福島 (후쿠시마)	후쿠시마리조트지역경관형성 條例(후쿠시마현 경관조례로 全域化)	1987.7.1 (1998.3.27)	생활환경부 환경정책과	◎1種	◎지정지역, 대규모	지정지역 : 96 대규모 : 746	권고·공표·요청	10/90(11%)
6	岡山 (오카야마)	오카야마현경관 條例 (개정시 배경보전지구를 제도화)	1988.3.11 (1991.12.24)	생활환경부 환경정책과	◎1種	◎모델지구,배경보전, 대규모	모델지구 : 27 배경보전 : 19 대규모 : 580	지도조언·요청·신고위반에 5만엔 이하의 벌금	8/78(10%)
7	大分 (오오이타)	오오이타현 沿道경관보전등에 관한 條例	1988.3.30	토목건축부/생활환경부	◎2種	ㅇ지역지정내	연도미화 : 8 연도경관보전:3	권고·공표·요청	20/58(34%)
8	埼玉 (사이타마)	사이타마현 경관 條例(일부 개정 있음)	1989.3.29 (2000.3.24)	현토지정비부 현토가꾸기기획과	◎1種,대규모지역지정	◎지정지역, 대규모	지정지역 : 1 대규모 : 100	지도조언·요청	8/90(9%)
9	栃木 (토치기)	토치기 고향街道경관條例(일부개정있음)	1989.12.25 (1992.3.30)	토목부도시계획과	◎1種	ㅇ지정지역내	16	권고·요청·신고위반에 20만엔 이하의 벌금	5/49(8%)
10	山梨 (야마나시)	야마나시현경관조례(일부개정있음)	1990.10.20 (2000.3.29)	산림환경부녹색자연과	◎1種	◎지정지역, 대규모	지정지역 : 49 대규모 : 157	지도조언·신고위반에 20만엔 이하 벌금	4/64(6%)
11	広島 (히로시마)	고향히로시마의 경관보전과 창조에 관한 조례	1991.3.14	환경생활부 관경국환경조정실	◎2種,대규모지역지정	◎지정지역, 대규모	지정지역 : 114 대규모 : 272	권고·공표·신고위반에 5만엔 이하의 벌금	10/86(12%)
12	島根 (시마네)	고향 시마네의 경관가꾸기 조례(일부 개정 있음)	1991.12.20 (2000.3.17)	생활환경부 경관자연과	◎1種	◎지정지역, 대규모	지정지역 : 39 대규모 : 195	권고·공표·요청	9/59(15%)
13	長野 (나가노)	나가노현 경관조례 (일부 개정 있음)	1992.3.19 (2002.3.25)	주택부건축관리과 경관계	◎1種	◎지정지역, 대규모	지정지역:2971 대규모 : 524	권고·공표·요청·신고위반에 20만엔 이하 벌금	26/120(22%)
14	石川 (이시카와)	이시카와현 경관조례(단 신고 제도는 이시카와 현 경관형성 지도요강을 사용)	1993.3.26 (2000.3.24) 요강 1995.1. 27 (개1999.10. 1)	토목부도시계획과 경관형성추진실	◎2種	◎지도지역, 대규모 주3	대규모:197 주3	권고·공표 주3	7/41(17%)
15	鳥取 (토토리)	토토리현경관형성조례(대규모행위의 신고 추가개정 있음)	1993.3.26 (1994.12.19)	기획부문화관광국경관자연과	◎1種	◎지정지역, 대규모	지정지역 : 26 대규모 : 120	권고·공표·요청·신고위반에 10만엔 이하 벌금	5/39(13%)
16	秋田 (아키타)	아키타현의 경관을 지키는 조례	1993.3.30	생활환경문화부 자연보호과	◎국도 현도 연도 및 철도연선의 양측200m, 다른 규제계획구역 외	ㅇ지정지역내	60	권고·요청·신고위반에 10만엔 이하 벌금	5/39(13%)
17	群馬 (군마)	군마현 경관조례 (일부 개정 있음)	1993.10.7 (2000.3.23)	자연환경과	◎1種, 단 현재지정 없음	◎지정지역, 대규모	대규모 : 409	권고·공표·요청·신고위반에 20만엔 이하 벌금	11/70(16%)
18	岩手 (이와테)	이와테의 경관보전과 창조에 관한 조례(일부 개정 있음)	1993.10.26 (2001.7.9)	현토정비부 도시계획과	◎1種	◎지정지역, 대규모	지정지역 : 138 대규모 : 177	권고·공표·요청·신고위반에 20만엔 이하 벌금	7/59(12%)
19	茨城 (이바라기)	이바라기현 경관형성 조례(일부 개정 있음)	1994.9.29 (2001.3.28)	토목부도시국 도시계획과	◎1種, 단 현재지역지정 없음	◎지정지역, 대규모	대규모 : 238	권고·공표·요청·신고 위반에 20만엔 이하 벌금	2/84(2%)
20	沖縄 (오키나와)	오키나와현경관형성조례(일부 개정 있음)	1994.10.20 (2000.3.31)	토목건축부 도시계획과	◎1種, 단 현재지역지정 없음	◎지정지역, 대규모	대규모 : 433	권고·공표·요청	7/53(13%)
21	青森 (아오모리)	아오모리현 경관조례(일부 개정 있음)	1996.3.27 (1999.12.24)	환경생활부문화스포츠진흥과	◎1種, 단 현재지정 없음	◎지정지역내, 대규모	대규모 : 373	권고·공표·요청	4/67(6%)
22	東京	동경도 경관조례(일부 개정 있음)	1997.12.24 (2002.7.3)	생활문화국문화진흥부/도시계획부시가지건축부	◎경관기본축	◎일반,경관기본축	경관기본축:44 일반 : 32	권고·공표·요청	12/62(19%)
23	大阪 (오오사카)	오오사카부 경관조례(일부 개정 있음)	1998.10.30 (2002.3.29)	건축도시부건축지도실건축기획과	◎2種, 단 현재미관유도지구지정은 없음	◎지정지역내	20	권고·공표·요청·신고위반에 5만엔 이하 벌금	4/67(6%)
24	福岡 (후쿠오카)	후쿠오카현 아름다운 마을가꾸기 조례	2000.10.18	건축도시부 도시계획과	ㅇ지자체의 신청에 의해 지정	–	–	–	5/97(5%)
25	北海道	홋카이도 아름다운 경관가꾸기 조례	2001.10.19	건설부 바을가꾸기추진과	ㅇ지자체의 신청에 의해 지정	–	–	–	20/212(9%)

주) ◎ : 적극적 대응 ㅇ : 일부대응 – : 대응 없음

주1 여기에서 발하는 요청이란 국가 또는 시정촌의 공공시설을 건설할 때에 사전에 현의 조례, 규칙, 기준에 근거하여 협력을 구할 것을 나타냄

주2 시정촌의 경관조례 보급률을 보는 목적으로 각 현의 시정촌 총수에 점하는 비율을 나타냈다. 경관조례를 갖은 시정촌의 수에는 동경도23구를 포함 하나의 시정촌으로 복수의 경관조례가 있는 경우에는 하나로 하였다. 국토교통성의「경관에 관한 규제유도방책의 존재양식에 관한 조사」결과 (2001년3월)을 기초로 도도부현에 확인을 하였다. 단, 지역성을 고려하여 풍경계획의 주된 뜻은 넓은 의미의 경관이기 때문에 市街地系 이외에도 자연환경녹지계와 역사적환경계(전통적 건조물보존조례를 포함)를 합계하여 가능한 한 평가했다.

주3 현의 요강에 의한 것. 또한 이시카와현은 경관형성중요지역에 있어서도 경관형성지도지역으로 지정되지 않으변 신고의가가 없기 때문에 현 상태에서는 대규모 신고반입

일반적인 경관행정이 시도된 것은 1980년 중순경의 시가(滋賀)현과 효고(兵庫)현으로부터이다. 환경문제를 중요시했던 시가현은 비아호(琵琶湖)를 중심으로 수변 공간, 역사적인 街道 등 광역연계요소를 찾아 지역지정에 의한 신고제도를 도입했다. 한편, 효고현은 매년 조금씩 지역지정을 증가시켜 현재까지 14개의 지구 지정과 지역별 풍경·경관가이드라인을 작성하여 각지에서 성과를 높이고 있다. (또한 14지역 지구 이외에도 에히메시(姫路市) 오데마에(大手前) 거리, 가와니시 시 역전(川西市驛前)은 시의 경관지정지구로 이행되고 있다.) 또 1987년에는 구마모토(熊本)현이 경관조례를 공포하여 현재까지 5개 지역의 경관형성지역을 지정 35개 지구의 특정시설 신고지구를 가지고 있다. 이것들이 본격적으로 해외에도 소개 가능한 수준의 광역풍경계획기술을 취하였다는 점에서 리더적인 역할을 다하고 있다고 말할 수 있다.

한편 1987년 리조트법 제정에 의하여 자연경승지에 장기체재형의 개발 가능성이 높아졌다는 것을 받아들여 관동(關東)에서도 경관조례가 공포되기 시작했다. 먼저, 후쿠시마(福島)현은 반다이산(磐梯山), 이나와시로(猪苗代湖)를 포함한 지역이 리조트법의 적용지정 계기로 주변에 영향을 미치는 대규모 건축의 경관을 고려하여 응급처치로서 같은 해 리조트 지역경관 형성조례를 제정했다(후쿠시마 全縣域을 대상으로 1998년에 새롭게 경관조례를 제정했다[1)]). 거품경제에 의한 개발압력의 증가가 윤택한 자연환경을 가진 도도부현에 위기감을 갖게 한 것이다. 이 시기에 關東 주변의 사이타마(埼玉)현, 토치기(枥木)현, 야마나시(山梨)현에 있어서도 경관조례가 서둘러졌다.

다른 한편으로 1988년의 오카야마(岡山)현 경관조례를 1991년에 배경보전을 의도한 신고 제도를 함께 조합하여 넣으려는 독자적인 움직임도 보여진다. 오카야마시 도심부에 있어서 개발압력이 증가할 시기에 역사적 경관에 조화하는 도심부 풍경의 보전이 시도되었다. 이에 의하여 일본의 광역풍경의 조망이라는 새로운 수법이 추가되었다고 말할 수 있다. (자세한 내용은 뒤에 설명)

계속하여 90년대 전반에 있어서 실로 11개의 현이 경관조례를 공포하여 그 전성기 맞는다. 그 중에서도 1991년의 시마네(島根)현의 경관조례는 5개의 지자체에 둘러 쌓인 宍道湖로부터 200m를 기준으로 지역별 경관방침에 기본으로 한 신고 지도를 적극적으로 진행시켰다.(자세한 내용은 뒤에 설명) 또 1992년에 나가노(長野)현에서는 산록연도를 중심으로 한 4개의 경관형성 중점지역을 시정촌을 넘어서는 광역으로 책정했다. 주민협정의 인정수(認定數)도 많다. 지자체가 120으로 전국평균의 약 2배가 넘는 현 내에 있어서, 또 시정촌의 경관조례가 보급되지 않은 상태에서 넓게 경관조례의 의도를 주지시키기 위해서는 현이 지구레벨의 주민협정의 인정제도를 준비하는 방법에도 의의가 있을 것이다. 한편 1993년의 이와테(岩手)현 경관조례에서는 중점지역으로서 이와데산록(岩手山麓)·하찌반히라주변(八幡平周辺)과 히라쯔미(平泉)의 역사적 풍토환경이 지정되어 있다.(상세한 내용은 나중에 설명)

그리고 거품경제가 붕괴되었던 90년대 후반에 들어서면서 드디어 거대도시에 있어서도 경관조례가 제정된다. 1997년 동경도 경관조례에서는 경관의 골격을 크게 나누는 것을 목적으로 경관 기본축이라는 새로운 개념을 도입하여 중요한 포인트로서 임해축(臨海軸), 하천축, 구릉축을 만들어 일반의 대규모 신청분과 나누어 지도하고 있다. 이러한 경관기본축의 지정은 1994년도의 경관마스터 플랜에서 지형을 연구하여 경관에 배려할만한 「軸」을 들어 올린 성과가 반영되었다. 한편 1998년의 오사카(大阪)부의 경관조례는 경관형성지역으로서 국도연변 등의 6지역을 지정하는 등 서서히 지정구역을 증가시키고 있다.

그 후 2000년에 후쿠오카(福岡)현, 2001년에 홋카이도(北海道) 등이 계속 지정되면서 「아름다움」이라는 용어가 국토계획에 사용되기 시작한다. 그러나 (1) 지자체의 신청에 의한 추진지역의 지정, (2) 신청제 따른 체크제도를 갖고 있지 않음, (3) 현에 없을 때는 도민의 자발성을 중시하는 등 시정촌으로의 지방분권경향을 반영하는 것으로 미루어 살펴진다.

이렇게 전국 규모에서 본 경우 풍치파괴의 위기감이 강한 도도부현에 있어서, 먼저 긴급하게 만들어진 것이 일단 하나의 현이 정하면 그 인근의 현으로 퍼져갔다. 그 결과 전국적으로 몇 개의 그룹으로 나누어져 규슈(九州) 중부, 간사이(關西)권, 동경권 인근 현, 동북3현의 집합이 특징적이다. 그러나 국토 전체적인 면에서 보아 풍경을 보전해야 하는 중요한 지역을 전부 포함할 수 없는 현상도 잘 알 것이다.

◘ 자연지형을 풍경단위로 한 지역지정 방법

다음으로 조례를 근거로 한 광역풍경계획의 방법론부터 정리한다. 가장 기본적인 방법으로서 해안, 호수와 늪, 하천, 산악이라는 시정촌 영역을 넘는 광역적인 집합체마다 지역지정을 하는 방법이다. 시가현, 효고현, 구마모토현, 후쿠시마현, 나가노현, 이와테현 등 많은 도도부현이 사용하고 있다. 또 동경도와 같은 경관축도 하천, 지형을 기본으로 하고 있어 이 방법에 속한다고 말할 수 있다. 이러한 풍경 환경마다의 단위를 사용함으로 시정촌의 영역을 넘은 보다 광역적인 시점에서 보는 것이 가능하다. 그 중에서도 나가노현이나 구마모토현의 사례와 같이 국도나 현도를 이용한 沿道系를 중시한 지역지정 혹은 시가현, 효고현, 오카야마현, 이와테현과 같이 역사성에 배려한 지역지정도 이러한 자연지형을 단위로 한 광역풍경 안에 있어서도 병용하는 것이 가능하다.

한편 연도계 뿐인 미야자키현, 오오이타현, 토치기현, 이시카와현, 아키타현, 오사카부에서는 먼저 주요한 도로부터 시작하려 하고 있고 시기를 보아 경관지정지역을 추가하거나 전역에서의 검토를 시작하고 있는 상황이다.

게다가 공항이설 주변, 광역개발 거점 등 새로운 개발지역을 모델형성지역으로 지정하는 예로서 구마모토현, 사이타마현, 오카야마현, 히로시마현, 이시카와현이 있다.

그러나 다른 한편으로 경관지역지정이 조례로 만들어 가면서 현재까지 지정 개소가 한 곳도 없는 현도 몇 개가 있다. 또 경관조례가 없는 22개 부현이 남아 있기 때문에 경관의 근거법 정비가 필요하다고 생각한다. 경관조례는 개발을 멈추게 하는 목적이 아닌 계획적인 개발과 건물의 외관이나 식재에 공공적인 배려를 요청하는 것을 강조할 필요가 있을 것이다.

◘ 조망보전의 시도

한편, 일반시민에게 가장 알기 쉽고 중요한 것으로서 「조망」이 떠올려진다. 「조망」에는 (1) 시가지 전체와 주변을 포함한 파노라마, (2) 문화재나 산 경관에 대하여 바로 앞이나 양측의 경관을 보전하는 것, (3) 문화재 배후의 경관을 보전하는 것 3가지로 나누어진다. 이러한 조망보전은 지금까지 도시기능, 경제, 용도 등과는 다른 시점에서 규제를 동반하는 것으로서 많은 행정기관이 이를 시도하고 있다. 그러나 상기의 (1)에 대해서는 小樽, (2)에 대해서는 松本, 盛岡, (3)에 대해서는 倉敷 등의 지자체 독자의 노력을 거쳐 서서히 이해되어 왔다. 그리고 현 레벨에서도 조망보전을 노력하는 사례로서 1991년의 오카야마경관조례에서의 배경보전지구가 지정되어 착실한 성과가 나타난 것은 새로운 수법으로서 주목되어질 것이다.

◘ 신청 건수에서 본 경관지도 상황

각 도도부현에 의하여 신청대상이 되는 지역의 면적이 상당히 다른 상황으로 시행 추세를 평가하는 지표의 하나로서 신청 건수를 제시할 수 있다. 표6·1에서 보는 것과 같이 연간 총 신청건수가 가장 많은 곳은 나가노현이다. 나가노현은 면적이 큰 것도 있지만, 대규모의 신청이 524건, 산악부, 하천유역, 국도 연변에 지역 지정 내의 신청 총 건수가 2,971건으로 압도적으로 많아 대규모와 합치면 연간 3,495건으로 10개소의 지방사무소 건축과에서 대응하고 있다. 다음으로 많은 곳은 구마모토현으로 총계 941건, 후쿠시마현의 842건, 오카야마현의 626건의 순이다. 어떤 것도 시정촌의 경관신청제도에 비교해서 꽤 많이 대처하고 있다고 볼 수 있다. 통상 100~400건 정도의 신청이 있으면 상당한 효과가 기대된다.

또 수십 건의 신청에서도 예를 들면 동경도와 같이 사전상담이 299건(2000년도)의 질의응답을 통해서 경관조례로 기대되는 사전 억제효과도 평가할 필요가 있을 것이다. 단, 억제효과를 위해서는 신청 자체를 피하려는 위반을 하려고 하는 업자에 대하여 벌금을 부과는 제도적 장치가 꼭 필요하다. 신청을 게을리 한 경우나 허위 신청에 대해서 최고 20만 엔을 부과하는 현이 산악부에 몇 개가 있다. 이것은 자연공원법 제52조의 신청에 관한 벌금 20만 엔 이하에 준하여 정한 것으로 자연보호담당부국이 관할하고 있는 현에서 보여진다. 도시부를 예로서는 도시재개발법의 유사한 신청 위반의 경우도 최고벌금이 20만 엔 이하인 것을 고려하면 전국적으로 20만 엔이 적당하다고 생각된다. 한편 신청제도 자체를 갖지 않은 경우 악질적인 개발행위에 대한 구체적인 지도나 억제효과에 대하여 의문이 생긴다.

◘ 담당部局간 조정의 필요성

경관조례를 담당하고 있는 부국에는 주로 도시계획계(15건), 자연환경·문화환경계(12건)이다. 또 동경도와 오오이타현은 양 부국에서 담당하고 있다. 따라서 경관이라 하더라도 대상으로 하고 있는 지역이나 신청방법에 차이가 있어 지역풍경의 특성에 따라서 도도부현과 시정촌에서 정한 경관조례의 인식의 차이가 보여지는 것은 현실이다. 그러나 장래적으로 일본 각지의 지역성을 살려가는 것이 목적으로 각각의 지역이 갖고 있는 환경, 일반시가지, 역사적 환경, 도로연변, 녹지, 전원이라는 요소를 널리 포함시켜 풍경을 광의로 해석하여 갈 필요가 있을 것이다. 현실로는 구미의 도시계획과 비슷하여 議論가 불가능 할 정도의 섹션으로 분단되어져 있다. 광역공간을 누구나가 정확히 이해할 수 있도록 부국(部局)을 넘어서 종합화하는 것과 적어도 광역스케일로 도시계획, 문화재보호, 녹지계획, 농촌계획, 삼림계획, 자연공원계획을 중첩시켜 1장의 도면도 빠트릴 수는 없다.

◘ 도도부현의 역할에 대해서

지자체에서의 지방분권이라는 과제는 좋은 의미로 도도부현의 행정의 역할을 제고하는 계기라고 생각된다. 몇 개의 도도부현을 예로 들면 광역스케일로 보면 상당히 마이크로 단위이다. 주민협정 등의 인정은 현의 경관조례로 규정하고 있지만, 본래 시정촌의 일일 것이다.

일본의 시정촌에서 경관조례를 정하고 있는 곳이 전국의 지자체 수의 약 1할로 적은 현실에서는 넓고 빠르게 경관의식을 보급하는 방법으로서 현이 주민협정을 인정하는 것은 효과적이라고 생각한다. 그러나 특별한 사정이 없는 한 주민에게 가까운 스케일의 협정활동의 인정이나 지구계획은 서서히 시정촌에 맡기지 않으면 아니 될 것이다. 오히려 도도부현은 앞으로 대다수의 지자체가 자립할 수 있도록, 혹은 경관조례의 필요성을 인식하여 책정할 수 있도록 시정촌을 지원할 필요가 있다고 생각한다. 예를 들면 광역계획의 책정 프로세스의 검토도 필요할 것이다. 도도부현은 광역계획이나 신청지역 지정안을 시정촌에 제시할 때에 시정촌 담당 부국의 참가를 촉진하고 워크숍과 같은 교육프로그램을 준비하여 초안을 만들 수 있도록 할 수 있지 않을까.

더욱이 지자체의 자발성을 촉진하는 과정으로 상위 레벨의 룰도 꼭 필요하다. 다만 방임하고 기다리고 있으면 경관조례나 광역적 시야를 가진 지역지정을 만드는 지자체는 나오지 않을 것이다. 상급기관이 근거를 가지고 과제를 제시하는 것에 의해 의론이 활성화되지는 않을까.

경관평가에는 자기지역을 바라보는 눈이 관습에 젖어 타지역에 대한 동경이 원인으로 자기지역의 특징을 적절하게 평가하는 것이 어렵다는 면도 생각되어진다. 그 외에도 광역교통망 주변에 난립하는 위반옥외광고물, 쓰레기 야적 등의 환경문제 등 시정촌의 영역을 넘은 문제에 대하여 현 및 시정촌 공동으로 종합적으로 검토하는 조직적인 노력이 꼭 필요하다. 도도부현은 하위 계획인 지자체의 도시계획 마스터플랜이나 경관계획에 대하여 도도부현의 경관조례나 계획을 근거로 보다 광역적인 시점에서 부분적인 수정을 요청하지 않으면 안 될 경우도 있을 것이다.

한편 국가시설이 건설될 때에 현으로부터 국가에게 경관배려를 요청할 수 있는 경관조례도 1/3 정도이다. 적어도 지역에 있어서 중요한 경관정보를 국가시설 공사 시에 담당자에게 요청하여 설계에 반영하는 것은 현의 중요한 할 일이다. 어쨌든 몇 개의 시점에서 도도부현의 역할을 다시 인식할 필요가 있다고 생각한다.

◘ 시정촌 경관조례 보급 촉진에 대하여

현재 증가하고 있다고 말할 수 있지만 일본 전국에서 시정촌 경관조례가 제정되어 있는 지자체 수는 약 1할뿐이다. 따라서 도도부현은 앞으로 시정촌에 경관조례를 보급하는 목적으로 상위의 경관조례를 만들지 않으면 안될 것이다. 표6·1에는 도도부현 별로 본 시정촌 조례의 보급률이 제시되어 있다. 가장 보급률이 높은 곳은 큐슈 지역(오오이타현, 미야자키현)으로 3할 이상의 지자체가 경관조례를 가지고 있다. 또 2할 이상이 넘는 곳은 효고현, 나가노현, 오사카 부로 전부 지역 주체의 마을가꾸기에 적극적인 지역이다. 한편, 시가 현이나 구마모토 현같이 현이 확실한 조례를 가지고 있는 곳에서도 자주성이 강하지 않으면 의외로 시정촌 경관조례가 일정 이상 증가하지 않는다.

또 전국에서는 경관조례 인식에 상당히 차가 있지만 목표에서는 전체 도도부 현에 경관조례가 준비되어 우선 중요한 지역에서부터 4~5%의 시정촌으로의 조례 보급을 목표로 하는 비젼이 필요하지는 않을까

또 시정촌이 도도부현과 동등 이상의 경관조례나 지역지정이 가능하면 도도부현의 경관조례를 해제하고 시정촌 조례로 이행하는 예도 몇 갠가가 보여지고 있다. 이것은 적용지역을 중첩하여 지도하지 않는다는 발상이지만 시정촌과 도도부현의 계획행정은 구미와 같이 지도를 중첩해도 좋다고 생각된다. 많은 지도가 더하여지면 제반 수속이 복잡해지지만 성과물은 좋아지리라 생각되어지기 때문이다. 오카야마현 後樂園의 예 등은 그 좋은 예일 것이다.(나중에 설명)

가능하면 도도부현은 종합지식을 가진 직원을 배치하여 시정촌 담당자를 모아서 광역풍경계획을 종합·정리하는 워크숍 기술을 도입할 수 있을 것이다. 여기에서 경관계획과 조례의 보급을 시정촌에 하는 것이 바람직하다. 몇 갠가의 테마로 요약하여 광역풍경계획의 사례를 보고 싶다.

시마네(島根)현 -호수 풍경의 보전과 색채-

1991년 12월에 공포된「고향 시마네의 경관가꾸기조례」로 신지호반(宍道湖畔)에 지역 지정을 시행했다. 여기에서는 사람이 일반적으로 건물의 압박감을 느끼지 않게 되는 앙각(仰角)의 한계치 4.42°와 대규모 건축물의 높이 13m라는 정의에서부터 건물의 그림자 폭을 200m라 설정하고 수변으로부터 200m 폭 상당으로 풍경보전지구를 지정하고 있는 것이 특징이다(그림6 · 2).

조례가 책정되는 경위는 신지호(宍道湖) 내에 대규모 개발이 계획됨에 따라 1988년에 주민들로부터 반대요청이 있어 현에 경관대책실이 설치된 것으로부터 시작된다. 그 때문에 湖岸만이 아닌 호면상(湖面上)에도 건설행위가 생기지 않도록 유의하고 있다.

풍경형성지역 내의 구체적인 정비에 대하여 신청제도에 의한 호반 연변에 세운 맨션이나 호텔의 높이나 색채에 대해서 사전에 지도가 더하여진다. 수변의 풍경은 맨션주민이나 숙박자라는 일부의 이용자만이 아닌 누구나가 편안함을 찾아 접근 가능하여 조망을 향유할 수 있도록 공공성을 보증하여야 할 지역이므로 질적으로 수변이나 산세를 보호하지 않으면 아니 된다.

宍道湖의 경우 수변을 둘러싸고 있는 지자체는 5개(松江市, 平田市, 斐川町, 宍道町, 玉湯町)이지만 수변과 관련된 신청지역의 지정에 의하여 개개의 사정에 따른 개발행위에 대하여 일체적인 가치관을 기본으로 외관이나 높이를 내리는 등의 협의조정을 현은 끈질기게 행하고 있어 크게 평가할 만할 것이다.

단, 마쯔에시(松江市)도 수변 200m 내에서 경관유도를 하고 싶을 경우도 있을 것이다. 경관신청지역지정을 행할

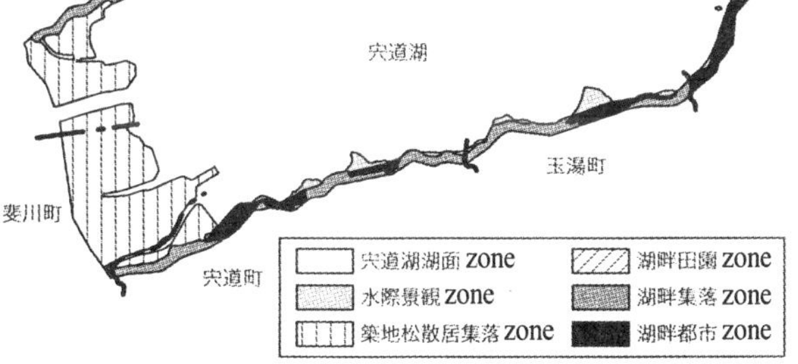

그림6 · 2 시마네 현 경관조례에 의한 宍道湖 경관형성지역의 지정

때에 도도부현과 시정촌은 가능하면 충분히 협의한 후 정하는 것이 이상적일 것이다.

색채의 컨트롤

또 시마네 현에서는 색채가이드라인(2001년)이 정하였다. 먼셀의 표기 등을 준비하여 객관적 수치로 색채기준을 정하여 신청 시에 지도를 하는 것은 오늘날 행정과의 협력을 시작함에 효과적인 수단이다. 신청 기한은 건축확인 신청의 30일 정도가 많지만 색채는 그 단계에서 조정이 쉬운 요소이고 예산적인 조치가 필요치 않아 효과가 나타나기 쉽다. 그러나 전문적인 조사 어드바이스를 필요하므로 바로 도입할 수 있는 지자체는 한정되어 있다. 거기에서 도도부현이 상세한 지역별 색채기준이나 추천색을 갖는 것은 좋은 일일 것이다.

시마네현의 색채기준을 정하는 방법의 특징은, 먼저 수변이나 산간 부분 등의 자연지형, 전원, 역사적 集落 별로 나누어 방침을 정하여 각 지역에 특징적인 추천색을 모아 칼라 팔레트를 표시하고 조화 있는 범위의 색상과 명도의 허용한계를 제시하고 있다. 색의 종류의 풍부함과 동시에 어느 정도 넓은 폭을 가지고 선택 가능하도록 고안되어 있다. 현저하게 주변 경관을 해치는 돌출된 색체의 건물이 나오지 않도록 하는 의도가 있다. 예를 들면 앞에서 말한 신지호반(宍道湖畔) 연선(沿線) 200m의 경관형성지역 내의 보전계(保全系) 지역인 수변경관 존에서는 반대 수변으로부터 눈에 거슬리지 않도록 지역색인 바위, 흙, 모래, 수목의 색깔과 같이 안정된 그레이(회색)계열에서부터 차계열(茶系列)로 나타나는 경우이다.

효고(兵庫)현 -하천풍경과 역사풍경의 보전-

다음으로 효고현 북부의 타지마(但馬)지역, 마루야마(円山川)유역의 풍경형성지역을 소개한다(그림6 · 3). 유역에는 토요오까시(豊岡市), 기노사끼쬬(城崎町), 이즈시쬬(出石町), 히다까쬬(日高町), 요우까쬬(八鹿町)의 5개 시정이 포함되어 있다. 수변(水邊)연선 주변의 산맥이 특징으로 풍경형성지역은 시가지 · 集落領域과 전원 · 山勢영역으로 구분되어 의장, 재료, 색채, 외부구조, 기타 각각의 유도기준이 있다. 또 지정 지역 내외에 기노사게쬬(城崎町) 기노사끼(城崎) 온천지구와 이즈시쬬(出石町)지구 두개의 경관형성지구가 있어 적극적인 경관정비가 진행되고 있다.

동 풍경형성지역 내에는 높이 15m 이상 또는 건축면적 1000㎡ 이상의 경우 신청 의무가 생긴다. 신청을 할 때는 경관형성기준을 근거로 지도 조언을 받지 않으면 신청은 수리되지 않는다. 그리고 신청이 수리되지 않으면 건축허가신청 접수를 할 수 없다. 따라서 다른 현과 같은 건축허가 신청 전에 기일설정은 아니므로 수정되기까지 시간을 들여 설계협의를 행한다. 특히 대형건물 높이 31m(용적 400% 이상의 지정이 된 도심부는 60m) 이상 또는 15,000㎡를 넘는 경우에는 조례를 근거로 신청 전에 「경관영향평가」라는 사전협의를 거치지 않으면 신청이 되지 않는다. 경관영향평가의 절차 등은 요강(1993년)에 정해져 있어 知事가 관계 시정촌장 및 경관영향평가전문위원회의 의견을 들은 뒤에 의견서를 사업자에게 송부한다. 지사의 의견서를 받은 사업자는 경관영향평가서를 작성하고 지사에게 제출한다. 지사는 그 내용을 2주간 고시하여야 한다.

또 경관조례 제21조의 「국가 등에 관한 특례 규정」에 대하여 풍경형성지역 내의 신청을 요구하고 있지만, 그 예로서 豊岡市 하천연선에 대규모 건축물로서 건설성(현재 국토교통성)의 배수펌프장의 예가 있다. 그것에 대하여

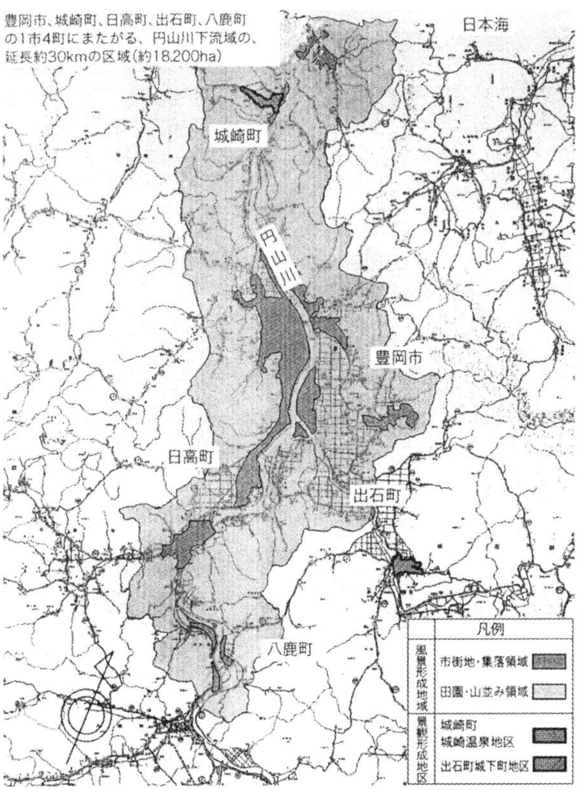

그림6 · 3　효고현円山川풍경형성지역지정

현은 파라펫의 지붕형태개선, 외부계단 주변의 개선, 부지 내에 높은 나무식재 등 경관형성기준에 근거한 요청을 하여 설계의 일부 수정이 행하여졌다. 국가 시설에 있어서도 지역특성을 배려한 경관 효과를 보여 주었다.

◘ 역사적 경관 가이드라인

한편 인접하는 경관형성지구로서 出石町지구도 효고현의 지역 지정으로 역사적인 마을 경관이 보전되어 있다. 지구 내에는 도시경관 형성지구와 전통적 마을주택 경관거리가 지정되어 있어 외관이나 간판 등 경관가이드라인에 따라서 修景보조 사업이 진행되고 있다. 특히 전통적인 외벽의 색채로서 赤土色(색상 5YR~5Y, 명도 5~8, 체도 3~6), 달걀색(색상 5YR~5Y, 명도 7~9, 체도 1~4), 白色벽 3계통이 기준이 된다. 도시경관 형성지구는 역사적인 지구를 거의 커버하고 있는 영역으로 지정되어 있어 읍사무소, 미술관, 주차장 등 새로운 건물은 주변과 조화된 고품질의 디자인, 색채를 채택하도록 하고 있다.

그러나 그것도 최근 도시경관형성지구 내의 단독주택에서 색채가 현저하게 다른 건물(5R8/4, 핑크)이 발생했다. 신청을 하면 현의 지도에 따르지 않더라도 건설행위를 할 수 있다고 하는 한계가 인식되었다. 그러나 건설 후 1년 이내에 그 건물의 외벽 색채는 자신들의 판단으로 기준치 내의 색채(10YR7/4)로 개선되었기에 다행이라 생각한다.

이와테(岩手)현 -산악풍경의 보전-

다음으로 산악풍경의 보전의 예로서 이와테현을 들어본다. 이와테산을 중심으로 한 풍경보전의 중점지역으로서 5개의 시정촌(모리오카(盛岡)시의 일부, 이즈시巫(雫石町), 니시네巫(西根町), 다끼자와무고(瀧澤村), 마쯔오무라(松尾村))에 걸쳐 있는 자연공원을 둘러싼 듯이 구역 지정을 시행하고, 가이드라인을 정하고 있다(그림6 · 4).

중점지역 내의 조닝은 산 정상에 가까운 순으로 (1) 산악경관보전구역, (2) 산록경관형성구역, (3) 전원경관형성구역, (4) 연도경관형성구역(연도 양측 30m)로 구분되어 있다. (1)의 산악경관보존구역은 산정상부의 자연공원지역에 인접하는 구역으로 건물의 높이를 13m 이하, 간선도로로부터 5m 이상 후퇴하여 가능한 한 도로부근의 수목을 보존하고 지붕 외벽은 자연경관과 조화된 편안한 느낌이 드는 것을 기준으로 하고 있다. (2)의 산록경관형성구역은 그

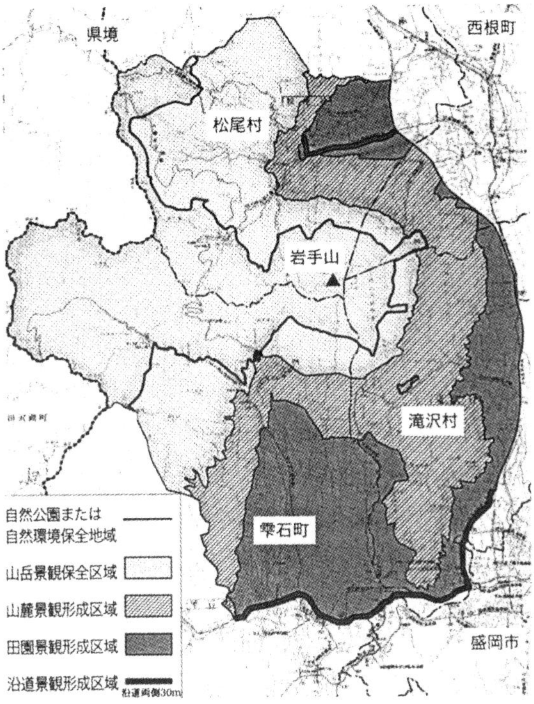

그림6 · 4 岩手山麓 · 八幡平 주변 경관형성 중점 지역의 구역 구분

주변으로 스키장, 펜션 등의 리조트시설이 점재(點在)하는 지역이고 구배지붕을 사용하며 자연경관과 조화된 외벽재료의 내구성 있는 재료 사용을 촉구하고 있다. (3)의 전원경관형성구역에서는 이와테 산이나 八幡平의 조망이나 전경으로서 전원으로부터 돌출한 인상을 주지 않도록 건물외관에 유의 할 것을 촉구하고 있다. (4)의 연도경관형성구역에서는 보행자에게 압박감이나 위압감을 주지 않도록 건물의 위치나 의장에 배려할 것을 요구했다.

중점지역 내에서 건축면적이 10㎡를 넘는 건축물, 높이 5m가 넘는 공작물, 광고탑, 높이 10m를 넘는 나무의 벌채, 높이 1.5m를 넘는 야적 또는 저장, 300㎡ 또는 옹벽 높이 1.5m를 넘는 토지형질변경은 신청의 대상으로 된다. 단, 농림업시설 및 단독주거를 제외하고 방문자 시설을 중심으로 한 경관정비가 목적이다. 또 공공사업을 할 때에는 지역경관의 선도적인 역할을 위하여 별도 공공사업 등의 경관형성지침(1998년 개정)을 사용하고 있다.

또 광고물에 대하여 산악 및 산록구역에 있어서 광원(光源)이 있을 때도 움직이거나 점멸하지 않은 것으로 지도하고 있다. 색채에 대해서는 어떤 지역도 체도를 낮게 하여 주변 자연환경과의 조화를 유도하고 있다.

한편, 이러한 중점 지역의 지정은 모리오카시라는 중핵도시와 연계하고 있고, 동 시내에는 시의 경관조례에 의한 이와테 산으로의 조망보호를 위한 유도가 되고 있는 것도 주목된다. 하나의 산세를 상대로 현과 시의 경관지역 지정을 합하는 것으로 보다 효과적인 광역풍경계획의 체제가 정비되고 있다고 말할 수 있을 것이다.

오카야마(岡山)현 - 조망풍경의 보전 -

다음으로 앞에서 말한 조망보전의 사례로서 오카야마현의 배경보전지구를 들어본다. 오카야마시 도심의 아사히기와 아사히가와(旭川)에 떠오르는 고우라꾸엔(後樂園)(1686~1700년에 꾸밈)은 回遊式의 아주 유명한 정원으로 일본의 3대 정원으로 불리고 있으며, 문화재보호법의 특별명승지역으로 지정되어 있다. 커다란 랜드스케이프로 특징이 있지만 오래 전부터 시가지에 있어서 고층건물이 정원 풍경에 현저하게 영향이 미치는 것을 염려하여 도입한 제도이다.

주요한 특징은 (1) 현이 현청 소재지의 도심 지구에 넓게 경관신고지구를 설정한 것, (2) 역사적인 마을 전경이 아닌 역사적 정원을 視點으로 하고 있는 것, (3) 배경보전이라는 사고방식으로 지도효과를 높이고 있는 것, (4) 시의 풍치지구도 중첩하여 지정한 것의 4가지 점이 들어진다.

(1)~(3)의 특징은 1988년에 제정된 경관조례로 1991년에 배경보전을 추가할 때 지사가 주도권을 가지고 추진했던 점이다. 또한 배경보전이라는 사고방식은 1990년 6월 22일 제정된 구라시끼시 구라시끼 천변(倉敷市倉敷川) 전통적 건조물군 보존지구 배경보전 조례가 있어 역사적 풍경의 배후에 나타나는 현대건축이나 광고물에 의한 경관파괴를 방지하는 수법과 유사하다. 그러나 그 스케일은 비교가 되지 않을 정도로 커서 정원내부의 어느 시점(視點)인 유이신산(唯心山)으로부터 2㎞, 연양정(延養亭)으로부터 8㎞까지 포함하고 있다(그림6 · 5). 원래부터 가지고 있던 랜드스케이프 스케일의 크기라는 특징을 활용한 제도가 되었다.

단, 그림 안의 수치는 높이 제한이 아닌 고우라꾸엔(後樂園)의 조망에 영향을 미친다고 예측되는 높이의 건물 신고대상을 표시한 그림이다. 동 지구에 신고 제도가 시작되는 1992년부터 2002년까지의 평균 신고 건수는 약

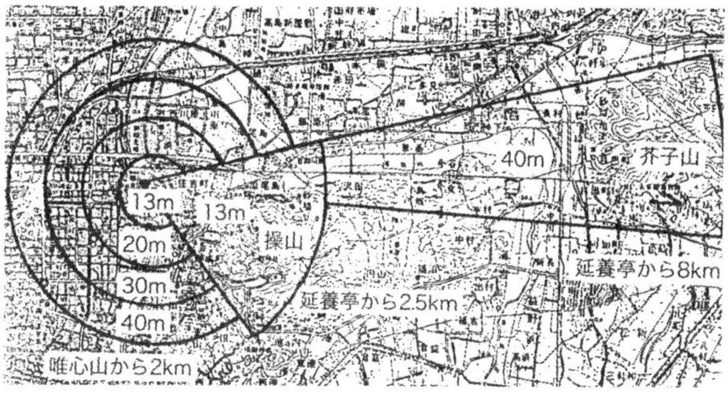

그림6·5 後樂園背景保全地區

그림6·6 唯心山에서 오카야마시가지로의 조망(2002년) A는 唯心山으로부터 약1.6㎞, B는 약600m, C는 약1.3㎞의 장소에 위치하고 사전에 경관협의가 이루어졌다.

19건/년이지만, 경관에 영향을 미치는 고층 건축물이나 무선철탑이 협의 대상이 된다. 거품경제시기에 급속하게 조례가 준비되었던 배경보전지구는 그 후 맨션이나 오피스 빌딩 등의 외관, 높이, 광고물규제의 협의에 도움이 되어 왔다.

예를 들면 그림6·6은 정면이 延養亭으로 그 배후에 보여 지는 A, B는 1995년에 지도한 맨션이다. 구체적인 협의 내용으로서 A는 40층의 계획을 29층으로 하고 색체를 배려했다(단, 도시계획의 협력이나 경제정세에 의한 것도 있다고 생각된다). B는 색채와 광고탑을 배려했다. 한편, C는 오피스이지만 조례제정이전인 1990년에 상담을 하여 옥상시설의 건물과의 일체화, 색채배려를 하여 건설되었던 것이다.

또 최근 현에서는 後樂園의 동측(산의 借景側)의 배경보전에 온힘을 다하고 있다. 예를 들면 後樂園을 둘러 싼 차폐효과가 있는 樹木의 높이에서부터, 신고대상 지역 내에서부터 조망에 영향을 미치는 주변의 건축물의 높이를 간편하게 판정할 목적으로 後樂園주변지구의 주변에서 건물이 보이는 높이를 알기 쉽게 하는 자료(그림6·7)가 준비되었다. 이에 의하여 視點에서 수목의 배후로 보일 우려가 있는 건물의 높이가 멧슈(mesh : 그물코 크기를 나타내는 숫치) 단위로 확인이 가능하다(뒤 페이지의 칼라그림도 참조).

後樂園 근처에는 도시계획법에 근거한 풍치지구의 지정도 되어 있다. 풍치지구안은 건폐율이 40%, 높이규제 8m 이하(단, 제1종 지구는 12m 이하, 제2종 지구는 15m 이하), 벽면후퇴 1m 이상(단, 相生橋~蓮來橋 사이는 2m 이상)으로 건축물 가이드라인을 정하고 있다. 그러나 그림6·7에서 건축 높이를 10m 미만으로 인식되어지는 지구가 풍치지구 외측에도 넓혀져 가고 있음을 알 수 있다. 따라서 시의 풍치지구 규제와 현의 배경보전지구 경관유도의 공동지도가 중요하다고 생각된다.

또한 오카야마현의 배경보전을 위한 신고제도는 後樂園

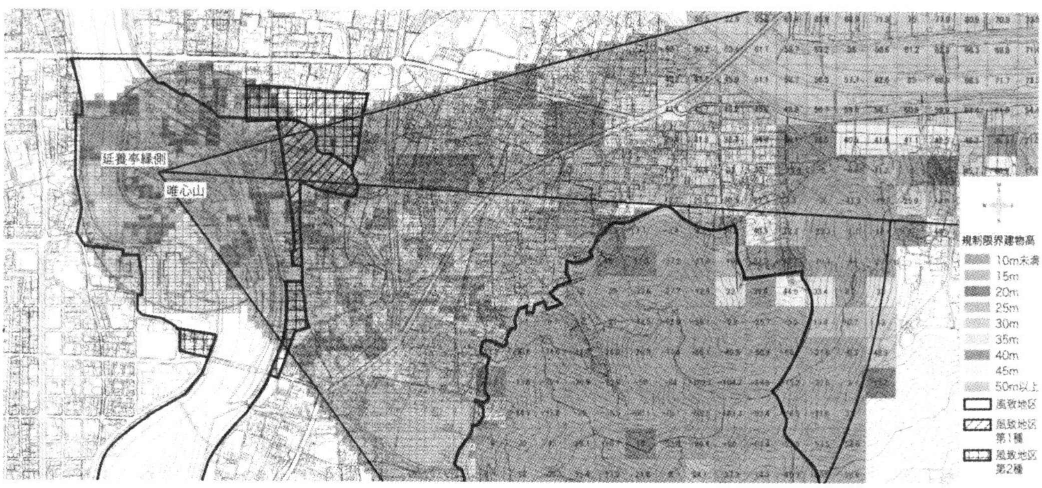

그림6·7 오카야마현 규제한계 건축 높이(부분) 後樂園 주변동측에서 건물이 보일 우려가 있는 높이와 풍치지구지정과의 관계(오카야마현 작성)

이외에 閑谷학교, 吹屋지구도 지정되어 있다.

풍경계획의 실시를 향하여

마지막 사례로서 풍경계획의 실시에 대하여 고찰하고 싶다. 새로운 경관유도지구로서 공항, 연도, 신시가지, 리조트 지역이라는 大型施設系도 있지만 기존의 커뮤니티를 배려한 마을가꾸기系의 모델이 중요하다. 현재 이러한 사례는 적다. 여기에서 경관조례에서 도입된 사례는 아니지만 유사한 것으로 국립공원 내에 경관형성유도에 성공한 하나의 모델로 홋카이도(北海道) 가미가와쬬 소우운쿄(上川町層雲峡)지구의 집락경관을 들고 싶다.

동 지구는 홋카이도의 중앙부에 위치하는 온천고장으로서 알려져 연간 약 280만 명이 방문하는 인구 약 6,000명의 고장이다. 層雲峡은 다이쇼(大正)시대에 시작되어 국도연변에 몇 갠가의 건물이 나란히 있었지만 1957년에 집단시설지정을 받아 로프웨이 승강구에 접하는 국유림의 토지였던 현재의 위치에 여관이나 기념품가게가 집약되었다. 전성기에는 45호였던 점포도 노후화와 빈집이 눈에 거슬리게 되어 상업후계자(임대권리자)들은 대개 20년 전부터 위기감을 갖고 있었다. 여기에서 1986년에 소관청인 환경청(현 환경성)과 함께 「가미가와쬬 소우운쿄(上川·層雲峡圏)플랜 65」를 만들었다. 주민과 환경청의 공원관리관과의 연계에 의하여 기본구상, 기본계획이 정리되었다. 1995년에 경관계획이 책정되어 「온천의 본고장」으로서 산중 풍경과 공생하는 주민 참가형 마을 경관정비가 시작되었다. 그러나 도시계획구역이 아닌 산중에 있어서는 도시계획이나 마을정비와 같은 민간시설에 대한 면적인 보조 메뉴가 없어 겨울의 험한 자연환경 안에서 노후화와 건물의 경관정비에 필요한 비용이 문제가 되었다. 여기에서 컨설턴트, 도, 대학, 上川町마치즈꾸리 추진실이 협력하여 건설성(당시)의 우량건축물 정비 사업을 이용하여 개개의 건물의 그레이드(등급)업(Up)을 도모했다.

풍경에 관하여는 환경청의 국립공원 내에 있어서 다이세쯔산(大雪山) 국립공원관리계획 중 중앙정비지구 내 숙사(宿舍)사업관리방침이라는 경관기준이 있어 (1) 지상부는 5층 이하, (2) 최고부 처마 높이는 18m 이하, (3) 건폐율 80% 이하, (4) 벽면 후퇴 1m 이상, (5) 건물과 도로의 사이에 적극적으로 나무를 심는다는 지도가 이루어졌다.

그림6·8 上川町層雲峡 지구 정비 후의 풍경 산의 능선과 지붕의 형태 취락경관이 멋지게 조화되고 있음. 이러한 풍경은 모형으로 주민들과 확인을 하는 작업을 거쳐 실현되었던 것이다.

이 계획·기준이 산악부의 광역풍경계획에 상당하는 것으로서 기능하였다고 말할 수 있다. 그리고 멋진 것은 層雲峡지구에서 이 기준을 상회하여 실시하였던 것이다.

1995년 마을과 임대지권자는 제3섹터 「소우운쿄(層雲峡)개발(주)」를 설립한다. 일단, 소우운쿄(層雲峡)개발이 건물군의 권리를 맡아 지구 전체의 새로운 레이아웃이나 마을 전경을 확인하고 산책길, 중앙광장, 주차장, 관광객 시설, 주민의 공공시설(대욕장, 소학교), 민간상업시설군의 개축 이미지를 확인하고 민관 일체의 합의 형성을 이루어 갔다. 특히 경관 수준이 높은 것은 지붕과 자연풍경과의 조화, 외벽 의장의 룰(규칙), 부드러운 색채와 소재의 조화, 벽면의 후퇴와 그 활용, 화려하게 붙인 규칙적인 간판 사인, 자판기 설치 위치의 배려, 옥외 목재 데크 및 랜드스케이프, 로프웨이로 향한 보행자 동선축의 사용법이다.

이렇게 국가, 도, 시, 주민의 다른 시설정비가 한 몸과 같이 의견을 맞추어, 점의 개별사업과 면의 경관형성과 광역의 풍경형성이 일체적으로 정비되었던 사례는 앞으로의 풍경계획의 실현을 향하여 하나의 모델이 될 것이다.

6·2 옥외광고물의 컨트롤

옥외광고물(이하 광고물)은 도시나 전원의 풍경 안에서 아주 커다란 영향을 가진 구성요소의 하나이다. 그러나 지금까지 내거는 측(광고주나 관련업자)의 주변경관에 대한 배려의 없음이나 보는 측의 의식의 낮음(혹은 습관?) 등도 있어 광고물이 번잡함 또는 위화감 있는 경관을 초래하는 경우도 많이 보여졌다. 그 결과 다양한 경관형성에 관계되는 논의 중에 광고물이 경관 저해요소로서 취급되었던 장면은 헤아릴 수 없다. 한편 최근에 건축과의 일체화나 가로변경관형성에 참가 등을 의도한 우수한 광고물도 증가하고 있는 추세로 광고경관에 관한 의식이 높아지고 있다. 이러한 움직임에서 앞으로의 광고물은 다양한 정보제공이나 안내, 도시의 표정이나 활력의 창출 등을 지지하는 역할을 담당하면서 각각의 장소에서 기여하도록 요구되고 있다. 이 광고물을 유도 규제하기 위한 근거가 되는 「옥외 광고물 조례(이하, 조례)」는 지금까지 매우 약한 규제였다고 말할 수 있을 것이다.

옥외광고물 현상과 조례 규정

먼저 옥외광고물의 상황(그 결과로서의 광고경관)과 조례의 규정 내용과의 상호관계를 보자. 가장 먼저 광고물의 법적인 지위이다. 광고물은 조례에 의한 허가신청이 필요한 즉, 그 時點에서 직접적인 유도·규제가 가능한 「허가광고물」과 그 이외의 자가 광고물이나 공공광고, 案內類 등의 「적용 제외 광고물」로 되어 있다. 그리고 현실에서는 자가 광고물이 많아 광고경관면에서 영향을 끼치고 있다(그림6·9, 표6·2). 많은 조례는 자가 광고물에 관하여 조건부(면적상한이나 표시내용 등)의 규정은 설치되어 있다.

그러나 허가광고물에 대한(높이제한 등을 포함) 기준을 특별히 설치하지 않아, 즉, 자유스러운 게시가 가능하게 되는 조례도 많이 보인다. 또 예를 들어 기준을 정하였더라도 신고의 필요가 없기 때문에 유도·규제가 어려운 것이 현실이다. 이와 같은 이유로 자가 광고물의 확실한 규제는 상당한 무리가 있고, 이것이 광고물 전체의 유도·규제를 더욱 철저하지 않게 하는 커다란 요인이다.

두 번째로 광고 수요와 유도·규제의 스텐스(폭)의 관계다. 광고물은 당연한 것이면서 그 광고 수요에 따라 게시되어진다. 주요한 상점가나 가로연도 등에는 화려하게(수도 많고 대규모인 것도 많음) 게시되는 한편 공업지역 등에는 필요에 상응하게, 주택지역 등에는 게시되어 있는 것과 같이 수요에 따른 명쾌한 게시 경향을 나타내고 있다. 그에 대하여 조례의 규제는 전체 일률적으로 규제하

그림6·9 허가광고물과 그 이외의 광고물의 게시 상황(厚木市) 여기에서 가장 수가 많은 자가 비율도 높은 벽면광고물이 감추어져 있다. 이를 합하면 자가광고물의 비율은 보다 높아진다. (출전 : 「神奈川현 옥외광고물 지침책정조사」 1994년 자료를 근거로 작성)

표6·2 허가광고물과 그 이외의 광고물 게시 비율(厚木市)

	전체	허가		자가용등	
벽면	5	3	60	2	40
돌출	48	19	40	29	60
옥상	7	7	71	2	29
기타	4	0	0	4	100
합계	64	27	42	37	58

고 있는 경우와 일부만(지역을 구분) 다른 허가기준을 사용하고 있는 경우가 대부분(도도부 현의 7할)을 점하고 있다. 이들 중 어떤 것도 현실의 광고수요에 적절하게 대응하고 있다고 말하기 어려워, 여기에 광고수요와 유도·규제의 폭(규제의 基: 베이스가 되는 지역의 구분)과 상응하지 않은 면이 나타나고 있다.

세 번째로 광고물과 조례규정과의 관계다. 광고물 게시실태와 조례 기준치와의 관계를 보면 현실의 광고물은 조례 기준치보다 상당히 낮기 때문에, 즉, 소극적으로 게시되고 있는 것을 알 수 있다(그림6·10, 6·11). 이는 말을 바꾸면 조례의 기준치 그 자체가 현실보다는 상당히 완화된 규정치인 것을 나타내고 있다.

네 번째로 유도·규제 그 자체의 시점이다. 현실의 광고경관을 보면 광고물과 주변(예를 들면 가로변 정경 공간이나 산세 배경 등)과의 관계나 광고물 상호간의 관계(집합방법이나 나열방법 등)가 크게 영향 받고 있는 것을 알 수 있다.

그러나 건축물에 설치되는 광고물의 기준은 그 건축물 자체와의 관계에 의하여 규정하는 경우가 많이 보여진다. 이것은 규정의 범용성을 요구하는 조례의 성격상 어쩔 수

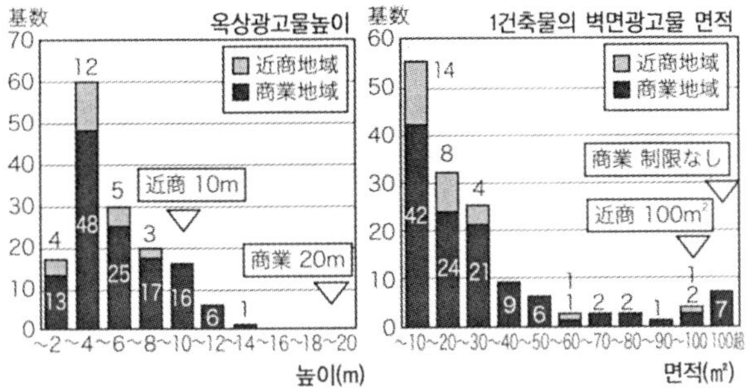

그림6 · 10 허가광고물의 게시 경향과 조례기준치(▽:옥외광고물조례 개정 전)와의 관계(厚木市 · 鎌倉시 · 藤澤市) (출전 : 「神奈川현 옥외광고물 규제 구분 등 검토조사」 1995년 자료를 근거로 작성)

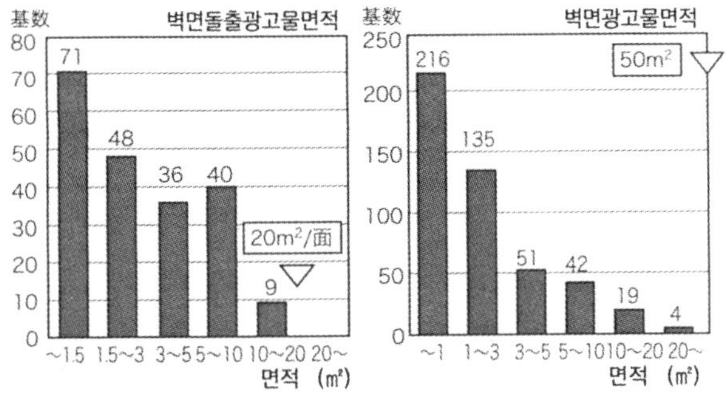

그림6 · 11 허가 및 자가 쌍방의 광고물의 게시 경향과 조례 기준치(▽:옥외광고물조례 개정 전)와의 관계(足利市) (출전 : 「토치기 사인 계획」 1999년 자료를 근거로 작성)

없는 면도 있지만, 역시 경관 총체 즉, 풍경을 의식하거나 또 광고물을 무리(群)로 의식하여 보다 넓은 視點에서의 유도 · 규제라는 점에서 불충분한 것으로 되어 버린다는 것을 부정할 수는 없다.

옥외광고물조례의 규정 경향

여기에서는 도도부현의 조례규정은 어떤 내용일까? 특히 그 규정 경향을 허가기준에 초점을 맞추어 정리하여 보자.[2)]

전국 도도부현의 조례규정을 보면 규제 대상으로 하는 항목, 그 항목마다의 규제방법, 그 결과로서의 기준치 등이 다르다는 점 위에 여기에 지역 구분과 그 규정이 더하여지는 도도부현도 있어 각각의 다양한 규제의 패턴이 나타나고 있다. 단, 그 가운데에서도 각각의 규제 패턴을 유형화하여 그 전형을 보여 그에 따른 기준치 등을 비교함에 따라 몇 개의 규정 경향을 읽을 수 있다.

◘ 옥상광고물 : 높이 · 면적

건축물의 옥상이라는 개방적인 좋은 위치에 설치되는 옥상광고물은 넓은 범위를 대상으로 한 대규모인 경우가 많으므로 "스카이라인에 미치는 영향"이 논점이 된다. 그것은 높이나 면적 등의 규제가 되어 나타난다. 즉, 건축물과의 관계(높이나 벽면 면적과의 비율)에 의한 제한, 광고물자체의 제한, 지상으로부터의 높이에 의한 제한 등이 있어, 그것들을 조합하면 크게 5가지의 전형적인 규제 패턴[3)]을 나타나고 있다(표6 · 3, 그림6 · 12, 6 · 13).

◘ 벽면 돌출광고물 : 높이, 돌출 폭, 면적

건축물 벽면으로부터 돌출된 벽면돌출 광고물(돌출간판)은 주로 가로변 공간에 따라 시선을 대상으로 나란히 있기 때문에 "벽면에 대한 정리 상태"가 논점이 된다. 그것은 광고물 자체의 윤곽(상하단과 돌출 폭)이나 列數, 면적 등의 규제로 나타나고 있다. 상단은 주로 건축물 벽면 높이가, 하단은 도로 건축 한계선이 의식되고 있다. 또 돌출 폭은 건축물 벽면으로부터와 민관경계선까지의 제한으로 되어 있어 각각에 있어서 그 기준치로는 특정치의 부근에 집중하는 경향이 보여진다. 한편 면적에 대하여는 광고물 자체의 제한, 건축물 벽면과의 비율에 의한 제한, 높이, 돌출 폭, 열수, 기수 등으로부터의(간접적으로, 혹은 결과적으로) 제한이라는 방법이 보여진다.[4)]

◘ 벽면광고물 : 면적

건축물의 벽면에 직접적으로 붙이는 (사업자의 표찰(간판)이라고도 말할 수 있음)벽면광고물은 주로 벽면에 대면하는 시선을 대상으로 하는 것이기 때문에 "벽면 내의 정리 상태"가 논점이 된다. 그것은 벽면이나 기수 등의 규제로 되어 나타난다. 즉, 건축물의 벽면과의 관계(벽면 면적과의 비율)에 의한 제한, 광고물 자체의 제한 등이 있어[5)] 그 조합으로부터 크게 두 가지의 전형적인 규제패턴[6)]을 나타낼 수 있다.(그림6 · 14, 표6 · 4)

◘ 독립광고물 : 높이 · 면적

단독으로 지상에 설치되는 독립광고물은 주로 가로변이나 도로 등의 도로 공간에 따른 시선을 대상으로 자립하여 있기 때문에 "지상에서의 존재의 영향"을 논점으로 한다. 그것은 건축물 등과는 관계없이 광고물 자체의 높이나 면적이나 위치(후퇴거리나 상호간 폭) 등의 규제로 되어 나타난다. 그리고 부지 내 광고물과 야외의 광고물과의 관계를 보면 전체적으로 야외광고물 제한을 보다 강화

표6 · 3 옥상광고물 「높이」의 전형적인 규제 패턴

(1) 증가형규제(경사형) : 건축물과 높이와의 비율만을 규정 주)
(47도도부현중 6→ 이하6/47)
(2) 一定上限型규제(수평형) : 건축물 높이에 관계없이 광고물자체의 높이만을 규정(3/47)
(3) 증가 · 감소형 규제(山型) : 건축물 높이와의 비율과 지상으로부터의 광고물상단까지의 높이를 규정(15/47)
(4) 증가 · 상한형 규제(半臺刑型) : 건축물 높이와의 비율과 지상으로부터의 광고물자체의 높이를 규정(14/47)
(5) 증가 · 상한 · 감소형 규제(臺刑型) : 건축물 높이와의 비율, 광고물자체의 높이, 지상으로부터의 광고물 상단까지의 높이를 규정(8/47)

주) 건축물높이와의 비율을 정하고 있는 도현에서는 저층건축물에 어느 정도 높이의 광고물이 게시 가능하도록 완화하는 케이스도 보여진다.

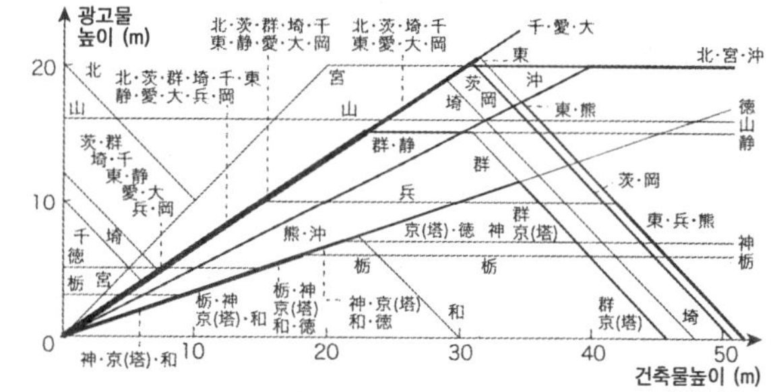

그림6 · 12 옥상광고물 「높이」 규제의 패턴

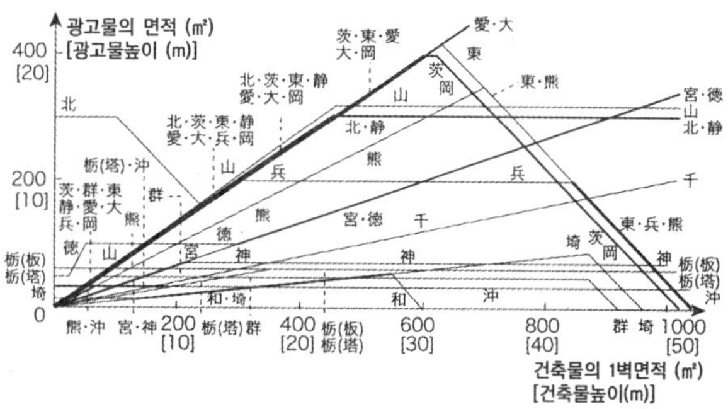

그림6 · 13 옥상광고물 「면적」 규제의 패턴[5]

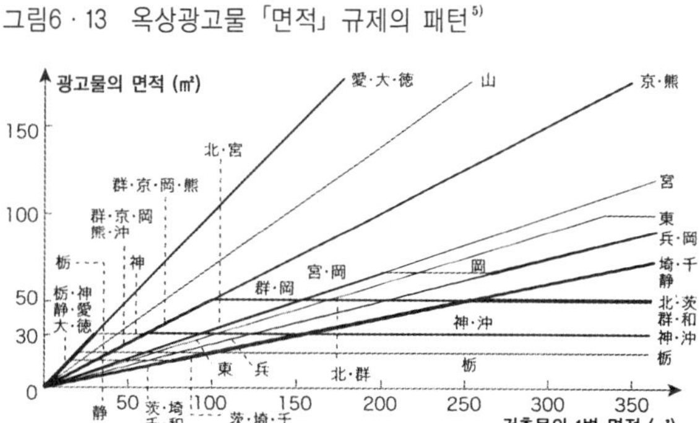

그림6 · 14 벽면광고물 「면적」 규제의 패턴

표6 · 4 벽면광고물 「면적」의 전형적인 규제 패턴

(1) 증가형규제(경사형) : 건축물벽면면적과의 비율만을 규정
(47도도부현 중 25→ 이하25/47)
(2) 증가 · 상한형 규제(半臺刑型) : 건축물 벽면면적과의 비율과 광고물 자체의 높이를 규정(20/47)

하는 경향이고, 또 광고판과 광고탑의 관계를 보면 광고판의 제한을 강화하는 경향이 보여진다. 그리고 각각의 기준치는 특정치 부근에 집중하는 경향도 보여진다.

조례규정의 정리

• 규제의 경향

옥상광고물, 벽면돌출광고물, 그리고 벽면광고물이라는 건축물에 부착하는 광고물은 그 건축물과의 밸런스(비율이나 마감상태)가 의식되어 있어 각 도도부 현의 다른 점은 그 비율치나 광고물자체(높이나 면적)의 상한치를 정하는 방법에 잘 나타나고 있다. 한편, 독립광고물은 자립하여 있지만, 그렇기 때문에 광고물자체나 위치의 자율적인 규제가 된다.

각 도도부현의 다른 점은 높이나 면적의 상한치를 채택하는 방법, 위치 지정의 유무, 광고물의 취급(부지 내 광고물과 야외광고물, 또는 광고판과 광고탑의 별도 규제의 유무) 등으로 나타나고 있다.

• 지역적 관련성

도도부 현의 조례에는 지역에 의한 관련성이나 공통성 등은 그다지 명확하게 나타나지 않고 있다. 이것은 옥외광고물 표준조례안을 참고하고 있기 때문에 지역을 초월한 공통성은 각각의 실정이나 행정적 판단을 거친 의도와 자세가 어느 정도 나타난 결과라고 생각된다.

• 규제의 효과

옥상광고물과 벽면광고물의 규제 패턴으로부터 그 규제의 특성(차이, 본디 지닌 맛, 개성)은 광고물이, 즉, 건축물이 대규모가 되면 될수록 혼재화되는 것을 알 수 있다(그림6 · 12, 6 · 13, 6 · 14). 하지만 여기에 앞에서 말한 광고물의 게시 실태(그림6 · 10, 6 · 11)를 적합하게 보아 알 수 있듯이 현실은 높이 및 면적과 함께 각각의 규제패턴이 크게 변화되는 위치(値)보다 상당히 낮은 위치(値)에 머물고 있다. 이것은 각 조례 규정의 특성이 그다지 효과적으로 활용되지 않고 있다는 것을 나타내고 있다.

옥외광고물 행정에 있어서 유도 · 규제의 과제

- 茨城(이바라기)현의 사례로부터 -

한편, 광고물 행정의 현상도 다루어 보고 싶다. 이바라기현에서는 20년 정도 전에 현 내의 전 시정촌에 신청허가나 간이철거 등의 사무위임을 하고 있다. 그 오랜 기간의 조직적인 노력으로부터 각 시정촌에 있어서 현의 조례나 그 운용에 관한 현장으로부터의 의식이나 견해 등도 쌓여져 왔다. 이를 정리한 野中勝利에 의한 「지방분권하의 옥외광고물 행정의 현상-이바라기현을 대상으로」[8] 등으로부터 이바라기현을 사례로 한 광고물 행정의 주요한 과제를 다음과 같이 알 수 있겠다.

• 광고물 행정의 체제

충분하다고 말할 수 없는 시정촌이 많다. 특히 광고물 수요가 많은(허가신청이나 위반광고물이 많음) 市町 등에는 그에 따른 대응 업무에 무리가 생기고 있는 상황, 즉, 담당자 수의 부족이나 위반광고물철거의 부담이 강하게 나타나고 있다.

앞으로 중요한 논점이 되는 「질적인 기준」에 대하여는 필요하다는 시정촌과 필요 없다는 시정촌으로 크게 양분되어 있다. 특히 광고수요가 많은 지자체일수록 질적인 기준의 필요성을 느끼고 있다. 또 현재 각지에서 논의대상이 되어 있는 새로운 형태의 광고표시(유리면 내측의 광고표시 등 조례에 포함되지 않은 광고 표시)에 대하여는 규제 또는 검토가 필요하다는 시정촌이 많다. 특히, 광고수요가 높은 시정에서는 그 대처의 필요성을 강하게 느끼고 있는 모양이다.

• 기타 광고물의 유도책

현 내에서는 경관조례(현재2市町)에 의한 적정한 기준의 시책과 지구계획에 의한 적정·정량적 쌍방의 기준의 시책이 주체. 단, 기정지구계획(42지구)안에 광고물규정을 포함한 지구계획은 2할 이하(7지구) 라는 실태에서도 광고물규제에 관한 합의형성의 어려움(혹은 설득력 고양의 어려움)이 떠오른다.

• 운용 면에서의 과제

특히, 광고업자의 질적 향상과 주민의 광고물에 대한 의식의 변화에의 대응을 많은 시정촌이 제기하고 있다.

그리고 이들의 현상파악 중에 현 조례에 의한 일률적인 규제의 한계가 지적되어 그에 따른(지방분권화의 일환으로서) 시정촌에로의 권한 이양이 현과 시정촌과의 관계를 재구축, 즉, 새로운 역할분담과 연계를 추구하여 가는 방향인 것이 지적되고 있다.

조례에 의한 옥외광고물의 유도·규제의 과제

이상이 광고물의 게시현상과 조례규정에 관한 주요한 특징 및 광고행정의 현상(사례)이다. 다른 특징에 대하여는 지면관계상 생략하지만 여기에서는 이들도 합하여 앞으로의 조례개정·제정이나 운용을 위해 주요한 과제를 정리하여 둔다(표6·5).

표6·5 조례의 개정·규정이나 운용을 위한 주요한 과제

•적용제외 광고물의 유도·규제에 대하여
광고물 중에 가장 많으면서 경관면에서 영향이 큰 자가광고물, 또는 의외로 요소요소에서 경관면에서 영향을 주고 있는 공공광고물의 적절한 유도·규제 방법
•규제지역 구분에 대하여
각각의 지역이나 지구가 갖고 있는 환경특성이나 광고수요 등의 장소성과 관계하는 규제지역구분의 방법
•허가기준(値)에 대하여
각각의 서류마다의 광고물 역할, 풍경(배경이나 주변의 경관 요소 등)과 관련시켜 광고물 상호간의 관련성을 검토한 설득력 있는 기준치 만드는 법
•유도·규제 전략에 대하여
특히 광고경관에 커다란 영향을 미치는 특정업계나 특정광고물에 대한 효과적인 유도·규제 방법 광고업자의 질적인 향상과 연결되는 유도방책을 만드는 법
•광고물행정에 대하여
도도부현과 시정촌과의 연계체재의 방법과 광고수요에 따라서 적절하게 대응할 수 있는 체제강화 방법

◘ 최근의 조례규정의 변화

• 규제강화의 움직임

여기에서 최근 조례개정의 움직임을 보면, 기본적으로 "광고수요에 대응하여 가는 자세"와 "규제를 보다 강화하여 가는 자세"로 나타나고 있다. 그것은 규제 지역 구분의 세분화로 그것을 합한 기준치를 강화하게 되어 있다(그림 6·15~6·17).

이러한 규제강화의 자세에 대하여는 당연하게 현재의 상황을 배경으로 한 "지역(경재)활성화를 위한 규제완화"의 입장에서의 반론이 있다. 그러나 우수한 도시 경관이 많은 사람들을 모이세 하는 실례는 여기저기에서 보여지지만 대규모이면서 무리한 광고물이(그에 따라서) 사람들을 모이게 하는 실례는 일부의 특수한 고장을 제외하고는 보여 지지 않는다. 앞으로의 착실한 활성화는 우수한 경관가꾸기에서 시작된다는 "지역의 매력 고양"이라는 시점이 꼭 필요하다고 하면 경관면의 규제완화라는 결론은 단순하게 나오지 않을 것이다. 이것에 대하여는 보다 신중하게 논의하여야 할 것이다.

옥외광고물의 유도·규제의 방향

광고물의 현상과 조례규정이 포함하여 온 과제, 그리고 광고물에 관한 의식의 변화 등을 근거로 보면 , 역시 지금

은 광고물의 재인식과 광고경관을 보다 적절하게 유도하여 가는 방법론의 재고(재구축)가 필요하다고 생각된다. 그것이 많은 사람들의 이해를 득하여야 하는 유도 · 규제의 근거를 만들기, 그리고 장소성에 맞춘 우수한 광고경관을 창출하기 위한 재출발점이 되기 때문이다. 그것은 아래와 같은 관점에서 시작될 수 있다.

- 광고물 자체의 「본연의 자세」를 재인식할 것

광고물은 그 종류마다 본래 담당하는 역할(기능)과 그것에 어울리는 자세(규모나 위치나 형태 등)이다 그것을 찾아 허가기준을 고찰할 때의 출발점으로 한다.

- 광고물의 게시수법을 향상시킬 것

광고물은 각각의 장소와 함께 하고 있다. 그 장소를 만드는 배경(산 정상이나, 산등성이)이나 다양한 경관 요소(건축물이나 가로수 등)와의 "적절한 관계"를 나타내 간다.

또 광고물은 집적하는 것에 의한 장점 즉, 集積효과를 갖는다. 그 장점을 평가하여 더욱 활력 있게 하기 위한 "좋은 집적방법(群景觀)"을 추구하여 간다(그림6 · 18). 게다가 광고물은 디자인에 따라서 그 자체의 매력이나 인상, 주변의 영향(등의 레벨 : 질)이 정하여진다. 그 "질을 높이고 우수한 디자인"을 추구하여 간다. 예를 들면 자연 풍경의 보전이나 가로변경관의 향상 등에 기여하는 디자인이나 주변경관을 저해하지 않는 디자인 등.

이동하는 차중의 시선으로부터 연도의 광고물의 「보기 쉬움」이나 「읽기 쉬움」 또는 「풍경 내에서의 구성」 등이 요구되는 검토 사례」

- 장소성에 따른 규제지역 구분을 근거로 할 것

광고물은 게시되는 장소에 따라 그 성격이 정해진다.(표6 · 6) 따라서 지역이나 지구가 가진 경관특성이나 경관구조나 광고수요 등으로부터 "장소성을 근거로 한 규제지역의 구분"을 기본으로 하여 간다.

- 지역의 주체성을 지지하여 갈 것

광고물은 본래 각각의 지역에서 "갖고 있는 맛"이 나타나야 하고, 또 그것이 매력이 된다. 지역민이 주체가 되어 지역의 특성이나 지역민의 의향을 반영한 특색 있는 광고경관을 만들어 가기 위한 "독자유도 · 규제를 가능하도록 하는 방식"을 보다 더 활용과 전개를 하여 간다. 그것은 시정촌으로의 권한의 이양이나 지역이나 지구의 자주적인 규약 만들기로의 지원 등의 방향이 생각되어질 것이다.

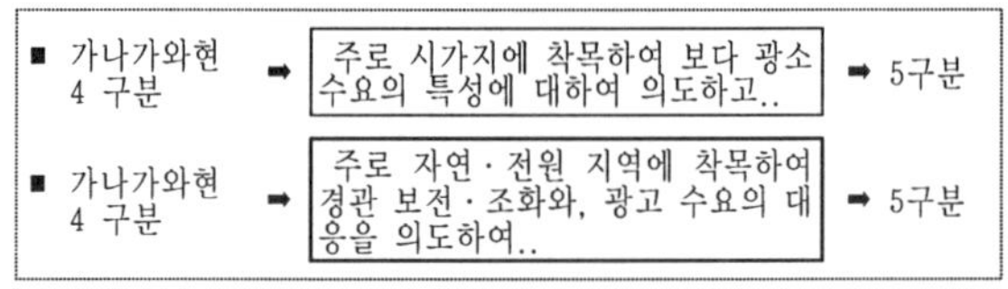

그림6 · 15 규제지역구분의 세분화의 예

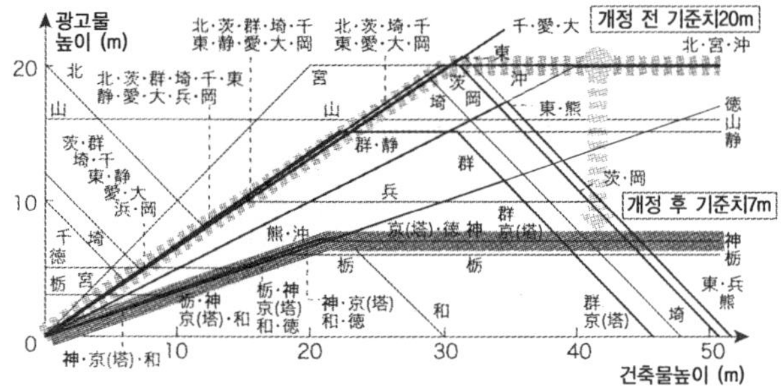

그림6 · 16 옥상광고물 「높이」 규제 강화의 예(神奈川현)

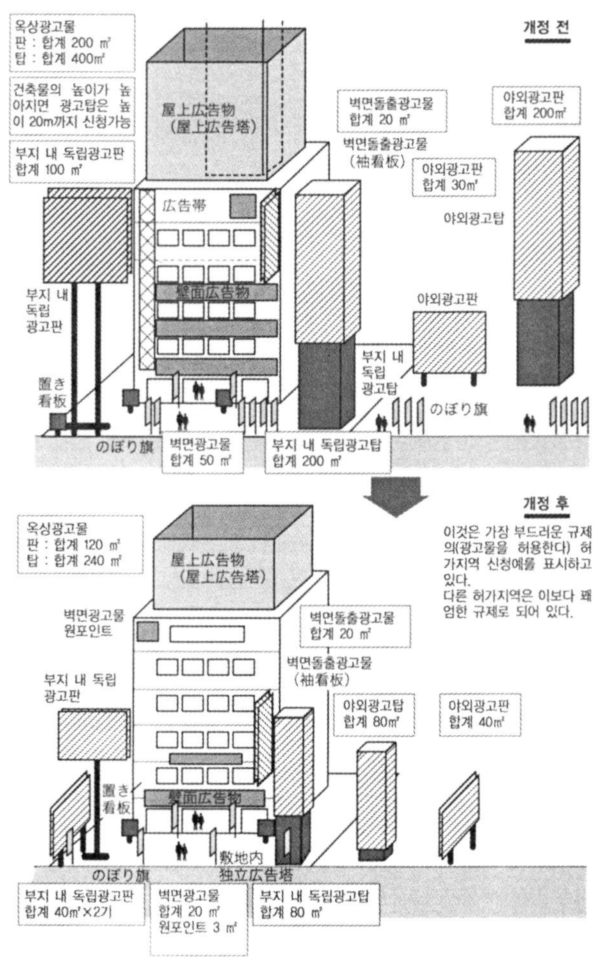

그림6 · 17 주요 광고물의 규제강화의 예[토치기현(栃木縣)] (출전 : 「토치기 사인계획」 1999년 자료를 근거로 작성)

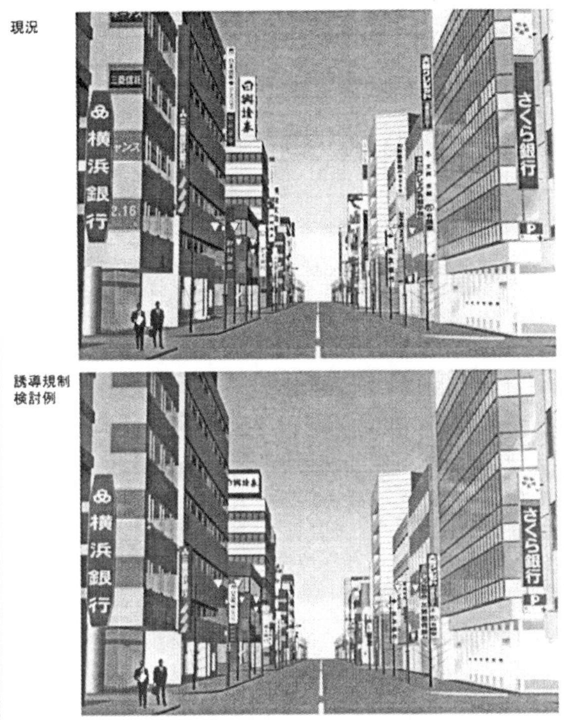

벽면돌출광고물 높이를 (도로 폭의 1/2로)억제, 옥상광고물 높이를(건축물 높이의 1/5 이면서 5m 이하로) 억제하여 안정형으로 한 시뮬레이션의 검토 예(출전 : 神奈川 옥외광고물지침책정 조사 1994년 圖版을 가공)

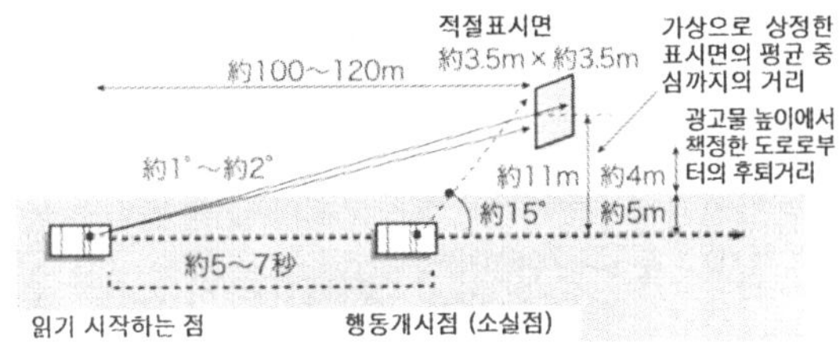

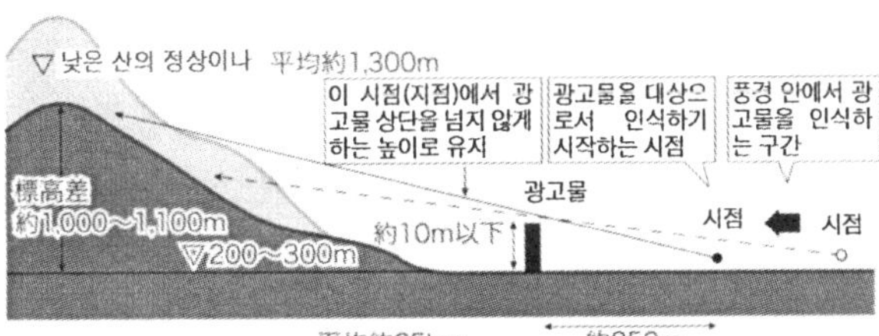

그림6 · 18 기준치 검토의 예 이동하는 차안에서 시선으로부터 연도의 광고물의 「보기 쉽고」「읽기 쉽고」「풍경 안에서의 마루리」 등을 추구한 검토의 예

• 자가광고물이나 공공광고물을 연동시킬 것

전체의(허가는 원래부터 자가용 및 공공 등도 포함했다) 광고물은 경관행정에의 책무를 같이 담당한다. 게시 수가 많은 자가광고물이나 요소에 어떤 공공광고물은 함께 광고경관의 형성에 참가하여 협력해 갈 자세가 필요하여 "허가광고물과의 연동 · 동조"를 도모하여 간다.

표6 · 6 주요광고물의 종류와 성격

	옥상광고물	벽면돌출광고물 · 돌출간판	벽면광고물	독립광고물	
				부지 내	야외
대상범위	원경 원거리	중·근경 중·근거리	근경 근거리	중·근경 중·근거리	근경 근거리
	광범위 가로스케일	가로변 스케일	직근 스케일	연도·가로변 스케일	연도·근접 스케일
규모	주로 대·중 규모	주로 整形	정형·부정형 개성형	정형 · 부정형의 혼재	주로 整形
게시상황	단독, 불규칙한 상황이 많음.	가로변(건축물파사드 上)에 따른 나란히 중첩되는 게시물이 많음	건축물 파사드 저층 부근에 나열하는 경우가 많음	가로변(건축물의 전면 공간)에 따라 나란히 하는 경우가 많음	단독, 불규칙한 게시가 많음.복수의 게시도 있음
게시모양	자가적 표시와 일반표시의 양방	최소로 필요한 자가 광고 표시로서	좌동. 특히 표찰적인 표시로서	벽면돌출의 역할도 겸한 자가용적 광고물표시로서	사업장으로의 안내·유도 표시로서
論点	스카이라인과의 관계	벽면에 대한 마무리와 나열 방법	벽면 내의 마무리	지상에서의 존재의 영향. 배경과의 관계	

• 전략적이면서 효과적인 유도 · 규제를 전개하는 것

광고물 중에는 특히 커다란 영향을 미치고 있는 특정 업의 광고물이 있다. 광고경관의 현실에는 그 광고물이 전략적인 유도 · 규제가 지극히 중요하기 때문에 그 특정업로의 "협조를 촉진하는 방책"을 강구하여 간다.

또 현실의 광고경관의 문제는 광고업자측의 기업윤리의 문제가 기인된다는 지적이 많다. 광고업자의 "질적 향상을 촉진하려는 계몽이나 지도"를 강조한다.

• 종합적인 시야에서 광고물을 인식할 것

광고물과 다른 정보 제공이나 안내 유도의 수단(종합안내 사인이나 고도정보시스템 등)과의 관계도 중요하다. 이들 수단과의 적절한 "연계 즉, 분담이나 보완"을 재고하여 간다.

• 규정내용(특히 기준치)의 설득성을 높여갈 것

광고물을 직접적으로 규제하는 기준치는 그 근거에 대하여 충분한 설명이 요구된다. 그러나 현실로는 꽤 명쾌한 설명이 어려운 기준치도 보여진다. 앞으로 조례의 개정이나 제정 등과 함께 광고물의 종류 즉, 본래의 자세와 함께 다양한 기초학문(美學이나 인간공학이나 심리학 등)의 성과를 포함한 「경관론」을 활용하여 "논리적인 그리고 가능한 한 定量적인 검토"를 중첩하는 기준치를 설정하여 간다.

옥외 광고물의 유도 · 규제의 전개

조례는 기본적으로는 광역을 대상으로 한 범용성 있는 규정의 큰 틀(아웃트라인)을 정하고 있는 것이다. 따라서

邦須 -경관보전형 광고정비지구- 요지

•기본구상

아름다운 邦須의 자연풍경 중에 녹아들어 가면서도 조화되는 양질의 표현, 그것은 광고물을 자연풍경에 대한 "다른 표현의 세계" 나타나는 것, 즉, 邦須의 자연환경에 놓여진 「그림」

•기준

·심플하고 은근함을 느껴지는 형상

·안정적인 색의 조합

·주위의 틀, 연록 또는 녹색 계열 등

표시디자인의 예⇒

닛코(日光) -경관보전형 광고정비지구- 요지

•기본구상

친근한 日光 連山의 산세를 배경에 어울리게 마무리할 것, 안정감과 風味있는 "日光만의 정취"를 나타낼 수 있을 것, 그리고 에도시대, 메이지·다이쇼, 현대와 각각의 빛나는 역사문화를 근거로 닛코(日光)가 가진 시간의 중첩(시간의 기억, 이야기)을 전할 수 있을 것, 그것은 "시대를 반영함", 표현에 전력을 다함

•기준

·광고물상단의 제한

·각 사업장의 시대성 (창업이나 건축시기 등)에 배려한 형상

·마을·산세에 조화되는 안정성 있는 색 조합

·주위의 틀 연록 또는 녹색 계열 등

근세스타일의 예

다이쇼로망·소화 모던스타일의 예

현대스타일의 예

도시디자인의 예⇒

그림6·19 특정지구의 규정 예(栃木縣) 최근 각지에서 다양한 특정지구 지정의 움직임이 보여지는 중에서의 유니크한 사례 (출전:「토오치키 현 경관보전형 광고 정비 지구 팸플릿」으로부터 일부 발췌)

앞으로 특별히 목표로 하고 싶은 "지역 독자의 특색이 있는 고품질의 광고경관"의 형성에는 지역민의 협조를 배경으로 디자인을 포함한 자세한 유도·규제를 가능하게 하는 「특정지구」의 지정으로 보완·대응하여 가게 된다.

지금까지 각지에서 다양한 특정지구의 움직임이 보여지고 있는데 여기에는 광고물의 규격이나 디자인을 특화(때로는 통일화)하여 가는 방향이 떠오르고 있다(그림6·19).

앞으로의 특정지구는 지향할 만한 광고경관의 목표와 테마와 게시기준을 정하여 그것을 근거로 하면서도 광고물 상호간의 "인접관계를 중요시하는 독자적인 作法"에 따라 보다 좋은 개성(감성)을 발휘하여 은근한 변화를 전개하여 가는 것 같이 "시적이라고도 말하는 방법론"을 추구하고 싶다. 이 방법론의 정착과 성숙화에 의하여 부조화가 없고 지나친 통일감이 아닌 조화와 변화의 밸런스가 잘 취하여진 개성이 있으면서 매력적인 "광고풍경"의 실현이 가능하게 될 것이다.

注

1) 후쿠시마현에서는 당초 반다이산, 猪苗代湖를 포함한 리조트법의 적용지역을 대상으로 경관조례가 지정되었지만 그 실적을 거쳐 1998년에 새로운 全 縣域을 대상으로 하는 경관조례를 제정했다. 공공사업이나 대규모 행위의 기준만들기를 더하여 반다이산, 猪苗代湖 주변은 경관형성 중점지구로 지정했다.

2) 여기에서는 논점을 이해하기 쉽게 하기 위하여
 · 항상 설치되어 경관면에서 커다란 영향을 가진 말하자면 "主役"이라고도 불려지는 옥상광고물, 벽면돌출광고물(돌출간판), 벽면광고물, 독립광고물의 4가지의 종류에 대하여 각각의 중요한 측, 규제효과가 높은 항목
 · 지역으로서는 가장 광고물의 게시 수요가 높아 광고경관의 현상이 문제되어 있으면서 각 도도부현의 노력이 단적으로 나타나는 상업계 지역에 대하여 비교 검토하고 있다.

3) 이들 이외에도 상한·감소형 규제(逆半臺形)이 있지만 1縣만이 아니기 때문에 여기에서는 "典型"적으로는 취급하지 않는다.

4) 도도부현에 따라서는 높이·돌출 폭·면적 안에서의 어떤 것인가를 규정하고 있지 않다. 또 별도의 법령에 의한 규제에 의한 경우도 있다.

5) 광고물의 높이 규제에 의하여 간접적으로 제한하는 都縣이 있지만 그 수는 약간 밖에 되지 않기 때문에 "典型"적인 패턴으로서는 취급되지 않는다. 지금까지는 그 기준치가 50m를 넘고 있어, 현실의 벽면 광고물의 게시 범위를 넘어버려 효과를 기대할 수 없는 규제였지만, 최근 9m 이하나 10m 이하라는 충분한 효과가 기대 가능한 기준치를 설치하는 현도 보여진다.

6) 규정하고 있는 현도 있다.

7) 그림6·12~14, 16의 그래프상의 도도부현은 아래와 같다.
北海道, 宮城縣, 茨城縣, 栃木縣, 群馬縣, 埼玉縣, 千葉縣, 東京都, 神奈川縣, 山梨縣, 靜岡縣, 愛知縣, 京都府, 大阪府, 兵庫縣, 和歌山縣, 岡山縣, 德島縣, 熊本縣, 沖繩縣
京(塔): 탑상의 옥상광고물. 京都府에서는 다른 옥상광고물과 구별하여 규정하고 있다.

8) 野中勝利「지방분권하의 옥외광고물행정의 현상-茨城縣을 대상으로」『筑波대학예술학계연구보고』 제39집 2002년

7

종합적인 풍경계획의 실천

山崎正史 · 坂本英之 · 鈴木伸治

눈에 보이는 환경의 모습을 대상으로 하는 풍경계획에 대한 과제는 넓다. 그런 의미에서 풍경계획이라는 것은 본래 종합적이어야 할 것이다. 70년대 중반부터 시작된 풍경 · 경관으로의 관심은 현대까지 그 나름대로 범위를 넓혀와 各地 各都市에 있어서 경관관련제도가 충실해져가고 있다. 많은 경우 그 지역에서 특히 문제가 되었던 경관이나 마을의 특성을 과제로서 지역적으로도 내용적으로도 한정되어 있다. 그 한편으로 선진적으로 풍경계획에 노력해 온 도시에서는 몇 단계의 과정을 거쳐 상당히 포괄적이고 종합적인 제도를 만들어 낸 도시가 있다. 본 장에서는 그러한 도시의 사례로서 교토(京都), 카나자와(金澤), 요코하마(橫浜) 3도시를 살펴본다.

풍경계획에서 말하는 종합성에는 몇 개의 상을 볼 수가 있다. 가장 먼저 풍경보전에서 풍경창출까지를 망라한 종합성이다. 자연풍경을 보더라도 역사적인 마을 경관을 보더라도 풍경의 컨트롤은 보전으로부터 시작되었다는 경위다. 거기에서부터 너욱 근대적 도시경관을 정비하기 위한 계획이 시작되었다. 교토(京都), 카나자와(金澤)와 함께 경관보전으로부터 시작되어 근대적 경관정비를 뒤에 더하여 내실을 도모하고 있다. 또 그런 중간에 이미 상당히 변화해 버린 역사적 街區를 정비하는 목적의 계획도 있다. 보존적 풍경계획이던지 창출적 풍경계획이던지 각각에 적절한 제도와 계획수법이 요구되어진다. 우수한 역사적 경관이 보존되고 있는 경우일수록 엄밀하고 상세한 의장 기준과 규제내용을 설정하는 것이 가능하고 시민의 의견일치도 얻기 쉽다. 한편 근대적인 도시풍경을 정비하여 가는 계획에서는 넓은 시가지로부터의 장소 설정, 기준의 근거와 설정, 새로운 창조성을 도입한 융통성 등 보존과는 다른 과제가 있다.

두 번째로 인공적인 시가지 경관으로부터 주변의 자연풍경까지 대상으로 한다는 의미의 종합성이다. 시가지에서는 주로 건조물의 디자인 컨트롤이 풍경계획의 대상이 된다. 도시 주변부에서의 자연의 보전은 개발면적의 비율이나 녹지를 남기는 방법, 녹지의 연출, 디자인과는 다른 컨트롤이 행하여지게 된다. 그러나 거기에서도 건조물 디자인에 대한 컨트롤도 필요하다. 양자의 조화가 요구되지만 지나치게 복잡한 것도 곤란하다. 또 시가지계, 자연계 등 계획지구의 위치관계도 주목하여야 하는 포인트이다. 中景 - 遠景의 관계나 배경으로서의 풍경정비 등이 반드시 직접적으로 표현되지 않고, 풍경계획의 제도를 만들어지게 할 수 있다.

풍경계획은 일반적으로 법 제도의 형태로 표현된다. 역사적 경관보전에 한정하면 규제와 보조만으로 좋을지 모르겠지만 풍경계획의 대상이 넓어지면 유도나 지원책이 중요하게 된다. 이러한 제도면에서도 풍경계획의 종합성이 요구된다. 보존-창출, 시가지-자연풍경, 각각에 대응하는 규제, 유도, 보조, 지원을 어떻게 할당할 것인가를 종합적인 풍경계획에서 볼 수 있을 것이다.

그러나 풍경계획은 규제나 유도라는 타인의 행위를 컨트롤하는 것만이 아닌 사업주체로서 조경한다는 과제도 있지 않을까라는 지적도 있을 것이다. 본장에서 소개하는 요코하마시는 공공공간을 도시디자인하여 실행하고 도시의 풍경을 만들어 간다는 점을 추진하여 왔다, 「디자인」하고 「만듦」이라는 것을 포함한 점에서 교토, 카나자와와 다른 종합성을 볼 수 있다.

「조망시선의 보호」는 일본의 풍경계획에서 가장 새로운 과제의 하나이다. 재산권과의 관계에서 실현 곤란한 과제이기도 하다. 직접적인 방법을 포함해서 3市 모두 각기 그 해결에 노력하고 있다.

3도시에 있어서 종합적인 풍경계획을 해독하기 위한 힌트를 서술하고 있지만 이러한 관점에서 보면 각시의 한계를 주시하는 독자도 있을지 모르겠다. 일본 각지에서의 더 좋은 종합화와 연구를 기대하고 싶다.

7·1 교토시(京都市)

역사적 도시정경에서 현대경관을 포함한 포괄적인 풍경계획

쇼와(昭和) 초기 이래의 풍치행정

교토시에서는, 현재 시가지의 경관에 관한 「교토시 시가지 경관정비 조례」와 풍치지구 등 자연경관을 주 대상으로 한 조례가 있어 전체로서 총괄적인 경관행정이 펼쳐지고 있다. 현재의 제도는 1995년에 제반제도를 대폭으로 수정하여 개정한 것이다. 여기에 이르기까지 오랫동안의 실적을 기반으로 현재의 제도가 생긴 것으로, 현재의 교토의 경관은 구제도에 의해 형성된 것이기 때문에 먼저 지금까지의 경위를 소개하고 싶다.

1929년 도시계획교토지방위원회에서 풍치지구 지정이 의제로 올라 1930년에 풍치지구 지정이 이루어졌다. 이때 이유서에는 동, 북, 서 3산과 그 산 일대, 가모가와(鴨川), 가케가와(掛川)의 풍경보전으로 구분되어 있다.

1932년의 지정지구가 거의 오늘날의 풍치지구 구역으로 넓혀졌다. 지정 지역 면적은 7,998ha였다. 풍치지구는 자연경관과 역사 문화적 경관의 양자의 보전을 도모하는 것이었다. 이때의 도시계획행정은 교토부가 담당하고 있었으므로 1937년에 우지시(宇治市)의 경승지지정(景勝地指定)도 이루어졌다. 1956년에 교토시가 정령지정도시(政令指定都市[1]))가 되어 도시계획행정이 부에서 시로 이관되었다.

1968년에 도시계획법이 개정되고 동시에 건설성 도시국장으로부터 풍치표준조례가 각 지자체에 통달되었다. 그것은 풍치지구행정의 내용을 제시한 것으로 전국적으로 보면 규제 강화일지도 모르지만 교토의 행정에서 보면 오히려 후퇴였다. 1970년 교토시는 지금까지의 시 규칙에서 바뀌어 교토시 풍치지구조례를 제정했다. 표준조례에 맞추어 개발금지를 정하여 온 특별지구는 폐지되었다. 그때까지는 때에 따라 행정담당관의 판단에 의한 엄한 지도가 보여지지만, 조례는 이러한 재량의 여지를 엄하게 제한했다. 이때 교토의 풍치행정은 재량에서 명문화된 규정에 의한 일률적인 경관행정으로 바뀌었다고 말할 수 있을 것이다.

고도(古都) 보존법에 의한 역사적 풍토의 보존

일본의 경제 성장이 궤도에 올랐을 무렵 각지의 경관 파괴가 국민적 문제가 되어 의원입법에 의해 「古都의 역사적 풍토 보존에 관한 특별조치법」(통칭 고도보존법(古都保存法))이 1966년에 성립하였다. 교토도 동법에 의한 古都의 지정을 받아 풍치지구를 더한 형태로 분지 주위의 산지가 상당히 광범위하게 역사적 풍토 보존지구로 지정되었다(5,996ha). 시가지 쪽 산 사면의 많은 부분과 히로사와노이께(廣澤池) 주변의 嵯峨野(높고 험한 산악과 들을 의미) 일대가 역사적 풍토 특별보존지구로 지정되었다(1,474ha).

그 후 현재까지 지정지구가 확대되어 역사적 풍토보존지구는 14지구(8,513ha), 특별보존지구가 24지구(2,861ha)로 되어 있다. 교토는 락외(洛外)(도성 밖)이라고 불려온 주변 산악부에 많은 절과 명소를 가지고 있다. 이곳은 사찰이 주로 이루어진 곳으로 경내지(境內地)를 포함

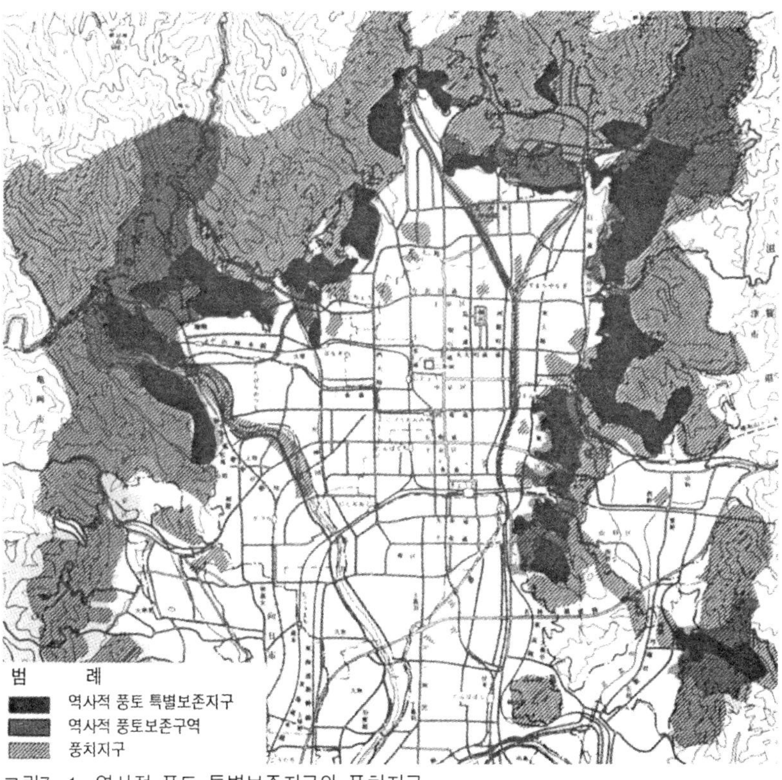

그림7·1 역사적 풍토 특별보존지구와 풍치지구

하여 주변 3山(東山, 北山, 西山)이 시가지로부터 보여지는 사면의 대부분이 특별지구지정을 받아 보호되고 있다.

동법에 의한 보존지구는 고도(古都) 주변부의 자연과 문화재가 일체를 이룬 풍경보존을 도모하는 것으로 역사적 시가지에는 손을 대지 못하게 하는 것이었지만 「고도보존법」이라는 호칭으로부터 시가지 자체에 대한 보존제도가 정비되었다는 오해를 불렀다는 것도 부정할 수 없다.

교토시 시가지 경관 조례
미관지구, 특별보존수경지구, 거대공작물규제구역

고도경제성장의 진전과 함께 경관보존에 대한 관심도 높아진 교토에서는 1970년경부터 도시경관의 보존과 정비를 도모하는 조례 제정이 시 당국에 의해 준비되어 1972년에 교토시 시가지 정비조례가 제정되었다. 그 내용은 (1) 미관지구조례, (2) 특별보존 수경지구, (3) 공작물 규제구역 및 거대공작물 규제구역의 3제도였다.

미관지구는 건축기준법에서 정하고 있지만 그 구체적인 규제의 내용은 지방자치체에 위임되어 있다. 미관지구조례는 미관지구 내의 디자인 기준을 제1종에서 제3종까지 설정하고 경관적으로 중요한 지역의 경관보전을 목적으로 하고 있다. 제1종 지역은 키요미즈데라(清水寺) 참배거리 부근이 지정되어 경사지붕이 있는 일본풍의 경관유지를 도모하고 있다. 2종지역과 3종 지역을 세트로 준비되었다. 교토御所, 二條城, 東·西本願寺, 東寺라는 교토의 대표적인 기념건조물의 부지와 그것들을 포함한 주변의 帶狀(띠 모양) 지역에 대하여 기념건소물을 식섭 포함한 가로에 면한 지역을 2종 지역, 그 바깥 측을 3종 지역으로 지정했다. 帶狀 지역의 폭은 약 100m였다. 카모카와(鴨川)와 히가시야마(東山) 사이에 뻗은 鴨東지역은 유일한 광범위지구로 되었다. 카모카와에 직접 면한 帶狀지역이 2종, 기타는 3종 지역으로 지정되었다. 2종 지역은 건물 높이 15m 이하로 경사지붕 또는 처마를 만들도록 하고, 3종 지역에서는 건물 높이 20m 이하를 원칙으로 했다. 의장과 색채는 안정적인 것이 되도록 요구하고 있다.

特別保存修景地區는 국가의 마을경관보존제도에 선구적인 것으로 역사적 마을경관 보존을 독자적으로 시작하는 것이었다. 東山의 山寧坂로부터 円山공원까지의 산책로 변 일대(山寧坂지구)가 최초로 지정되었다. 목조민가의 내구성의 배려와 건축용도가 생활과 함께 변화할 수 있도록, 바꿔 말하면 살아 있는 마을로서 활동을 계속하도록 배려하기 때문에, 건축물 그 자체만을 보존하는 것이 아닌 전통적 목조 건축의 외관 양식을 유지한다는 방식을 채택했다. 계속하여 「기온신바시(祇園新橋)지구」가 지정되었다. 그 후 1975년에 국가가 문화제보호법을 개정하여 전통적 건조물군 보존지구제도를 설치하면서 위의 2지구는 전통적 건조물 보존지구로 바뀌었다(기온신바시(祇園新橋)지구의 일부는 특별보전수경지구로 남았다). 그 후 특별보전수경지구는 실질적으로 사용되지 않았다.

세 번째의 공작물 규제 구역 및 거대공작물 규제 구역은 건축물 이외의 공작물에 대하여 규제하는 것이었다. 공작물 규제 구역은 미관지구 내에 지정하였고 거대공작물 규제 구역에서는 지상으로부터 높이 50m 이하로 제한하고 있다. 이것은 교토타워가 건축물과 어울리지 않은 공작물로서 높이 31m 규제를 받지 않았던 경험으로부터 제한되었던 제도이다. 높이 50m라는 수치는 東寺의 5층탑을 기준으로 설정했다고 한다. 東寺의 주위에서 북쪽의 교토분지를 거의 지정하는 넓은 범위였다. 東寺5층탑은 상윤(相輪[2]))의 높이가 약 54m이기 때문에 탑과 거의 같은 높이까지 허용하는 것으로 지나친 완화이다. 현 상태에서는 東寺에 이접하는 지역에서 탑과 경합할 정도의 높이의 건축물은 없어 시민은 그것이 규칙으로 지켜지고 있기 때문이라고 이해하고 있지만 사실은 우연히 그렇게 된 것에 지나지 않는다. 조례를 근거로 東寺와 같은 높이의 건조물 건축은 지금도 가능하다. 그렇게 되면 시민으로부터의 비판이 분출하는 것은 산난히 예상할 수 있다.

교토시 시가지 경관 정비 조례

1995년의 경관관련 조례의 개정

1980년대의 거품경제라 불리는 시기에 많은 전통가옥이 없어지고 대규모 건축물이 각지에 건설되었다. 이 거대한 건축물을 보고 시민은 미관지구의 범위나 그 높이 규제가 경관보호에 대하여 가질 수 있는 효과가 불충분하다는 것을 처음으로 알았다. 하지만 경제계를 시작으로 경관규제가 경제 발전에 장해요소로 비난하는 의견도 있었다. 높이 60m, 길이 470m의 교토역사와 높이 60m의 교토호텔이 건설되어 경관논쟁의 불을 한층 부추겼다. 이 시기의 혼란을 경험한 시 당국은 풍치지구조례와 시가지 경관조례의 개정을 준비하여 양자를 1995년에 개정했다. 또 같은 해에 자연풍경 보존조례를 새롭게 제정했다.

개정에 따라서 시가지 경관조례는 명칭도 시가지 경관정비조례로 변경되었다. 기존의 조례는 양호한 경관의 보존을 도모하는 것에 대하여, 신 조례는 새로운 경관형성을 유도하여 가는 형태를 나타내고 있다. 조례 내용은 (1) 유도형 제도, (2) 시책형 제도, (3) 지원형 제도의 3가지로 되어 있다.

유도형 제도는 건축물 등의 디자인제한을 더한 것으로 미관지구 내의 건축물 및 공작물에 관한 제한, 建築物修景지구, 沿道경관형성지구가 있다.

◘ 유도형제도

- 미관지구

5종류가 있다(그림7 · 2, 표7 · 1). 제1종 지역은 「전통적인 건축양식에 의한 건축물이 중요한 요소가 되어 특별한 정취가 있는 마을경관을 형성해 가고 있는 지역」이 지정되었다. 교토풍 전통가옥의 마을경관의 경관보존정비를 목적으로 건축물의 높이를 12m로 제한하고 있다. 일본기와경사지붕이 조건으로 되어 있다. 지정지구의 대부분은 전통적 건조물군 보존지구와 중복되어 있다. 키요미즈테라(淸水寺) 문 앞의 마을가로변만이 제1종 미관지구로 단독으로 지정되어 있다.

제2종 지역은 「역사적인 건조물 또는 도로, 하천, 공원 기타 공공이 함께 이용하는 시설이 중요한 요소가 되어 특별한 정취가 있는 마을경관을 형성해 가고 있는 지역」이다. 근대적인 건물이더라도 일본풍 느낌이 있는 가로경관 정비를 도모하는 것으로 경사지붕 또는 처마의 설치가 의무화 되어있다. 건축물의 높이는 15m 이하로 규제되고 있다. 종래의 거리 고쇼(御所), 二條城, 東 · 西本願寺, 東寺의 부지와 이들을 둘러싼 도로변지구 및 카모카와(鴨川)연변지구가 선형으로 지정되어 있는 것에 더하여 시라가와(白川)과 비아호유스엔선(琵琶湖疏水沿線) 및 鴨東의 三條通이나 구 후시미가도(伏見街道)연선 등 현 상태로는 2층 건물의 마을 경관이 교토다운 경관을 유지하고 있는 지역이 더하여져 가고 있다. 제1종 · 제2종 지역에서는 건축행위 전부에 대하여 디자인의 규정이 적용된다(그림7 · 3).

제3~5종은 각각 어느 정도 높이 이상의 건축물에 대한 디자인 규제를 하는 것이다.

제3종 지역은 「건축물이 무리로서 산세나 기타 배경과 조화되고 정취 있는 마을정경의 경관을 형성하고 있는 지역 및 일본풍의 건축물이 나란히 서있는 정취 있는 마을 정경의 경관을 형성하고 있는 지역」으로서 상기의 사찰 등을 포함한 제2종 지역에 인접하는 그 바깥 지역과 東山을 배경으로 하는 카모카와(鴨川) 以東의 지역이 지정되어 있다. 안정된 경관을 유지하는 것이 목적으로 경사지붕 또는 최상층에 처마 설치를 의무화시키고 건축물의 높이를 20m 이하 옥탑의 높이를 8m 이하로 규제하고 있다. 단, 적용을 받는 것은 높이 10m를 넘는 건축물의 신축 등이다.

제4종 지역은 「교토의 마을생활 안에서 생겨난 특징 있

표7 · 1 미관지구의 종별과 기준

<table>
<tr><th rowspan="2">미관지구 공통의 주요한 기준</th><th colspan="2">미관지구의 각종별 주요한 기준</th></tr>
<tr><th>종별</th><th>기준의 내용</th></tr>
<tr><td rowspan="5">· 건축물 등의 규모 및 형태가 주변의 역사적인 건조물이나 외관이나 마을정경의 경관과 조화하고 균형 잡힌 것일 것
· 건축물 등의 의장이 지나치게 화려한 색체, 과도한 의장, 기타 주변 마을정경의 경관위화감을 주지 않을 것
· 건축설비가 도로나 공원(공공공지)로부터 잘 보이는 위치에 노출하지 않도록 할 것
· 계단실이나 승강기 탑 등의 탑지붕 및 옥상에 설치되는 건축설비(이하 옥탑 등이라 한다)나 공작물은 적절한 조정하여 건축물 본체와 균형 잡힌 것일 것
· 건축물에 정착하는 공작물의 높이는 그 건축물의 최상부를 넘지 않도록 할 것
· 산세나 주변의 마을 정경 등 배경경관을 함부로 무너트리지 않을 것</td><td>제1종 지역</td><td>· 건축물의 최고높이는 12m 이하
· 토지에 정착하는 공작물 높이는 12m 이하
· 건축물은 일본기와, 경사지붕 설치로 일본풍일 것
· 최상층 및 각층의 벽면에 처마를 설치할 것</td></tr>
<tr><td>제2종 지역</td><td>· 건축물의 높이는 15m 이하, 옥탑 등의 높이는 6m이하
· 토지에 정착하는 공작물 높이는 15m 이하
· 건축물은 일본기와, 경사지붕 설치하고 또는 최상층 및 각층의 벽면에 처마를 설치하여 일본풍 분위기로 할 것</td></tr>
<tr><td>제3종 지역</td><td>· 건축물의 높이는 20m 이하, 옥탑 등의 높이는 8m이하
· 토지에 정착하는 공작물 높이는 20m 이하
· 건축물은 일본기와, 경사지붕 설치하고 또는 최상층 및 각층의 벽면에 처마를 설치하여 일본풍 분위기로 할 것</td></tr>
<tr><td>제4종 지역</td><td>· 건축물의 옥탑 등의 높이는 8m 이하 (건축물의 높이는 고도지구의 높이를 한도로 한다.
· 토지에 정착하는 공작물 높이는 20m 이하
· 건축물은 1층 부분에 깊은 처마 또는 체양을 설치 수평감을 강조할 것</td></tr>
<tr><td>제5종 지역</td><td>· 건축물은 수평감을 강조하는 의장으로 하여 높이 31m에 수평선을 강조하는 것을 설치하는 등 인접하는 건축물과의 처마선의 통일을 도모할 것
· 벽면은 안정된 색체로 마감할 것</td></tr>
</table>

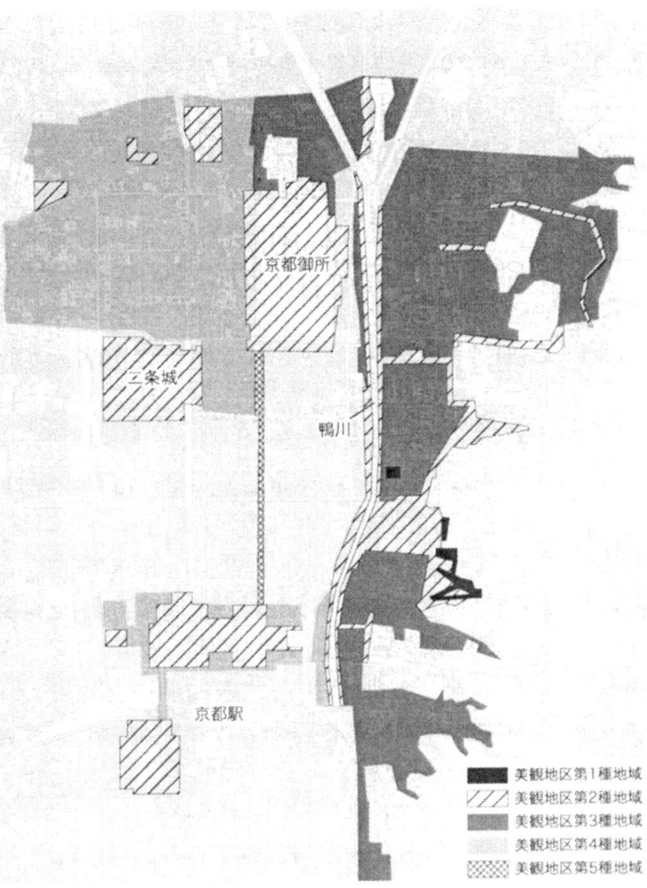

그림 7 · 2 교토시 시가지의 미관지구

그림7 · 3 카모카와(鴨川)미관지구 1972년 이래 전체 건물이 경사 지붕이나 처마를 의무화한 기준에 따라 건축되어 왔다.

는 형태 또는 의장을 가진 건축물이 존재하여 정취 있는 마을 정경을 형성하고 있는 지역」이다. 그것은 새로운 개념으로 도심부에 있어서 건축행위의 전통적인 예의 作法을 계승을 도모하는 것이다. 빌딩의 신축 시에 교토의 도심부에 남은 전통적인 가옥에 배려하고 있다. 1층 부분에 처마 설치를 요구하고, 처마선의 연속을 도모함과 함께 건축선을 근린의 전통가옥에 맞추어 3층 이상의 층을 도로로부터 후퇴하는 등 주변에의 배려가 요구된다. 건축물의 높이는 별도로 정한 고도지구지정에 따르지만 옥탑의 높이를 8m 이하로 규제하고 있는 외에 공작물의 높이를 20m 이하로 규제하고 있다.

서진(西陣)지구가 여기에 지정되어 높이 12m를 넘는 건축물에 대하여 디자인 규제가 행하여진다. 기온(祇園)축제의 야마호코(山鉾:축제용 수레)을 내는 전통적인 시정(鉾町) 지역으로의 적용도 검토되었지만 지정은 늦어졌다. 새로운 視點의 우수한 제도이지만 4층 이하의 건물 신축은 규제를 받지 않으므로 처마선이나 벽면선의 연속이 꼭 유지되는 것은 아니다.

제5종 지역은 「고층의 건축물이 무리지어 구성미(構成美)를 나타내고 있는 지역으로 제1종 지역에서부터 제4종 지역까지 해당하지 않는 지역」이 지정된다. 과거의 높이 규제에 의해 31m 높이의 빌딩이 나란히 하는 경관유지를 도모하여 도심의 도로경관에 대하여 스카이라인의 연속 등 근대적인 경관정비를 목적으로 하여 烏丸通을 지정하고 있다. 높이 15m를 넘는 건축물 등의 신축에 적용된다. 제4종 및 5종 지역에서는 의장기준으로 「수평적인 넓은 감을 강조할 것」라고 구분되어 있어 과거부터 교토에서는 이런 저런 빌딩에 수평연속창 등 수평선사용을 지도하여 왔지만 교토의 일본풍 건축은 처마의 그림자가 만드는 강한 수평선과 기둥이나 격자의 섬세한 종선(縱線)으로 구성되는 것에 특징이 있어 필자로서는 주의하여 두고 싶다.

미관지구 규제는 건축기준법의 일부이기 때문에 건축확인[3)]시 적합을 「승인」받지 않으면 안된다. 실질적으로 허가제도라고 이야기해도 좋은 규제력을 갖고 있다.

• 건축구조물수경지구제도

이것은 구 경관조례에는 없었던 것으로 일정규모 이상의 건축물(제1종 지역은 12m를 넘는 것, 제2종 지역은 20m를 넘는 것)과 공작물(제1종 지역은 20m를 넘는 것, 제2종 지역은 31m를 넘는 것)에 대하여 배경의 산세와의 조화를 도모하여 경관의 혼란을 방지하는 것을 목적으로 디자인에 대하여 행정과의 협의를 의무화하였다. 건축물의 높이는 용도지역지정과 연동하는 높이 규제치를 그대로 적용한다. 공작물은 종래와 같이 높이 50m로 제한하고 있다. 거대공작물 규제 구역보다 범위를 넓혀 거의 十條通 以北의 분지 내 지역을 지정하고 있다. 산세의 능선을 앙각(仰角) 5도 이상으로 바라보는 구역이 제1종 지역 지정을 목표로 되었다. 주조도오리(十條通) 以南 일대는 높이 규제도 없고 디자인도 아주 자유스러운 장소로 남아 있다.(표7 · 2)

표7 · 2 건조물수경지구

종별	지구의 특색	신청에 필요한 행위(주요한 것)
제1종건조물수경지구	산세를 배경으로 하는 시가지 구역으로 해당구역의 특색을 살린 정취 있는 경관을 형성할 필요가 있는 곳	높이12m를 넘는 건축물의 신축 등 높이20m를 넘는 제2종 공작물의 신축 등
제2종건조물수경지구	지역경관의 특색을 형성해 가면서 당해 경관을 향상시킬 필요가 있는 시가지구역	높이20m를 넘는 건축물의 신축 등 높이31m를 넘는 제2종 공작물의 신축 등

• 연도경관형성지구제도

가로의 공공 디자인 기준과 연도건조물의 기준을 협의회를 조직하여 조정하여 가는 것을 도모하는 것으로 건설성 보조사업인 심볼 로드 건설사업을 추진하고 있는 고이께도오리(御池通)을 지정하고 있다.

◘ 시책형 제도

시책형 제도로서 「역사적 경관보전 수경지구」 「주변경관 정비지구」 「역사적 의장건조물의 보전」의 3제도가 준비되었다. 시책형이라는 것은 順次, 주민의 이해를 얻어 지구지정을 진행하고 또 보조금 등의 지원제도를 이용한다는 의미이다.

「역사적 경관보전수경지구(歷史的景觀保全修景地區)」는 구제도의 특별보전수경지구제도를 다시 활용하려는 제도이다. 전통적 건조물 보전지구에서는 2층 건물의 전통적 건축양식을 세부 의장까지 유지하고 있지만, 셋-백(set-back-건축선 후퇴)한 3층을 인정하는 등 보다 융통성 있는 마을정경 보전을 진행시키려는 것이다. 기온마찌미나미지구(祇園町南地區)를 시작으로 현재는 3개 지구가 지정되어 있다. 지정과 동시에 修景計劃이 작성되어 거기서 추천하고 장려하는 건축양식이 제시되고 있다. 건축행위는 시장의 승인제로 실질적으로는 허가제이다. 기온마찌미나미지구(祇園町南地區)에서는 주민이 협의회를 만들어 신축 등의 디자인을 자주적으로 체크하는 방식을 만들었다.

「주변경관 정비지구」는 지역의 개성적인 분위기나 특징의 보전을 도모하는 것으로 내용, 규제, 보조제도는 역사적 경관보존 수경지구와 거의 같은 모양이다. 다만 이편이 융통성이 있어, 추천하고 장려하는 건축양식은 제시되지 않는다. 이들 2제도는 지역주민의 경관보존에로의 의지에 따라서 마을의 각 장소에 행정이 보조금을 지원하는 것이다.

시가지가 준방화지역으로 지정되어 있기 때문에 이들 두 지구 지정에는 개조(改造) 시는 보다 좋은 것을, 신축과 용도변경을 할 때는 목조디자인을 규제하고 있고 교토의 역사적 마을 정경만의 모순을 내포하고 있다. 시에서는 2002년에 이를 해소할 목적으로 준방화지역 지정을 해제하여 목조디자인의 융통성을 갖게 하는 조례를 제정했다. 기온마찌미나미지구(祇園町南地區)가 그 적용을 받고 있다. 앞으로 각지에 그 적용이 기대된다.

세 번째 제도인 「역사적 의장건조물」의 지정은 산재(點在)하는 전통가옥 기타 역사적 건축의 보전을 지원하는 것이다. 일본에서는 문화재로 지정되면 원칙으로 영원하게 내부까지 동결보존하게 되지만 그것과는 달리 역사적인 의장을 가진 지역경관의 심볼적 역할을 하고 있는 건축물을 지정하여, 그 외관보존에 대하여 원조와 보조를 하는 것이다. 각지에 역사적 건조물의 연명(延命)을 유도하는 시책이다. 역사적 건조물 보전수경지구와 같은 모양의 보전 제도를 단독건축물에도 적용하는 제도라 말할 수 있을 것이다.

• 지원형제도

위에서 서술한 것처럼 시책형 경관제도를 주민자신들이 마을에 도입하려는 경우나, 혹은 지역에서 독자적으로 경관형성의 약속을 하는 경우 등에 행정측에서 지원을 도모하는 제도이다. 한 가지는 「지역의 경관정비에 노력하는 단체에 대한 지원제도」로 거주자 등의 단체가 경관정비를 위한 조사, 연구 등의 활동을 행하는 경우에 비용의 일부를 보조하는 등의 지원을 한다. 또 한 가지는 「시가지경관협정의 인정제도」로 주민이 시가지경관협정을 체결했을 때에 시장이 그것을 시의 제도로 인정하여, 신축 등을 하는 경우에는 시장에게 신청함을 의무로 한다. 그에 따라서 주민의 경관협정을 실효성 있게 하는 것이다.

자연적 풍경의 보전

교토는 고래(古來)로부터 「낙중낙외(洛中洛外)」[4]라고 불렸던 것처럼 교외의 자연 풍부한 지역이 시가지와 세트로 존재하여 왔다. 앞에서 제시한 것처럼 오히려 이 방면의 보존이 풍치지구행정으로 선도하여 현재도 보전에 힘을 발휘하고 있다.

◘ 녹지보전

역사적 풍토 보존지구제도에 대하여는 이미 기술한대로다. 1967년의 「긴끼권(近畿圈) 보전구역 정비에 관한 법률」 및 1973년의 「도시녹지 보전법」을 근거로 각각 「교외 녹지보전 지구(약3,200ha 내 약 300ha가 특별보전지구」 「녹지보전지구(약 26ha)」가 지정되었다. 근교 녹지보전지구는 현상변경이 申請制이지만 특별보전지구와 녹지보전지구에서는 현상변경이 원칙적으로 금지되어 있어 토지의 매수제도가 있는 반면 위반한 경우는 1년 이하의 징역 벌칙도 있다.

◘ 풍치지구

풍치기구조례는 지구 종별이 3종에서 아래의 5종으로 변경되어, 지금까지보다 장소의 경관특성에 따른 규제를 도모하고 있다. 제1종 지역은 산림 또는 계곡의 특별히 우수한 자연경관을 가진 지역, 제2종 지역은 수림지(樹林地), 전원의 우수한 경관을 가진 지역, 제3종, 제4종, 제5종 지역은 전부 정취 있는 건축물이 중요한 요소로 되어 있는 자연경관을 지정하고 있다. 건폐율과 건축물의 높이 규제, 후퇴거리는 표7·3에 제시한 것과 같다. 자연적 경관의 보전으로는 결코 엄한 수지라고는 말하기 어렵다. 조례에는 기재되어 있지 않지만, 건축물의 디자인 규제에 대해서도 지도의 방침을 변경하고 있다. 풍치지구종별로 디자인 규제를 하고 있기 때문에 건폐율규제의 엄힘에 연동해서 산속이 디자인 규제가 엄하게 되어 있다. 산속보다 오히려 사가노(嵯峨野) 등의 역사적인 사찰 문전(門前)의 편이 자세한 일본풍의 공간이 요구되지만 제도는 그렇지 않다. 개정 시에 그 시정이 검토되었지만 제도의 복잡화를 피하기 위해 넘어갔다. 단, 내부 자료로서 각 지구마다의 경관특성에 따른 의장기준을 마련하여 지도에 따르고 있다. 지정지역은 락크자이(洛西)에서 새로운 지정을 하는 등 약간 넓혀졌다.(그림7·4)

◘ 자연풍경보전지구

이것도 1995년의 개정으로 새롭게 더하여진 제도이다. 산자수명(山紫水明[5])이라고 불리어지는 교토의 산세를 보전 계승하는 것을 목적으로 하고 있다.

표 7.3 풍치지구의 종별과 규제

종별		제1종지역	제2종지역	제1종지역	제1종지역	제5종지역
조례 및 규제로 정해져 있는 기준	높이	8m 이하	10m 이하	10m 이하	12m 이하	15m 이하
	건폐율	20% 이하	30% 이하	40% 이하	40% 이하	40% 이하
	도로 측의 후퇴거리	3m 이상	2m 이상	2m 이상	2m 이상	2m 이상
	인접 측의 후퇴거리	2m 이상	1.5m 이상	1.5m 이상	1.5m 이상	1.5m 이상
	식재율	40% 이상	30% 이상	20% 이상	20% 이상	20% 이상
	형태 및 의장	당해 건축물의 위치, 형태 및 의장이 당해 건축이 행하여지는 토지 및 그 주변 토지의 구역에 있어서 풍치와 조화될 것				

자연풍경 보전지구조례는 풍치 제1종 지역(대개 3산의 경사지에 지정되어 있다.)과 그 바깥 측의 산지에 도시계획구역 내에 있는 것 전체를 지정하여 녹지경관의 파괴를 일정부분 금지하고 있다. 제1종과 제2종의 자연풍경보전지구가 있어, 그 어떤 것도 일정 규모 이상의 개발에 대하여 규제를 하고 있는 것이다. 지정지구 면적 약 26,000ha에 다다른다. 건축물·공작물 신축에 관해서는 제1, 2종 지구 둘 다 높이가 10m를 넘는 경우, 또는 주택의 조성, 목재의 벌채 등 현질변경을 하는 경우는 그 면적이 제1종 지구는 300㎡ 이상, 제2종 지구는 1,000㎡ 이상의 경우에 시장의 허가를 필요로 하고 있다. 건축물 등은 양 종별 공통으로 높이 15m 이하, 토지형질변경에 대하여는 제1종 지구에서는 70% 이상의 녹지, 제2종 지구에서는 50% 이상의 녹지를 남길 것, 또는 자연풍경에 악영향을 주지 않을 것이 허가기준으로 되어 있다. 제1종 지역은 풍치 제1종지역과 거의 중복되어 있다. 위반자에게는 1년 이하의 징역도 마련되어 있다. 풍치지구조례에서는 엄한벌칙규정을 제정하는 것이 곤란하여 위반자에 대하여 유효한 조치를 하는 것이 어렵다. 풍지지구와 중복되게 지정되어 제도상 복잡한 상황으로 되어 있지만 자연풍경의 대규모 파괴

그림7·4 嵐山풍치지구 제1종 지역으로 지정되어 안정적인 풍경이 보전되어 있다.

를 확실하게 방어하는 것이 제도상의 목적이라 말할 수 있다. 때로 풍경파괴의 확신범이 나오는 경우가 있어 행정의 고민이기도 하다. 자연풍경보존조례는 풍경을 포함한다. 경관보존제도로서는 일본에서는 그 예가 없는 엄한 제도이다. 그 지구지정은 그 보존이 거의 보증되어 있는 역사적 풍토 특별보존지구 및 녹지보존지구를 제외하고 있다.

남겨진 과제

새로운 경관정비조례는 제로로서는 다방면에 걸쳐 포괄적으로 잘 검토되어 설명을 듣는 사람에게 안심감을 전할 정도이다. 그 포괄성·종합성에 있어서 일본에서는 선진적이라 말할 수 있을 것이다. 그러나 본래의 경관 보존과 아름다운 풍경형성을 생각하여 보면 남겨진 과제는 많다.

큰 문제점은 현재의 경관상황이 상당히 좋아 규제내용과의 큰 차이가 있는 것이다. 시가지에서는 2층 건물의 안정된 집들이 나란히 하는 명소이다. 이러한 곳이 풍치지구 혹은 미관지구로 지정되어 건축높이가 규제되어 있다. 그런데 엄하다고 말할 수 있는 5층으로 규제를 하거나, 처마설치를 의무화하거나 하는 것이다. 토지소유자의 재산권이라는 관점에서는 이것도 엄한 규제이지만 현 상태의 안정된 경관과 비교하면 커다란 변화가 허용되고 있다. 사람에 따라서는 심한 경관악화도 받아들이는 변화도 있을 수 있다. 주변의 3산에 대하여도 현 상태는 풍부한 녹지가 유지되어 있다. 이런 장소에서, 예를 들면 50%의 녹지를 보전하더라도 남는 50%의 토지에서 개발이 이루어지면 사람들의 눈에는 아주 험한 경관악화로 보여 질 것이다. 지금까지 법적으로 인정해온 개발의 권리가 너무 커서 기존 경관을 무시하는 것이었으므로 경관조례로 꽤 엄한 규제를 하더라도 아직 아름다운 풍경의 형성까지는 먼 길이다.

다음의 문제점은 이들 경관유도·규제의 대부분이 일정 규모 이상의 건설·개발에 대한 것만을 하는 것이다. 미관지구에 대하여는 제1·2종만이 신축행위 전부에 대하여 적용하고 있지만 타 종별에서는 전부 어느 높이 이상의 건축에 적용된다. 이 때문에 연속되는 마을가로변 경관으로서 일정수준을 확보하는 것은 처음부터 무리한 제도라고 말할 수 있을 것이다. 미관지구 제3종에서부터 제5종은 승인제인가 신청제인가 다른 점이 있는 것으로 대규모 건축물에 제한을 거는 건조물수경지구와 동질의 제도이다. 일정 규모 이하의 건축물에 대하여는 전혀 제한이 없다. 그러나 눈앞에 비춰지는 집들은 전체 건축물·구축물들로 이루어진 풍경이다. 일정 규모 이상의 것만이 풍경에 배려한 것이더라도, 그것은 마을가로변의 아름다움이 되는 것은 아니다. 눈에 들어오는 전부가 조화되어 처음으로 풍경의 아름다움을 달성할 수 있다.

이것은 일본의 도시계획제도에 더욱 심각한 문제점으로 떠올리고 있다. 교토의 매력은 도심에 전통가옥이 서있는 모습에서 만들어진 것일 것이다. 거의 같은 규모의 건축이 나란히 하고, 거리의 뒷면에는 앞쪽에서 상상할 수 없을 정도의 조용한 정원이 인접하여 계속되고 있는 것이다. 지금의 그곳에 용적률 400%의 건축이 허용되고 있지만 그 크기보다 더 심각한 문제는, 그 볼륨을 부지의 어느 장소에 어떤 형태로 만들어도 좋고, 규제치 이하라면 작아도 상관없고, 좋아 건축물을 만들지 않고 차고로 만들어도 좋다는 것이다. 이것은 가구(街區)의 형태가 장래에 어떻게 될 것인가 전혀 예상할 수 없는 것이어 개축이 있을 때마다 도시의 혼란은 계속될 것이다. 건축물의 색채나 디자인 이전의 문제이다. 필자는 이것을 경관 사회적 혼란이라고 부르고 있다. 현재의 제도는 경관의 사회적 혼란을 진행시키고 있는 것이라고 말할 수 없는 것이다. 경관제도의 수비범위를 넘는 과제이다.

이러한 문제에 대응하는 것으로서 교토시에서는 도심부에 주상혼재지역(御池通~五條通, 河源町通~堀川通을 포함한 지역의「밭 田모양」의 지역이라고 불려지고 있는 가구 내측부분)을 대상으로 상업지역이지만 주거기능을 배려하여 풍속영업을 제한하고 건축높이 20m를 넘는 부분으로부터 사선제한을 하여 주거계지역의 인지사선(隣地斜線)을 적용하여, 전면도로로부터 20m 이내의 범위를 높이 제한 20m, 최고 높이 31m라는 신 규칙을 도입했다. 적용 지역은 충분하다고 말하기는 어렵지만 바람직한 방향이라고 평가될 것이다.

또 남은 커다란 과제로서 조망시선(眺望視線)보호이다. 안정된 境内 풍경에 고층건물이 얼굴을 내미는 것일지도 모르겠다. 현재 상태의 규제는 야사카오층탑(八坂五層塔)을 거의 가리는 건물높이를 허용하는 것으로 아직까지 탑이 보이는 것은 행운일 따름이다. 八坂의 塔 지붕 높이는

24m인 것에 대하여 신 조례에서 규제가 강화되었다고 말할 수 있어 그 전방(마을 쪽) 북측에서는 높이 15m, 전방 남측에서는 20m까지 건설이 허용되고 있다. 만약 맨션에 의하여 야사카오층탑(八坂五層塔)이 가려진다면 전국에서 비판이 쏟아질 것이다. 여름의 오산송화(五山送火[6])도 그것을 바라보는 시선은 보호되어 있지는 않다. 작년에는 볼 수 있었던 장소에서 금년에는 보이지 않을지도 모른다는 것이다. 이러한 중요 조망시선이 보호되지 않는 것은 세계적으로 보면 오히려 예외적이다. 유럽은 말할 것도 없이 아메리카, 캐나다에서도 조망시선보호제도가 각지에 있다. 중요한 역사적 경관혜택을 받은 교토에서 조망시선 보호제도를 도입하는 것이 요망된다.

보조금의 예산에도 문제를 포함하고 있다. 그 금액이 1건당으로 보면 많은 편이지만 역사적 보전경관지구, 주변경관정비지구, 역사적 의장건조물의 3가지의 총액이 년간 약 4000만 엔 밖에 되지 않는다. 이들 지구에서 보조금교부를 받기 위해서는 수년간 기다리지 않으면 안되는 상황이다.

유도형, 시책형, 지원형으로 구성된 교토의 경관제도는 그 다방면에 걸친 포괄성에 있어서 현재의 일본에서는 좋게 평가되는 것일 것이다. 그러나 그것은 구미(歐美)와 비교하면 아직 부족한 점도 많고 상당히 낮은 수준의 경관을 확보하는 것에 지나지 않은 것도 사실이다.

7·2 가나자와 시
개별수경에서 총체적 풍경계획으로

풍경을 만드는 역사와 자연의 배경

전쟁이나 대재해에 의한 소실 등을 피한 구 시가지에 잔존한 역사적 도시나 용수, 가로 등, 성하정 특유의 구조에 메이지, 다이쇼, 쇼와의 도시건설이 추가되어 왔다. 이 들 각 시대의 도시유산의 고유성이 중첩되어 온 것이 가나자와의 도시풍경의 특색이다.

가나자와시의 도시풍경을 이야기 할 때 잊어서는 안 될 것은 자연이 만들어내는 풍경을 들 수 있다. 일본의 중세도시의 특징인 배후의 산간지와 바다를 향하여 완만한 경사의 해안평야를 지형의 기본으로 구 시가지를 끼고 흐르는 2개의 하천과 그것에 따라 3개의 하천구릉이 경사녹지를 이루는 것이 지형적 특징이다. 이것들은 가나자와의 경관구조의 주축을 구성하는 것으로 도시공간을 특징짓는 역사·풍토를 가꾸어 온 중요한 요소이다.

전체구상과 풍경계획

세계도시구상과 도시풍경

그런데 가나자와시의 장래성을 그린 것 중에 가장 중요하게 자리 잡고 있는 것은 「가나자와 세계도시구상」이다. 그 제2장 「개성을 높인다」의 「자연과 역사를 소중하게」(제2장(1))에는 「자연과의 공생」에 관하여 「하천, 구릉이나 하안단구, 사원이나 신사의 많은 녹지 등… 자연이, 도시의 차경이나 경관을 형성하고, 시민생활에 윤택함과 편안함을 부여하며 오래된 가로경관과 함께 도시의 정서를 형성한다」라고 하며 「역사와의 교류」와 관련하여 「역사환경을 지키고 발전시키며 역사와 접촉할 수 있는 도시만들기를 추진해 가는 것은 『스스로의 역사에 책임을 갖는 도시－가나자와』에 부여된 책무」라고 하고 있다.

또 「매력 있는 경관의 형성」에서는「『아름다운 자연과 풍토를 보존하는 경관만들기』『전통적·문화적인 자산을 계승하는 경관만들기』『환경과 조화된 새로운 도시공간을 창조하는 경관만들기』를 기본으로」, 보존을 전제로 한 역사유산의 계승을 하나의 가치체계로 하면서 새롭게 창출되는 양호한 도시경관을 위한 근대적인 도시 활동에 대응한 풍경을 현대에 창출해 가는 또 하나의 가치체계를 이루고 있다. 이러한 개념에 「가나자와다운 경관의 창출」(용수의 재생, 녹지의 아름다움의 창출, 예술 환경의 창출 등)을 추가한 3개의 경관개념과 도시풍경의 근간을 구성하는 것으로 말할 수 있다.

도시계획 마스터플랜과 도시풍경

또 가나자와세계도시구상에 의한 도시 시책의 종합적 지침을 나타내는 「가나자와시 도시계획마스터플랜」에서는 「전체구상」(제3장)의 「도시경관형성의 방침」 가운데 3개의 경관구역을 지정하고 구역마다 특성을 활용한 경관유도를 꾀하는 방침이 되고 있다. 3개의 경관구역 내역은 (1) 전통 환경 보존구역 (2) 근대적 도시경관 창출구역 (3) 기타 경관 구역(풍치지구 등)이고 (1), (2)에 대해서는 각각 2차적 구역 특성이 나뉘어져 있다. 먼저 전통 환경 보존구역에서는 ① 역사와 문화를 상징하는 심볼 경관구역, ② 역사적 가로경관 구역, ③ 하천변 경관 구역, ④ 원경 풍치경관구역의 4개로 나뉘고, 또 마찬가지로 근대적 도시경관 창출구역은 ① 도심축, ② 기존상업 업무지, ③ 전통 환경 보존구역의 인접지, ④ 골격적인 간선도로의 4개로 나누어 지구계획 등의 활용에 각각의 경관유도에 적용하고 있다.

그림7 · 5 나가쪼 무사 저택 주변

경관선진도시로서의 정책

◘ 정책의 개요

가나자와시의 경관시책에 있어서 가로 건축물 보존의 실질적 시도는 「전통가옥군지구의 토벽 · 문 등의 수복제도」(1964년)가 거의 그 시작이다. 그 후 「고도(古都) 보존법」(1966년)에 촉발된 형태로 「전통 환경 보존 조례」(1968년)를 제정했다. 고도(古都)보존법이 전국에서 3개의 도시(나라, 교토, 가마꾸라)에 한해, 또 사원건축 등의 역사적 가치를 강화하기 위한 법령인데 반해 지방도시의 경관정비에 대해서, 일반의 민가나 가로건축물도 대상으로 스스로 법제도화한 것으로서 당시 전국에서도 선구적이었다. 본 조례는 풍치지구의 개념을 확대 적용한 것으로 건축물 안에서의 조망 등 풍치경관의 보전 등을 목적으로 한 것이었다.

이후 전통적 건조물부터, 용수, 경사녹지와 가나자와시의 특징적인 경관구성요소의 보존 · 수경을 만들어 내는 한편 전통적 건축물에 대한 군집적 보존 · 수경에서 전통적 건축물이 비교적 남아 있는 지구(고古도시보존조례), 또한 전 시역의 개별 지구의 마을만들기협정을 연계하는 보존의 대상지역을 확대한다(마을만들기 조례)라는 2개의 방향에서의 확대과정을 거쳐 오늘에 이르고 있다. 어느 쪽이든 「전통적 환경」의 유지, 보존을 축으로 「주(생활)환경」 정비를 포함한 풍부한 「총체적 도시환경」의 구축에 이행되어 왔다고 할 수 있다.(표7 · 4)

그림7 · 6 뒷골목을 다니는 두부장사

◘ 가나자와시 전통환경 보존조례

「가나자와시 전통환경 보존조례」(1968년)는 일본에서 처음으로 만들어진 역사적 환경 보존에 관한 조례이다. 이 조례에서는 당초 4개의 보존지구(76.56ha)를 설정했다. 새로운 환경조례에 이행하는 1992년까지는 인접한 지

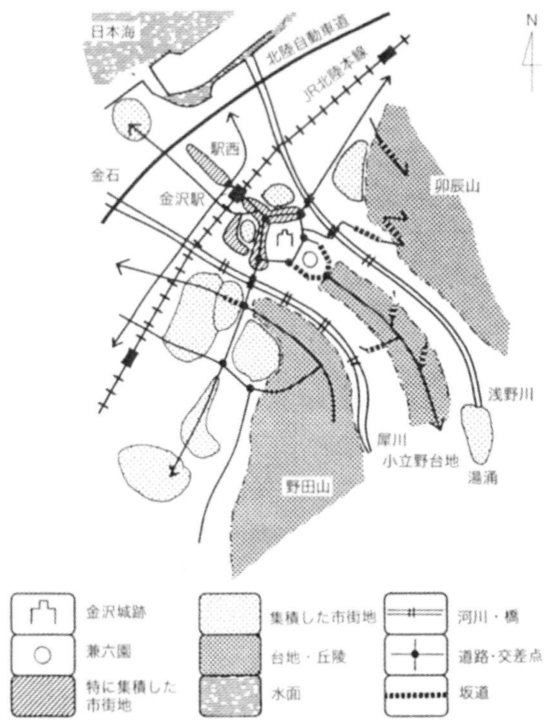

그림7 · 7 가나자와의 경관구조

표 7·4 가나자와의 도시시책 연표

연대	도시시책(조례제정연도)	도시정책(사업·보조제도)개시연도		가나자와시의 다른시책	전국동향
1964	가나자와시 전통 환경 보존조례	나가쪼무사가옥군 내의 토벽, 문 등의 수복·신설사업			
1966					古都의 역사적 풍토의 보존에 관한 특별조치법(古都보존법)
1968					신도시계획법, 구라시끼시 전통미관 보존조례
1970		전통 환경 보존구역 내 사원 토벽수복사업 보조제도			
1971				신혼·신축기념수배포제도	
1972					교토시시가지경관조례
1974				「녹지도시선언」결의 ,「시녹화추진요강」책정	
1975					전통적 건조물 보존제도(문화재보호법)
1978				가나자와 도시미 문화상 창설(가나자와경제동우회, 청년회의소, 상공회의소)	고베시 도시경관조례, 구라시끼시 전통적 건조물군 보존조례
1979				시보존수, 보존수림 제도	
1980				「녹지마스터플랜」「친수와 녹지재생」책정	
1981					지구계획제도(도시계획법)
1983		전통 환경 보존구역 연도 수경사업 보조제도	지정보존대상물 수복사업보조제도		
1984		다옥(茶屋)가 가로건축물 수경사업 : 모델지구 보전정비사업으로서 개시(격자호(格子戸)수복사업, 1989년 외관 수선, 방재시설 설치, 1993년 신축수경, 1995년 방재구조 보강)		「21세기 가나자와미래상」(도시경관구상)책정	
1986				「히가시야마1번지지구」지구계획제도도입,「도시경관형성모델도시」(건설성지정)책정	
1989	가나자와시 전통 환경 보존 및 아름다운 경관형성에 관한 조례(경관조례)				구마모토시 도시경관조례
1990				「도시경관심의회」설치	
1991		주치장수경시업			
1992		민간건축물 수경사업, 옥외광고물 철거사업		「가나자와시도시경관기본계획」책정,「경관도시선언」결의,「가나자와버행도로정비사업」	도시계획법·건축기준법개정,
1993		외구(外構)수경사업		(구)主計町지구경관모델주택완성	
1994	가나자와시 고 가로건축 보존조례	고(古)가로건축물 보존사업(건축물수경·보존건조물수경·외구(外構)수경·格子戸수경·방재시설정비·보존단체 육성, 1996년 방재구조 정비)		중핵시 지정, 가로건축물 대책과 설치(도시제작부 경관대책과의 명칭 변경)	마나즈루쪼마을만들기조례,등록유형문화재(문화재보호법)
1995				「가나자와세계도시구상」책정	
1996	가나자와시 용수보존 조례, 가나자와시 옥외광고물 조례			「가나자와옥외광고물심의회」 설치	
1997	가나자와시 사면녹지보전조례				
1998		가로건축물 주택건축 장려금제도		「가나자와시 도시계획 마스터플랜」책정, 가나자와시 중심시가지 활성화 센터 설립, 가나자와시 중심시가지 활성화추진 기본계획	중심시가지에 있어서 시가지정비 개선 및 상업 등의 활성화의 일체적 추진에 관한 조례
1999				主計町명칭변경	
2000	가나자와시 시민참가에 의한 마을만들기 추진에 관한 조례	도심특정 유료 임대주택 공급촉진제도, 도심부 임대공동주택건설촉진제도		가나자와시의 토지이용의 적정화에 관한 조례	지방분권 일괄법 시행
2001				가나자와시東山히가시중요전통적건조물보존지구선정,가나자와시가로건축물정주촉진조례	

구를 하나로 정리하면 크게 5개의 보존지역(422.89ha)이 존재한다. 당초 4개 지구에 그 지역을 확대하고 있다고 할 수 있다.

조례의 목적은「전통 환경의 보존육성과 근대적 도시경관의 창출을 꾀함으로서 시의 개성 있는 아름다운 경관을 형성하고 후대의 시민에게 계승함」(제1조)이고 그 내용은 (1) 전통 환경 보존구역의 지정 (2) 구역 내의 건축·목재의 벌채 등의 신고와 조언, 지도 또는 권고, (3) 전통 환경 보존위원회와 전문부회의 설치, (4) 사원의 문·토벽의 수복, 연도수경을 위한 생울타리의 조성의 실시이다. 또 지정보존대상물수복 사업보조의 신설(1983년)에 의해 구역 외의 건조물의 보존을 정리했다.

◘ 가나자와시의 전통 환경 보존 및 아름다운 경관형성에 관한 조례

「가나자와시 전통 환경보존 및 아름다운 경관형성에 관한 조례(경관조례)」(1989년, 이하 경관조례)는 제정 당시의 시대배경을 반영하고 구 전통 환경 보존조례에 맨션대책인 높이 규제나「전통 환경 보존조례 구역」외에「근대적 도시경관창출구역」을 추가한 것이 큰 특징이다. 그 밖에 주민참가의 도시경관 만들기와 가나자와의 개성을 살린 종합적, 계획적인 도시경관 만들기가 신 조례의 축이다. 조례의 주요 내용은 (1) 경관보전·정비구역의 설정 (2) 경관형성기준을 설치 (3) 구역 내 건축행위 등의 신고와 조언 (4) 지정보존대상물의 인정 (5) 도시경관에 영향을 주는 행위에 대한 조언, 지도 또는 권고이다.

전통 환경 보존 구역은 자연경관과 역사적 건조물, 유적 등 및 이들 일체적인 환경형성을 목적으로 한 구역으로 조례시행 당초의 13구역(422.9ha)부터 시작되고 현재의 36구역(1,885.9ha)으로 점차 확대되어 왔다. 또 근대적 도시경관창출구역은 전통 환경과 조화를 이루면서 근대적 도시기능과 일체를 이루며 형성된 환경을 목적으로 13구역 (153.8ha)이 지정되었지만 그 후 2001년에 일부 변경(154.4ha)이 있을 뿐이었다. 총 면적 2,040.3ha에 걸쳐 지정 구역 전체는 8m~60m의 10단계의 높이기준을 설정하고 신고제를 실시하여 그 성과를 올리고 있다.

구역 내의 지정보존 대상물은 지정보존건조물26건, 보존 수 106본, 보존 수림본 38개소이다.(2001년도 말 현재) 또 지정 구역에서의 조성제도에는 사원의 담장, 문의 수복사업(토담 : 1970년 개시, 산문 : 1980년 개시) 외에 민간건축물 수경사업(1992년 개시) 등이다.

가나자와시의 가로경관 보존

◘ 삼다옥(三茶屋)가의 보존

비교적 조기에 착수된 테라쪼와 사원 및 나가쪼무사저택의 토담의 보존부터 시작된 가나자와의 가로건축물의 보존시책은 계속해서 다옥(茶屋)가의 보존·수경으로 이어졌다. 히가시야마히가시 다옥(茶屋)가는 다옥건축이 매우 집적된 지구로 1975년에 전통적 건조물군 보존지구지정을 위해 조사가 실시되었지만 주민합의에는 이르지 못했다.

그러나 노후화 등으로 개축할 수 없는 건물도 나타나고 적극적인 보전의 필요성이 대두되어 2001년에 다시 조사를 실시하여 히가시야마히가시 다옥(茶屋)가는 중요 전통적 건조물군 보존구역으로 선정되었다.

또「전통 환경보존조례」제정 후 도시개발의 파도 가운데 전통 환경보존구역의 추가지정이 실시되었고 1982년의 추가지정에서 새롭게 추가된 곳은 아시노가와 좌안의 가즈에미치이다. 현존하는 다옥(茶屋)가는 히가시다옥(茶屋)가, 니시다옥(茶屋)가, 그리고 가즈에 마치의 3개이다.

그림7·8 경관조례에 의한 지정구역의 개요

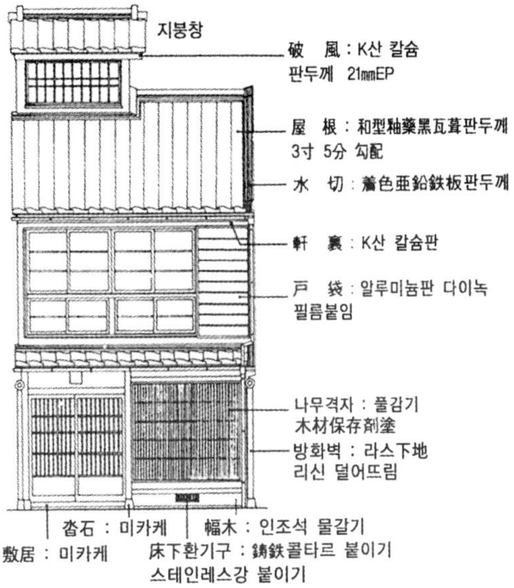

그림7 · 11　구가즈에미치 모델주택

이 삼다옥(三茶屋)은 가나자와시의 경관행정상 매우 중요한 위치를 차지하고 있다.

1984년부터는 다옥(茶屋)건축의 특징인 기무스고(木虫籠)의 수선에 대해서 보조 제도를 두고, 후에 「다옥(茶屋)가 가로건축물 수경사업」으로 오늘에 이르고 있다. 가로에 대해서도 「걸을 수 있는 도로정비사업」을 실시하고, 안전하고 쾌적한 보행공간을 정비해 왔다.

가즈에 마치는 1999년 10월1일에 구 지역명을 부활시켰다. 구 지역명 부활은 단순한 회고주의가 아니고 살고 있는 지역에 대한 자부심이 지역의 애착에도 이어지며, 지역민간의 연대에도 영향을 미친다는 개념이 근간이 된다. 번정기(藩政期)의 명칭으로 돌아가는 것은 형태를 바꾸는 보존 · 수경운동이라고도 말할 수 있다. 가나자와 경제동우회의 제언으로 시작된 이 운동은 1992년에는 한번 좌절되었다. 그러나 앙케이트 등의 실시에 의해 시민의 총의를 환기시키기 위해 참가형의 방법을 도입시켜 성공한 것도 주목할 가치가 있다.

또 히가시야마히가시 다옥(茶屋)가의 중요 전통적 건조물군 보존지구지정에 이어 가즈에마찌에서도 선정을 위한 조사가 실시되었다. 그러나 당분간 국가의 중요 전통적 건조물군 보존지구 선정을 목표로 두지 않고 시의 결정에 따르는 전통적 건조물군 보존지구보존을 추진해 가는 의향이다. 이러한 시도는 전국적으로 처음 있는 사례이다. 이것도 또 일본의 새로운 전통적 건조물군 보존지구보존의 방향을 연구하는데 지자체에 의한 일보일지도 모른다.

그림7 · 9　히가시다옥가의 가로경관

그림7 · 10　가즈에미치의 가로경관

다옥가(茶屋街) 가로건축물 수경사업은 구 가즈에마찌 모델지구 보전수복사업으로 시작되었고 격자호(格子戶) 수복(1984년 개시)을 시작으로 외관수선(1989년도 개시), 신축수경(1993년도 개시)을 추진해 왔다. 또 방재 대책으로서 방재시설 설치(1989년도 개시), 방재구조 강화(1995년도 개시) 등이 추가되어 현재에 이르고 있다.

◘ 고(古)가로건축물의 보존

구 전통 환경보존조례나 경관조례에 따라 역사적 건조물을 중점적으로 보존해 온 가나자와시이지만 각 지역에 점재해 있는 역사적인 가로건축물 등이 점차 사라져 갔다. 또 가나자와의 삼다옥(三茶屋)가에 대표되는 보존형태는 관광시책사업의 의지가 강하고 고(古)가로건축물의 보존제도는 일반주거 및 일반거주지에서의 보존방법을 규명하는데 획기적이라고 할 수 있을 것이다. 이들의 구 시가지에 널리 분포되어 있는 주택지는 대로변에서 들어가 있는 불규칙적으로 돌아가는 좁은 도로변에 따라 전개되고 지금도 과거의 성하정의 풍경의 일면을 감추어 놓았다.

「무사계(武士系)」는 조용한 주택지의 인상이고 비교적

여유 있는 부지나 입구에 설치된 문과 거기에 이어진 토벽 등의 외구(外構), 담 너머로 보이는 정원의 풍요한 녹지나 큰 지붕이 특징이다.

고(古)가로건축물의 보존이란 구 시가지의 명소에 남아있는 역사적 특징을 가진 「괜찮은 좋은 가로건축물」을 「고(古)가로건축물」로서 지키고 가꾸어 그 분위기를 활용한 품격 있는 가로건축물로 지정하여 역사적 건조물을 핵으로 인접한 가로건축물의 보존수경에 파급해 가자는 것이다. 조례 제2조(용어의 정의)에서는 「역사적인 가치를 가지는 무사가옥, 상가, 사원 그 외의 건조물 또는 이들 양식을 계승한 건조물이 집적하고 역사적인 특징이 남겨져 있는 가로건축물」이라고 되어 있다.

구체적으로는 (1) 국가의 제도인 「전통적 건조물군 보존지구」 정도의 면적인 범위나 질적 순수성은 없지만 역사적 정서를 가지고 있는 괜찮은 가로건축물로, (2) 10호 정도이어도 가로건축물로서 정돈되어 있으면 좋다. (3) 전통적인 주택을 소중하게 여기면서 지금 살고 있는 사람들의 「활력 있는 생활감」을 중시하고, (4) 에도, 메이지, 다이쇼기, 양질이면 현대의 건물이 혼재해도 좋다고 하고 있다.

앞으로도 지속적으로 생활이 가능한 도시를 위해 실제

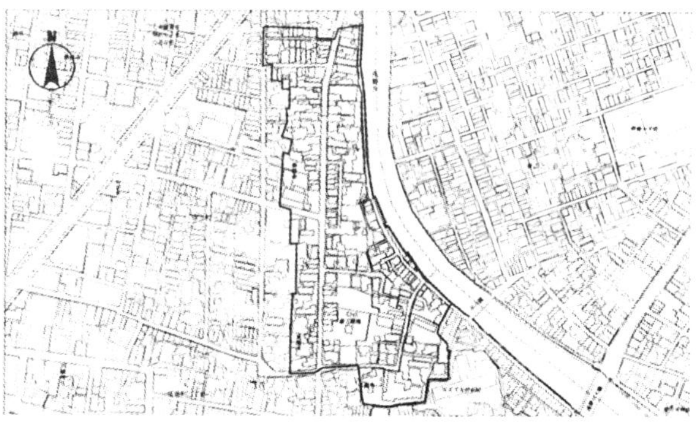

그림7·12 旧彦三一番丁·母衣町구역 고(古) 가로건축물 보존 구역

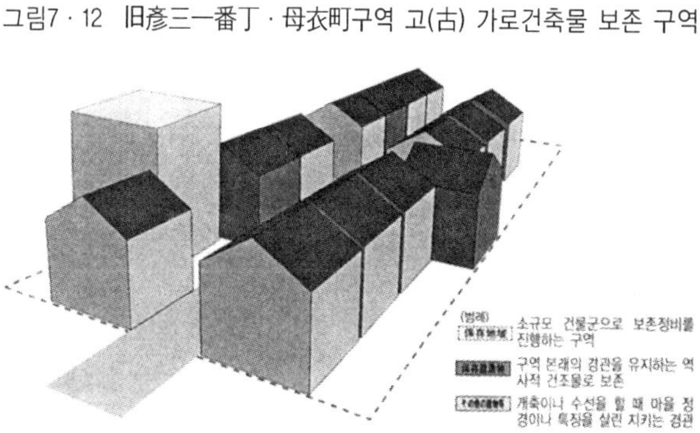

그림7·13 고(古)가로건축물 보존의 개념 (출전 : 가나자와 시 「가나자와 시 고(古)가로건축물보존조례」

의 운용에 있어서 주민의 수용태세나 연대가 중요한 요소이고 참가형의 마을만들기의 시도로서 평가된다. 고(古)가로건축물의 보존에 관한 조성제도에는 건축물 수경사업, 보존건조물 수복사업, 외구(外構)수경사업, 격자호(格子戶) 수복사업, 방재시설 정비사업, 방재구조 정비사업, 보존단체의 육성사업이 있다. 고(古)가로건축물 보존구역은 2002년의 시점에서 무사계(武士系) 4개소, 상가계 6개소 합계 10개소가 지정되어 있다.

가나자와시의 수경보조사업과 세제우대조치

보존수경보조사업

도시풍경을 수경유도하기 위해 가나자와시에서는 조례에 의한 지정 구역 등 시민이 신축·개축 등을 할 때 적극적으

표7·5 보존수경조성제도

사업자	대상	보조율	한도액	대상지역
사원 등 토벽산문 수복사업	토벽 등 수복	75%	1,000만 엔	지정구역 3사원군
	山門수복	70%	700만 엔	
다옥(茶屋)가 가로건축물 수경사업	格子戸수복	90%	-	니시다옥가
	건축물수선	70%	1,000만 엔	
	신축수경	70%	200만 엔	
	방재시설정비	90%	-	
	방재구조정비	90%	500만 엔	
고(古)가로건축물 보존사업	건축물수경(외관)	70%	200만 엔	고(古)가로건축물보존구역
	보존건조물수복	70%	500만 엔	
	外構수경	70%	100~300만엔	
	格子戸수경	90%	-	
	보존단체육성	-	10만 엔	
보존대상무보전사업	외관수선	70%	1,000만 엔	지정보존건조물(26건)
	방재시설설치	90%	-	
	방재구조강화	90%	500만 엔	
전통적 건조물 수복사업	건축물수복(외관)	50%	150만 엔	지정구역의 일부(인정건축물)
	방재구조정비	50%	250만 엔	
건축물수경사업	설계비보조	10%	10만 엔	지정구역
沿道수경사업	울타리정비	90%	50만 엔	지정구역 사면녹지보전구역
	外構수경	70%	200만 엔	
	**벽수경	90%	50만 엔	
주차장건축물 수경사업	주차장주위수경	70%	200만 엔	지정구역 사면녹지보전구역 西인터체인지沿線
	주차장주위녹화	50%	50만 엔	상기 이외의 지역
사면녹지육성사업	高木녹화	90%	30만 엔	사면녹지보전구역
	주차장노면녹화	90%	20만 엔	
사면녹지적정관리조성사업	거목적정관리비조성	70%	20만 엔	
	보전활동비조성	-	연간10만 엔	
광고경관개선사업	옥외광고물 철거	70~50%	50만 엔	가나자와시역

注) 지정구역이란 「경관조례」에서 정한 전통 환경보존구역 및 근대적 도시경관 창출구역을 말함

표7·6 가나자와 시 전통적 건조물군 보존지구의 조성제도 일람

사업명 구분	종류	대상사업	보조율	한도액	대상지역
전통적 건조물	건축물	외관, 지붕 및 구조상 주요 부분의 수리(노후 전기배선의 갱신 포함)	80%	1,500만 엔	히가시다옥(茶屋)가 主計町다옥(茶屋)가
		구조상 주요부분의 보강	90%	500만 엔	
		격자 수리	90%	-	
		방재설비의 정비	90%	-	
	공작물의 수리		80%	-	
일반 건조물	건축물	외관, 지붕의 수경	70%	700만 엔	
		격자 수경	90%	-	
		방재설비의 정비	90%	-	
	공작물의 수경		70%	-	
관리	건축물 및 공작물	병충해의 방제처리	80%	5만 엔	
환경물건 등	특정된 것	복구	80%	-	
		병충해의 방제처리	80%	-	
	상기 이외의 것	생울타리의 정비	80%	-	
보존단체의 활동		지구보존을 목적으로 하는 주민단체에 의한 활동 및 방재대여기자재 정비 및 유지관리 등	50%	100만 엔	
주차장임대		지구 내에 거주하는 자로 자택 부지 내에 주차시설을 갖지 않은 자의 지구 외에서의 주차장 임대(1세대에 1대에 한함)	50%	1개월 당 5천 엔	
공가활용		지구 내의 공가를 임대하여 새롭게 거주하는 자에게 임대(최초 1년 간에 한함)	50%	20만 엔	

로 경관을 지키고 만들며 가꾸는 사업에 대하여 경비의 일부를 조성하는 각종 제도를 두어 지금까지 실적을 올리고 있다. 조성제도의 주요한 것을 표7·5, 7·6에 나타냈다.

시의 조성을 받은 재산 등에 대하여는 시장의 승인을 받지 않고 조성금 교부의 목적에 반하여 사용하거나 양도, 교환, 임대, 담보 제공하는 것은 일정기간 불가능하다. 또 처분이 제한되는 기간은 철근콘크리트조 등의 건물·25년, 그 외의 건물·15년, 구축물·10년이다.

◘ 세제우대조치

마찬가지로 가로건축물 경관을 유지하기 위한 시책으로 세제에 의한 우대조치로 시에서는 역사적 건조물의 보존유지를 위해 소유자에게 고정자산세 등의 감면조치를 취하고 있다. 가나자와시의 제도를 표7·7에 나타냈다.

국가지정 문화재와 전통적 건조물군 보존지구와 전통적 건조물은 지방세법에서 비과세로 되어 있지만 그 외의 조치는 모두 가나자와시에서 행하고 있다. 가나자와시의 역사적 건조물이 보존유지에 대한 조치로서 국가지정 중요

표7·7 세재우대조치

· 문화재		
국가지정	가옥·부지	비과세(지방세법)
현지정	가옥	면제(100%감면)
시지정	가옥	면제(100%감면)
· 경관조례지정보존건조물	가옥	면제(100%감면)
· 고(古)가로건축보존건조물	가옥	면제(100%감면)
· 伝建지구		
전통적건조물	가옥	비과세(지방세법)
	부지	50% 경감(불균일고세조례)
전통적건조물 이외	가옥·부지	50% 경감(불균일고세조례)

문화재의 가옥, 부지에 대한 비과세조치를 담보하는 지방세법의 조문 등은 지방세법 등 제348조제2항(고정자산세) 및 제702조의 2제2항(도시계획세)이 근거 조항이 된다.

불균일 과세조례는 2001년의 히가시의 전통적 건조물군 보존지구 지정에 맞추어 그 구역에 대해서 불균일과세를 시행하기 위해 설치된 조항이다. 전국의 전통적 건조물군 보존지구에서 지금까지 약 10개의 도시에서 이러한 취지의 조례를 두고 있다. 1977년에 하기시가 제정한 이후 서서히 실시하는 지자체가 늘고 있었지만 1988년에 당시의 자치성에서 전통적 건조물군 보존지구 내에서의 고정자산세의 경감에 대해서의 통지가 제시되어 각 지자체의 판단으로 적정경감을 취하는 흐름을 통해 가나자와시에서도 적극적으로 검토를 추진한 것이다.

가나자와시의 조망경관

◘ 조망경관보전시책의 개요

도시경관에의 종합적인 시점이 중요시되고 있는 가운데 가나자와시가 시행하고 있는 새로운 계획으로서 조망경관보전시책 등은 하나의 실험으로 주목된다. 가나자와시에서는 도시경관 심의회의 계획부회에 있어 2001년도부터 조망경관 보전조사를 시작하여 2002년도에는 전년도의 조사를 참고로 조망경관에 관한 가이드라인을 책정했다. 목적은 가나자와의 도시를 더욱 아름답고 매력 있는 쾌적한 도시로 만들기 위해 시내의 조망경관을 분석하고 양호한 조망

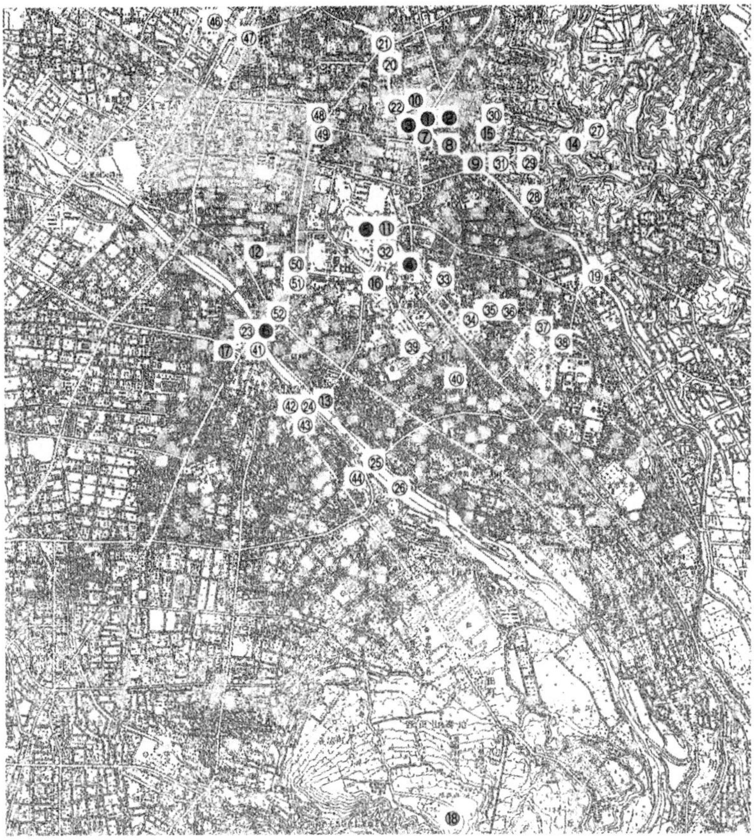

A급 조망 지점 (6 지점)

❶ 浅野川大橋（上流眺望）
❷ 東山ひがし茶屋街
❸ 主計町
❹ 兼六園
❺ 金沢城公園
❻ 犀川大橋（上流眺望）

B급 조망 지점(12지점)

⑦ 浅野川橋（下流眺望）
⑧ 梅の橋（上流・下流眺望）
⑨ 天神橋（上流・下流眺望）
⑩ 中の橋（上流眺望）
⑪ 石川門
⑫ 長町
⑬ 桜橋（上流眺望）
⑭ 望湖台
⑮ 宝泉寺
⑯ 広坂
⑰ 西茶屋街
⑱ 野田山

C급 조망 지점(34지점)

⑲ 鈴見橋（上流・下流眺望）
⑳ 小橋（上流・下流眺望）
㉑ 彦三大橋（上流・下流眺望）
㉒ 中の橋（下流眺望）
㉓ 犀川大橋（下流眺望）
㉔ 桜橋（下流眺望）
㉕ 下菊橋（上流・下流眺望）
㉖ 上菊橋（上流・下流眺望）
㉗ 横空台
㉘ ときわ町緑地
㉙ 豊国神社
㉚ 子来町緑地公園
㉛ 帰厚坂
㉜ 兼六坂
㉝ 八坂
㉞ 木曽坂
㉟ 宝円寺
㊱ 馬坂
㊲ 天神坂
㊳ 椿原天満宮
㊴ 大乗寺坂
㊵ 嫁坂
㊶ 蛤坂
㊷ 新桜坂
㊸ W坂
㊹ 長良坂
㊺ 金沢港
㊻ 金沢駅（西広場）
㊼ 金沢駅（東広場）
㊽ 武蔵ヶ辻（駅方向）
㊾ 武蔵ヶ辻（香林坊方向）
㊿ 香林坊（武蔵方向）
51 香林坊（片町方向）
52 片町

*㊺ 가나자와 항은 지도 외에 위치

그림7 · 14 중요조망 지점 위치

경관을 지키고 가꾸기 위한 시책을 전개하는 것이다.

가이드라인책정의 계기는 최근 도시개발에 있어서 중 · 고층 건축물에 의한 풍경저해이다. 가나자와시에서는 건축물의 높이 기준을 경관조례로 정하고 있다. 또 그 후 소가로건물축 보전조례나 사면녹지보전조례 등에서 규제유도를 하고 있지만 모든 시역에서 규제유도가 불가능하고 지금까지의 규제유도만으로는 부족한 부분도 보이기 시작했다. 간선도로변의 근대적 도시경관창출구역에서 높이 규제가 완화된 건물이 있는 한편 바로 그 옆에 전통 환경보조구역이 있는 모자이크적인 도시공간에서는 2개의 서로 다른 조망이 상반된 경우도 있다. 또 40m가 넘는 높이의 병원시설이 사면녹지, 풍치지구 등에 만들어진 경우도 볼 수 있다. 조망경관의 가이드라인책정은 지금까지의 각각 독립된 경관시책과 연계하여 도시경관에 자연환경을 포함한 보다 넓은 총체적인 풍경계획을 높여가는 시책으로 주목된다.

조망경관보전의 기본적 사고

가나자와시의 조망경관의 특징은 앞에서 말한 바와 같이 도시의 자연지형적 특질에서 하나의 심볼적인 대상물에 조망이 집약되는 것이 아니라 여러 개의 조망대상물의 집합에 의한 분산형의 조망경관에 있다. 따라서 조망의 가이드라인도 보다 복잡할 수밖에 없다. 그 때문에 시내의 조망경관의 현상을 분석하고 양호한 조망경관을 창출. 육성해 나가기 위해서 객관적인 평가를 시행하는 기준이 정해졌다.

먼저 조망경관의 현상에 있어서 「시점 장소」(조망하는 지점)과 「대상 장소」(조망대상이 되는 경관)이라는 개념을 도입하여 각각의 특성평가기준을 바탕으로 조망점의 선정에 임했다. 시가지와 그 주변의 지형적 특성이나 역사적 배경, 또한 도시 활동을 배경으로 가나자와만의 조망을 기대하는 대표적인 시점장소와 대상 장소를 유형화했다. 시점장소로서의 조망유형은 (1) 하천 · 교량, (2) 구릉, (3) 언덕길, (4) 기타(고층건축물 옥상 등)의 4개이며, 대상 장소는 (1) 녹지, (2) 자연, (3) 역사전통 문화특성(또는 근대성)의 3가지로 유형화했다.

또 현재나 장래에 일어날 수 있는 문제점으로서 고층건축물에 의한 녹지의 차폐나 옥외광고물이나 건축의 의장·색채에 의한 저해 등을 들 수 있고, 그것들을 정리하여 조망경관보전의 기본적 사고를 나타냈다. 그것은 「조망의 경관보전」(전망확보, 배경보전, 장해요인의 저감)과 「조망경관의 창출·육성」(시점장소의 확보·연출, 보전대상요소의 창출)을 2개의 주요한 축으로 구성하고 있다.

◘ 중요 조망점의 선정

전술한 개념을 기본으로 주요한 시점장소를 선택했다. 선출 시에는 어느 정도 무작위로 샘플링 된 후보에 대해서 시점장소특성의 평가기준((1) 공공성 : 시민의 접근자유성, (2) 역사성 : 시점장소역사성, (3) 관광성 : 관광객이 조망을 즐길 수 있을 것, (4) 심상성(心象性) : 앙케이트에 의한 인지도)과 대상 장소 특성의 평가기준((1) 녹지와의 연계 : 구릉지의 녹지 등, (2) 자연 : 원경을 조망할 수 있는 곳, (3) 역사전통문화특성 : 역사적 가로건축물이나 사원을 조망, (4) 근대성 : 근대적 가로건축물 조망)에 대해서 평가채점을 하여 객관성을 확보한다.

상기평가기준에 따라 A, B, C급(총계52지점)의 조망경관을 선출하여 각각의 경관특성이나 과제 등을 추출했다. A급 조망점(6지점), B급 조망점(12지점), C급 조망점(34지점)가운데 A급 조망점을 「중요 조망점」으로 지정하고 그 조망경관의 보전방침을 검토했다. 선출된 중요 조망점은 이하의 6개이다.

(1) 아사노천 대교　(2) 히가시야마히가시 다옥가
(3) 가즈에마치　(4) 건록크엔
(5) 가나자와성 공원　(6) 대교

◘ 조망경관평가의 검토

가나자와의 조망경관의 보전은 보전대상 요소를 추출하고 조망경관의 보전방침을 결정하여 조망의 검토 등, 개발이 조망에 미치는 영향의 내용과 정도 및 보전대책에 대하여 사전에 예측과 평가를 시행하여 조망저해를 미연에 방지하는 것이 기대된다. 중요 조망점의 하나인 대교의 경우를 사례로 들면 보전대상 요소로서 사이가와(근경), 테라쪼대지의 녹지(중경), 노다산 등의 산맥(원경)을 들 수 있고 방침으로서는 「자연·역사적 조망요소를 보전함과 동

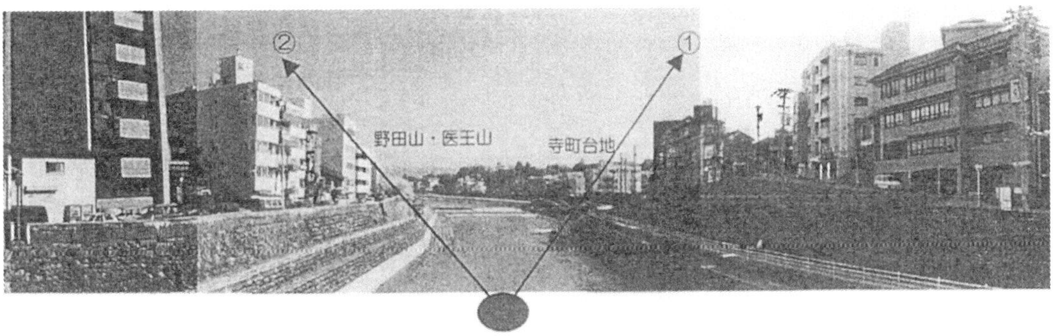

그림7·15 사이가와대교 조망라인①은 건축물에 의해 戸室山 능선이 차폐되는 라인, 조망라인②는 건축물에 의해 테라쪼대지의 녹지 능선이 차폐되는 라인이다.

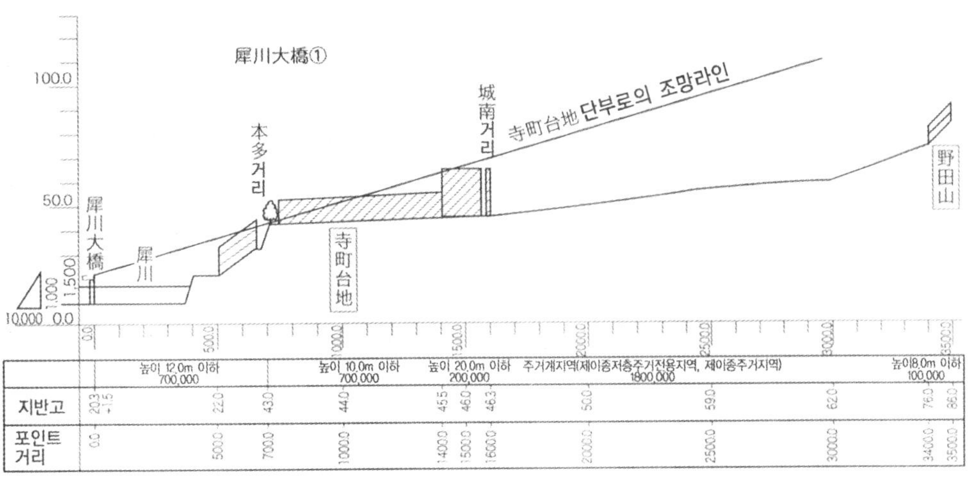

그림7·16 조망경관의 보전방침

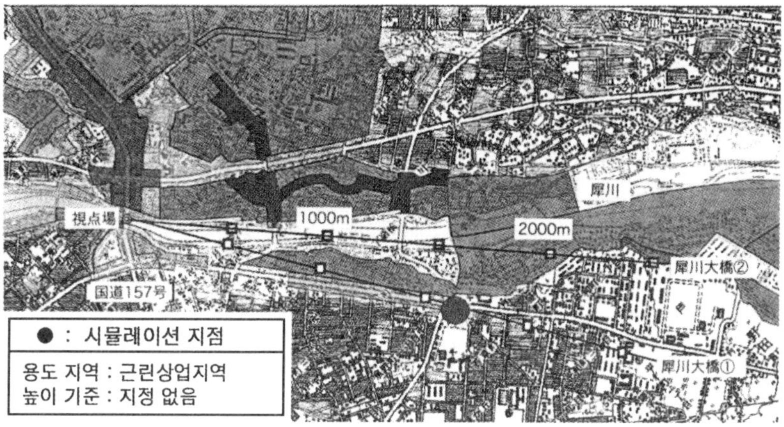

그림7 · 17 조망높이의 검토
A급 조망점의 하나인 대교에서 상류로의 조망의 시뮬레이션. 시뮬레이션 지점에 중고층(높이50m) 건물을 세웠을 때의 배경이 되는 산맥에 대한 영향을 검토

시에 인접하는 근대적 도시경관과의 조화를 꾀한다」라는 것이며, 시점장소인 사이가와 대교에서 테라쪼 대지 방향으로의 조망에 대해서 특히 도시경관적인 규제의 대상 이외의 지구에서의 높이나 색채의 검토를 추진하고 있다.

가나자와시에서는 중요 조망점에서의 경관 시뮬레이션에 의한 검토를 중 · 고층의 건축물이나 공작물을 건설하고자 하는 사업자에 대하여 시행하도록 일부 개정하여 체제를 갖추고 있다. 시의 「가나자와시의 시민참가에 의한 마을만들기 추진에 관한 조례(마을만들기 조례)」(2000년)에서는 14조에서 중고층 건축물(상업계 15m 이상, 주거계 10m 이상)을 건축하는 사업자에게 「실시계획서」를 제출할 것, 30일간에 걸쳐 계획개요를 게시할 것, 근린주민에게 설명회를 개최할 것 등을 의무화했지만(도시계획과 담당), 이번의 조치에서는 동시에 중 · 고층의 건조물의 규제유도를 꾀하기 위하여 「경관자기진단」과 사전협의(가로 건축물 대책담당)가 필요하게 되었다. 자기진단의 과정에서 경관에 영향을 주는 위험이 있으면 필요에 따라 도시경관심의회에서 심의될 예정이다.

◘ 앞으로의 과제 : 조망경관창출 · 육성

중요 조망경관의 보전은 전술한 바와 같이 경관 시뮬레이션의 수법에 의해 (1) 중 · 고층 건축계획이 조망경관 미치는 영향을 시각적으로 예측할 수 있을 것, (2) 개발의 조기 단계에서 시뮬레이션하고, 계획의 수정에 반영하는 것이 가능하도록 할 것, (3) 시민이 조망경관의 보전을 통하여 도시경관에 대한 관심을 높일 것이 기대된다. 특히 이 마지막의 시민의식의 향상이 앞으로의 경관시책으로의 파급 효과로 나타나고 지금은 개인의 부지 내의 녹화가 실마리일 수밖에 없지만 앞으로는 건축을 군집으로 간주

그림7 · 18 사이가와 상류로의 조망 포토 몽타-쥬

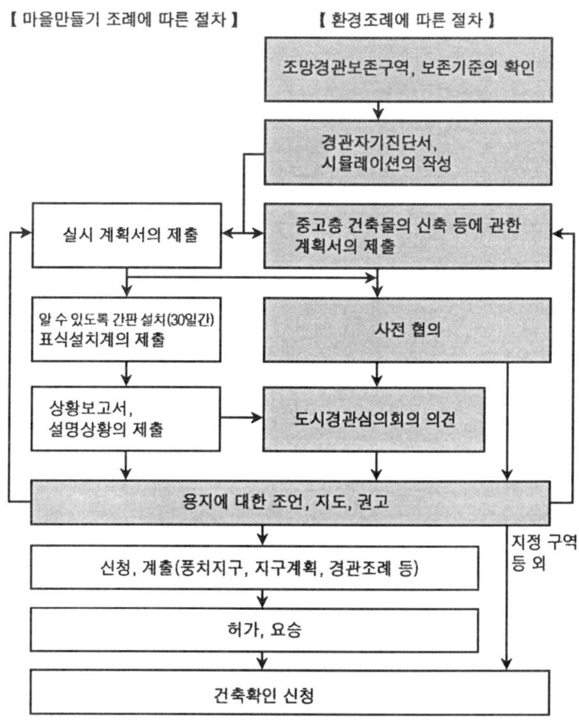

그림7 · 19 조망경관 보전구역 내의 중고층 건축에 관한 개발사업 과정 플로 차트

하는 시점을 키우고 조망경관은 보다 도시풍경의 창출·육성에 연계되도록 생각하고 있다.

또 현시점에서 다룬 중요 조망점(A급)은 어느 것도 관광자원적인 요소가 강하다고 말할 수 있지만 시민생활과 깊이 관련된 B, C급의 조망점에 대해서도 보전의 대상이 되는 것이 바람직하다. 앞으로는 전술한 중요 조망점의 조망경관을 보다 매력적으로 하기 위한 시책을 검토하는 것과 총 52개소에 걸친 조망점을 각각 보전해 나가기 위한 방책을 연구하는 전개가 새롭게 요구된다.

도심주거

이렇게 가나자와시에서는 개별의 수경에서 자연환경을 도입한 종합적인 풍경계획이 모색되고 조망경관의 보전을 통하여 자연경관의 보호, 더 나아가서는 생활환경의 정비가 추진되고 있다. 그러나 경관시책과 연계된 시가지의 생활환경의 질을 높이고자 하는 시의 가장 심각한 과제는 도심의 공동화이다. 중심시가지의 공동화는 전국적인 경향이지만 가나자와시의 경우에는 역사적 건조물이나 좁은 가로는 현대의 생활양식에 맞지 않는 것이 사태를 심각하게 하고 있다.

예를 들면 전재를 피한 가나자와시의 경우 전시도의 거의 2할에 해당하는 420km가 좁은 가로이다. 생활환경의 시점에서 보면 분위기 있는 좁은 가로도 도시방재나 교통의 면에서 보면 부정적이다. 이들의 정책은 도심의 고밀주거와 또한 안전하고 쾌적한 장소로서 기능하기위해서는 필할 수 없는 과제이다.

이러한 상황 중에 가나자와시는 도심재생을 정주촉진으로 극복하기 위해 「전통적 건조물 수복 지원제도」와 「도심정주촉진사업」을 1998년 동시에 시작했다. 이것은 중심시가지의 계속적 혹은 신규거주를 장려하고 새로운 생활환경과 풍경을 만들어 내는 도심거주를 생각하는 기회라고 할 수 있다. 실제로 경관적 요소를 어느 정도 클리어한 주택이 보조의 대상이 된다. 그러나 도심생활의 새로운 비전이 미확정적인 상태에서는 단지 교외형 정원이 달린 단독주택의 개축을 형성하는 결과를 가져올 수 있는 상태로 남을 수 있다.

전통도시 가나자와시는 결코 전통만을 엄수해 온 것은 아니고 항상 새로운 것을 받아들여 왔다고 할 수 있다. 「스스로 역사에 책임을 진다」는 것은 역사적 가로건축물을 소중히 여기면서도 모두가 지속적인 생활을 할 수 있는 새로운 도시를 모색해 가는 것일 것이다.

7·3 요코하마 시
종합적인 풍경계획의 전개

도시디자인의 실천

요코하마 시는 일본에서 최초로 「도시디자인」을 도입 선진적인 실적을 올리고 있는 지자체이다.

요코하마의 도시디자인의 정책을 평하는 단어로 「프로젝트방식」이라는 말이 사용된다. 지금은 거의 대부분의 대도시에서 책정되어 있는 경관조례 등의 전 시(市)적인 경관컨트롤수법은 요코하마는 채용하고 있지 않으며 이른바 경관마스터플랜과 같은 것도 존재하지 않는다. 오히려 개개의 프로젝트의 시행착오 가운데 도시디자인의 방법이 모색되고 그들의 실천을 통해 이념을 만들어내고 전 시(市)를 대상으로 종합적으로 전개해 가는 것이 특징이다.

도시디자인의 역사

요코하마시가 도시디자인을 추진한 배경에는 몇 가지의 큰 요인이 있다. 요코하마에서는 전후의 1950년대에 들어서도 도심부의 부흥이 거의 이루어지지 못한 상황이었다. 고도성장기를 맞이하여 다른 도시가 폭발적인 발전을 가져오면서 도심은 위기감을 가져오는 한편 교외부는 매우 빠른 속도로 주택지가 개발되고 동경의 베드타운화가 급속히 진행되었다. 그 때문에 요코하마시는 도심부의 공동화, 교외부의 무질서한 난개발이라고 하는 2개의 문제를 안고 지자체로서 위기감을 가지게 되었다. 이러한 상황에서 1963년에 아스까타(飛鳥田)시정이 탄생하면서 혁신시정으로의 이행이 요코하마시의 도시정책에 큰 전환점을 가져오게 되었다.

아스까타(飛鳥田)시장은 새로운 도시만들기의 비전의 필요성을 느끼고 당시 동경도 정조사회의 나루미(鳴海)씨를 요코하마에 불러들여 나루미(鳴海)씨와 아사다(淺田)씨에게 앞으로의 요코하마 도시만들기 계획에 대하여 의견을 구했다. 이 비전 만들기에 참가한 사람은 아사다(淺田)씨 사무소에 입사해 얼마 되지 않은 다무라(田村)씨였다.

이 외부 전문가에 의한 검토는 「도시만들기의 장래계획구상」(후에 6대 사업이라고 명칭)으로 정리되고 그 후 요코하마의 도시만들기에 큰 변화를 가져왔다. 다무라(田村)씨는 그 후 환경개발센터를 사임하고 이 6대 사업실시를 위해 요코하마시에 들어와 요코하마의 도시만들기 · 도시디자인실천의 리더로서 활약하게 되었다.

아스까타(飛鳥田)시정의 탄생과 6대 사업실시라고 하는 큰 목표를 향해 조직의 개혁도 추진되었다. 종합적인 도시만들기를 추진하기 위해 기획조정실(후에 기획조정국)이 설립되고 다무라(田村)씨 등이 중심이 되어 고속도로의 지하화, 오도리 공원, 지하철 건설 등의 큰 프로젝트를 추진했다.

「도시만들기의 장래계획구상」과 마찬가지로 외부 전문가의 적극적인 등용은 그 후 계속되었다. 1965년에는 「도시미대책심의회」가 설치되고 오도리 공원, 지하철 건설 등의 큰 프로젝트는 「설계위원회」 방식에 의해 건축가, 공업다자이너, 조각가 등 여러 분야의 디자이너가 관여하게 됨에 따라 경관 · 디자인을 배려한 도시만들기가 추진되었다.

동경계획1960에 대표되는 60년대의 건축계를 석권한 도시디자인 붐은 급격히 약해지지만 이러한 역사적인 경위를 보면 요코하마의 도시디자인은 계획으로서의 도시디자인과 실천적인 도시디자인이 접점을 가진 보기 드문 실례라고 할 수 있다.

외부 전문가 · 디자이너를 적극적으로 등용하는 한편 행정의 내부에서도 쇠퇴한 도심을 재생시키기 위한 여러 가지 국면에서 매력적인 공간만들기의 필요성을 인식하게 되었고 1971년 기획조정국에 도시디자인 담당이 설치되었다. 당초 담당은 이와자키, 구니요시 등이었고 그들은 행정인임과 동시에 전문가로서 계획을 입안 디자인까지 하는 계획가 겸 디자이너였다. 「구스노끼 광장」, 「도심프롬나드」등의 초기의 도시디자인 프로젝트는 이들 행정 내의 전문가에 의해 실험적으로 추진되었다.

그러나 요코하마시가 6대 사업 등 큰 도시만들기 방침전환을 추진해 나가는 과정에서 처음부터 명확하게 「도시디자인」을 의도한 것은 아니었다. 도시디자인을 제창한 것은 이와자키씨, 구니요시씨 등 행정 내의 도시디자이너이었고 오히려 실험적인 프로젝트의 실적에 의해 「도시디자인」은 정착해 갔다.

초기의 도시디자인 프로젝트

이렇게 요코하마의 도시디자인은 주로 도심재생의 추진 가운데 실천되었다.

구스노끼 광장(1974년), 마차도 상점가(1976년), 이세자키몰(1978년), 모토마치 상점가(1985년) 등의 보행자 공간 정비는 행정뿐만 아니라 상점가나 거주자 등의 마을만들기 조직과 연대하여 추진되었고 전국 각지의 상점가 정비에 큰 영향을 주었다. 각 지구의 특성을 살려 추진함과 동시에 보행자 공간 정비에 의한 상호네트워크화를 이루고 전체로서 역사성과 현대성을 그리고 다양성을 느끼는 도심부형성의 시도는 계속되었다.

그림7 · 20 녹나무광장

그림7 · 21 마차도

또 야마시타 공원 주변지구에서는 「야마시타 공원 주변지구 개발지도 요강」(1973년)이 작성되었다. 이 디자인 가이드라인은 가로변의 건물의 후퇴에 의한 보행자 공간의 확보나 건축용도·광고물 등의 컨트롤, 녹화, 역사적 자산의 보호 등의 관점에서 작성된 점이 특징이다. 특히 경관적인 질서만을 요구하는 것이 아니라 건물의 이용이나 내용에 대해서 검토하고 저층부, 고층부에 대해서는 불특정 다수가 출입할 수 있는 시설을 유도하는 등 입체적 들에 포함시켜 「야마시타 공원 및 일본대로 주변 지구 지도기준」을 개정했다. 이들 초기 정책 가운데 경관 컨트롤 면에서 특필되어야 하는 것은 「야마시타 경관풍치보전요강」(1972년)일 것이다. 이것은 외국인 거류지로서 발전한 야마시타의 지구환경을 맨션개발로부터 지키고 보전하기 위한 긴급적인 조치로서 책정된 것이었다. 이 가운데에서는 항구나 시가지의 조망이 우수한 지점을 경관 기준점으로 설정하고 여기에서의 조망을 확보하기 위해 건축물의 높이, 형태 등을 규제하는 내용이 포함되어 있고 일본에 있어서 조망경관보전의 초기 사례이다.

이렇게 1970년대의 요코하마의 도시디자인은 많은 프로젝트를 도심부에서 전개되는 가운데 여러 가지 노하우를 획득했다.

80년대 이후의 도시디자인

1980년대에 들어서면 도심부 뿐 만 아니라 대규모 프로젝트, 교외부의 프로젝트에 도시디자인의 실천이 추진되었다. 대규모 프로젝트로서는 가나자와 시-사이드타운, 港北뉴-타운, 미나토미라이21(MM21) 등이다. 이들 프로젝트는 그 규모가 크고 다양한 주체가 관계하는 초기의 프로젝트와는 다르다. 그 때문에 도시디자인의 면에서는 프로젝트의 코디네이터, 관계자 간의 조정 등의 요소가 보다 중요하게 되었다. 예를 들면 가나자와 시-사이드타운은 사업자인 항만국, 주택건설사업자, 설계자, 도시디자인을 담당하는 기획조정국 등 간에 조정을 하는 프로젝트의 코디네이트가 이루어지고 계획, 디자인조정, 작성 등의 여러 가지가 실험적으로 시도되었다.

港北 뉴 타운에서는 대규모 신 주택지 개발에 있어서 협의회 방식에 의한 시민 참가가 추진되었고 일본의 주민 참가역사에 있어서도 초기의 사례라고 할 수 있다. 또 도시형 농업을 추진한 것도 당시에 있어서도 획기적인 시도였다.

한편 도심부에서 일정의 평가를 얻어 온 도시디자인을 교외부에서도 전개하고자 하는 시도가 추진된 것은 80년대 이후이다.

1980년대에 책정된 「요코하마21세기플랜」에서는 구부(區部))의 매력만들기를 추진하는 것이 방침으로 되었고 大岡川프롬나드(1980년~), 혼고다이 역전 광장(1982년), 가나자와 구청 주변 정비(1983년) 등이 실시되고 있다. 또 교외부에서의 프로젝트의 실시에 있어서는 워크스테이션 등의 수법이 도입되었고 시민참가에 의한 도시디자인의 방향성이 대두된 것도 이 시기이다. 80년대에 들어 체계적으로 추진된 정책은 역사적 자산의 보전 활용을 도시디자인 중에 적극적으로 도입하고자 하는 움직임이다. 1984년에 만들어진 「역사를 활용한 마을만들기 요강」이 제정되고 역사적 건조물의 리스트업, 시 독자의 등록, 인정제도가 착수되었다.

역사적 건조물의 보전의 실례에 관해서는 야마시타 지구의 서양관군의 보존, 요코하마개항자료관 등의 근대건축의 정비활용, 일본 흥아손보 요코하마 빌딩의 외벽 보존 등 여러 가지 시도가 이루어졌다.

도시디자인의 목표와 이념

1971년에 기획조정국 내에 도시디자인 담당이 설지되었을 때 그 목표로 한 것이 이하의 7가지 목표이다.

(1) 보행자를 위한 환경을 확보하고 안전하며 쾌적한 공간을 제공한다.
(2) 도시의 자연적 특징, 지형이나 식생을 소중히 한다.
(3) 과밀한 시가지에 있어서는 오픈스페이스를 확보하고 녹지를 확대한다.
(4) 사람과 사람과의 교류나 커뮤니티 공간을 넓혀 나간다.
(5) 바다나 하천, 연못 등의 수변공간에 사람들이 즐길 수 있도록 안전과 활용을 고려한다.
(6) 도시가 갖는 역사적 배경이나 남아 있는 역사적 자산을 보전하고, 문화유산을 존중, 육성한다.
(7) 마지막으로 도시의 형태나 시각적인 아름다움을 추구한다.

이후 이러한 목표를 기본으로 요코하마의 도시디자인은 추진되었다.

1970년대 초라고 하는 시대배경을 생각하면 이러한 자연환경이나 역사적 환경을 보전하고 시각적인 아름다움을 추구하는 사고는 매우 진보적이고 그것을 실천에 옮긴다고 하는 것은 평가되어야 할 것이다. 또 경관이라는 도시의 표층적인 부분에 착목하는 것이 아니라 종합적으로 매력 있는 공간을 만들어 가는 개념이 당초부터 있었고 타도시의 대부분이 경관을 키-워드로서 도시만들기를 추진하는 것에 반해 요코하마에서는 현재에 이르기까지 별로 경관이라는 사용하지 않은 이유는 도시디자인이라는 테두리가 협의의 「경관」이 아니라 「얼마나 매력 있는 도시환경을 창출하는가」라는 관점을 가지고 있기 때문이다.

또 요코하마에서는 도시디자인을 물리적인 환경의 디자인이 아니라 관계의 디자인, 과정의 디자인으로 간주하고 있다. 관계의 디자인이란 여러 주체에 의해 계획을 조정하고 프로젝트를 추진해 나가는 것이고, 과정의 디자인이란 매우 상식적인 목표를 가지고 인간적인 도시만들기를 실천해 나가기 위해 보다 많은 시민의 참가를 통해 「운동론적」 도시디자인의 개념을 추구한 귀결이다. 이러한 도시디자인의 이념은 초기의 프로젝트, 80년대의 대규모 프로젝트나 교외부로의 전개, 워크숍 등의 수법 도입 등 수많은 경험을 통해 얻어져 온 것이다.

풍경계획에서 본 요코하마의 도시디자인

요코하마시의 도시디자인은 반드시 협의의 「경관」에 구속되는 것이 아니고 전술한 바와 같이 전시(全) 시(市)적인 도시디자인 마스터플랜과 같은 것이 있는 것이 아니다. 또 조례나 기타 제도로서 체계적으로 요코하마시의 도시디자인을 실시해 나가는 것은 아니지만 그 이념은 일관된 것이다. 풍경계획으로서 요코하마시의 도시디자인을 볼 때 전술한 이념이 풍경계획의 골자라고 말할 수 있으며 그 정책 가운데에는 적극적으로 풍경만들기를 추진하는 것이 있다. 여기에서는 그 정책 가운데 도심부에 있어서 (1) 조망경관의 보전, (2) 보행자 공간의 정비, (3) 역사적 자산의 활용, 그리고 최근 추진되고 있는 신항지구에 있어서 항구의 풍경만들기에 대해 소개한다. 이들 프로젝트는 매우 선진적이고 풍경계획의 개념을 연구하는데 매우 시사하는 바가 크다.

조망경관의 보존 · 조망점의 창출

요코하마시에서는 1970년의 건축기준법개정에 의해 전국에 도입된 높이 규제의 철폐 · 용적률 도입에 대하여 도심부에 있어서는 고도지구지정에 의한 31m의 높이 규제를 도입했다. 용적률 도입에 의해 철폐되어야 할 31m의 높이 규제를 고도지구지정에 의해 존속시키는 것에 대하여는 당시의 건설성 측, 민간으로부터 강한 난색을 표방하여 「탈법 행위」 등도 있었지만 이 고도지구지정에 의해 요코하마 항구의 조망을 지킬 수 있는 면도 컸다.

또한 항구의 조망 자체를 보존하는 실험도 행하여졌다. 그 계기는 모토마찌 지구에 건설 예정인 고층맨션이 외국인 거류지로 발전한 역사 지구인 야마노테 지구에서 항구로의 조망을 차단함에 따라 시와 건설업자가 격하게 대립하였다. 건축조사회에서 동의를 얻어 착공 직전에 있는 상태에서 합의를 통해 경관문제가 해결된 사례로 이것을 교훈으로 야마노테 경관풍치 보전요강(1972년)이 긴급하게 제정되었다. 거기에 항구가 보이는 언덕 공원 등 11개소의 경관기준점(조망점)을 지정하고 원경 · 중경 · 근경의 보전을 추진했다. 그리고 그 경관기준점에서 조망을 확보하기 위해 건축물의 높이 등을 규제하고 있는 것이 특징이다. 대상지구 내에는 풍치지구가 설정되고 높이규제에 관해서는 법적 구속력을 부여하고 있다. 또 항구의 환경보전에 관해서는 모토마찌, 신야마시타지구(풍치지구 외)는 고도고려지구로 지정되어 높이 20m를 넘지 않도록 지도하고 있다.

그러나 이 정책도 몇 가지의 과제를 안고 있다. 요강행정의 한계점인 규제의 법적 구속력의 문제와 함께 요강제정 직전에 건설된 맨션 등의 기존 부적격 건물의 장래 개축문제 등이다.

또 풍치지구에서는 주택지에서 10m, 학교용지에서 15m의 높이 제한을 하고 있지만 학교용지가 주택 용지로 전환된 경우 높이 규제가 15m 그대로이기 때문에 대규모 맨션이 출현하고 최근 집합주택의 공공 부분의 용적 부분미 삽입 등의 규제 완화에 의해 실제의 용적률이 지정용적률을 상회하는 대규모 맨션 건설 문제가 대두된다. 이러한 문제를 해결하기 위해 장래의 지구계획 책정을 염두에 둔 주민주도에 의한 지구 장래상을 검토하고 있다.

이러한 조망경관보전의 정책과 함께 재개발이나 공공공

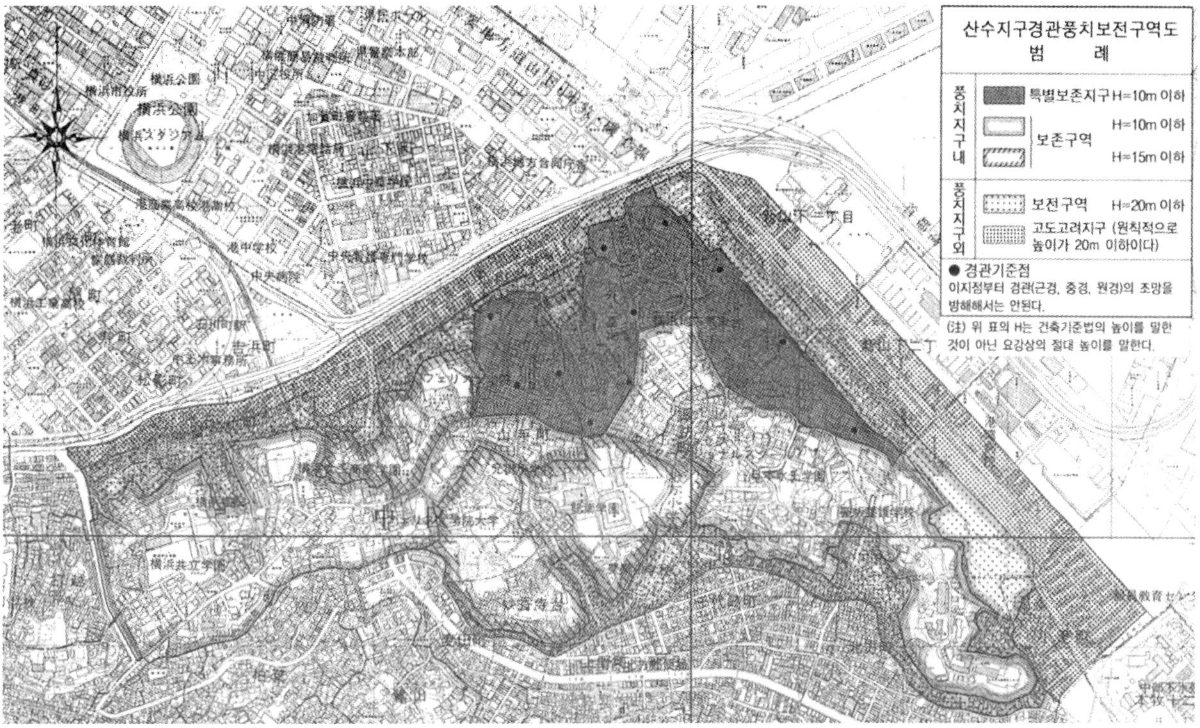

그림7·22 야마노테 경관 풍치보전 요강 조망점이 지정되어 항구 및 역사적 건조물로의 조망이 보전된다.

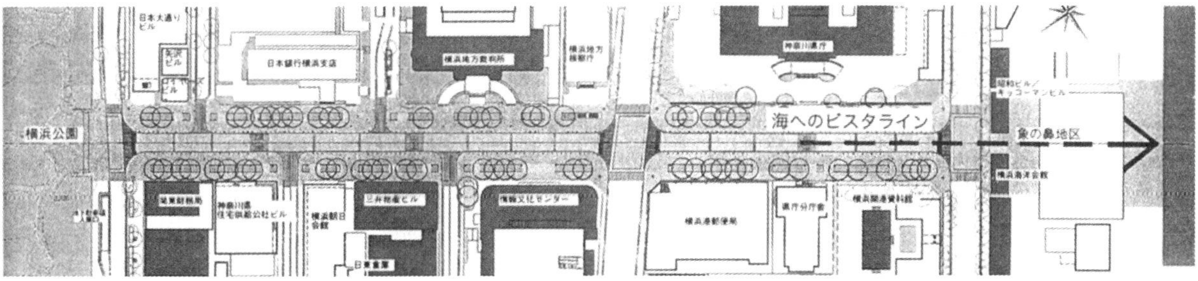

그림7·23 일본 대로정비 계획도 보도 부분이 설계 당시의 폭원으로 확대되고 요코하마 공원과 조우노하나 지구를 연결하는 보행자축이 되고 있다.

간정비에 의해 조망점을 창출하는 노력도 하고 있다. 「야마시타 공원 주변지구 개발지도 요강」(1973년)에서는 고층부에 불특정 다수가 출입할 수 있는 조망 포인트를 정비하도록 지도하고 있으며 미나토미라이21지구에 있어서도 마찬가지의 방침이 제시되고 있다. 또 미나토미라이21 중앙지구의 매립지의 사업에 대해서 매립지법선을 완만하게 하고 베이브릿지 등의 항구 조망이 보다 잘 보이도록 배려했다. 최근 보행자 공간 정비에 있어서는 구 화물선(貨物線)을 정비한 기차도로, 개항도로 정비에 의해 항구의 경관을 조망할 수 있는 조망 포인트를 창출했다.

보행자 공간의 정비

요코하마의 도시디자인의 초기 프로젝트에서는 쇠퇴한 도심을 재생시키기 위해 보행자환경정비가 매우 중요한 포인트였다는 것은 전술했지만 녹나무 광장에 이은 마차도, 이세자키몰, 모토마찌 등의 상점가의 프롬나드계획에 따른 정비가 추진되었다.

최근 정비에서는 기차도로(1997년), 일본대로(2002년), 개항도로(구 야마시타임항선(臨港線)을 이용, 2002년) 등이 추진되었지만 일본대로 보행자 공간 정비에서는 보도폭을 넓히고 브란톤에 의해 계획된 메이지 시대의 도로선형에 가깝게 함과 동시에 보차도가 함께 이용할 수 있도록 하였다. 또 추후에 정비되는 조우노하나 공원의 완성 후에는 일본대로에서 바다로 향하는 조망이 가능하도록 계획되고 증폭된 보도 부분에서는 오픈카페 실험 등도 추진되었고 하드와 소프트가 일체가 된 공간계획이 검토되었다.

1997년에 오픈한 기차도로는 1911년에 신항 부두로의 화물우송을 목적으로 부설된 구 임항철도 유휴지를 500m에 걸쳐 프롬나드로 개수된 것으로 부설 당시의 2개의 미국산 트러스교를 보존 활용하였고 영국산 트러스교도 이설 보존되었다.

적벽돌 창고 주변은 적벽돌 공원으로 정비되고 관동대진재로 파괴된 구 세관사무소의 기초유구가 화단으로 보존되었으며 구 요코하마역도 복원되었다. 적벽돌 공원의 오픈으로 바다 쪽에서 간나이 지구로의 조망이 정비되었다고 할 수 있다. 또 적벽돌 공원과 야마시타 공원을 연결하는 프롬나드가 개항도로이다. 2002년에 오픈한 이 프롬나드는 개항 당시의 항구인 조우노하나나 베이브릿지, 미나토미라이21 등이 보이는 조망 포인트가 되었다.

이 완성에 의해 사꾸라기쪼에서 야마노테 지구까지 해변의 프롬나드에 의해 연결되는 등 70년대부터 추진해 온 도심부의 프롬나드 정비의 전체상을 나타내고 있다고 할 수 있을 것이다. 해변의 프롬나드와 JR근안선(近岸線)을 축으로 연결되는 미나토미라이21 퀸축, 기차도로, 마차도로~적벽돌 창고, 일본대로, 이시가와쪼 역~중화가~야마시타 공원, 모토마찌 등의 보행자 공간의 명쾌함을 만들어냈다.

이렇게 오랫동안 추진해 온 배경에는 야마시타 공원의 존재가 크다. 진재부흥 시에 정비된 야마시타 공원의 존재에 의해 디자인프로젝트에서는 야마시타 공원으로의 보행자 루트의 정비를 추진하고 연이어 야마시타 공원을 모델로 임항부의 토지이용전환을 추진해 온 것이 요코하마 도심부의 풍경만들기에 크게 기여했다고 할 수 있다.

역사적 자산의 활용

요코하마의 도시디자인에서는 역사적 자산의 활용이 80년대 이후 적극적으로 추진되었다.

「역사를 활용한 마을만들기 요강」(1988년)은 역사적 자산을 재평가하고 마을만들기의 자원으로 그 보전과 활용을 적극적으로 꾀하기 위해 시행된 것으로 역사적 건조물을 동결적으로 보전하는 것이 아니라 활용에 중점을 둔 점이 특징이다.

이 요강에서는 등록, 계약, 인정이라고 하는 3종류의 보전책이 설정되었다. 경관적으로 중요한 역사적 건조물은 소유자의 협력에 의해 먼저 대장에 등록하고 소유자에게 통지된다. 그것에 의해 시와 소유자간에 대화가 시작되고 소유자의 동의가 있으면 전문가에 의한 조사를 거쳐 보전활용계획이 협의된다. 이것이 책정되면 「계약」(주로 개인소유의 것을 대상으로 10년 이상의 보전기간을 설정)과 「등록」(반영구적인 보전)이 되어 조성의 대상이 되는 체계이다. 지금까지의 문화재지정에 의한 역사적 건조물의 보전과는 다르고 경관상의 가치를 우선하고 내부는 적극적인 활용을 추구하는 제도이다. 그 후 국가의 등록문화제도(1996년)가 생겨났지만 이보다 앞선 체계이고 시 독자의 조성조치를 취한 점이나 전국에서 처음으로 토목산업 유구(遺構)를 도입한 것도 특색이다.

이들의 보전을 위한 체계가 정비되고 역사적 건조물의 보전활용의 여러 가지 실천이 이루어졌다.

그림7 · 24 적벽돌 공원

그림7 · 25 독크 야-드 가든

마차도의 일본흥아손보빌딩은 외벽보존이 이루어졌지만 이것은 전면 개축의 건축계획 과정에서 시민 및 요코하마시 측이 보존에 대한 적극적인 관여로 이루어진 것이며 구 건물의 외벽부분의 디자인을 증축부의 디자인모티브로서 이용하는 등의 연구가 있었고 외벽보존의 모델이 된 사례이다.

또 요코하마 정보문화센터에서는 구 상공 장려관과 구 요코하마 전신전화국의 2개의 역사적 건조물을 일체적으로 보존하고 중앙 부분에 고층동을 배치함으로 지구 차원에서의 재개발을 추진했다. 개별적으로 계획하는 것이 아니라 일체적인 지구계획에 의해 그 대부분을 남길 수 있었고 규모면으로나 그 보존 방법에 있어서도 특징 있는 것이 되었다.

또 70년대부터 보전활용이 검토된 적벽돌 창고는 벽돌조로서는 최대의 것이고 1호 창고는 시민문화시설로, 2호 창고는 상업시설의 복합시설로 재생되었다.

요코하마에서는 토목산업유구의 보전에 관해서도 적극적으로 추진하고 있다. 랜드마크 타워건설에 관해서 독크야-드 가든으로서 보전 활용된 석조 2호 독크에 대해 1호 독크는 일본선(日本船)을 계류하는 일본선(日本船)메모리얼 파크로서 보존되었다.

또 사꾸라기쪼에서 신항부두를 연결하는 구 화물선(貨物線)은 기차도로로서 재생되고 항구 1호 교량, 항구 2호 교량, 항구 3호 교량이 프롬나드의 일부로서 재생되었다. 또 신항부두와 야마시타공원를 연결하는 야마시타 임항선(臨港線) 프롬나드의 정비에 있어서도 신항교량이 그 일부로서 보존되었다. 이렇게 토목산업유구를 보전하고 우수한 디자인에 의해 재생하는 수법은 요코하마의 도시디자인의 수법으로서 타 도시보다 앞서갔다.

그러나 최근 경제 상황에 따라 역사적 건조물이 위기를 맞이하는 과제도 일어나고 있다. 금융기관의 재편에 따라 구 미쯔비시 은행 요코하마 지점, 후지은행 마차로 지점이 함께 폐쇄되고 전자는 맨션의 개축(저층부는 복원보존)이라는 결과를 가져왔다. 후자는 시민이나 건축학회 등의 요구에 의해 시가 매입하는 것이 결정되고 NPO 등

그림7 · 26 일본대로

그림7 · 27 정보문화센터

그림7 · 28 기차도로

그림7 · 29 개항도로

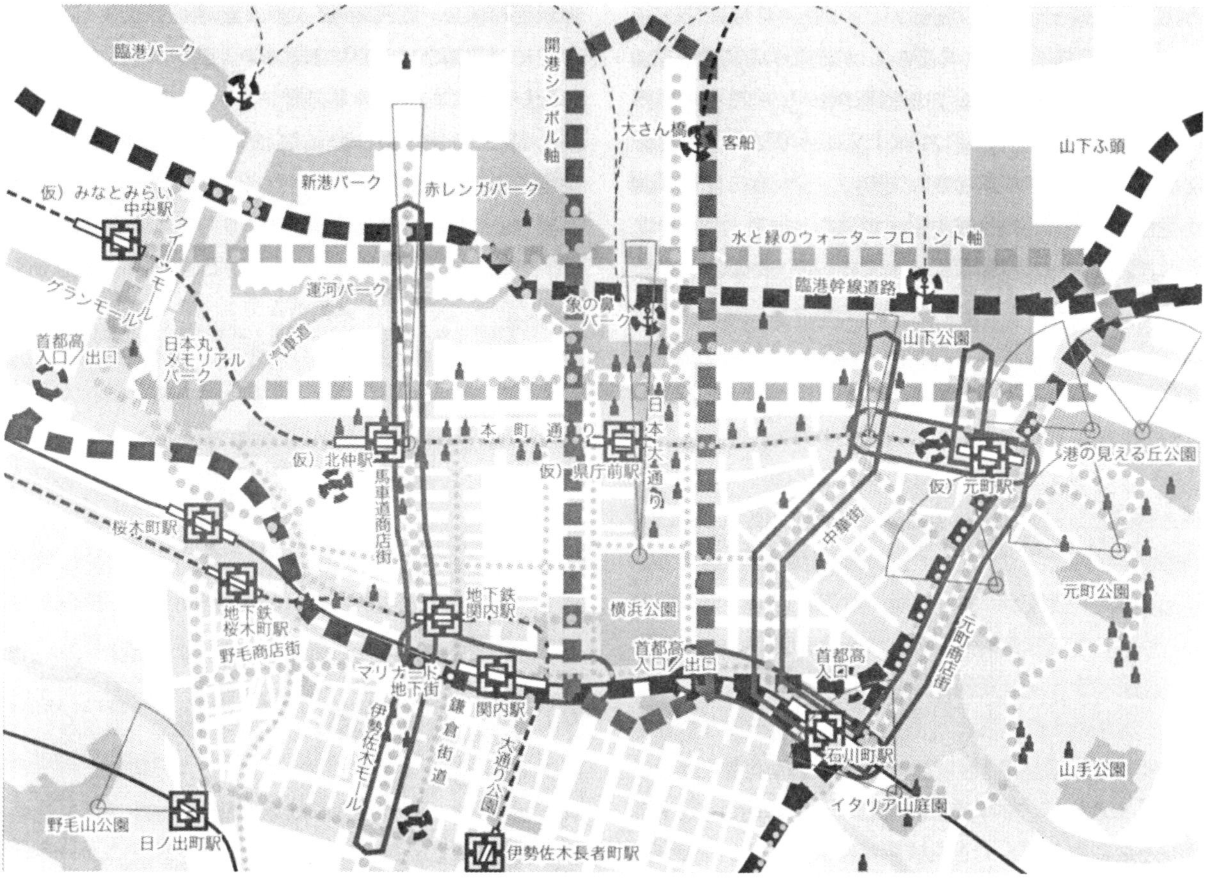

그림7 · 30 간나이 지구의 장래구조도 항구 주변의 오픈스페이스와 도심부가 프롬나드에 의해 일체화되었다.

의 시민단체의 공동사무실로 이용되었다. 그 외 모-건설계의 오오사와 공업빌딩, 경우병원별관 등의 근대건축의 모습이 사라졌다.

항구풍경 만들기

신항지구의 시도

미나토미라이21중앙지구의 랜드 마크 타워에서 항구 쪽으로 낮아지고 퍼시픽요코하마를 심벌로 하는 스카이라인이 마을만들기 기본협정에 의해 형성된 것은 잘 알려져 있지만 적벽돌 창고의 오픈에 의해 방문자가 증가한 미나토미라이21 신항지구에서는 항만기능의 질적 전환에서 현재 장래를 위한 새로운 마을만들기가 추진되고 있다.

시의 종합 계획인 유메하마2010플랜에서 「항구도시 쾌유 플랜 · 개항심벌 존」으로 지정한 지구에서는 (1) 적벽돌 창고에 대표되는 근대항만 발생지로서의 역사성을 활용한다. (2) 주변을 바다로 둘러싸인 섬으로서의 특성을 살린다. (3) 미나토미라이21 중앙지구와 간나이 지구의 결절점으로서 위치적 특성을 활용한다고 하는 3개의 방침을 세우고 있다.

가로건축물 경관 가이드라인에 있어서는 건물 높이를 중저층 건물에 의한 차분한 가로건축물로 유도할 것을 정하고 지구 내를 가로지르는 임항간선에서 간나이측에 대해서는 31m로 하고 일부 부지 폭의 1/4폭까지는 45m까지 높이의 완화를 인정하고 임항간선에서 바다 쪽에 대해서는 높이 20m를 기본으로 하여 부분적으로 31m까지 완화하는 방침을 세웠다. 전체적으로 바다 쪽으로 완만한 내리막 경사, 미나토미라이21 중앙지구나 간나이 지구와 비교하면 일단 낮은 스카이라인을 형성하는 계획이다. 이것은 심벌인 적벽돌 창고가 주변의 많은 지구로부터 조망될 수 있도록 또 간나이 지구에서 항구로의 조망을 저해하지 않도록 계획된 것이다. 선행 계획된 요코하마 국제선원센터(별칭 나비오스 요코하마)의 건설에 있어서는 기차철도에서 적벽돌 창고로의 조망을 차단하지 않도록 계

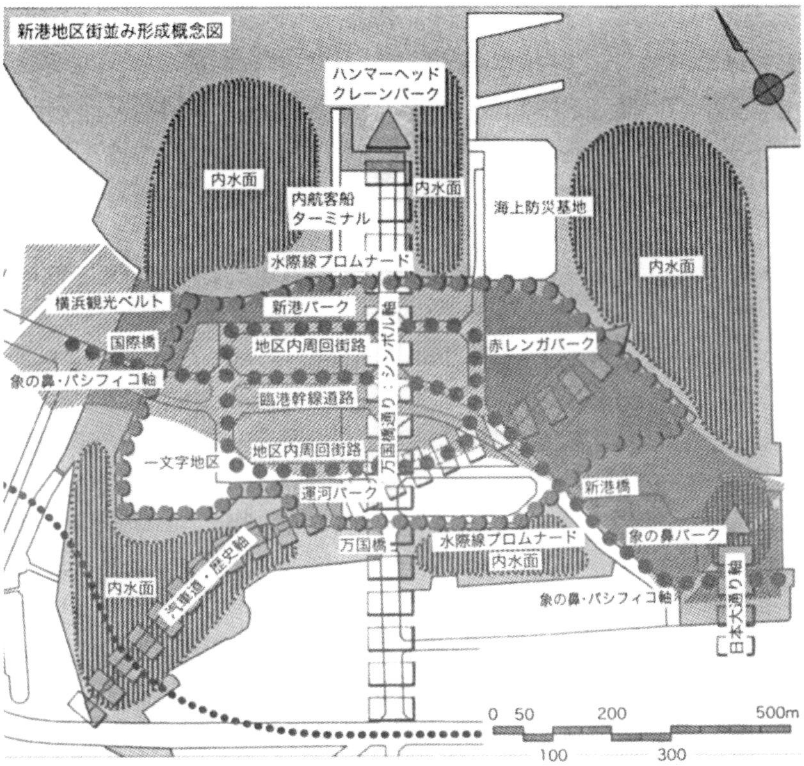

그림7 · 31 신항지구 형성개념도
중앙의 만국교가로 · 심볼 축은 햄머-헤드크레인공원, 기차도로 · 역사 축은 적벽돌 공원에 이른다. 또 외주부의 친수 프롬나드, 지구 내 주위 가로에 의한 회유성이 높은 마을만들기가 추진되었다.

그림7 · 32 기차도로에서 적벽돌 창고를 바라봄

이트형의 형태가 채용되었다.

또 건축물의 색채에 대해서는 적벽돌창고의 색채와 조화를 이루도록 전체로서 중저층의 차분한 가로건축물 경관이 형성되도록 하고 있다. 오픈 스페이스에 대해서는 적벽돌공원, 운하공원, 신항공원, 햄머-헤드크레인공원의 4개의 공원을 연결되도록 계획되었고 항구의 조망을 활용하는 계획을 하고 있다. 또 그 가운데 햄머-헤드크레인공원에서는 다이쇼(大正)기의 햄머-헤드크레인의 보전이 검토되고 마차도~만국교가도축의 축 선상에 해당되는 랜드 마크로서 항구의 새로운 경관자원이 되는 가능성을 감추고 있다고 말할 수 있을 것이다.

그 외에도 석축호안의 보전도 시행되고 있고 전체적으로 건축 · 토목 · 산업유산을 활용한 재미있는 마을만들기가 계획되고 있다.

요코하마에 있어서 도시디자인의 전개에 대해서 도심부를 중심으로 살펴보았지만 70년대 이후 개발과 보전의 양면에서 도시디자인을 추진해 온 성과는 요코하마의 독창성이 되는 풍경을 창출해 왔다고 할 수 있을 것이다. 야마노테의 조망경관의 보전, 근대건축, 근대화 유산의 보전 등의 정책 가운데에는 타 도시에 앞선 추진이 포함되어 있다. 그러나 도심부에서는 초고층맨션에 의한 항구로의 조망저해도 일어나고 있다. 앞으로의 과제는 도심부 재개발이나 점진적인 지구갱신 가운데 당초의 목표와 이념을 유지해 가는 것이 가능할 것이다.

註

1) 역자 주) 정부령으로 지정한 도시 - 우리나라의 과거 직할시와 비슷한 성격임(현재 광역시), 縣에 소속되어 있으나 광역행정이 아닌 예산 편성 등은 국가와 직접 교섭함. 또, 정령지정도시 내에 별도의 구는 있으나 자치구는 아님.
2) 탑의 맨 꼭대기에 있는 금속재 장식
3) 역자 주) 우리나라의 건축허가와 비슷한 제도(절차)임. 일본의 건축허가는 법에 맞지 않거나 하는 경우 특별하게 허락하는 경우에만 허가라는 용어를 씀.
4) 교토 시내 또는 교외의 명소나 풍속을 그린 그림. 室町末期에서 江戶(에도) 時代에 걸쳐 盛行하고 六曲一双의 병풍을 주로 두루마리(畵卷) · 화첩(畵帖) 등도 있다.
5) 산이나 강의 경치가 아름다움을 이야기함.
6) 역자 주) 교토 주변 5개산에 여름 축제 기간 등에 불을 지펴 시민이 바라보는 풍습이 있음

8

역사적 도시의 풍경계획

三島伸雄 · 大野 整 · 岡﨑篤行 · 佐野雄二 · 下村麻 理

역사적 도시의 풍경계획을 생각하는 데에는 크게 두 가지의 의의를 생각해 볼 수 있다. 첫째, 관광은 지방도시의 경제기반을 안정화시키는 데 중요한 전략이며, 이를 위하여 도시가로관광과 그것을 지탱하여 주는 풍경에 대하여 생각해 볼 필요가 있다. 지방도시의 귀중한 재산으로서 역사적 환경과 그러한 풍경의 대다수가 위험한 상황이며, 그 보존이 요구되고 있다.

두 번째로는, 지방도시에 있어서 풍경계획의 선진사례가 역사도시나 전통적 건조물군 보존지구지정에 대한 대처이다. 그 수법은 다른 지방도시 모델(참고)에 있다고 말해지는 것이다. 이와 함께 다음과 같은 두 가지의 시점이 있다.

그 하나는, 공간적(하드적) 시점이다. 즉, 도시의 고유성을 어떻게든 추출해서 그것을 시책에 반영시키는 방법론이다. 「지방시대」라고 불리는 것은 오래되었지만 그것은 건축 · 도시계획에 대하여 지방적 특색이나 고유성의 재평가와 창조에 있고, 게다가 도시를 만드는 데에 반영되는 시스템 구축이기도 하다. 그러한 개성 넘치는 도시만들기 시책의 일관으로서 도시경관의 정비나 역사적 환경 보전이 제시되고, 반대로 거기부터 보편적인 공간구축론에의 전개를 생각할 수 있다.

두 번째로는, 주민참가 등의 절차에 관련된 소프트적인 시점이다. 역사적 도시라도 서민생활이 있고, 현대적 생활에 당연히 파생되는 욕구가 있다. 수도나 고령자 거주에 대응 등 문제가 많다. 따라서 단순히 문화재의 보호 · 보존과는 다른 지역주민의 생활 욕구를 만족시키면서 도시경관을 보존해나가는 것을 요구하고 있다. 그러한 목적을 위해서는, 지역의 거주자가 충분히 납득할 수 있는 룰을 결정해서 준수하는 게 빠질 수 없다. 즉, 도시만들기에 대한 주민합의 형성과 그것을 위한 프로세스를 디자인해가는 것이 중요하다. 역사 도시의 많은 사안들은 그러한 경우에 직면하고 있으며, 그 사례의 보고라고 할 수 있다.

이와 같은 역사적 도시는 교토를 시작으로 많지만, 여기서는 지방도시에 있어서 풍경정책의 보급을 기대하고, 비교적 선진적인 지방도시인 나가노현 마츠모토시, 기후 현의 히다후루가와, 오카야마현 구라시끼시, 오이타 현 우스키시를 들 수 있다. 그러한 착안점에는 아래와 같은 것들이 예로 들어질 수 있을 것이다.

먼저, 풍경계획으로서 경관보호의 수법이다. 고도지구나 전통적 건조물보존조례, 미관지구조례, 경관조례 등이 있지만, 최종적으로는 법정도시계획에 의한 규제, 법에 기초한 조례, 지자체 독자적인 조례로 나눌 수 있고, 각각의 과제를 극복하면서 적용할 필요가 있다. 여기서는 임의의 계획제도에 의한 높이 제한에서부터 도시계획에 의한 도시지구 지정으로 이행(마츠모토), 독자적인 경관조례의 활용(히다후루가와), 도시계획에 의한 지구지정, 법에 기초한 조례와 지자체 독자적인 조례와의 연계에 의한 도시가로의 보존 · 미관의 실현(구라시끼), 독자 조례에 의한 보존지역지정과 기금을 사용한 역사적 환경보전(우스키)에 착안한다.

다음으로는, 그러한 조례제정이나 시설정비에 의한 주민참가의 도입이다. 경관조례의 책정에 있어서는 적극적으로 주민참가를 시도한 사례도 나오고 있다〈히다후루가와〉. 또, 협의회에 의한 도시 만들기나 시설정비의 검토와 건물의 활용〈마츠모토, 우스키〉도 있다.

마지막으로 지자체에 의한 역사적 건조물의 임대, 매수나 정비 그리고 자원 확보의 문제이다.

자치체에 의한 역사적 건조물의 소유, 관리, 운영에 있어서의 주민이나 지방기업의 참가를 적용한 사례도 나타나고 있다.〈우스키〉

이러한 사례에 관한 사고와 조직, 운용실태 등에 중점을 두고 설명하고, 풍경계획의 기본적인 수법과 그 가능성을 나타내는 것이 본 장의 목표이다.

8·1 마츠모토 시
조망경관과 역사적 시가지의 재생

마츠모토 시의 역사와 마츠모토 성

마츠모토시는 헤이안 시대에 시나노(信濃)의 국부가 되어, 중세에는 府中이라 불리었고, 게다가 에도 시대에는 城下町으로써 번영하였다. 또, 메이지 원년의 開知학교의 개교를 시작으로 독자적인 교육제도나 꽃을 풍성하게 하는 운동발상지로서 알려진, 교육, 문화, 예술의 고장으로도 명성이 자자한 인구 약 20만 정도의 나가노현 제2의 도시이다. 도시의 상징인 마츠모토성은 1504년에 축성된 심지성을 1582년에 오가사하라 탈환하고, 이름을 마츠모토성이라 개칭, 현재의 5층 천수각이 완성된 것은 1593년경으로 축조된 지 400년이 넘는 평성시대의 유일한 국보이다.

중심시가지의 도시만들기 개황

◘ 역사적 시가지의 구조

마츠모토 시에는 1582년경부터 성하정(城下町) 형성이 진행되어, 중심시가지를 흐르는 女鳥羽川을 경계로, 북쪽에는 武家町이 남쪽에는 町人町이 명확하게 구별되었다. 町人町은, 親町이라 불리는 본정, 중정, 동정을 중심으로 시가지의 규모를 넓혔고 「親町3정, 技町10町, 24小路」라 칭해져서 번영하였다. 또, 城下町이 있었던 동시에, 구 선광사(善光寺)가도나 이나(伊那)가도, 이토이가와(糸魚川)가도의 중계점에 있는 곳으로부터 宿場町으로서도 번창하였다. 요즘의 중심시가지는, 마츠모토 역 동측을 중심으로 상업시설이 집중되어 있고, 예전에 町人町은 전쟁재해를 벗어났기 때문에 성하정의 정할(町割)이 남아, 메이지기의 창고 등 역사적 자원이 남았다. 그러나 인구의 감소와 고령화의 진행, 게다가 기반 시설의 미비 때문에, 지난날의 변화는 적어졌으나 역사적 자원을 활용한 상업 기능의 강화와 시가지의 정비와 함께 보행자 네트워크의 형성에 의한 회유성의 강화에 의한 도시재생에 몰두하고 있다.(그림8·1)

◘ 중심시가지의 도시만들기의 개요

- 마츠모토 성과 그 주변

마츠모토성 주변에는, 1965년대부터 조망경관보호의 제도가 추진되고 있다. 또 주변의 가로 정비에 대해서도 마츠모토성의 시각적인 배려, 보도 등의 마감에 대한 연구, 성지의 복원 등에 힘쓰고 있다. 또 마츠모토 성의 사적복원 등에도 적극적이고, 외굴(外堀)의 복원 등 석단의 보수, 태고문枡形의 복원 등이 실시되어졌다.

- 마츠모토 역 주변의 토지구획정리사업

마츠모토 역 주변에는, 1964년의 내륙신산업도시의 지정을 계기로, 1967년부터 시에 의한 마츠모토 역 부근 지구(면적 약 21.3ha)에 토지구획 정비사업(고향의 얼굴만들기 사업)이 추진되고 있다.

- 시가지 환경정비사업

예전에 친정 三町이라 불리는 中町, 下町 및 東町에, 역사적인 자원과 개성적인 공간을 활용한 활성화를 꾀하고, 시가지환경 정비 사업이 진행되고 있다. 여기서는 역사적인 시가지의 형성이나 전주의 지중화, 포켓파크 정비 등의 환경정비에 몰두하고, 성하정에는 도로 구역 안의 배할 위치를 흐르는 수로를 「소로」로써 재생하는 등의 사업이 진행되어지고 있다.

- 고향의 하천 정비사업

중심시가지를 흐르는 이토이가와(糸魚川)에는, 고향하천의 정비 사업에 의해 호안의 개수나 역사적인 공간의 재생, 하천에 인접한 나와테(縄手)가로 라이트업 사업 등이 추진되고 있다.

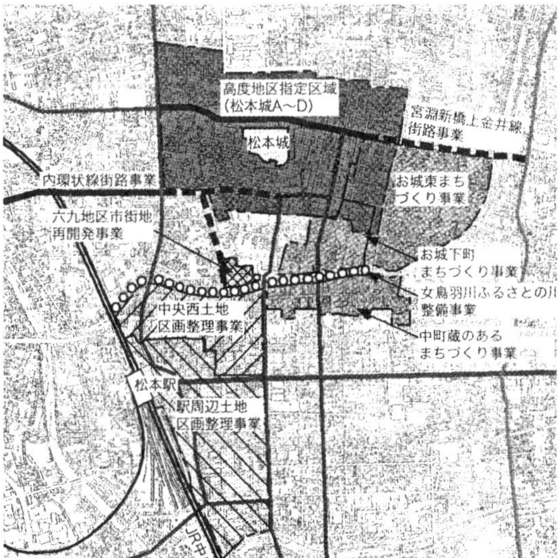

그림8·1 중심 시가지의 마치추쿠리 개요 (출전 : 마츠모토시 팸플릿에 작성)

• 가로사업(도시계획도로)

중심시가지 주변에는, 시가지 환상 기능을 가진 가로사업(도시계획도로)이 진행되어지고 있다.

마츠모토성 주변에 있어서 풍경계획의 시도

◘ 마츠모토 성 주변에 있어서의 경관보호의 선구

• 조경계획의 추진 계기

1972년 9월에 마츠모토성 서쪽의 맨션건축계획에 동반하여 마츠모토의 경관보호 문제가 시민들에게 관심을 불러 일으켰기 때문에, 마츠모토 교육위원회에서는 자문기관으로서 「마츠모토성 경관보호심의회」를 설립해서, 경관보호의 방법이 논의되었다(그림8・2). 경관보호의 검토에는 전문적인 견지에서의 분석, 평가가 필요한 점에서, 1973년 5월에 동경대학교 오타니 연구실에 마츠모토성 주변 정비에 대한 조사를 의뢰했다. 경관보호심의회는 「오타니 레포트」라고 불리는 이 조사 결과를 밟아, 「마츠모토 성과 그 주변의 경관보호대책(건축물의 고도 규제를 중심으로)」를 심의하여, 마츠모토시에 답신했다.

• 오타니 레포트의 개요

오타니 레포트에는 마츠모토성 주변의 조망경관에 관한 평가와 구체적인 규제내용을 다음과 같이 나타내고 있다.

(1) 조망에 대한 평가

• 시민에 친숙해져 왔던 산악에의 조망은 시민의 소중한 재산이다. 또 여기에 마츠모토시가 입지하고, 자연과 도시의 관계를 단적으로 표현하는 것이다.
• 여기서 말하는 산악조망이란 서쪽의 북 알프스와 동쪽의 미가하라를 가리키지만 특히 성내에서 북알프스를 조망할 수 있는 것이 중요시해야 할 일이다.

(2) 고도규제의 내용

• 북 알프스에의 조망은 앙각 2도 이상, 미가하라는 앙각 3도 이상의 건축물이나 공작물은 조망을 저해한다.

그림8・2 마츠모토성과 그 주변 평성 유일의 국보인 마츠모토 성은 북알프스의 산줄기를 배경으로 아름다운 모양새를 보여주고 있다(마츠모토 시청 옥상에서 촬영)

◘ 마츠모토 성 주변에 있어서의 경관보호의 제도의 변천과 개요

마츠모토 시는 경관보호 심의회의 답신을 받아서 1974년부터 마츠모토 성 주변의 높이 규제를 시작했다. 그 후 몇 번에 걸친 운용 내용의 일부개정을 거쳐서 오늘날 마츠모토 성 주변의 고도지정을 추진하고 있다.(표8・1) 지금부터 마츠모토 성 주변의 경관보호에 관한 제도에 대해 상술한다.

표8・1 마츠모토 성의 추진경위

	연 도	대 처	비 고
1	1940년 6월	풍치지구의 지정 제1종-높이 8m(8.6ha) 제2종- 높이 15m(5.8ha)	나가노현 지정
2	1974년	마츠모토성 경관보호 높이규제 10,15,20m의 높이 제한	
3	1986년 4월	마츠모토성과 그 주변의 풍경보호 대책 3개의 시점장소에서 앙각2-3도와 15m의 높이 제한	(2)의 개정
4	2001년 3월	고지지구 지정 15,16,18,20m의 높이제한	(3)의 개정 고도지구면적은 약 32.6ha

• 마츠모토 성 경관 보호 높이 규제

마츠모토 성에 인접한 구역에는 높이 10미터, 성 주변부에는 15미터, 20미터의 3개의 높이 규제의 제한을 실시해서 건물의 디자인이나 색채에 대해서도 행정 지도를 시작

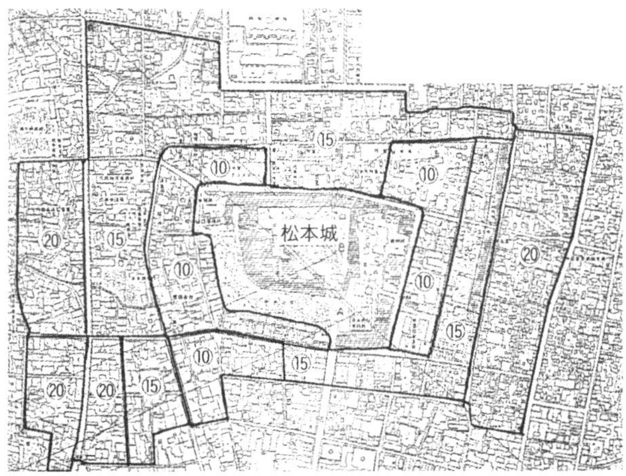

그림8・3 마츠모토성 경관보호높이 규제(1974년) 원내의 숫자는 최고 높이 (출원 : 마츠모토시 건설부 자료)

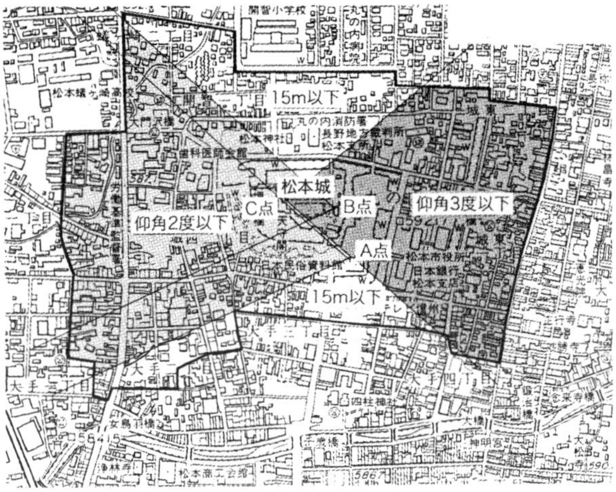

그림8 · 4 마츠모토성과 그 주변의 경관보호 대책(1986년) (출전 : 마츠모토 시 건설부 자료)

했다. 구체적인 수법은 「마츠모토 시 건축 법령 안내」에 게재해서, 건축사회에 주지시키지만 이것은 어디까지나 행정지도 범위에 있었다.(그림8 · 3)

• 마츠모토 성과 그 주변의 경관보호의 대책

1974년에 높이 규제를 시작해서 약 10년이 지난 즈음에는, 경관보호에 의한 토지이용 규제의 출현으로 규제내용의 재고와 세제상의 우대제도에 대한 진정 등이 나왔다.

마츠모토 시에서는 높이 규정의 재검토에 착수해서 경관보호심의회의 답신을 거쳐, 1986년에는 블록마다 높이 규정 일부 개정했다. 구체적으로는 오타니 레포트의 조망에 관한 평가 결과에 기본을 두어 마츠모토 성내의 뛰어난 3개의 조망지점으로부터 앙각에 의한 높이 규제와 그 방위각 주변의 절대높이 규제의 2개의 수법에 의한 것으로 되었다. 그러나 이 제도의 근거도 「마츠모토 시 건축물. 광고물디자인 매뉴얼(안내)」에 의한 것이다. 행정의 임의지도에 있는 것에 변함은 없었다.(그림8 · 4)

◎ 마츠모토 시 고도지구의 지정

• 고도지구 지정의 계기

앙각에 의한 높이 규제는 시민의 이해도 있었고 비교적 원활한 운용이 되어왔지만 1999년 11월에 갑자기 주차장의 빈터에 맨션건설계획이 있었다. 이 지구는 높이 규제 구역의 녹지대 근처에 있어, 최고 높이 15미터의 상업지역(용적률400%)이고, 마츠모토 성지에서 약 115미터 가까운 거리에 있었다. 이 계획은 지상 9층, 지하1층 총 호수 33호의 집합주택으로 지상으로 최고 높이는 약 31.5미터의 높이 제한의 2배 이상의 높이로 무엇보다 마츠모토 성의 천수각의 높이(지상 약 29.4미터)를 넘는 계획이었으므로 즉시 지역 주민의 반대운동이 일어났다.

지역 주민은 지역연합회를 조직해서 맨션건설업자에게 반대 통지서를 송부함과 동시에 시장에게 진정서를 제출했다. 또 연합회는 마츠모토 성에서 관광객 등에 반대서명운동을 불러일으키는 등 활동을 진행하였다. 연합회의 요망을 받아들인 마츠모토 시는 사업자에 대해 최고 높이를 15미터 이하의 맨션 계획으로 변경할 것을 요청했으나 사업자로부터는 토지의 매매를 요청하는 뜻의 회답이 있었다. 마츠모토 시는 이 계획지가 이전부터 시교육위원회가 용지의 매수교섭을 진행했던 토지였던 것 등으로 시장의 토지 구입 결단 의한 맨션 건설의 동결로 방향 회전을 하여 시와 사업자간에 교섭이 진행되었다. 그 후, 사업자와 마츠모토 시 사이의 토지가격 조정이 끝나고 2000년 3월에는 토지의 매매계약이 체결되었다. 맨션계획이 발발하고 4개월이란 빠른 속도로 해결되었다.

• 고도지구 지정의 움직임

마츠모토 시 주변에는 이 밖에도 맨션계획을 추진하고자 하는 토지가 복수 인정되어 가까운 미래에 같은 문제가 생길 가능성이 보여진다. 또 마츠모토 시 내부에는 행정수속법 등의 법 정비에 의한 행정지도의 한계에 대한 위험도 있어 법적인 효력을 가진 제도 전환의 필요성이

표8 · 2 고도지구지저까지의 대처의 경위

년	월	대책	비고
1999년	4월	마츠모토성 경관보호대책의 소관 교체	교육위원회로부터 도시계획과에
	11월	사업자가 맨션계획의 홍보지배포	
	12월	지역연합회에서 맨션사업자에 건설반대 통지서송부 지역연합회로부터 시장에 진정서 제출	
2000년	1월	시에서 사업자에 협력 의뢰	
	3월	토지의 매입에 관한 계약	
	6 ~ 7월	마츠모토성 주변의 경관보호에 대한 연합회의 연구회 개최	
	9월	연합회로부터(마츠모토성의 경관을 보호하기 위하여 주변 지역에서의 건축물의 높이규제에 대해) 보고서가 시에 제출	마츠모토성의 경관은 꼭 지키는 뜻이 일치 세부적으로 신중론 병기
	10~11월	고도지구지정에 관한 주민 등의 연구회 개최	
	12월	고도지구지정에 관한 설명회의 개최	5지구에 약 6회 개최
2001년	1월	도시경관심의회의 심의 계획안의 광고.열람	도시경관심의회에서는 계획안에 대해 이의 없음
	2월	도시계획심의회의 심의	전회 일치에 가결
	3월	고도지구의 도시계획결정(고시)	

주)도시계획과는 현재 계획과로 변경
(출전 : 마츠모토 시 건설부 자료에 의한 정리)

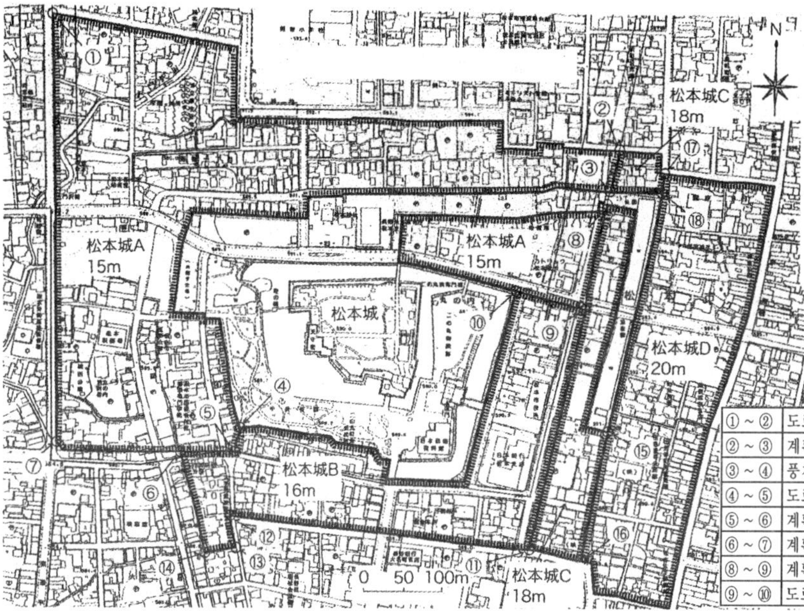

①~②	도로계	⑨~⑪	계획도로계
②~③	계획도로계	⑪~⑫	도로계
③~④	풍치지구계	⑬~⑭	지번계
④~⑤	도로계	⑭~⑥	수로계
⑤~⑥	계획도로계	⑮~⑯	도로계
⑥~⑦	계획도로계	⑯~⑰	도로계
⑧~⑨	계획도로계	⑰~⑱	도로계
⑨~⑩	도로계		

그림8·5 고도지구의 지정 구역(2001년 3월 고시) 원 안의 숫자는 고도지구의 경계선을 관리하는 목적의 것으로 건축물의 높이와는 관련이 없다. (출전 : 마츠모토 시 건설부자료)

표8·3 고도지구의 내용

종류	면적(ha)	건축물의 높이의 최대제한
마츠모토성A	17.2	15m
마츠모토성B	6.3	16m
마츠모토성C	2.4	18m
마츠모토성D	6.7	20m
합계	32.6	

(출전 : 마츠모토 시 건설부자료 정리)

높아졌다. 동시에 마츠모토성 주변의 경관보호에 관한 사무가 1999년도에부터 교육위원회부터 도시계획과경관실(현재의 계획과)에 소관이 옮겨졌던 일로 인하여 도시경관 측면에 의한 마츠모토 성 주변의 경관형성의 시점도 더해졌다. 마츠모토 시에서는 주민(지역회)과 경관보호에 대한 연구회를 개시(전 지권자에 통지)하여 지역회로부터 「마츠모토 시의 경관을 보호하기 위해 주변지역에서의 건축물 높이 규제에 대하여 (보고서)」가 제출되었다.

여기서 지역회로서는 마츠모토성의 경관을 절대적으로 지키려는 취지의 의사표명이 있어, 이 의향을 받아 높이제한에 관한 수법의 검토에 들어갔다. 법적인 구속력을 가진 수법으로서 고도지구, 건축협정, 지구의 계획 3개가 후보로 되었지만 높이 제한을 행하는 긴급성이 높은 점으로 고도지구의 지정이 가장 적합하다고 하여 지역의 설명회 등을 통해 합의 형성을 진행하였다. 최종적으로는 계획안의 공고·열람으로 2명의 반대의견이 있었으나 찬성의견이 다수를 점유했던 것으로 2001년 3월에 마츠모토성 주변지구의 고도지구가 도시계획 결정·고시되었다.(표8·2)

• 고도지구의 개요

고도지구의 범위는 과거의 개정에서는 재검토되지 않았지만 이번의 고도지구의 지정에 임해서는 주민의 의향이나 용도 지역의 지정 실태 등을 고려해서 필요 최소한도의 범위로 지정하였고 남서측의 구역이 고도지구에서 제외되었다. 또 최고 높이는 제1회의 규제와 비교하면 10m 제한이 폐지되었던 것과 마츠모토 성에 인접하는 구역에 조금 완만한 규제로 변경되었지만 이것도 북 알프스나 미가하라의 조망경관을 보다 즉지적으로 검토하여 그것을 위해 필요한 높이와 현재의 건축물의 높이에서 재검토되었다. 이 결과 고도 지구의 최고 높이는 15미터, 16미터(15미터의 제한이 필요한 구역이지만 주변과 고저차가 있는 이유를 고려해서 1미터 가산), 18미터, 20미터의 4단계 규제로 되었다.(그림8·5 표8·3)

파트너십에 의한 역사적 시가지의 재생

나까마치나 시타마치 등의 역사적인 시가지에는 가로환경정비 사업을 주체로 한 민관의 파트너십에 의한 마을 만들기가 전개되었다. 그 몇 가지의 사례를 소개한다.

◘ 나까마치의 창고 건축이 있는 마을 만들기

신마치 3쬬의 하나로 선광사 가도변의 中町은 女鳥羽천 남쪽에 있고, 옛날에는 가로변의 도매상으로서 발전하였다. 1888년의 화재로 인해 많은 건축물이 소실되었지만 내화건축물이기도 한 「土藏」이 타지 않고 남았기 때문에 그 후 급속히 창고가 지어지게 되어 현재에도 그 일부가

그림8·6 나까마치, 성하정의 사업 실시 위치 (출전:마츠모토 시 팸플릿을 기본으로 작성)

표8·4 나까미치. 성하정의 마을 만들기 경위

년도	나까미치 지구(6.2ha)	성하정지구(6.0ha)
1988년	나까마치 창고건축이 있는 마을 만들기 기본 구상	
1989년	〈마을 만들기 협정〉의 체결 가로건축 환경정비 사업의 장관승인 저울자료관의 정비 창고 주차장의 정비	성하정 마을 만들기 발족
1990년	나까마치 창고건축이 있는 마을 만들기 추진협의회 설립 공중화장실 개수	
1993년	동녹지정비	가로건축 환경정비사업의 장관승인 마을만들기 협정 제결 성하정 마을 만들기 추진협의회 설립
1994년	****녹지정비	다쯔미의 정원공원 정비 시타마찌 회관 건설
1996년	창고건축 마을 회관건설	나와데 상가 소로 정비
1997년		
1999년		나와데니시 공중화장실 개축
2000년	전선류의 지중화. 포장의 고질화	나와데히가시공중화장실 신축 히토쯔교 육교·공원정비 특정 공공임대주택 외장공사
2001년		

(출전 : 마츠모토시 설계부 자료에서 정리)

표8·5 나까마치 창고건축이 있는 마을 만들기 협정

(건축물 정비에 관한 사항)
제7조 기존의 건축물 등을 신축, 증개축, 개수를 행하여지는 경우는 다음에 정하여진 내용으로 색채, 형태 등 의상을 통일한다.
- 색채에 대해서는 원색을 피한 백, 흑을 기조로 한다.
- 지붕 등에 대해서는 사면지붕으로 하고 일본 기와를 사용하거나 그것과 동등하게 완성한다.
- 외벽 등에 대해서는, 정면에서 보이는 부분에 대해서는 회반죽벽이나 혹은 이것과 동등하게 완성할 것

점포 등으로 이용되어지는 지구가 있다. 1975년대에 행해졌던 역 앞의 토지구획 정리사업에 의한 상업의 중심이 역 앞 중심으로 옮겨, 본 지구의 유동인구를 끌어들이는 힘이 저하되었던 이유로 1986년에 상점가 진흥조합과 지역회가 「나까마치 마을 만들기 연구회」(그 후 1990년에는 (「나까마치 창고 건축이 있는 마을 만들기 추진협의회」개정)를 발족시켜서 시가지의 재생과 역사적 시가지의 환경정비를 진행하고 있다.

- 협정운영위원회에 의한 건축물 수경

본 지구 내에는 신축, 개축일 때에 건축물의 정면의 개수에 관계되는 경비에 대해 마츠모토 시가 도시경관형성 사업보조금 교부요망에 의해 보조율 2/3(상한 300만 엔)을 시비로 보조한다. 건축물의 심사는 협정(표8·5) 운영위원회가 실시하여 협정의 내용에 적합하면 운영위원회로부터 시에 통지되어 동 요망에 근거한 보조가 적용되어지는 장치를 가지고 있다. 이와 같은 민관의 파트너쉽형의 마을만들기가 높이 평가할 만하다.

그림8·7 나까마치 주차장과 수복된 건물 상점진흥조합이 경영하는 회반죽 벽의 주차장(사진의 왼쪽)은 주변의 역사적인 건축물과의 일체성을 배려하고 있다.

- 조합에 의한 주차장 운영

지구 중심에 있는 주차장은 상점가 진흥조합이 땅을 빌려서 주차장을 경영하고 있다. 도로에 접하고 있는 부분은 역사적 가로의 연속성을 배려하여 회반죽 벽으로 처리했다.(그림8·7)

• 마츠모토 시에 의한 환경 정비 사업

마츠모토 시는 가로 환경정비사업을 근거로 쌈지 공원정비나 공중화장실의 개수, 전선의 지중화 등의 환경정비를 진행하고 있다. 또 지역 내에 있던 역사적인 목조건축물을 파괴하는 맨션계획이 들어설 경우에는 주민의 의견을 거치고 공원예정지구 내에 이 목조건축물을 이설하여, 주민의 활동 시설이자 동시에 내방자와의 교류 거점이기도 한 「창고건축」을 정비했다. 본 시설은 현재 추진협의회에 의해 관리 · 운영되어지고 있다.

◎ 성하정 마을만들기 사업

성하정은 女鳥羽천의 북에 위치하고 메이지 이후에 수로를 매립하여 생겨난 새로운 지역으로 나까마치 등의 상점가와는 다르게 유행의 도시로서 서민과 친숙해져 왔다. 그러나 나까마치와 같이 상업의 활력이 저하되면서 다이쇼, 쇼와 초기의 서양식 정면을 가진 上土町, 녹지대 상점가의 나와데, 음식점가의 미도리쬬의 3개의 개성적인 마치가 일체되어 「성하정 마을만들기 연구회」를 발족(후에, 1994년 3월에 「성하정 마을만들기 추진협의회」로 개정) 시켜서 3지구의 역사를 거쳐 일체감이 있는 도시의 형성을 목표로 하여 생활환경의 정비개선과 도시의 활성화를 목적으로 해서 1993년 12월에 성하정 마을만들기 협정」이 체결되었다.

• 시민의 주체적인 활동에 의한 역사적 건조물의 이전 · 보존

上土町에는 다이쇼 로망을 실현하기 위해서 1992년에

그림8 · 8 이전된 지역 회관과 모퉁이 광장 다이쇼 로망의 상징인 지역 회관은 지역건축가들의 협력에 의해 이전, 보존이 실현되었다. 그 최근일로는 시에 의한 모퉁이 광장이 정비되었다.

마을만들기의 지침을 작성하여 지역 건축가들로 구성된 마을만들기 위원회에서 전문적 시점을 도입하여 디자인코드를 작성하였다. 또 해체가 예정되어졌던 지구의 상징적인 역사적 건조물을 주민이 주체적으로 보존 활동을 추진하여 마을만들기의 위원회와 공원정비를 예정했었던 마츠모토 시와의 협동에 의해 해체, 이전, 복원되고 마을만들기의 정보발신 거점의 「지역회관」으로서 재생되어 그 옆에는 모퉁이 광장으로 정비되었다.

• 역사적 디자인의 계승 · 복원

본 지구의 인구감소에 대처하기 위해, 마츠모토 시가 구 시청사 유휴지를 민간에서 토지를 재매입하여 시영주택(저층부는 점포)을 건설했다. 시영주택의 외벽은 가로환경정비사업의 적용을 받아서 구청사의 파사드를 복원해서 언뜻 보기에 시영주택으로 생각되지 않는 모습으로 되었다. 옛날부터 女鳥羽천에 연결되는 왕래가 잦은 다리인 것으로 치도세교와의 연결성의 확보나 메이지와 다이쇼의 시대를 연결하는 다리로서 의미를 담아 가스등의 복원이 행하여졌다.

앞으로 마츠모토 성 주변의 풍경만들기에 대해

마츠모토 성과 주변에 있어서의 조망경관에 관한 대처는 고도지구를 지정하는 것으로 일단 결말을 봤지만 마츠모토 성 주변에 있어서의 풍경 만들기는, 사실 지금부터가 본격적인 시작임을 인식할 수 있다. 그것은 현 시점에는 건축물 높이의 컨트롤에 이제 막 착수하여서 건축물의 구조, 형태, 의장이나 공작물의 형태 등에 대하여는 아직 구체적인 지침이 완성되어 있지 않은 것이나 마찬가지이다. 일본에 있어서도 성이나 사적, 산맥, 스카이라인 등의 시민의 상징적인 자원에 대한 조망경관 추진 사례는 있지만 그의 대다수는 종합적인 풍경만들기를 실천하는 예는 아직 적은 상황이다. 마츠모토성에 있어서도 이번의 고도지구지정의 대처를 계기로 하여 축성 400년이 넘는 마츠모토 성과 그 주변에 있어서의 아름다운 풍격이 있는 풍경만들기의 발전된 전개를 기대한다.

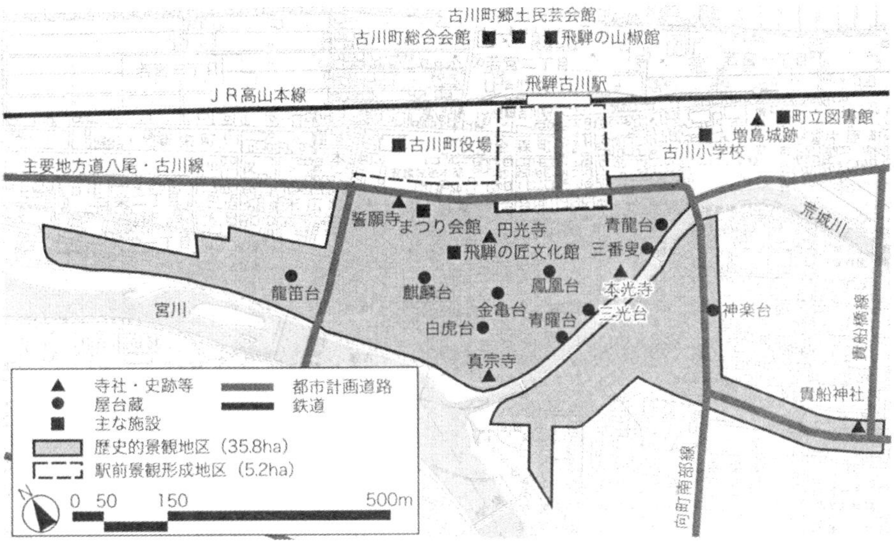

그림8・9 후루가와의 중심시가지와 조례에 의한 지정지구

그림8・10 수레의「구름」

8・2 히다후루가와

계승과 참가의 마을만들기

기후현의 후루가와쵸는(인구 약 16,000명) 16세기 말의 성하정을 기원으로 하는 히다 북부의 중핵도시이다. 풍경계획에서 본 그 특징의 제1은 전통적인 양식을 계승, 발전시킨 지역고유의 새로운 상가의 도시가 오늘날까지도 확대되고 있는 점이다. 제2는 경관조례안의 책정에 관해서는 백지상태에서 주민참가로 구성, 지구지정범위, 기준치를 정하기까지 전부를 만들어 낸 점이다. 어떤 점에 있어서도 보기 드문 사례이다.

장인・지역 규칙・축제의 도시

후루가와와 목수와 구름 장식

후루가와 특유의 도시에는 히다의 장인을 후예로서 긍지를 가지고 후루가와 목수의 기세와 창의연구에 의해 만들어져 왔다고 말할 수 있다. 그 상징이 〈구름〉이다.

구름은 히지키(肘木)에 새겨지는 당초(唐草) 모양이다. (그림8・10) 사찰 건축의 雲肘木은 일반적이지만, 후루가와에는 1954년 경에 어떤 목수에 의해서 주택에 더 구름이 붙어지게 되었다는 설도 있다. 구름의 모양은 목수에 의해 다르며, 말하자면 사인 같은 것이다. 후루가와 장인의 책임감을 알아 볼 수 있다.

그림8・11 후루가와 축제 상가의 수레

그림8・12 상가의 축제 모습

지역 규칙의 붕괴

목수의 능력을 발휘하는 데에는 건축주의 지지에도 있다. 중심 시가지에는 지역의 건설사, 목수에 의한 주택건설이 대부분이다. 후루가와 고유의 상가를 좋아하는 사람도 많다. 더욱이 후루가와의 사람들의 경관에 대한 의식의 높은 점을 상징하는 언어가 〈지역 규칙 붕괴〉이다. 지역 규칙이란 지역공동체 안에서 생활해 갈 때 위에서 지켜야 할 암묵의 상식, 룰이다. 지역 규칙 붕괴란 그 룰을 깨는 것으로 비난의 대상이 된다. 이와 같은 의식이 조화를 갖춘 도시의 경관의 형성에도 공헌하고 있다.

후루가와 축제와 가로 건축

후루가와의 경관을 생각하는 것 중에서 더 한 가지 잃어버리면 안 되는 것은 신사의 축제로 국가지정 중요무형민

그림8 · 13　전통상가(대규모)

그림8 · 14　전통상가(소규모)

그림8 · 15　전통상가(다이쇼오기)

그림8 · 16　근대서양풍건축

그림8 · 17　신상가(초기형)

그림8 · 18　신상가(완성형)

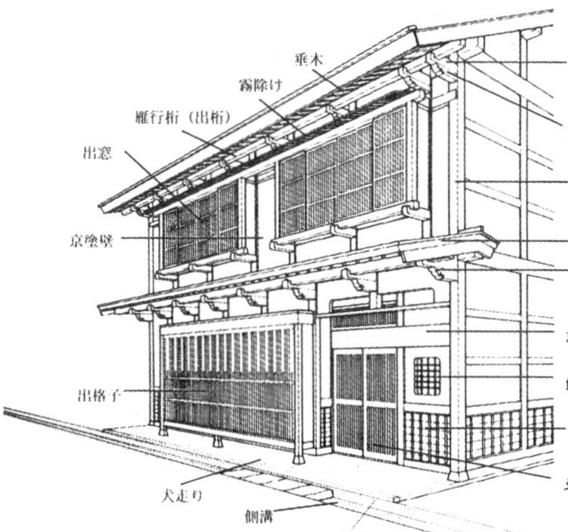

그림8 · 19　신상가의 의장구성 (출전 : 후루가와쵸「전통적 시가지에 있어서의 건축 디자인, 가이드라인-생활, 축제, 장인의 무대만들기를 위한」 1997년, p.13)

속문화재의 후루가와 축제이다. 9대의 조합이 각각의 수레(그림8 · 11)를 소유한다. 수레를 격납하는 수레창고도 커뮤니티의 상징이며 그 문에는 대문이라고 불리는 심벌마크가 덧붙여지고 있다. 축제 당일에는 각문에 簾이 걸리어져, 현관 앞에는 산제 등이 세워진다. 현관의 미닫이에는 반쯤 열려 내측에는 가문이 붙어 있는 커튼이 걸려 있다.(그림8 · 12). 도로의 게이트처럼 액제등(額提灯)이 장식되어 있다.

도시의 전체가 축제의 무대로서 훌륭하게 연출되는 것이다. 이와 같이 축제 준비의 일을 지역에서는 〈축제 야와이〉라고 한다.

전통적 양식을 계승했던 가로건축경관

후루가와의 가로 건축의 특징은 다양한 양식의 건축이 혼재하고 있으며 전체의 조화를 유지하고 있는 것임이다. 대표적인 타입을 들면 다음과 같다.

◘ 전통 町家

시가지의 약 90%가 소실되었던 1904년의 대화재 후에 재건되었던 것 .대화재 이전의 형태를 답습하여 기라쯔마(切妻) · 박공(平入), 진벽 만들기로 되어 있다. 시가지 중심부에는 대규모의 전통상가(그림8 · 13)가 십 수 동 남아 있어, 가로건축의 핵이 되고 있다. 또 같은 시기에 만들어진 폭 2~3칸 도의 소규모의 상가(그림8 · 14)도 다수 존재한다. 다이쇼기에 들어가면 2층 건물이(그림8 · 15) 나타난다.

◘ 근대 서양풍 일본풍건축

쇼와 초기의 의원 등, 말하자면 서양관이 수(數) 동(棟) 남아 있어(그림8 · 6) 가로건축에 악센트를 주고 있다. 요정 등의 근대 일본식의 건축 등도 수(數) 동(棟) 남아 있다.

그림8 · 20 현대감각의 신상가

◘ 신상가

1960년대 경이 되면서 특히 소규모이며 간소한 전통상가로 바뀌어 지어지게 된다. 이때 박공지붕, 신상가가, 진벽이라는 형태의 계승을 하면서, 2층의 층고가 더욱 높아져, 돌출창을 만들어 알루미늄 샷시를 사용한 신상가가 나타났다. 완목(腕木)의 밑에는 히지키(肘木)이 만들어졌다.(그림8 · 17) 그 후 신상가의 의장은 전통양식을 강조하는 방식으로 진화해 갔다. 당초 간소했던 히지키(肘木)에는 복잡한 자국이나 당초문양(唐草文様), 즉 (구름)이 쓰여지게 되었다. 2층의 돌출창에는 격자가 붙여져 1층에는 출격자가 부활되었다. 이 형태의 신상가(그림8 · 18, 8 · 19)가 후술하는 경관디자인상의 기준이 되어 후루가와 고유의 가로건축을 확대시켜 갔다.

◘ 현대감각의 상가

신상가와 같이 전통양식을 충실히 반영시키는 것과 다르며, 현대감각의 디자인을 받아들이면서 경관에 공헌한 새로운 일본풍 건축(그림8 · 20)의 시도도 이루어졌다.

◘ 재생町家

종래는 개축된 소규모의 전통 상가를 다른 용도로 재생하는 사례가 있다. 그림8 · 14의 상가는 주택 겸 사무소로 재생되었다. 그 밖에 표구점에서 다방으로의 재생 예도 있다.

주민 참가에 의한 경관 조례안의 책정

◘ 조례 책정까지의 경위

1970년대 즈음부터 발전한 신상가가 확장되기 시작하고, 또 RC조의 술 창고를 자주적으로 토장풍으로 수경하는 케이스가 나타나는 등 마을전체에서 경관에의 의식이 높아졌다. 1986년에는 민간의 후루가와 관광협회가 신상가를 모델로 했던 「후루가와 경관디자인상」(표8 · 6)을 설치하여 보급 활동을 시작하였다. 동년에는 처음의 가로건축의 조사가 (재)일본내셔널트러스트에 의해 실시되어 마을만들기의 기운도 높아졌다. 이것들의 결과, 1989년에 히다의 장인문화관, 1992년에는 축제회관이나 세토강의 수경 등 사업이 실현되었다.

표8 · 6 경관 디자인상의 개요

설치자	후루가와 관광협회
심사기준	
1. 주택 점포 등	1.외벽 (1) 목조, 일본풍, 진벽만들기일 것 (2) 토장 풍, 토도 벽일 것
	2.軒裏 (1) 화장수목표시일 것 (2) 丸桁에 주목을 설치할 것 (3) 肘木이 아닐 경우에는 腕木에 의한 소 지붕을 설치할 것
	3.개구부 (1) 현관문, 창의 부품은 목재를 중심으로 하지만 그 부분이 목질조의 경우는 이에 한하지 않음 (2) 격자, 출격자 연자 등에 그 부분을 씌울 것.
	4.색채 목질부에 대해는 차 계통을 주로 하지만 주변에 대해서는 위화감을 주지 않는 색조일 것
2. 문, 울타리, 다리, 모뉴멘트 등	장의 의장을 도입한 예술성이나 문화에 극히 뛰어나야 함
심사위원	지자체장, 의회의장, 건설과장, 상공회장, 문화협회장, 관광협회3명, 건축 관계자로 약12명

◘ 조례 도입에의 합의 형성

행정도 제도의 필요성을 느끼고 1991년부터 지역민에 의한 도시경관 연구위원회를 발족시켰다. 다음 1992년부터는 전문가를 추가해 경관시책의 기본적 방향이 논의되었다. 당초는 「마을 규칙이 있기 때문에 규제는 불필요」라는 의견도 있었다. 그러나 과거에 없는 대규모의 건축계획이 발생한 것 등을 근거로 하여, 말하자면 지역 규칙을 명문화한 것으로서의 조례가 필요하다는 결론에 달했다.

◘ 참가의 프로세스

1994년부터 시작된 구체적인 조례안의 책정에는 앞의 위원회를 중심으로 처음부터 주민 참가에 의한 입안이 진행되어 조례 구성부터 지역 범위 디자인 기준에 달하기까지 구체적인 논의가 되었다. 도시경관연구위원회(대위원회) 2회와, 입안 작업부회로서의 소위원회 4회, 지역건축 관계자와의 협의 1회, 지자체 관계과와의 협의 1회 등이 개최되었다. 먼저, 경관기본 방침안을 작성하여 대략적인 공통인식을 합의하여 조례 구성, 대상 범위, 규제치를 검토하였다.

◘ 참가의 형태

각종 단체 대표나 일반 지역민으로 구성하는 약 80명의 대위원회는 최고의사 결정으로서 최종적인 합의 결정을 행하는 역할을 가지고 있었다. 한편, 대위원회 중의 16명의 소위원회는 작업부회로서 구체적인 원안 만들기를 행하였다. 또 위원회의 일반 공개, 경관기본방침안의 관계 세대에의 회람, 지역의 홍보지에 토의 과정의 소개 등 폭넓은 주체가 토의에 참가 가능한 수단으로 이용되었다.

◘ 워크숍을 응용한 프로그램

각 위원회에는 전원이 주체적으로 논의에 참가하여 동시에 한정되어진 시간 안에 결론에 달하기 위한 계획 기술로서 워크숍 수단이 응용되었다. 다수의 대위원회는 소수 의견이나 반대 의견도 포함한 주체 의견의 즉시 공유와 최종적인 의사 결정을 목적으로 하여 기를 드는 방식의 앙케이트가 채용되었다. 한편 소위원회는 상세하고 전문적인 사항을 효율적으로 논의하는 것이 요구되었다. 거기서 먼저 테마별로 나뉜 4~5명의 반에서 논의하여 그것을 집약해서 전체 토의를 행하는 수단이 진행되었다.

이 결과 1996년에 〈히다후루가와 고향경관조례〉(이하 경관조례)가 실행되었다.

표8·7 후루가와 시의 경관조례 구성

장	내용
제1장 총칙	•목적 •지자체장의 기본적 책무 •도시계획기본계획의 책정 등
제2장 경관형성지구	•경관형성 지구의 지정 등 •행위의 제출 •지도, 조언 및 권고 •공지에 관계된 조언 및 지도 등
제3장 대규모건축물 등	•신축 등의 제출 •지도, 조언 및 권고 등
제4장 경관 중요 건축물 등	•경관중요 건축물 등의 지정 •행위의 제출 •조언 및 지도 등
제5장 녹지의 보존과 육성	•경관수목 등의 지정 •현상변경 행위의 제출 등
제6장 주민참가	•주민의 참가 장려 •마을만들기 경관조직에의 지원 등 •마을만들기 경관협정 등
제7장 표창, 조성 등	•경관형성 지구에 관련된 조성 등 •경관중요건축물 등에 관련된 조성 등 •경관수목 등에 관련된 조성 등 •옥외광고물에 관련된 조성 등 •마을만들기 경관조직에 관한 조성 등
제8장 심의회	
제9장 잡칙	

경관조례의 운용 실태

◘ 디자인 유도의 틀의 짜임

경관 조례의 구성은 표8·7대로이지만 중심이 되는 수법은 조화를 갖춘 경관을 만들어내기 위한 건축물의 유도에 있다. 신축이나 개축 등 경관 상 영향이 큰 행위에 대해 제출을 의무하여 협의, 조언, 지도를 행하는 일반적인 형식을 취하고 있다. 주요 제출 대상은 도시계획 구역 전역에 있어서의 대규모 건축물과 시가지 중심부의 〈역사적 경관지구〉(35.8ha, 약 1350호, 인구 약 4,000명)에 있어서의 건축이다.(그림8·9) 역사적 경관지구에는 조성 기준에 기본을 둔 건축물 등의 외관수경에 대해 조성을 행하고 있다. 그 밖에 역 주변을 「역전 경관형성 지구」로 지정하고 있지만 정식적인 운용은 이루어지지 않았다. 지구 지정 메뉴로서는 후루가와 전체의 풍경만들기를 염두에 두고, 앞에서 말한 2지구에 전원·농촌경관 보전 지구나 교외 주택지 경광 형성지구 등의 5지구가 예정되어 있어 지역민 의식의 양성에 의해 순차지정이 될 수 있게 되었다. 그러나 안타깝게도 현재는 새로운 지구 지정의 조짐은 안 보인다.

◘ 지역주민 주도의 심의회

후루가와의 디자인 유도의 특징의 하나는 경미한 행위를 제외하고 전부의 제출, 조성물 건에 대해 도시경관심의회의 협의를 행하고 동시에 그 심의회는 건축 관계자나 주민 대표 등의 주민만으로 구성되어 있는 점이다. 외부의 전문가나 행정관계자는 들어있지 않다. 조례 제정의 과정에서 북돋아진 주민 참가의 정신이 제정 후에도 이어져서 지역의 주민이 책임을 가지고 경관형성에 참여하고 있다.

심의회는 조례의 시행 당초에는 제출 수도 많고 매월 1회의 비율로 개최되었지만 최근에는 제출 수가 줄어져 필요에 따라 개최된다. 또 긴급한 경우에 심의회의 개최 일시가 맞지 않을 경우에는 가능한 몇 명의 위원이 대응하는 등 유연히 운용되어지고 있다.

◘ 신축 중심의 디자인 유도

후루가와의 경관조례는 신축건물의 디자인 유도를 중심으로 전통적 양식을 계승한 신상가를 적극적으로 장려하고 있다. 단지 전형적인 신상가만을 늘리려는 이유가 아니라 전술한 현대 감각의 상가처럼 종래에는 없었던 타입의 건물이라도 경관을 배려한 우수한 건축물이면 조성 대상으로 되고 있다. 한편 일반적으로 우선되는 전통적 건조물에 대한 대처는 결코 충분하다고 할 수는 없다. 전통상가의 수리도 조성 대상은 되지만 신축을 상정했던 보조금액 때문에 본격적 수리의 지원에는 불충분하다고 생각되어진다. 전통적 건축물의 모든 조사도 실시하고 있지 못하며 그 확보를 목적으로 한 「경관중요건축물」 등의 지정제도도 시행되고 있지 않다.

◘ 건축디자인의 경향

필자들의 조사에 의하면 1996~99년까지 행하여졌던 113건의 개수 중 50%를 넘는 건물이 전통상가나 신상가라고 하는 가로건축 형성의 목표상과 일치하는 건축이었다. 또 토장풍의 건물 등 가로건축 경관에 배려한 건물도 20% 정도 있었다. 그러나 반대로 전체의 거의 30%는 가로건축과 조화되지 않는 건물이었으며 동시에 그 대부분이 협의, 지도를 받아야 할 제출을 행하지 않은 케이스인 것도 사실이다. 조례제정의 과정에는 벌칙을 만들어야 한다는 의견도 있었지만 결과적으로는 장려적인 시책인 차원에서 벌칙 규정은 만들 수가 없었다. 이것은 〈부탁조례〉라고 불리는 경관조례의 한계이며 전국의 지자체가 품고 있는 공통의 문제이다. 후루가와에서는 이 제도의 일점을 막아야 하고 행정 담당자나 심의회의원 등이 직접 건축주를 방문하여 무릎을 맞대고 논의하는 자리를 만드는 등 협력을 구하고 있다. 제도의 틀 이외의 착실한 노력을 짊어지고 있는 부분도 크다.

앞으로의 과제

주민참가로 책정된 경관조례는 지역주민에도 「손수 만든 조례」라고 평가받고 있는 한편 책정에 관계된 사람이나 건축 관계자 이외의 일반지역민에게는 불충분하다는 소리도 있다. 지속적인 보급, 계발이 요구되어지고 있다. 또 제출 물건의 디자인이 다양화하여 경관에 조화되고 있는지, 또는 조성금을 교부해야 하는 것인가 심의회에서 의견이 나누어지고 있는 경우도 나오고 있다. 후루가와의 목표경관상이란 무언가, 세밀한 심사가 필요하다. 「진품」의 가로건축 형성에는 전통적 건축의 보존과 새로운 건축 창조 등 쌍방의 중요함이 틀림없다. 핵이 되어야 하는 전통적 건조물에의 충실한 대책이 급선무이다. 교외의 〈스프롤〉에 의한 전원 경관의 파괴나 중심 시가지의 쇠퇴도 서서히 진행되고 있고, 지역 전체의 경관에 대해서도 다시 논의해야 함이다.

8 · 3 구라시끼 시

가로건축 보존운동에서 미관지구 경관조례까지

가로건축의 성립

2002년 4월 중핵 도시로 발전한 구라시끼 시는 인구 약 43만 명, 면적 약 198㎢의 세토 지역의 거점도시이면서, 전국에 알려진 역사적인 가로건축을 가진 도시이다.

그 옛날, 구라시끼 강을 중심으로 비중지방의 물자를 운반하는 포구로 중요한 역할을 담당하고 에도 시대에는 막부의 천령이 되어 상도로서 번영한 이 도시는 구라시끼 강 및 鶴形山의 南山을 동서로 지나는 오랜 전부터의 길인 가도를 중심으로 발전해 왔다. 현재에도 구라시끼 천

그림8 · 21 구라시끼 하천변의 가로 건축물

그림8 · 22 가도 변의 건축물

그림8 · 23 전통적인 상가의 양식을 가진 구오오하라가(국가중요문화재) (출전 : 「구라시끼의 가로건축」)

그림8 · 25 관광안내소인 구라시끼관 「국가등록문화재」

그림8 · 24 주변의 가로 건축과 조화된 오오하라 미술관

그림8 · 26 토장고를 재현한 구라시끼 고고관

변(그림8 · 21)은 관광지 구라시끼의 메인스트리트로서 가도(그림8 · 22)는 옛날의 모습을 지닌 주택지로서 미관지구의 중심을 형성하고 있다.

현재의 가로건축을 형성하고 있는 건축물의 다수는 상가이며 그 형식의 기초는 18세기말에 만들어졌다. 특색은 구오하라(大原) 가주택(1795년, 그림8 · 23)에서 볼 수 있다.

다이쇼부터 쇼와 초기에 걸쳐서는 몇 개의 서양관도 건설되었다. 그 중에도 유명한 것은 돌담에 둘러싸인 조금 높은 장소에 세워져 이오니아 양식의 주두를 가진 오오하라 미술관 본관(1930년, 그림8 · 24), 구라시끼강에 연결되는 중교의 구라시끼관(구 구라시끼 관청, 1916년, 그림8 · 25)이다. 이 밖에 메이지 시대에 건설되었던 벽돌조의 구라시끼 방적공장 자리를 이용 재생한 아이비 광장 등 모던적인 서양건축과 상가 등이 융합되어, 독특한 현재의 가로건축이 형성되었다.

지금까지의 가로건축 보존

구라시끼의 가로건축은 전재를 피하는 등 행운이 있었지만 전쟁 전보다 가로건축의 보존의 대책이 시행되어 온 것이 아름다운 가로건축을 계승하게 된 요인이다. 그리고 이 대책은 독일에 유학해서 역사도시 루텐부르크의 가로건축의 아름다움에 감동한 구라시끼의 유력상인의 한 사람인 구라시끼방직(현 크라보우)의 창립자 오하라 소우이치로우를 중심으로 시작 되었다고 한다. 이것이 크게 가로건축의 보존에 영향을 끼친 것은 전쟁 이후이며 창고를 재생한 구라시끼 시민문예관, 구라시끼 고고관(그림8 · 26), 오오하라 미술관 공예관, 상가를 재생한 여관 구라시끼 등(그림8 · 27) 건물을 활용하면서 보존하는 방법에 의해 가로건축이 유지되었다.

이것들의 가로건축 보존은 민예운동의 제창자이기도 한

그림8 · 27 상가를 재생한 여관 구라시끼

야나기나 소토무라를 중심으로 한 오카야마 현 민예협회(1946년), 구라시끼 도시미협회(1947년)나 건축가의 우라베 신타로우 등이 깊이 관련이 되어 오늘의 구라시끼 가로건축의 보존대책의 원형이 되었다.

한편 행정의 대처는 1955년 즈음의 구라시끼 강의 호안정비와 버드나무의 식재부터 시작된다. 이 때에는 구라시끼를 방문한 관광객이 증가했기 때문에 살풍경인 강 연안 분위기를 좋게 하는 일이나 안정성의 확보 등의 면에서 대응한 것으로 현재의 미관구역을 상징하는 정비가 달성되었다.

현 가로건축 보존

현 구라시끼의 가로건축의 보존은 주민, 전문가, 행정의 협동에 의해 역사적인 가로건축의 보존이 행정시책의 하나로 진행되어지고 있다.

역사적인 가로건축의 보존시책은 1968년의 「구라시끼시 전통미관 보존조례(이하-전미조례)」의 제정으로 시작된다. 그 계기는 1967년의 구라시끼, 가고시마, 다마시마의 3시의 합병에 있다. 당시, 고도경제 성장기에 개발의 파도가 밀려오는 중에 합병 후의 구라시끼시의 자세에 대하여「구라시끼 시의 장래성에 관한 간담회보고」가 나왔다. 그 가운데 「구라시끼시 고유의 재산으로서 보존하기 위해서는 보존」이라는 관점에서 대상지역을 확정하여 보존에 필요한 대책을 세울 것, 역사적인 시가지는 이것에 인접하는 문화시설과 일체가 되어서 구라시끼란 도시의 이미지의 중핵이 되어 많은 관광객을 끌어들이고 있다. 관광객 수는

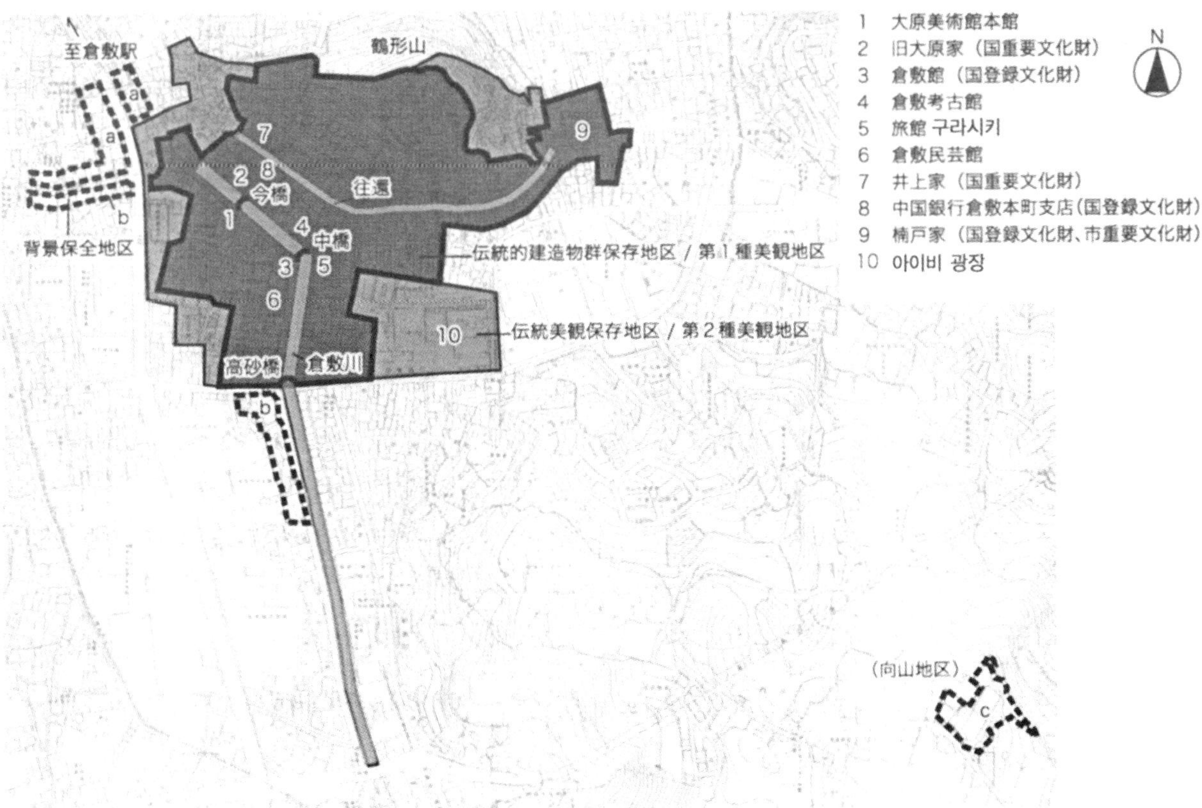

그림8 · 28 지구지정 상황 (참고 : 구라시끼의 가로 건축)

표8 · 8 지구지정의 개요

번호	1	2	3	4
지역명/면적	전통미관보존지구/약6ha	전통적 건조물 보존지구/약15ha	배경보전지구/약2ha	1 제1종 미관지구/약15ha 2 제2종 미관지구/약6ha
지정연도	1968년	1974년	1990년	2000년
지구의 성격	구라시끼시 고유의 건조물 등이 주위의 자연환경과 일체를 형성하고 역사적인 경관을 유지하는 것을 목표로 구라시끼 독자의 지구	전통적 건조물 및 이것과 일체가 되어 그 가치를 형성하고 있는 문화재보호법에 근거한 지구	전통건조물보존지구의 배경을 보전하는 것을 목적으로 하는 구라시끼 독자의 지구	전통건조물보전지구, 전통미관 보전지구를 보완하여 전통미관의 보존, 정비를 하는 일을 목적으로 하는 도시계획법에 근거한 지구
근거법	–	문화재보호법	–	건축기준법, 도시계획법
관계조례	전통미관 보호조례	전통적 건조물 보존지구 보존조례	전통적 건조물 보존지구 배경보전조례	미관지구경관조례
소할부국	교육위원회문화재보호과	교육위원회 문화재 보호과	교육위원회 문화재 보호과	교육위원회문화재보호과
대상행위	■시장의 동의가 필요한 행위 · 건조물의 신,증개축 등 · 건조물 외관의 수선, 모양이나 색채변경 · 택지조성 등의 형질 변경. 목재의 채벌 등 · 전통미관을 손실할 위험이 있는 행위	■시장 및 교육위원회의 허가가 필요한 행위 · 건조물의 신축, 증개축 등 · 건조물 외관의 수선, 모양이나 색채 변경 · 택지 조성 등의 형질 변경. 목재의 채벌 등	■교육위원회로부터 동의가 필요한 행위 · 높이 13m를 넘는(13m 이하여도 배경을 손실할 위험이 있는 경우) 건축물 등의 신축, 증개축과 대규모의 수선, 모양 변경, 외관 과반의 색채변경 · 수고 또는 줄기의 주위가 일정 규모를 넘는 목재의 채벌, 수목이 일정 규모 이상 면적에 집단이고 교육위원회가 지정한 것의 채벌	■시장의 승인이 필요한 경우 · 건축물의 신축 및 모양 변환 등
동의 및 허가의 기준	· 지구 내의 역사적 경관과 조화되는 적절한 수리 및 수경을 실시한다.	■전통적 건조물 · 본체는 통상 보여지는 외관의 보존을 원칙 각각 고유양식으로 수리한다. · 창고는 통상 보여지는 외관의 보존을 보존기준에 따라 수리한다. 비전통 건축물 · 전통지구의 역사적 경관과 조화되도록 전통적 건조물의 특성에 따라 가능한 외관을 각 건축양식에 따라 수경을 행한다. ■환경물건 · 전통적 건조물과 일체가 되는 환경을 이루는 특히 정한 수목의 보존에 힘쓴다. · 사실, 전설, 전수 등에 관계가 있는 자연물 또는 토지를 정비하여 설명판들에 명시한다.	전건지구 내의 금교 및 중교의 교상면 및 금교에서 중교와 다까사교까지 사이의 구라시끼강 양쪽의 도로면에서 높이 1.5m로 시야에 들어오지 않게 할 것, 또는 시계에 들어오는 것은 전건지구의 배경을 현저하게 훼손하게 하는 것이 아닐 것(시계에 들어올 경우에는 전건심의 승인이 필요)	■제1종 미관지구 · 높이 10m 이하. 단 전통적 건조물 등은 원칙 종전의 높이 및 규모의 범위를 행하는 것 · 위치, 규모, 형태, 의장 및 색채에 대해 전통적인 건축양식에 의한 건축물 등의 특성을 유지하여 주변의 가로 건축의 경관에 조화되고 있는 것(구체적으로는 전미지구의 규정과 같음)
도시계획법의 규정	용도지역 : 근처 상업지역 방화, 준방화 지역의 지정 : 없음 건폐율, 용적률 : 80%, 200%		용도지역 : A상업지역/B근린상업지역/C시가화 조정구역 방화, 준방화 지역의 지정 : a방화지역/b준방화지역/c없음 건폐율, 용적률 : a80%, 400%/b80%, 200%/c 없음(a, b, c는 그림8 · 28에 대응)	용도지역 : 근처 상업지역 방화, 준방화 지역의 지정 : 없음 건폐율, 용적률 80%, 200%

해마다 증가하는 경향이 있으며 관광 면에서도 이 일체의 적극적인 정비를 진행할 것」 등 가로건축의 보존의 기본이 되는 방침이 나와 제정에 달했다. 그 후에 1978년 「구라시끼시 전통적 건조물 보존지구 보존조례」(이하, 전건조례), 1990년 「구라시끼천 변 전통적 건조물 보존지구 배경보전조례」, 그리고 2000년 「구라시끼시 경관지구조례」(이하, 미관조례)와 시책은 전개된다.(표8 · 8 그림8 · 28)

◘ 전통미관보존지구(통칭 : 전미지구)

현재 전통미관 보존지구에 지정되어 있는 지구는 전미조례제정 당시는 미관지구의 명칭이었지만 도시 계획법에 근거한 지역지구가 아니고 구라시끼시 독자의 것이었다. 1999년에는 전미지구 동측의 약1.5ha가 확대되어 현재의 지정구역이 된다. 전미지구의 대상 행위는 시장에 제출 후 협의하여 동의를 얻는 구조로 되어 있다. 협의는 전미조례에 기본을 둔 전미경관보존계획의 규정에 근거하여 행하여진다. 주요한 내용은 건축물 등의 신축 등의 행위에 대한 역사적 경관과 조화를 이루는 전통적인 건축양식 등을 배우는 것이다. 더욱 전미지구에는 2000년 새로 미관조례에 근거한 제2종 미관지구의 지정도 추가되어 도시계획법에 근거한 경관지구로서의 측면도 가지게 되었다.

◘ 전통적 건조물 보존지구 (통칭 : 전건지구)

문화재 보호법의 일부 개정에 의해 전건지구의 선정이 가능하게 되어 당시의 전미조례에 기본을 둔 미관지구의 안에도 특히 중요한 지구였던 특별미관지구의 거의 전역

표8 · 9 전건조례와 전미조례의 가로건축 보전에 대한 보조대상 등의 비교

조례명	전건조례 (1978공포,1999년개정)	전미조례 (1968년공포,1999년개정)
제도 근거	문화재보호법	-
목적	현상변경의 규제 보존을 위한 필요한 장치	보존 계승의 위한 필요한 장치 문화의 향상발전과 관광에 기여
심의회	구라시끼시 전통적 건조물 등 보존심의회	구라시끼시 전통적 건조물 등 보존심의회
대상 지구	전건지구 약15ha	전건지구 약6ha
현상변 경행위	규제-허가	제출-협의신청
벌칙	5만 엔 이하의 벌금	-
경비 보조	(1) 전통적 건조물의 수리 외관 및 구조내력 상 주요한 부분의 수리에 필요한 경비-80% 이내(800만 엔 한도) 그 밖에 공사로 심의회에 승인을 얻은 것 - 50%이내(200만 엔 한도) (2) (1)이외의 건축물 및 그 밖의 공작물 외관의 수경에 필요한 경비-7할 이내(500만 엔 한도) (3) 환경보존의 물건 및 수목 복구 및 보식에 필요한 경비-6할 이내(100만 엔 한도) (4)방재설비 설비에 필요한 경비-5할	(1) 건축물, 그 밖에 공작물 외관 수리 및 수경에 필요한 경비-6할 이내(400만 엔 한정) (2) 건축물과 일체시킨 옥외 광고물의 정비 및 설치-6할 이내(50만 엔 한도) (3)다이쇼 시대 이전의 서양풍 건축물의 외관수경 정리 -6할 이내(400만 엔 한도)
운용 상황	누계392건 보조총액 약 15억 6,000만 엔 (2001년도까지)	누계43건 보조 총액 약 1억 1,600만 엔 (2001년도까지)

이 그 선정을 받았다. 전건지구 안의 대상행위는 시장 및 교육위원회의 허가가 필요하며 위반자에는 벌금 등이 부과되는 구조이다. 전건지구 내의 대상행위의 허가기준은 전건조례에 기본을 두어 전건지구보존계획에 전통적 건조물, 비전통적 건조물, 환경물건(식재, 사실 등에 근거한 토지)마다 규정되었다. 주된 내용은 전통적 건조물은 원칙적으로 역사적인 각각 고유의 건축양식으로 할 것, 비전통적건조물은 전건지구의 역사적인 경관과 조화될 것 등이다.

또 교육위원회에는 시장 및 교육위원회의 자문에 응해 전건지구의 보존에 관한 조사심의를 행하는 구라시끼시 전통적 건조물 보존심의회(이하 전건물)가 설치되었다.

이 전건심과 교육위원회는 전미지구 등도 포함된 역사적인 가로건축의 보전의 전반에 관련되어 있다.

전건지구에는 건조물의 보존수리 행위에 대해 국가, 현으로부터 보조제도가 있고, 적용실적도 누계392건에 달한다. 전미지구에도 구라시끼에 의한 독자의 보조제도가 있어 역사적인 가로건축의 보존에 대한 지원이 행하여지고 있다.(표8 · 9)

이 밖에 전건지구에는 2가지의 관계조례가 있다.「구라시끼 천변의 전통적 건조물 보존지구에 있어서의 건축기준법의 제한에 관한 조례」(1982년 시행) 전건지구 내의 지정된 건축물에 대해 건축기준법 제44조 제1항(도로 내 건축제도) 및 제56조 제1항(도로 내 건축제한) 에 대하여 완화장치가 정해져 있다. 또 「전통적 건축물 보존지구에 있어서의 구라시끼시 세조례의 특례를 정하는 조례」(1982년 시행, 1989년 개정)에는 고정자산세 및 도시계획세(전통적 건조물 : 1/2, 그 밖에 : 1/5)를 감액하는 특례가 정하여져 있다. 또 건축지구의 구역은 미관조례에 근거한 제1종 미관지구에도 지정되어 있다.

◘ 배경보전지구(통칭 : 배경지구)

전건지구, 전미지구의 주변의 상업지역 등에 지정되어 있는 배경지구는 법령 등에 근거하지 않는 구라시끼 독자의 지구이다. 버블기의 개발 러쉬에 의한 역사적인 가로건축의 배경에 있는 경관의 파괴에 대응하기 위해 제정된 배경조례이다. 특히 조례제정의 직접 원인이 되고 있는 것은 전건지구 주변의 두 가지의 건설계획이다.(표8 · 10의 2, 3번 해당). 건설예정지에 건물 높이의 상당한 높이만큼 기구를 올려 검토한 결과 구라시끼강의 연장선상에 높게 솟아 지어져 경관 상 문제가 있는 점을 판명했다. 이것을 근거로 구라시끼강에 걸쳐진 금교나 중교 등에서 역사적 가로건축의 배경에의 전망을 대상으로 기구에 의한 실험조사가 33군데에서 행하여져 배경지구 지정

그림8 · 29 기구에 의한 조사풍경 건설예정지에 애드벌룬을 띄워 금교에서 바라본다. (출전:시보)

표8 · 10 배경지구에의 협의사례

계획	경관배려사항	심사회료 승낙일	배상, 매매
1.A호텔	■지상12층→11층(45m→41m)로 변경, 시점장에서 거의 안보이게 하였다. ■오오하라 미술관의 외벽의 색에 맞게 회색계통의 색으로 변경	90.7.13	-
2.B호텔	■지상8층→5층으로 변경 (현재, 시가매매 모퉁이 공원의 정비가 되어 공원 녹지과의 관할)	승낙되지 못함	0
3.C빌딩	■5층→4층(25.55m→16.8m)로 변경 ■높이 13m를 넘어 시점장에서 보이는 부분은 기와 등의 미관지구와의 조화를 이루었다. ■눈에 띄지 않는 회색계통에 변경	90.10.26	0
4.구라시끼 시예문관	■27.58m→26.25m로 높이 변경 ■건물위치를 1.45m 셋트백 ■터안의 식재	90.10.26	-
5.D호텔	동의되었지만 계획중지	90.10.26	-
6.E빌딩	■층수8층으로 억제하고 기동풍의 지붕으로 주변의 조화를 조성 ■지붕, 외벽을 안정이 되는 회색계통의 색으로 변경	90.12.26	-
7.F호텔	■층고를 낮춰 34.95m→31.45m에 변경 ■외벽을 눈에 띄지 않는 색으로 ■옥외기에 경사지붕을 이미지한 눈가림판을 설치했다	92.4.27	-
8.G호텔	■외벽을 하얀 벽으로 하여 원경에서 기와가 보이도록 지붕을 회색으로 ■옥상광고탑의 네온을 파란색으로 하였다	92.8.4	-
9.H빌딩	■층고를 내려 29m→23.28m로 변경, 금교에서 보이는 높이를 억눌렀다. ■보이는 부분도 배경에 상응하는 디자인으로 ■색채도 대조를 적게 하여 무채색으로	95.7.14	-
10.I기숙사	■시점장에서 보이는 탑 부분을 눈에 띄지 않는 색채로	95.7.14	-

참고:山田敬右 「조망경관보존시책과 그 운용에 관한 연구」(1999년)

되었다. 이 지구에서의 건축물 등 건설 등의 대상이 되는 행위에 대해 교육위원회과와 협의, 동의 의무의 규정이 첨가되었다.

이 배경지구의 지정에 의해 지금까지 구라시끼의 역사적인 가로건축을 중심으로 행하여져 온 보존활동에서 주변의 일반시가지도 포함이 된 풍경계획으로 그 대책이 확대되었다.

운용사례 중 교육위원회 및 전건심(傳建審, 시점장에서 보이는 경우)과의 협의가 행하여진 것은 공공시설(구라시끼예문관)을 포함한 10건이다. 주된 협의 내용은 동의 기준이 금교, 중교 등의 시점장에서 시계에 들어오지 않거나 들어올 경우는 전건지구의 배경을 현저하게 손상시키는 것이 아닌 것에서도 건축물 등의 높이 및 색채(7건), 지붕형상(2건) 등에 집중되고 있다. 또 배경조례는 대상지구에의 손실 보상이나 매입하는 조항이 있고 독자의 대책에 실효성을 가지게 하는 연구가 보인다. 여기까지에

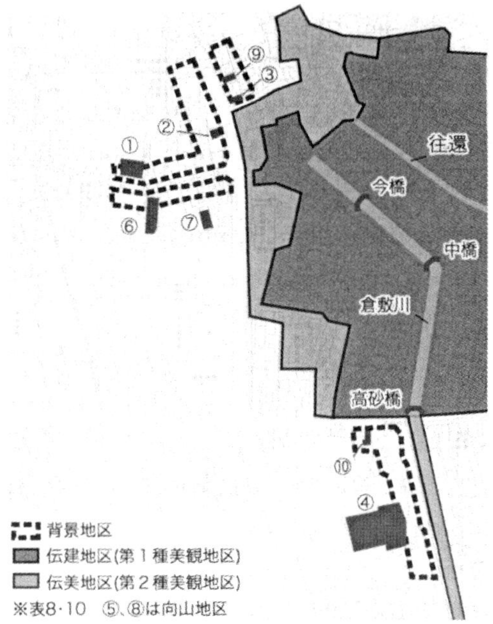

그림8 · 30 배경지구와의 협의사례위치도 (출전 : 山田敬右「조망경관보존시책과 그 운용에 관한 연구」

그림8 · 31 中橋로부터 背景地圖로의 조망 視界에 보이는 建物은 協議에 의한 지붕 형성은 전건 지구에 어울리게 변경되었다.

해당 사례는 2건이 (표8 · 10 2번,3번) 있지만 구라시끼시에는 조례제정 시의 특례적 장치로서의 규정에 있고 이후는 적용할 생각이 없다.

◘ 미관지구

전에 말했던 것처럼 전건지구, 전미지구에 중복되고, 도시계획법에 근거한 제1, 2종 미관지구가 지정되었다. 미관지구를 새로 제정한 배경에는 1997년 당시 전미지구 안에서의 높이 16.5m의 빌딩건설문제가 있었다. 이 건설계획지는 용도지역이 상업지역(용적률 200%, 건폐율 80%)이며 구라시끼역으로 확장되는 간선도로(폭 약 20m)에

면하고 있는 점에서 법 규정에는 문제가 없었다. 그러나 당시 건축 확인 대상법령이었던 전미조례에 근거한 협의로 역사적 경관에의 배려에 대하여 합의에 달하지 않았기 때문에 확인 신청을 보류하게 되었다. 그 후 이 문제는 1999년 「법령 등에 근거하지 않는 독자의 조례는 건축 확인 대상법령이 아니다」라고 하는 당시의 건설대신의 재결에 의해 확인신청을 내려질 수밖에 없는 결과가 되었다.

이것을 계기로 구라시끼에는 독자의 조례인 전미조례만으로는 경관보전의 대응에 한계가 있는 점을 통감하여 도시계획법에 근거한 미관지구를 지정하여 미관조례에 의한 운용을 행하는 것이 되었다. 대상 행위의 허가 규정은 전미지구, 전건지구의 가로건축보존의 규정을 더해, 각 지구의 실태에 대응한 높이 규제가 붙어졌다.

구라시끼 시에서의 풍경계획

주민에 의한 가로건축 보존운동에서 시작된 구라시끼 시의 가로건축의 보존은 행정의 시책으로 규정되어 현재도 진행되고 있다. 그 대책은 전국에 앞서 제정이 된 전미조례나 전건조례를 중심으로 진행되어 왔다.1990년에는 전건지구의 배경도 포함한 역사적인 자원이라는 시점에서 배경조례를 제정하여 전술한 것처럼 일정의 성과를 거두고 있다.

그리고 2000년 새롭게 미관조례가 제정되었다. 이 조례에 근거하여 미관지구는 지금까지 대처되어 왔던 전통지구, 전건지구에 중복되어 지정되었다. 보기엔 복잡하지만 구라시끼 고유의 건축양식이나 가로건축의 계승을 행하여 경관에 관련된 분쟁의 재발방지를 목적으로서 지금까지의 대책을 보완하여 미관지구가 제정되었다. 법에 근거한 조례와 지자체독자의 조례를 유연히 운용해온 구라시끼 시에의 미관조례는, 앞으로의 실적도 기대하고 싶다.

8·4 우스끼 시

자주적인 보존활용의 실제와 자원 확보의 방안

주민 유지의 보존활동에서의 스타트

우스끼 시는 오이타 현의 동남부에 위치하여 인구 38,000인 지방 소도시로 헤이안 말기부터 가마쿠라시대의 것으로 불리우는 「우스끼 磨崖仏」으로 대표되는 불교문화와 15세기에 큐슈 일원에 권세를 잡던 키리스탄 대명 대우종린이 축성한 뉴도성을 거점으로 하여 행해진 해외교역에 의한 남방문화와의 영향을 남긴 상업도시로서 번성한 「성하정」이다.

그 뛰어난 역사적인 환경이 잘 남아 있는 二王座부터 海添, 町八町, 平清水 지구에 있어서의 보전의 대처는 1934년에 우스끼史談會 초대회장 多羅木씨가 「도시미를 윤택하게 만들어 도시의 품격을 높일 것」의 중요성에 대해 말하고, 1945년경에 우스끼시 문화재 보호회(우스끼 사담회 유지)를 발족시켜 자주적으로 「도시의 문화재」를 시작으로 활동했다. 그것은 이른바 「등록문화재 제도」를 시민 차원으로 발전시킨 것에 주목할 수 있다. 또한 우스끼 디자인 회의에 의한 전국 가로건축 세미나의 유치(1983년)나 오데천 상점의 개수 (1983년) 등 주민 유지의 지혜나 대처가 우스끼의 역사적 환경보전을 움직여 왔다고 해도 과언이 아니다.

재원에 대해서도 시민이나 기업의 기부를 받아서 「우스끼시 역사환경 보존기금 조례(이하, 기금조례)」(1985년 3월)가 정비되어 시 일반회계와 함께 적립했다. 또 1987년 3월에는 「우스끼시 역사환경 보존조례 시행규칙(이하 시행규칙)」를 시행하여 보존 방법이나 보조 규정 등을 정하여서 기금운용의 체제가 완성되었다. 이것들은 어느 것도 시 독자의 조례에 의한 것으로 전통적 건조물의 수복을 행하여 중심시가지 활성화와 링크한 관광시책, 가로건축 정비를 전개하고 있다.

우스끼시 역사환경 보전조례와 보전의 실태

보전지역 등의 지정

보전조례에는 (1) 제1종 보전지역(역사적 문화적 유산으로서 보전하는 것이 필요한 환경을 지닌 지역, 보조대상), (2) 제2종 보전지역((1)에 접하여, 또는 이것에 준하는 지역에서, 제1종 보전지역과의 조화를 이루는 환경을 갖출 필요가 있는 지역, 보조비대상, 현상변경신청 필요), (3) 보전건물(역사적 문화적으로 중요한 건물 및 공작물로 역사적 경관을 유지하기 위해 보전할 필요가 있는 것)이 정하여졌다.

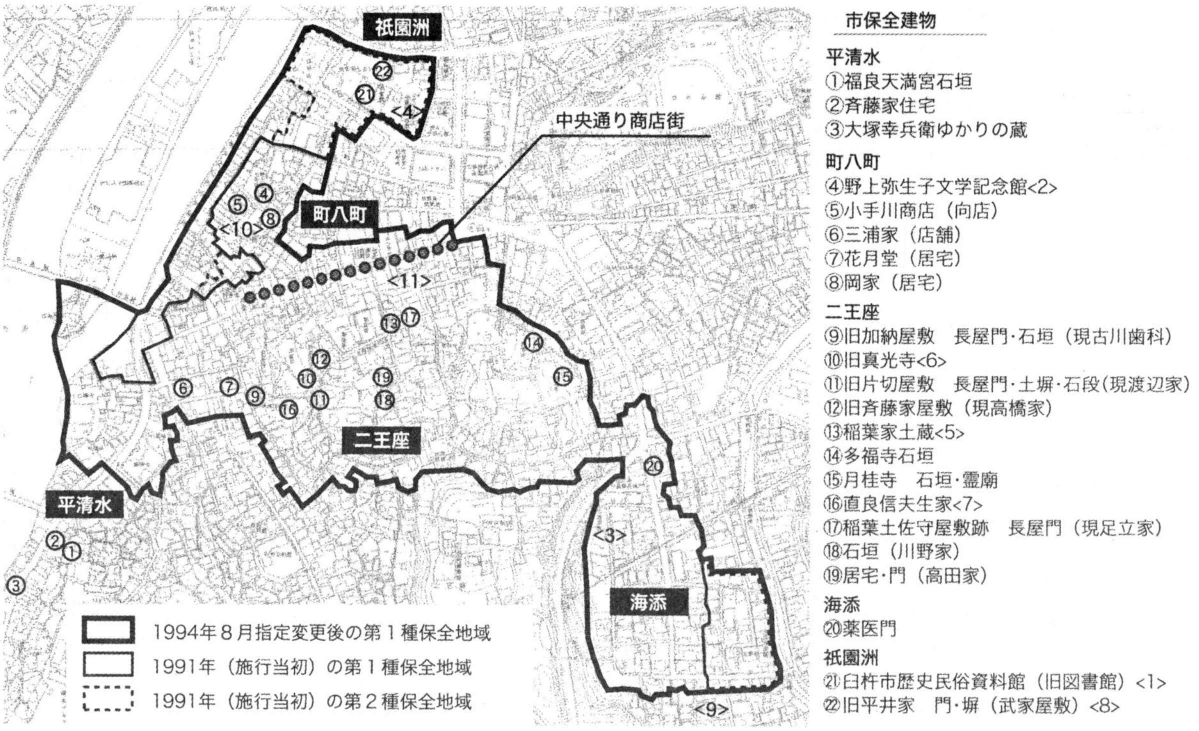

그림8 · 32 보전지구와 보전건물의 지정 상황 (〈 〉안의 숫자는 표8 · 13에 있어서의 사례번호를 나타낸다) (출전:우스키시 역사환경 보전 조례 시행규칙에 의해)

보전지역지정은 1991년이지만 1994년 2월에 제2종 보전지역을 제1종으로 지정 변경하고, 동시에 확대하였다. 더욱이 현재는 제1종만으로 변경하고 있다. 이것들의 변경은 역사환경 보전사업의 진보와 함께 시민의 관심과 이해가 높아졌기 때문이라고 한다. 사업의 성과로서 높이 평가할 수 있다. 단 시 재원만으로는 부담도 크고 문화청에 의해 중요 전통적 건조물 보존지구에의 선정을 검토중에 있다.

◘ 보전건물

보전건물은 1999년 시점에 30건이 지정되었으며 그 중 7동이 등록 유형문화재이다. 우에노 문학 기념관, 구 진광사 등, 우스끼에서도 뛰어난 물건에 해당된다.

표8 · 11의 교부기준에 따를 경우에는 보조가 있다. 단 시 소유 혹은 관리의 지정물건에 대해는 보존기금이 아닌 일반재원이나 현 보조를 충당하고 있으며(표8 · 13 참조) 그 이외의 지정물건에 대해서 보존기금에서 보조하고 있다.

◘ 보전건물 이외의 건조물

보전 건물 이외의 제1종 보전 지역 안의 건조물에 대해서도 그 수경에 대해 보조가 있다.(표8 · 11) 건축주의 신청 후 담당과에 의해 판명되지만 일반적으로 (1)은 도로에

표8 · 11 보조금교부기준

종별	보조대상경비	보조율	한도액
보전건물 (지정물건인 건물, 문 및 담)	(1)외관을 각자의 고유의 형식에 따라, 그 복원, 수리를 행하기 위해서의 경비로 한다 혹은, 그 보존상 구조내력상 필요한 부분의 수리가 필요로 인정되는 경우는 그 경비를 포함시키는 것이 가능하다.	4/10 이내	300만엔
	(2) 가로 건축의 특성과 조화되지 않은 외관의 부분을 보전기준에 의해 개수하는 것에 필요한 경비로 한다. 혹은, 그 보존상 구조내력 상 필요한 부분의 수리가 필요로 인정되는 경우는 그 경비를 포함시키는 것이 가능하다	6/10 이내	200만엔
보전건물 이외의 건조물(지정물건인 건물, 문 및 담 등)	(1) 신축, 증축, 개축, 이전, 수리 및 색채의 변경 등으로 외관을 보전기준에 의한 수경을 하는 것에 경비로 한다.	4/10 이내	200만엔
	(2) 가로 건축의 특성과 조화되지 않은 외관의 부분을 보전기준에 의해 개수 시 필요한 경비로 한다.	6/10 이내	150만엔
	(3) 가로 건축의 특성과 조화되지 않은 외관의 부분을 보전기준에 의해 개수 시 필요한 경비에서 이 기준에 의존하지 않고 개수를 하는데 필요한 경비를 뺀 금액 이어야 한다. 혹은 이 경우 (1) 또는 (2)와 비교해서 어느 것 중 높은 것을 금액으로 한다.	9/10이내	150만엔
생울타리 및 죽목등	가로 건축의 특성과 조화하지 않는 생울타리, 죽목 및 조림 등에 대하여서 보전기준에 의해 주위와의 경관에 조화되게 개량하고, 또는 보식 등을 필요로 하는 경비로 한다. 단, 경상적인 유지, 관리에 필요한 경비는 제한다.	4/10 이내	30만엔

표8 · 13 구저시 보유. 관리에 의한 전통적인 건조물의 활용사례

		1	2	3	4	5	6	7	8	9	10	11
명칭		우스끼시 역사 민속자료관	野上야오이 어린이문학 기념관	마루게 저택	구야스끼 번주 이나바 저택	이나바 창고	구 眞光寺	直郎信夫생가	구平井주택	吉丸一昌기념관	히사시창고	구 가지정유 본사공장
토지	부지면적 ㎡	1,004	–	2,300	3,491	113	349	–	783	733	524	354
토지	권리자	우스끼시	개인	우스끼시	우스끼시	개인	우스끼시	개인	우스끼시	우스끼시	개인	우스끼시
토지	취득형태	기증	–	매수	매수	임대	매수	임대	매수	기증	임대	매수
건물	보존 형태	유지보수	개인개수	해체 수리. 정원 정비	보존수리	반해체수리	반해체수리	반해체수리	반해체수리	보존수리	외부 정비 주변 정비	개수
건물	개수년	–	–	1989.4~1990.3	1990.6~1991.3	1990.4~1991.3	1992.1~1992.8	1994.1~1994.3	1995.6~1996.3	1993	1999,2000	2001
건물	용도	역사민속자료관	문학기념관	휴게소,시설전시	휴게소	휴게소. 미니갤러리	휴게소. 미니갤러리	휴게소	시설전시	문학 기념관	갤러리	이대시설.찻집
건물	형식	도서관	상사	저택	저택	창고	사원	연립주택	저택	저택	술창고	창고
건물	층수	목조2층	목조2층	목조2층	목조2층	흙벽2층	목조2층	목조2층	목조2층	목조2층	목조2층	목조2층
건물	총바닥면적 ㎡	337	685	207	711	446	277	103	237	220	240	64
건물	건축연도	大正6년	慶応1년	19세기후반	明治35년	19세기전반	明治前期	明治前期	安政6년	安政4년 이전	慶応4년	–
건물	권리자	우스끼시	개인	우스끼시	우스끼시	개인	우스끼시	우스끼시	우스끼시	우스끼시	개인	우스끼시
건물	취득형태	기증	–	매수	매수	임대	매수	임대	매수	기증	임대	매수
건물	수복비용	–	–	4,200만엔	6,000만엔	1,000만엔	6,100만엔	1,000만엔	6,400만엔	900만엔	2,000만엔	1,000만엔
건물	수복 재원	–	–	일반 재원	일반 재원	일반 재원	현일촌일품문화보조/일반 재원	현조정비/일반 재원	일반 재원	일반 재원	일반 재원	현조정비/일반 재원
건물	보존기금	–	–	–	–	–	–	–	–	–	–	–
건물	국고 등 보조	–	–	현보조	현보조	–	현보조	현보조	현보조	–	현보조	현보조
관리운용	공개	무료공개	유료공개	무료공개	유료공개	무료공개	무료공개	무료공개	유료공개	유료공개	무료공개	무료공개
관리운용	주체	교육위원회 문화재과	관광정보협회	교육위원회 문화재과	상공관광계	도시디자인과	상공관광계	상공관광계/관광정보협회	상공관광계/관광정보협회	관광정보협회	기획정보과	상공관광계
법규제등	문화재지정	–	등록문화재	시지정문화재	–	–	–	–	시지정문화재	–	–	–
법규제등	조례지정	보전건물	보전건물	–	–	보전건물	보전건물	보전건물	–	–	–	–
비고	경위	1947년 이관	–	–	수복사업실시/구도시계획과	수복사업실시/교육위원회문화재과	수복사업실시/구도시계획과	수복사업실시/교육위원회 문화재과	수복사업실시/교육위원회 문화재과	교육위원회 문화재과	–	–

면한 부분이 면적으로 수경이 되는 경우 (2)는 기존 건물의 색채나 기존 건물에 부수되는 설비 등 부분적인 수경의 경우이다.

내규 등은 특별히 없고 개별적으로 협의를 행하고 있다. 역사적 환경보존에의 관심을 불러일으킬 것을 의도하고 있고 보전지역의 범위가 넓어지는 효과를 보았다고 말할 수 있다.

우스끼시 역사환경 보존기금 조례와 그 운용상황

기금조례는 우스끼 시내에 남아 있는 역사적 가로건축, 역사적 유산 및 문화재 자원의 보호사업 추진자금을 적립하는 일을 목적으로 하여 그 기금은 주로 매년도의 일반회계의 수입금과 기부금으로 만들어진다.

기금은 표8 · 12에 나타낸 것처럼 1990년까지 약 6,000만 엔이 적립되었고, 보존 지구가 지정된 1991년 이후는 이자 적립분과 일반회계에서의 수입금에서 보충되어지면서 매년 300~1,000만 엔 정도의 금액으로 보존사업의 추진에 충당하여지고 있다. 2001년도에는 약 100건 총액 약 8,250만 엔의 보조가 행하여졌다. 1건 평균의 보조액은 약 80만 엔 즉 한도액의 약 반 정도이다. 이것은 공도에서 보이는 건조물 부분의 가장 외측 부분이 대상이기 때문이지만 지역에의 침투는 효과가 있었다고 말할 수 있다.

표8 · 12 구저시 역사 환경 보존 기금의 상황 (단위 : 만 엔)

연도	기금내역					지출액 합계	잔고
	전년도 조월금	일반회계 조입금	기부금 적립	이자 적립	적립 합계		
1985	0	2,000	101		2,101	0	2,101
1986	2,010	1,152	1	59.6	1,212.6	0	3,313.6
1987	3,313.6	1,985.6	0	104.8	2,090.4	0	5,404
1988	5,404	0	130	117.3	247.3	0	5,651.2
1989	5,651.2	70	0	193	263	0	5,914.2
1990	5,914.2	80	20	240.6	340.6	0	6,254.8
1991	6,254.8	0	0	524.3	524.3	383.1	6,396
1992	6,396	1,025	0	423.8	1,448.8	811.4	7,033.4
1993	7,033.4	10	0	240.6	250.6	874.3	6,409.7
1994	6,409.7	0	0	170.3	170.3	1,053.1	5,526.9
1995	5,526.9	1.6	0	138.3	139.9	661.6	5,005.3
1996	5,005.3	1,000	43	46.6	1,089.6	868.7	5,226.2
1997	5,226.2	1,500	0	27.1	1,527.1	722.3	6,031
1998	6,031	100	0	20.4	120.4	326.7	5,824.7
1999	5,824.7	2,000	0	24.4	2,024.4	655.5	7,193.6
2000	7,193.6	0	0	9.2	9.2	995.9	6,206.9
2001	6,206.9	0	0	16.5	16.5	900	5,323.4
	합계	10,924.2	295	2,356.7	13,576	8,252.6	

(자료제공 : 구저시)

시 소유 혹은 관리, 관여에 의한 보존, 활용

◘ 소유형태와 관리운영주체

표8 · 13은 시가 소유, 관리, 운영 혹은 관여하고 있는 전통적 건조물의 활용의 실태를 정리한 것이다.

이것들의 소유, 관리 형태는 크게 3가지 형태가 있다. 즉 토지, 건물을 소유자에게 매매 또는 기증에 의해 시가 취득하여 시가 이용한다. 「시 소유-시 이용」(7사례, 민간에게 임대시설 1사례를 포함함), 토지, 건물의 소유권을 개인으로 한 채로 시가 건물을 차용한다. 「개인소유-시가 임대」(3사례) 개인 사업으로서 관광정보협회에 위탁한다. 「개인소유-개인이용-운영위탁」(1예)이다.

관리 운영 주체는 이용목적 등에서 적정하게 판단되지만 교육위원회계, 상공관광계, 기업, 건설계로 나누는 것이 가능하다. 예를 들어 유료공개로 판매를 행하는 경우는 상공관광계, 이벤트 중심으로 있으면 기획계이다. 상공관광계는 부동산임차계약에 근거한 시에 점유권이 있는 경우에는 상공관광계 혹은 관광정보협회 등 없는 경우에는 관광정보협회(예: 우에노 기념관)이다. 혹 관광정보협회는 관광협회 전신으로서 2001년도에 임의단체로서 설립되어진 것이다.

◘ 시 관리, 운영의 새로운 전개

이들 시설의 활용에 새로운 경향이 나타나고 있다. 당초부터 사례는 문화재보전, 관관진흥이 목적이며 특히 재료관이나 휴식소, 시설전시에 이용되고 있다.

그러나 「久家의 창고」는 당초 예정되어 있던 南蛮자료관이 다른 부지에 정비되었던 이유로 잠정적으로 갤러리나 이벤트의 장소로서 이용되고 있다. 또 「구가지마 장유(醤油) 본사공장」의 창고는 중심시가지 활성화를 목적으로 (주)마치즈크리우스끼에 빌려주고 있다.(상세는 뒤에서 말한다)

이와 같은 새로운 전개를 시작하고 있는 관리운영체제는 지자체의 재정난의 시기, 시민을 위해 보다 자유로운 이용이나 민간 활력의 도입이 건물 활용의 포인트에 점점 되어가고 있기 때문이지만 지역의 활성화를 의도하여 유연한 대응을 꾀하는 시도로서 주목할 수 있다.

민간에 의한 보존, 활용

◘ 역사적 건조물 재생의 모범

민간에 의한 유효활용사례 중, 최초의 사례는 다름 아닌 오데가와 상점이다. 1983년에 소유자의 오데가와 씨가 건축가 降幡廣信 씨에게 설계를 의뢰하여 수복, 재생된 것으로 모두 소유자의 개인부담에 의하지만 그것이 우스끼 시민에게 좋은 모범을 보여주었다고 볼 수 있다.

◘ 변화되는 점포 개수와 활용

보전조례 시행 이후는 가마니 가게나 다까무라 이불집 등, 자택 · 자가 점포의 수경이 진행되었다. 또 최근에는 빈집으로 되어 있는 곳을 수복 개조해서 민예점이나 음식점으로 한 것도 많이 보이고 있다. 그 밖에 황폐된 옛 가옥을 개인이 취득해서 주택으로서 재생하거나 자택을 개방해서 녹차, 과자나 민예품 판매를 하는 예도 보이고 있다. 이들 중 소유주의 방침으로 건물의 특성이 나타나거나 소유주와 손님의 대화가 중시되고 있는 것 등이 공통적이다.

민간과의 연대에 의한 가로건축 정비

◘ 도시전체를 역사공원으로

보전조례 제정 후 행정 스스로가 가로건축 보존의 기운을 높이면서, 우스끼의 도시 전체를 「역사 공원」으로서의 거점 정비가 추진되었다.1988년에는 자치성의 마을만들기 사업을 활용하여서 海添 지구에 있는 옛 가옥을 매입

그림8 · 33 와인가게전경 (주)마을만들기 우스끼의 제1호 직영점.

하여 「야마시타 거리 역사 공원」으로 정비하였다. 게다가 1989년에는 동 사업을 활용하여 시 중심부에 있는 구 우스끼 관청을 매수, 보존 재생하여, 이나바 집안의 여러 가지 물건을 전시하는 자료관 등 「오오테몬 거리 역사공원」으로서 개원하였다.

또 1991년에는 우스끼시 가로건축물 산책루트 사업계획 기본구상을 책정하고 二王座지구의 석포장 정비와 전선 지하 매설화가 실행되었다. 그 개념은 가로건축물의 환경정비사업(1995년 정비방침, 1997년 기본계획)에 계승되어 점포의 정비나 건물수경 및 거점정비가 진행되었다.

중심상점가의 활성화와 민간활력 도입

중심시가지는 도시의 (얼굴), 새로운 가능성을 생겨나게 하는 역사, 문화의 계승공간으로서 상점가 아케이드 철거나 상점가 거점시설의 정비 등이 추진되었다.

최근에는, 구 가지마 장유(醬油) 본사 공장 부지가 정비되었다. 총무성의 「멀티미디어 도심 활성 창출 사업」의 보조를 받았던 도심활성 창출시설 「사라.데.우스키」와 정보발신시설 「커뮤니티 정보 센타」는 보조의 채택조건으로 신축의 필요가 있고 역사적 건물이 활용되어지지 않았다.

한편 남았던 흙 창고에 대해서는 우스끼시 마을만들기 협의회(이하, 협의회)에서의 논의를 거쳐 우스끼시가 보존개수를 행하여서 우스끼시의 기업 6사가 200만 엔씩 출

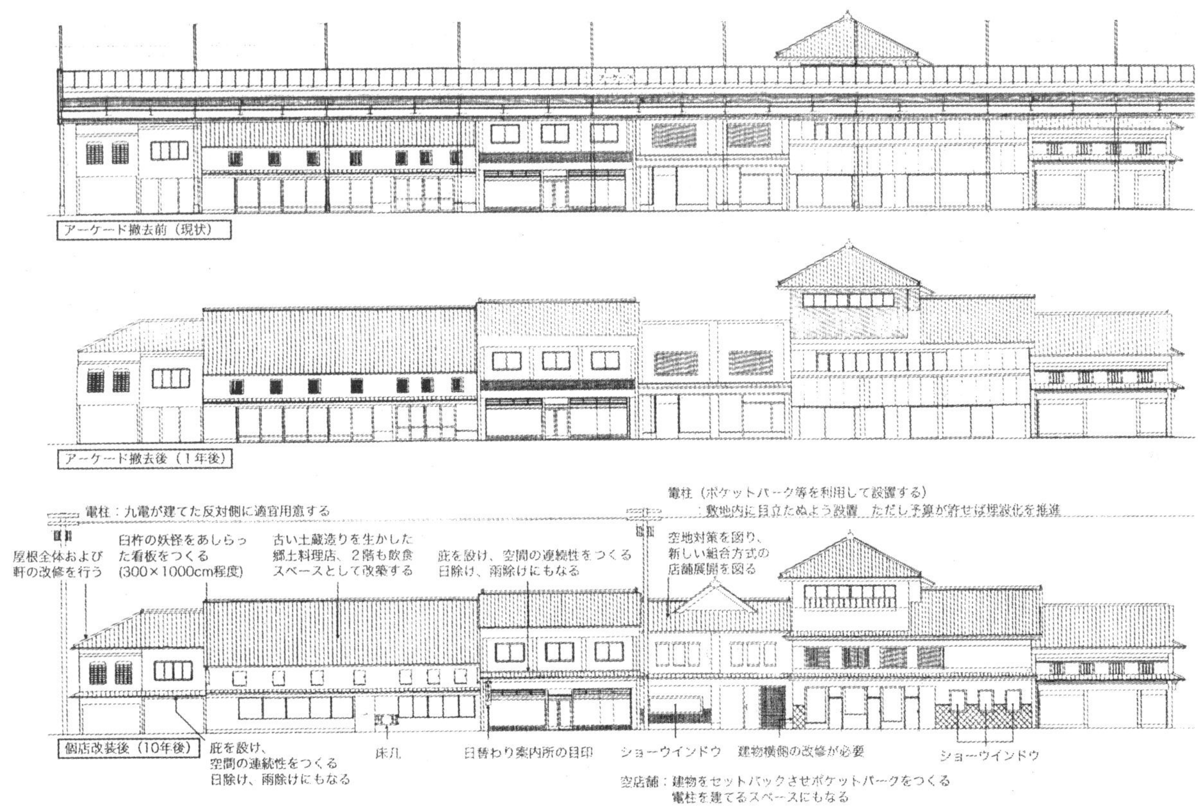

그림8 · 34 중앙로의 상점가의 마에다 상점 아케이드 철거의 1년 전에, 소유주가 스스로의 의지로 수경공사를 행하였다. 주민을 선도한 예로 볼 수 있다.

그림8 · 35 중앙로의 상점가의 마에다 상점 아케이드 철거의 1년 전에, 소유주가 스스로의 의지로 수경공사를 행하였다. 주민을 선도한 예로 볼 수 있다.

자해서 2001년 10월에 설립된 (주)마을만들기 우스끼가 운영하고 그 제1호 직영점 「포르토 창고」로서 재생되었다.(그림8 · 33) 그 밖에 구 이나바주택(우스끼 운송(주) 소유)의 재생도 협의회에서 커뮤니티 정보센터의 통로 등에 대해 논의되어 실현됐다.

이와 같이 협의회가 관계주체의 의견을 집약해서 정비, 활용, 운영의 방침을 결정하는 등, 시 행정 및 민간의 중개를 행하는 기관으로서 효과적인 기능을 하고 있다.

중앙도로 상점 등의 아케이드 철거

◘ 아케이드 철거의 경위

중앙도로 상점가는 町八町을 구성으로 하는 本町과 量屋町으로 구성되고 二王座와 이나바 저택의 사이에 위치한다. 아케이드가 가로건축을 분단하는 결과로 되어진 것뿐만이 아니라 노후화되어 개점의 매력을 충분히 다 내지 못하고 있다. 또 현저하게 빈 점포도 점점 증가하고 있다.

이상의 것들을 배경으로 1991년에 중앙로 상점가 활성화사업으로서 조사 연구가 행하여져 「가로건축물과 만나는 상점가」가 제안되었다. 게다가 그 일환으로서 1995년에 동 기본계획이 책정되었고, 아케이드의 철거 등이 제안되었다(그림8 · 34).

그리고 공사비의 문제나 주민과 행정의 사고 차이로 공사착수가 늦어지는 과정 중, 소유주 스스로가 솔선해서 수경공사를 행하는 자세를 보여, 2002년 12월에 아케이드 철거공사가 완료되었다.(그림8 · 35) 지금이야말로, 역사적 가로건축물을 축으로 한 마을만들기의 새로운 단계가 옮겨지고 있다.

◘ 재원문제와 그 해결

중앙로 상점가의 기반 정비는 크게 3개의 공사이다. 즉, 아케이드 철거 공사, 칼라포장 덧칠 공사(석포장 정비, 배전 공사 등을 포함해서), 가로등 등 정비공사이다. 그 후에 개점 개장 공사를 필요로 하고 있다. 아케이드 철거 공사는 오픈 몰을 전제로 하고 있기 때문에 현의 상업기반정비 사업이 적용되었다. 한편, 아케이드의 감가상각 약 1,700만 엔이 남아 있어 그 반각이 상점가에 요구되었다. 상점가의 부담은 그것을 포함해서 약 7,500만 엔, 총 공사비 약 4억 2,000만 엔이다. 상점가 조합은 상점가 활성화를 위해서 어느 정도의 각오가 필요했기 때문에 점포의 폭 1m 당 95,000엔, 비 영업점은 폭 1m 당 20,000~35,000엔의 부담금이 정해져 적립하고 있다.

이와 같이 우스끼에는 독자의 조례에 의한 기금이나 가로건축물 보전에 대처하는 주체의 다양성을 살려 행정과 민간의 연대 등이 점점 확산되고 있어 그 곳에 모델적 보조 사업을 적용하고 있다. 그러한 의식이 二王座의 고유성을 확고한 것으로 하고 있다고 할 수 있다.

9

일반시가지의 풍경계획

三島伸雄 · 大野 整 · 岡﨑篤行 · 佐野雄二 · 下村麻理

9·1 풍경계획에 있어서 일반시가지란

경관시책으로 남게 된 일반시가지

경관조례나 경관기본계획의 책정이 줄을 잇고 있다. 경관이 갖는 친근함은 많은 시민의 참가를 가능하게 하고 아름다운 도시로의 기대를 높여 왔다. 이러한 경관시책에 있어서 일반시가지는 어떻게 정의할 것인가.

1960년대 후반에 지방도시의 적극적인 시책으로서 시작된 지자체의 경관조례는 고유의 매력을 가진 경관이나 풍경이 국가의 일률적인 건축기준법이나 도시계획법에서는 보전할 수 없고 창조할 수 없다는 미비나 불만부터 출발된다.

◘ 구조화나 지구지정에 의한 경관의 파악

대상이 되는 경관이나 풍경의 고유성을 부각시키기 위해 필연적으로 시역의 경관을 파악하는 구조화라고 하는 작업을 요한다. 지역이나 축을 정하고 녹지나 수변, 교통 등의 테마마다 도면을 작성하고 이것들의 레이어를 중첩시켜 도시가 만들어진다고 하는 개념을 도입하고 있다. 경관을 구조화하여 파악할 때 중요한 것은 축이며 레이어링에 의해 중첩되는 지역이라고 할 수 있다.

이러한 대상이 되는 경관이나 풍경이 구조화되면 지구마다 세심한 대응이 필요하기 때문에 그것을 가능하게 하는 주민의 참가를 실현시키지 않으면 안 된다. 그래서 사업화나 협의회의 도입을 전제한 지구 지정이 시행되고 중점적으로 시책을 펼치는 지역을 특정하는 경우가 많다. 또는 절차를 나타내는 것에 지나지 않더라도 매력 있는 특성이나 분위기를 공유하는 지구가 설정된다. 지구지정에는 경관시책의 내용과 절차 양면이 깊게 관련된다.

지구에 관련된 국가차원의 법령에는 1975년 문화재보호법 개정에 의한 전통적 건조물군 보존지구, 1980년 도시계획법개정에 의한 지구계획이라는 큰 조류가 있었다. 이들 2개의 시책은 특정지구에 대해서 일정의 자유도 가운데 건축디자인을 가지면서 고유의 경관만들기를 시행하는 것을 가능하게 하는 점에서 의의는 크다. 특히, 지구계획

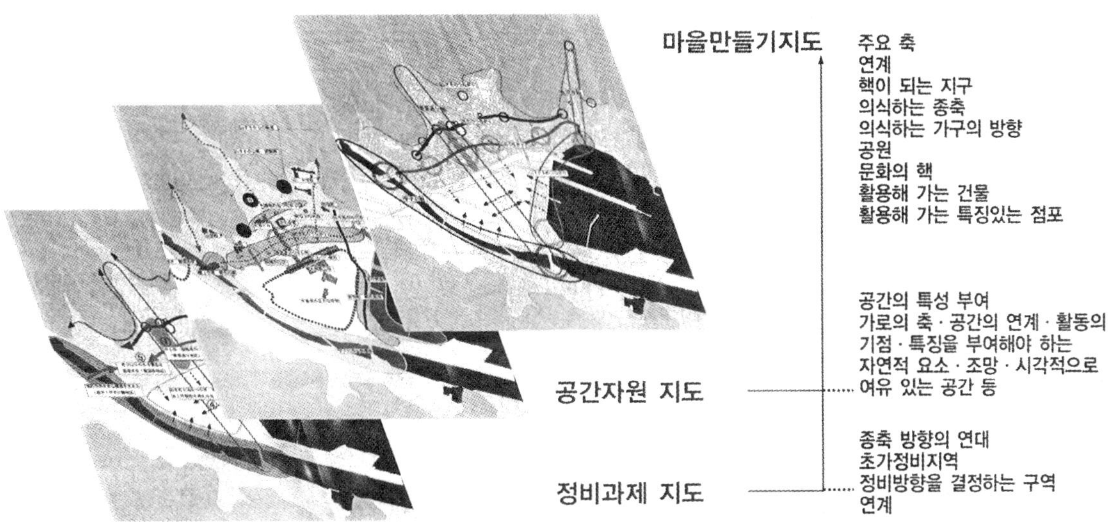

그림9·1 축이나 레이어링에 의한 시가지 파악

제도 창설의 배경에는 특정의 정비수법의 적용을 전제로 시가지를 유형화하고 도시계획을 추진하는 것의 한계가 지적되고 구체적인 지구를 염두에 두고 주민 주체로 계획을 해야 한다고 하는 큰 변화, 바꾸어 말하면 행정에 의한 정비수법 선행형에서 주민참가에 의한 계획 선행형으로의 전환이 있었다.

지자체에 의한 조례에서도 고베시(1978년 도시경관조례, 1981년 지구계획제도 및 마을만들기 협정 등에 관한 조례)나 세타가야구(1982년 마을만들기 조례)에서 경관과 지구와 주민참가를 연계한 움직임이 일찍부터 있었다. 이러한 초기의 조례는 특징 있는 경관을 경관형성지구 등으로 지정하고 주민이 참가하는 절차 등을 확보하는 것이었다.

따라서 모든 장소가 명확한 도시상을 갖는 지구가 될 것이다.

일반시가지란 경관의 구조화에서 제외되고 경관형성지구 등에 포함되지 못하여 지금까지의 경관정책의 대상이 되지 못했다.

점 · 선 · 면으로부터의 접근

먼저 점적인 접근에 대해서 간단히 설명하고자 한다.

면으로서의 특성을 갖춘 장소가 아니어도 도심에서 매력을 발휘하는 건축물이나 수목이라는 친근한 「점」은 일반시가지에도 존재한다. 이것을 마을만들기에 도입해 가고자하는 인식이 확대되고 있다.

이것은 1996년 문화재 보호법 개정에서 등록문화재 제도가 창설된 점에서도 단적으로 나타나고 있다. 예를 들면 도심에 사용하고 있지 않는 공간 등을 활용한 이벤트 등은 점으로서의 힘을 발휘시키고 도시 전체를 변화시키는 수단이라고 할 수 있다.

점의 힘을 주변에 파급시키고자 하는 움직임도 있다. 동경도 경관조례(1997년 12월) 기조에서 정한 역사적 경관 보전지침(2001년 3월)에서는 동경도 선정 역사적 건조물의 주변 100m의 범위에서 건설행위 등을 시행할 때 주변 환경을 배려한다.

세타가야구 풍경만들기 조례(1999년 3월)는 좋아하는 풍경을 투표로 정하는 등 널리 구민들에게 알리는 것으로 외부의 전문가의 방법으로는 지적할 수 없는 생활과 관계없는 풍경이 정하여지는 가능성을 배제할 수 없다.

경관의 축이 될 수 있는 「선」의 요소에서 매력적인 풍경을 일반시가지에 도입하고자 하는 움직임도 있다. 예를 들면 히로시마와 같이 풍부한 하천 공간 만들기에서부터 경관유도를 행하여 최근에 수변을 어떻게 즐길 것인가 하는 소프트적인 면에서의 시도나 보다 광역적인 범위에서의 시도가 시작되고 있다.

또한 지금까지의 경관시책의 수법을 개선해 가는 방법으로 토지이용과 경관정책을 연계시키는 등 면적인 정책을 시작하는 지자체도 있다. 가시와시에서는 시내의 지역마다 다른 경관목표를 의논하여 도시계획에서 정한 개발과의 조화와 새로운 디자인의 방법을 고려한 계획기술에 의해 일반 시가지의 디자인 유도에 적용하고 있다.

개발지도요강 등에서 쟁점이 된 일반시가지의 질

이상과 지금까지의 풍경계획의 연장선 위에 일반시가지의 풍경계획이 전개되는 한편 전혀 새로운 접근방법도 나타난다. 그것은 일반시가지의 도시문제를 풍경계획적인 과제로서 개선해 가고자 하는 방향이다.

일반시가지에서 가장 심각한 문제의 하나는 새로운 건축물, 특히 대규모 건축물이 건설될 때 주변에 미치는 영향이다.

지금까지의 분쟁예방과 조정의 한계

1950년대 말부터 이미 시작된 중 · 고층 건축물을 둘러싼 분쟁에서 주민이 근거로 한 것은 최저한의 지표인 일조였다. 1976년 건축기준법개정에 의해 일영규제가 도입됨으로서 각지에서 해결되지 못하고 1970년대 후반 중 · 고층 건축물의 분쟁예방에 관한 조례나 요강의 종류가 급속히 보급되었다. 그 내용은 크게 두 가지로 다시 말해 표지판의 설치나 건축계획의 사전공개를 의무화로 대표되는 「분쟁 예방」과 분쟁이 발생한 경우의 「조정」이다. 그러나 이 두 가지 단계도 충분히 효과를 발휘하고 있다고는 말하기 어려운 상황이라고 말할 수 있다.

먼저 분쟁예방에 대해서는 표지판의 설치나 건축계획이 공개된 단계에서는 계획내용은 이미 정해지고 그 시점 이후에 주민측이 변경희망을 원해도 건축계획이 크게 변화시키는 것은 무리이다.

일반시가지에 있어서 가끔 추진되는 대책으로는 원룸 · 맨션요강에 대표되는 것처럼 특정 빌딩 형태를 대상으로 한 개발지도요강이나 일정 규모 이상의 건축계획에 대하여 경관부서와의 협의를 요청하여 경관으로의 배려를 촉진하는 요강, 조례 등이 있다.

그 때 도시디자인의 기본적 작법을 가이드라인에 의해 제시되고 일정 수준 이하의 건축물의 출현을 막고자 하는 시도도 각지에서 볼 수 있다. 그러나 이것들도 건축계획을 크게 좌우되는 것은 아니다. 근본적으로는 건축행정이 허가가 아닌 확인에 의해 시행되고 있는 것이 그 원인일 것이다.

분쟁예방에는 초기의 건축디자인심사 등, 건축계획의 본질적인 변경이 절차상 담보되지 않으면 안되고 현상에서는 사후적인 대응밖에 할 수 없다.

또 분쟁이 발생한 이후 조정에 대해서는 건축계획에 건축기준법이나 도시계획법에 위반하는 점이 없는 한 행정이 건축 확인의 절차를 금하는 근거는 없다. 결국은 일조시간이나 전파 장해도를 금전으로 환산되고 사업자와 개별주민이 민간 대 민간과의 협상 이외에는 없다. 보상 가능한 정량화된 항목만이 지표가 되고 또 각 권리자의 이익에 개별화되기 위해 주민이 느끼고 있는 환경의 질, 즉 총체적인 도시의 질이 정성적(定性的)으로 추궁되는 일은 없다.

한편 행정의 조정기능은 축소되고 있다. 행정절차법(1994년 시행)이 건축 확인의 표준처리기간을 정하는 등 지자체의 재량이 제한되고 건축 확인의 절차가 민간기관에서도 가능하게 되었다. 종래처럼 주민의 요청에 따라 지자체가 개발사업자에 대하여 개발 지도를 시행함에 있어서 건축 확인이 지자체의 업무인 것은 지도의 효력에 다소의 강제성을 부여했다고 말할 수 있다. 지금은 지자체가 각 개발계획의 진행상황에 관한 정보마저 얻기 어려운 사태가 되고 있다.

◘ 협의를 성립시키는 공유 언어로서의 경관

이러한 상황 하에서 맨션분쟁을 계기로 지구계획 등을 책정하고 높이 제한을 하더라도 지구계획을 전혀 알지 못하는 일반시민이 처음부터 공부하여 합의를 형성하는 등의 작업은 분쟁이 발생한 이후는 별 의미가 없다. 개발업자에 있어서도 주변 주민과의 분쟁을 피하기 위해서는 어떻게 하면 좋을 것인가

분쟁을 계기로 지구계획이나 마을만들기 협정, 환경협정으로의 움직임은 적게나마 볼 수 있다. 그것은 예를 들어 맨션계획의 변경요청이 받아지지 않더라도 주민이 다음의 분쟁을 예방하기 위해 그리고 원래 지구가 갖는 환경의 질 가운데 가치를 발견한 증거를 분명히 하기 위한 행동이다. 그러한 환경의 질을 종합적으로 기준이 되는 지표로서 경관이나 경관을 재고하지 않으면 안 된다. 지표로서의 경관이란 수치화할 수 없지만 지구주민이 장래 이미지로서 포용하는 정성적(定性的)인 것이 될 것이다.

분쟁이라는 어려운 상황과 대면하여 2000년 도시계획법개정에서 주민발의형의 지구계획이 정식으로 도입되었다. 요코하마 시에서는 이것을 적극적으로 지원하는 「마을 규범 만들기 상담 센터」를 설립하고 심포지엄 등도 개최했다. 이러한 주민 주체의 움직임을 지원하는 것 이외에 보다 능동적으로 행정의 협력자로서 장래 시가지 상을 제시해 둘 필요가 있다. 현행 법제도에 근거하여 과거의 양호한 시가지가 일반시가지화 한다고 하는 사태가 진행되고 있다.

정리하자면 일반시가지의 질을 표현하기 위해서 일조 이외에 종합적인 지표로서 경관이나 풍경을 도입하고자 하는 움직임도 시작되고 있다. 협의에 사용되는 수단으로서는 아직 있지 않고 협의 그 자체가 성립하는 근거도 아니다.

다수의 맨션분쟁에서 얻은 교훈은 일반시가지에서 주목해야 하는 장래상을 주민이 인식하고 공유할 것, 그 질을 건축규제 등의 언어로 번역하여 빨리 주민과 사업자가 협의할 필요가 있다. 유효한 조정을 가능하게 하기 위한 행정의 역할이나 시스템이 기대되는 것, 그리고 그것을 지금 바로 필요하다는 것을 들 수 있다.

환경행정이 요구하는 일반시가지의 현상

또 심각한 도시문제로서는 환경문제를 들 수 있다.

◘ 녹지나 수변에 있어서의 참가형 마을만들기의 확대

환경행정과 풍경계획의 접점으로서 먼저 연상되는 것은 자연, 녹지, 수변일 것이다.

풍치지구나 녹지보전지구는 경관과 환경의 양방향에서 그 가치를 인정하고 보전이 되어야 한다. 그러나 그것들의 지정은 한정적으로 일반시가지라기보다는 풍부한 녹지가 있는 특별한 장소로의 대응이라고 하는 측면이 강하다.

그러나 1994년 도시 녹지 보전법이 개정되고 시정촌이 「녹지기본계획」을 책정하는 것이 가능하게 되었다. 동경도가 19996년 구시정(區市町)에 「녹지기본계획」을 의뢰

한 결과 각 지자체에서 점차 책정이 추진되었다. 이것은 보다 주민과 친근하고 보다 상세한 계획이 가능하게 된 것을 의미한다. 2000년 하천법 개정에서도 하천정비계획 책정에 지역주민, 지방공공단체의 장 등의 의견을 반영하는 절차가 도입되었다. 이러한 녹지나 하천 등의 실마리를 가진 일반시가지에 있어서 풍경계획의 가능성은 폭 넓은 참가를 전제로 펼쳐지고 있다.(그림9 · 2)

◘ 환경의 질에 대한 배려

그런데 현재의 환경시책에 대해서는 열섬대책, 대기오염의 저하, 우수의 이용이나 지면 침투에 의한 수자원의 순환, 쓰레기의 경감, 산업폐기물의 처리 등의 문제를 들 수 있다. 이들에 대해서 어떻게 도시계획이 대처할 것인가 라는 점에서도 큰 관심을 가져야 할 필요가 있다.

1993년에 시행된 환경기본법을 계기로 국가차원의 환경관련법령이 정리되고 있다. 이들 법령에는 각각 대응한 기본계획이 정해지는 등 실현성으로의 지표가 나타나 있는 것이 특징이다.

예를 들면 순환형 사회형성 추진법(2000년)은 발생 억제>재사용>재생이용>열회수>적정처분이라는 우선순위를 명확히 함으로서 실효성을 거두고자 하고 있다. 제로배출을 목표로 건설 리사이클법을 포함하는 일련의 리사이클관련법 등도 정해졌다.

또 환경기본법15조에 환경기본계획이 규정되어 있으며 환경영향평가법(1997년) 하에서의 환경평가는 일정사업에 의무화되어져 있다.

현재, 많은 지자체가 환경기본조례를 제정하고 환경기본계획을 책정하고 있다. 2003년 3월, 후쿠오카 현 이외의 46개 도도부 현과 11개 정령지정도시(政令指定都市)가 환경기본조례를 제정하고 있으며 환경기본계획에 대해서는 47개 도도부 현과 12개 정령지정도시(政令指定都市)가 정하고 있다.

이들의 정책을 현 시점에서 종합적으로 평가한다는 것은 앞으로의 과제로 두고 싶지만 이러한 상황은 환경기본법에서 추구하는 이념, 즉 (1) 환경혜택의 수혜와 승계, (2) 환경에 부하가 적은 지속적인 발전 가능한 사회의 구축, (3) 국제적 협조에 의한 지구환경보전의 적극적인 추진, 특히 (1), (2)에 대하여는 일반시가지나 특별한 지구이나 목표로 하지 않으면 안 되는 도시계획상의 목표임을 제시하고 있다. 도시계획의 입장에서 이하의 과제를 들 수 있다.

먼저, 건축의 갱신이나 도시만들기에 있어서 환경에 대한 배려라는 점에서 도시계획법이나 건축기준법과 환경관련법 등 있을 법한 연계는 전혀 없다. 환경평가도 사업의 시행을 전제로 한 사업평가 뿐이고 사업 중지라고 하는 대체안이 포함된 계획평가는 동경도에서 처음으로 시도되었고 전국적으로는 지금부터이다.

그래도 개별사업에 대해서는 규제나 유도가 이루어지는 경우도 있다. 그러나 토지이용계획이나 경관계획 등의 면적인 계획이 어떻게 환경에 영향을 미치는가, 명확히 하는 수단도 확립되어있지 않고 원래 배려를 해야 하는가 논의도 충분한 단계가 아니다. 환경도시계획의 구축을 위해 풍경계획이 어떻게 대처해야 하는가가 요구되고 있다. 이러한 개념의 시행은 시작 단계라고 말할 수 있다. 다양한 사례에 대해서는 9 · 5절에서 소개한다.

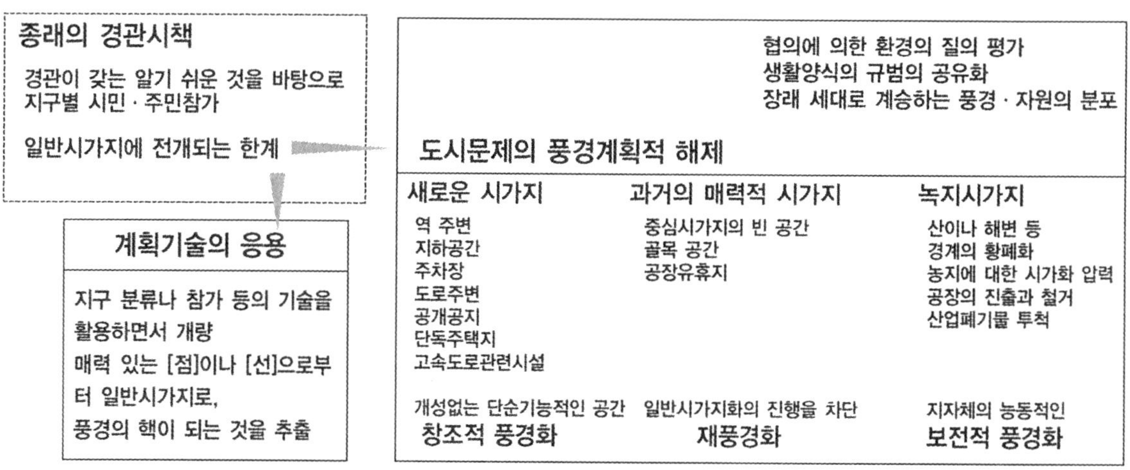

그림9 · 2 일반시가지에 있어서 풍경계획의 방향

9·2 히로시마 시
하천을 이용한 경관유도

도시미부터 출발

총 인구 약 113만 명의 시내를 흐르는 다수의 하천이 특징적인 히로시마시의 시가지에 있어서 하천변의 경관정비가 효과를 거두고 있다. 델타 내에 약 48만 명이 살고 있지만 호안에서 250m 이내에 살고 있는 인구의 비율은 그 가운데 약 4할 정도이다. 이러한 중심시가지에 있어서 경관형성지구지정을 시행하기 위해서 천변을 주목한 시도가 이루어지고 있다.

먼저 히로시마시의 경관 정책을 돌이켜 보고자 한다. 히로시마시의 정책은 「히로시마의 도시미를 만드는 기본계획위원회」와 1981년부터의 「도시미위원회」가 시작했다. 특히 그 성과인 「도시미계획서」는 총 60회의 위원회를 거쳐 자연, 도심, 주택, 공업, 공공시설, 시민운동의 6가지 부서마다의 토의와 담당직원의 도시미 스케치에 의한 현상과 제안의 검토로 이루어졌다. 또 계획서 마지막 부분에 적혀져 있는 300명의 명단에 놀랍지만 시장을 시작으로 시 직원 전 부서에 의해 만들어진 계획서의 추억이 남아 있다.

추진 당시의 기록은 「히로시마－도시미 만들기 10년, 풍경의 창조로」에 정리됐다. 이 책의 훌륭한 점은 10년간 추진한 성과가 「도시미 성과 지도」나 도판으로 설명한 점이다. 많은 도시의 공공사업이 잘 마무리되지 못한 것과 달리 사후평가와 시민에게 이해를 돕는 표현으로 사업을 종적인 사고로 만들지 않은 이 책의 기획은 왜 됐을까. 유럽의 도시계획도 이러한 성과를 잘 표현하며 수십 년에 실현한 스톡을 잘 설명하고 있다. 이렇게 다시 생각하면 도시미란 몇 가지의 공공정비사업과 민간사업을 종합화한 평가라고 생각된다.

실제 민간사업에 대해서는 경관정비를 추진하는 것이 일반 시가지에 있어서 어떠한 법적근거를 가지고 있지 않는 것이 일본의 문제이지만 자주적으로 협의를 하는 시스템을 전국 가장 먼저 도입한 예가 히로시마시의 도시미 협의이다.

협의 대상은 모퉁이 부지에서는 3층 이상, 일반시가지는 5층 이상, 연면적 1,000㎡ 이상의 건축물이다, 연간 300건 정도로 도심부에서 일어나는 개발의 대부분을 협의했다. 그 결과 시에 거주하는 많은 건축가가 히로시마에서 협의 경험을 가지고 있다. 한편, 1982년에는 히로시마성에 인접한 항공법에 근거한 적백의 중국방송타워-계획안을 연한 회색으로 변경시켰다. 마찬가지로 1988년 도시형 주택 내의 대형 안테나도 환경색으로 변경시키는 등 공작물에서도 성과를 거두었다.

하천을 이용한 경관유도

지구를 한정해서 연속적인 가로경관을 형성에 1983년에 평화대로변에 도로 양측 50m폭으로 미관형성지구지정이 되었고 규모에 관계없이 모든 개발행위가 제출 대상이 되었고 광고, 지붕, 색채에 대한 지도가 이루어졌다. 그 후 제출대상 지구지정은 1995년 7월부터 리버 프런트 건축물 등 미관형성 협의제도, 동년 9월부터 원폭 돔 및 평화기념 공원 주변 건축물 등 미관형성 요강에 의해 확대되었다.

특히 리버 프런트의 협의가 흥미로운 것은 히로시마시의 시가지에 포함되는 6개의 하천을 활용하여 제출대상을 모든 호안으로부터 200m를 대상으로 함으로서 경관협의 지구를 효과적으로 배치하는 점이다.(그림9·3) 천변을 녹지와 보도의 공간으로서 건물은 하천 뒷면을 향하지 않게 하고 조화를 이루는 형태나 색채로 하기 위해서 사전

그림9·3 히로시마 시 리버프런트 건축물 등 미관형성 협의신청 대상 지구

협의를 한다. 2002년도까지 동 지구 내의 지도 건수는 1,689건에 달하고 있다. 경관은 한번 붕괴된 후에 유도하기는 때문에 이러한 사전의 경관 협의의 실적은 크다. 천변은 일본인이 애착을 가지고 있다. 편안한 외부공간이며 많은 시정촌이 하천 변에 있기 때문에 히로시마시의 하천을 이용한 경관제출제도는 다른 지자체에 큰 영향을 미칠 것이다. 또 제출의무는 상기 호안 200m 내에서, 31m 이상의 건물, 하천이나 항만에 면한 10m 이상 또는 3층 이상의 건물, 하천에 면하지 않는 5층 건물 이상 또는 10m 폭이 있는 교차로변의 3층 이상의 건물이다. 주택의 경우 경관협의 후 리버 프런트 주택의 인정에 의해 금융대출을 받을 수 있는 등 매력도 있다. 이렇게 도심에 많은 하천을 활용하여 경관지도를 효과적으로 실현하는 수법은 세계적으로도 뛰어난 수법이다.

공원 주변의 경관유도

한편 1996년 문화유산으로서 인정된 원폭 돔과 평화기념 공원을 둘러싼 지구에서는 많은 사람들이 각국에서 찾아오는 국제적으로 매우 중요한 지구이기 때문에 개발행위나 옥외광고물에는 전술한 요강에 의해 협의하게 되어 있다. 그림9·4는 그 지구지정과 협의대상 이미지이다. 도심의 공원이라고 하는 공공성이 높은 장소부터 깨끗하게 하는 자세는 전국 일반시가지에서 통용되어야 하는 사고의 하나이다. 히로시마의 경우 공원주변, 하천변, 도로변, 신시가지를 포함해 모든 제출협의 건수의 7,598건(2002년도)과 실로 많은 도심부의 경관지도를 실현한 실적을 가지고 있다.

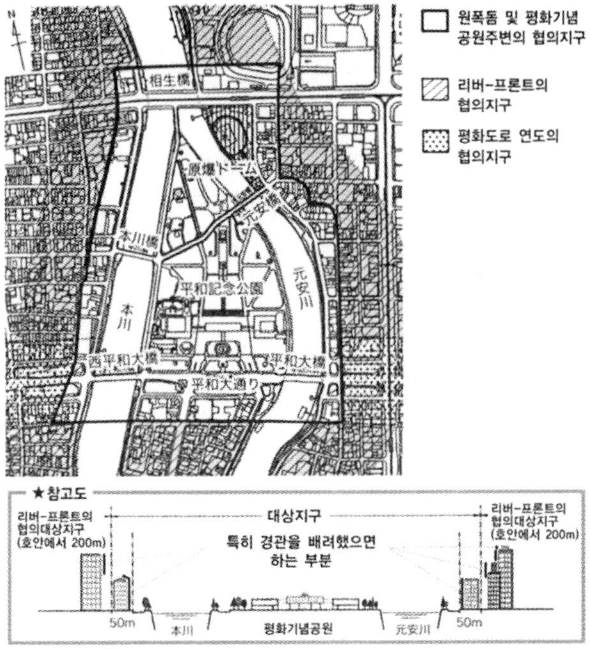

그림 9·4 원폭 돔과 평화 기념 공원 주변의 협의 대상 구역과 평화거리 연도, 리버 프론트의 협의대상지구와의 관계 (출전 :「히로시마 원폭 돔과 평화 기념 공원 주변 건축물 등 미관형성 요강」1997년)

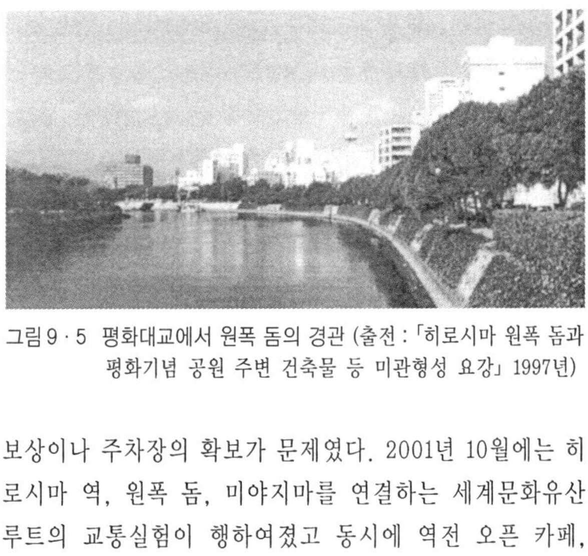

그림 9·5 평화대교에서 원폭 돔의 경관 (출전 :「히로시마 원폭 돔과 평화기념 공원 주변 건축물 등 미관형성 요강」 1997년)

수변의 소프트사업

최근, 수변의 정비에는 하드적인 것뿐 아니라 소프트적인 전개도 많다. 예를 들면 천변의 민간 점포와 오픈 카페에 의한 화려한 경관 연출을 만들어 낼 수 있다. 1989년 제3섹터로 개설된 「히로시마 리버 크로즈」에서는 시와 민간기업 23사가 협동하여 수상버스를 운행시켰다. 1991년도에는 이용객이 4만 명이 넘었다.

또한 관광객뿐만 아니라 일상생활 도로로 전개하는 방법으로 통근 통학 이용이 검토되었다. 단 하류역의 어업보상이나 주차장의 확보가 문제였다. 2001년 10월에는 히로시마 역, 원폭 돔, 미야지마를 연결하는 세계문화유산 루트의 교통실험이 행하여졌고 동시에 역전 오픈 카페, 수상 콘서트가 개최되었다.

또 국가, 현, 시가 공동 추진한 「물의 도시 정비구상도」에서 많은 사업을 중점 배치하는 시도도 행해졌고 2002년의 「신·물의 도시 구상」에서는 시민, 기업, 행정의 협력적 추진이 의도되었다. 물의 도시 히로시마는 도시재생프로젝트(제4차 결정)로서도 기대된다.

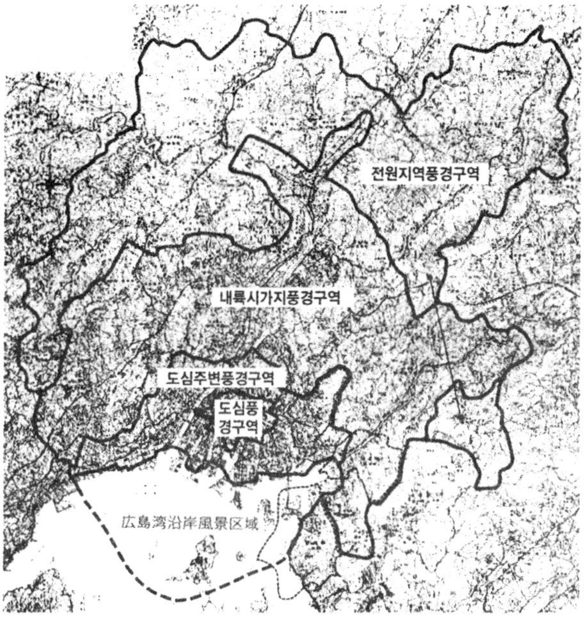

그림9 · 6 풍경 구역 구분도 (출전 : 히로시마 시「풍경만들기 마스터플랜」 2002년)

풍경마스터플랜

마지막으로 최근 시도된 전 시역의 풍경마스터플랜의 책정상황을 살펴보고자 한다. 제4차 히로시마 시 기본계획(1999~2010)의 토지이용방침이나 교통기반정비방침에 정합성을 꾀하면서 전 시적인 경관기본계획을 준비하고 있다. 2002년의 「히로시마의 매력 있는 풍경 만들기에 관한 기본적 방침(풍경만들기 마스터플랜)」의 특징은 산, 구릉, 평야, 해안부와 시역 내의 지형을 활용하여 구획구분을 시행하는 점이다. 구체적으로는 5개의 「풍경구역」으로 구성된다(그림9 · 6). 앞으로는 경관기본계획을 정할 예정으로 도시미에서 풍경마스터플랜으로의 전개가 주목된다.

9 · 3 가시와 시
용도지역에 맞춘 경관 가이드라인

일반적인 경관제도의 과제

가시와시에서는 도시계획법에 따라 12 용도지역에 맞춘 지역별 가이드라인을 2002년에 책정했다. 가시와시를 사례로 일반적인 대도시 근교의 중핵도시에 있어서 도시디자인 도입에 관해 살펴보고자 한다.

디자인 가이드라인을 책정할 때 제도상의 일반적인 과제로서 중요한 다음의 3가지를 들 수 있다. 첫 번째 과제는 시가지 전역을 가이드하는 것이다. 구미에서는 도시계획과 경관계획과 같이 분리된 계획체계가 아니고 디자인의 문제는 각 지자체의 도시계획 지도로 건축허가 신청시 일반적으로 시행한다. 역사지구나 자연보호지구뿐만 아니라 중요한 것은 일반 시가지 전역에 침투하듯이 주거환경의 디자인유도 시행하는 방법을 검토하고 경관제도의 일반화를 추진하는 것이다.

두 번째 과제는 도시계획법의 경관유도를 정합시키는 것이다. 일본의 도시계획법에서는 도시디자인에 관한 항목은 미관지구 등에 한정되어 있고 일반적인 시가지를 상정하고 있지 않다. 다시 말해 조닝 시 개발상 안에 디자인 항목을 상정해 오지 않았다. 도시계획법의 개정을 거치는 과정에서 시가지상을 보다 명확히 하기 위해 현재의 12 용도지역제로 이행하고 지역의 세 분류가 추진되었지만 지금도 혼재된 상태이다. 또 일본은 안전, 기능적인 평가를 중시하고 역사적인 환경을 배려하지 못하고 용도지역을 구분하기 때문에 반드시 경관구분과 적합하지 않는 경우도 있다. 가시와시 경우는 다행히도 과거의 촌락과 떨어진 곳에 깔린 철도 연선에 새롭게 근대도시계획에 근거해 발달했기 때문에 오히려 용도지역의 구분을 적극적으로 활용하여 디자인을 유도하고 지역상을 나타내는 것이 유효했다. 또한 조닝 맵에 따라 지역별로 토지정책과 디자인 가이드라인을 책정하고 순비한 사례가 일본에는 없었기 때문에 캐나다 벤쿠버 시의 가이드라인이 선행사례로서 연구 참조되었다.

세 번째 과제는 앞으로 건설하는 시가지의 경관예측의 곤란성에 대해서이다. 시대에 따라 다른 건축디자인이나 조원디자인을 기술적으로 고정하는 것은 실무가에게 쉽게 받아들이지 않는다. 그러나 가시와시 북부에 새로운 산업을 추진하기 위해 연구시설 등이 입지하고 있고 아끼하바라와 쯔꾸바를 연결하는 쯔꾸바 익스프레스가 2005년도에 개통하기 위해 연선의 거점이 되는 신시가지의 경관정비방침을 만들 필요가 있다. 사업자나 건물의 종류가 특정하지 않는 경우 일반적인 규정에 지나지 않는 딜레마를 회피하는 목적으로 경관 행렬을 작성하고 모든 건축 유형에 따라 경관

유도를 시행하는 방법을 개발하는 것이 특징적이다.

경관조례의 책정 프로세스

가시와시의 경관시책을 돌이켜 보면 1992년에 정한「도시경관 기본 계획」부터이다. 1994년부터 광보지(廣報誌)「경관소식」의 발행 및「경관탐험활동」에 의하고, 시민에 의한 경관 자원의 발굴 활동을 시행해 왔다. 시가화 조정 구역의 전원지역에 핑크색의 대규모 시설의 건설을 계기로 위기감을 갖은 시행정은 경관조례의 책정을 목적으로 한 도시경관형성검토위원회를 2000년에 설치했다. 위원회는 학자와 시민으로 구성되고 하부에 실무팀을 두어 연구 및 검토를 시행하였다.

검토에는 워크숍 방식으로 각 위원이 각 지역의 문제점을 제출하고 정리하는 과정으로 지역별 문제를 확인할 수 있다. 그 첫 번째 워크숍 결과가 지역별 가이드라인의 골격이 된다. 지역에 따라 가이드해야 하는 내용에 차가 있음을 확인 후 경관조례에서 다루어야 할지를 판단하여 조례의 적용 범위의 이미지를 공유하고 있다. 이렇게 가시와시의 경관조례의 특징의 하나인 지역별 경관가이드라인의 설정의 기초가 만들어졌다. 그리고 가시와시의 발전이 도시계획과 함께였다는 역사에서 보듯 최종적으로 경관지역 구분을 용도지역 구분과 중복시키는 방법이 채용되어 일반시가지 모델을 목표로 하고 있다.

위의 골격의 이미지가 보여지는 단계에서 의견수렴을 청취하고 조문명칭안, 전문안이 작성되었다. 워크숍 방식으로 의견을 추출했지만 경관조례의 기본적인 키워드로서「경관」과「마을만들기」가 최종적으로 남아 조문명칭으로 추천되었다. 또 전문에 키워드로서 다음과 같은 것이 추가되었다.「수변과 녹지」「역사」「가시와시다움」「누구나 살고 싶은 곳」「편안한 곳」「밝고 활력」「걷고 싶은 상업지」「어린이들의 공유 재산」등이 채택되고 이것을 이용하여 문장을 만들도록 사무국에 제시되었다. 가시와시의 조례에 있어서는 전문을 두지 않는 관례가 있었지만 시민이 조문 그 자체를 작성하는데 어려움과 전문취지의 중요성을 배려하고 결과대로 채용하여 완성하였다. 이것은 사무국과 참가위원과의 신뢰관계를 만들어 가면서 중요한 기회였다고 생각한다. 사무국 측 평판도 좋고 그 이후의 가시와시의 조문에는 전문이 부가되는 것이 관례가 되듯 응용성이 있었다.

종래부터의 위원회 검토 방법에서는 원안을 사무국이 작성하고 위원에게 제시하는 형식이 일반적이었기 때문에 당초에는 당혹함도 보였지만 워크숍 방식에 의한 의견의 형성은 사무국의 승인 하에 시행되면 참가위원도 의식개혁이 되리라 생각된다. 워크숍을 가능한 한 시행함으로서 행정 측에 불필요한 시간을 느끼게 하지 않고 시민위원참가자의 의견을 구체적으로 본 위원회에 제시할 수가 있다.

또 실무에 있어서는 지역의 역사연구회, 타 시의 경관조례나 경관시책, 해외의 경관가이드라인의 비교 연구회를 가질 수 있다. 또한 조례를 제정함에 있어 치바대학(千葉大學) 사회인 과정에 의한 3년 차 연습이 이루어지고 있고 약 2개월 간에 걸쳐 학생들에 의한 경관가이드라인의 제안이 지역에 발표되었고(2001년1월), 경관 심포지엄 및 경관 전시회도 개최되었다(2001년2월). 이러한 활동은 본 위원회가 공개됨에도 불구하고 내용이 주민에게 충분히 전달되지 못하고 있는 것에 대한 배려이며 시각적으로 시민에게 해설하는 기회로서 이루어졌다. 그 후 위원회 제언서의 작성, 시의회를 거쳐 원안에 근접한 형태로 동년 3월 가시와시 경관마을만들기 조례가 제정되었다.

지역별 경관 가이드라인

◘ 경관지역구분과 12용도지역 구분

지역구분은 경관조례에 따라 지자체 독자적으로 설정할 수 있다. 실제적으로 지역을 몇 종류로 할 것인가에 관해서 도시계획법에서 정한 국가의 기준인 12용도 지역구분과 시가화조정 구역을 충분히 존중하고 동 시의 경관의 장래상을 정하기 위해 이하의 6가지로 정리했다.

(1) 주택계 지역

① 단독주택 · 저층주택지역(제1종 저층 주거전용 지역, 제2종 저층 주거전용 지역에 상응)

② 중층주택지역(제1종 중 · 고층 주거전용 지역, 제2종 중 · 고층 주거전용 지역, 제1종 주거지역, 제2종 주거지역)

(2) 상업계지역

① 중심상업지역(상업지역)

② 지구상업지역(근린상업지역)

(3) 연도상업계지역 (준주거지역)

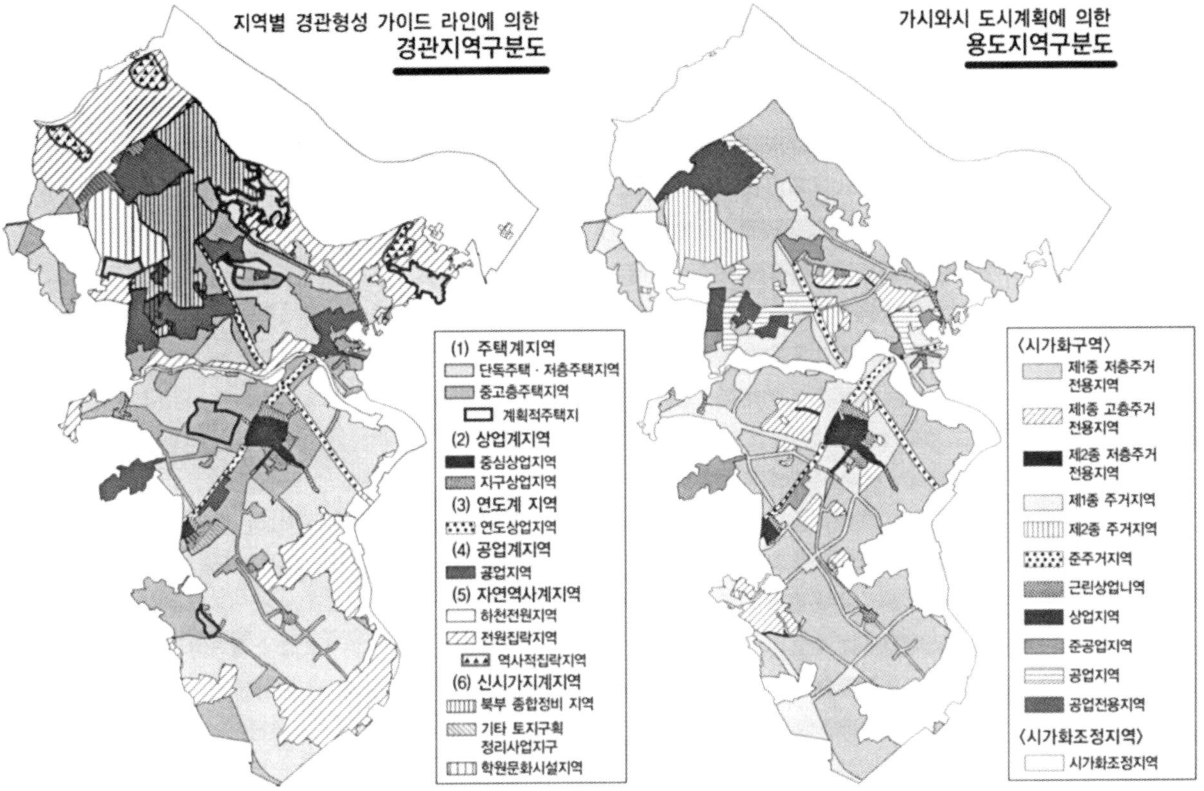

그림 9 · 7 가시와시 경관형성 가이드라인 지역구분도(좌)와 가시와시 도시계획도에 있어서 용도지역 구분과 시가화 조정구역(우) (출전 : 가시와시 「지역별경관형성가이드라인」 2002년)

표9 · 1 가시와시 대규모 건축물 등 신청대상이 되는 규모 일람표

<table>
<tr><th rowspan="2">지역별 경관 가이드라인의 지역구분과 대응</th><th rowspan="2">용도지역구분</th><th colspan="3">건축물</th><th rowspan="2">공작물</th><th rowspan="2">광고물</th></tr>
<tr><th>주택계 시설</th><th>상업, 업무계 시설</th><th>공업계시설</th></tr>
<tr><td>단독주택 · 저층주택</td><td>제1종 및 제2종 저층주거 전용지역</td><td colspan="3">건축 면적 500㎡</td><td rowspan="8">· 옹벽 등 높이가 2m 초과 또는 연장 30m 초과
· 굴뚝높이 6m 초과
· 고가수조, 전망대 높이 8m 초과
· RC기둥, 철기둥, 나무기둥 15m 초과
· 장식탑 높이 4m 초과</td><td rowspan="4">높이가 2m 초과,
표시 면적 10㎡ 이상</td></tr>
<tr><td>중 · 고층주택</td><td>제1종 및 제2종 중 · 고층주거 전용지역</td><td colspan="3">높이 13m 초과
건축 면적 1,000㎡ 초과</td></tr>
<tr><td>중심상업</td><td>상업지역</td><td colspan="3">높이 15m 초과
건축 면적 1,000㎡ 초과</td></tr>
<tr><td>지구상업</td><td>근린지역</td><td colspan="3">높이 13m 초과
건축 면적 1,000㎡ 초과</td></tr>
<tr><td>연도상업</td><td>준주거지역</td><td colspan="3">높이 13m 초과
건축 면적 1,000㎡ 초과</td><td>높이가 4m 초과,
표시 면적 20㎡ 이상</td></tr>
<tr><td>공업</td><td>준공업 지역, 공업지역, 공업전용지역</td><td colspan="3">높이 13m 초과
건축 면적 1,000㎡ 초과</td><td>높이가 4m 초과,
표시 면적 10㎡ 이상</td></tr>
<tr><td>하천 · 전원</td><td rowspan="2">시가화조정 구역</td><td rowspan="2" colspan="3">높이 10m 초과, 부지 면적 1,000㎡ 초과
건축 면적 500㎡ 초과</td><td rowspan="2">높이가 4m 초과,
표시 면적 20㎡ 이상</td></tr>
<tr><td>전원집락</td></tr>
</table>

(4) 공업지역 (준공업지역, 공업지역, 공업전용지역)

(5) 자연. 역사계 지역

① 하천전원지역(시가화 조정 구역)

② 전원집락지역(시가화 조정 구역)

(6) 신시가지계 지역

① 북부종합정비지역

② 기타 토지구획정리사업지구

③ 학원문화시설지역

(1)이나 (2)의 경관은 용도지역제 만큼 세분화된 지역구분이 현재는 필요 없다고 판단하고 보다 단순하게 구분했다. 한편 (5)와 같은 시가화조정구역의 경관가이드라인은 보다 양호한 녹지경관을 유지하기 위해 중요하고 하천 변과 교외에 남아 있는 역사적인 집락환경을 세분화한다. 또 가시와시의 북부 일대는 대규모의 시가지 구획정리가

예측됨으로 새로운 마을만들기를 기대하며 (6)이 새롭게 설정되었다.

이렇게 도시계획의 12용도 지역구분선을 최대한으로 활용한 지역 구분을 도입함으로서 도시계획에 있어서 디자인 면을 보완하는 목적이 있다. 다시 말해 도시계획도 및 경관지역구분도의 양 도면은 쌍둥이 같은 계획으로서 하나로 기능한다. 또 경관가이드라인을 위한 경관지역구분도는 독자적인 색으로 나타낼 수 있으며 양호한 경관을 보전해야 하는 시가화 조정 구역이야말로 백지 상태가 아닌 진한 녹색으로 지정했다. 이러한 지역별 경관가이드라인 수법은 전국의 일반적인 도시계획구역을 가진 시가지에 있어서 응용이 가능하며 도시계획법에 정합하는 취지로 지역의 실정에 맞게 양립시키는 것이다.

또한 지역별의 경관가이드라인에 따라 구체적인 지도방법으로서 대규모 건축물 등의 제출 제도와 중점 지구 지정을 도입하고 있다. 모든 건축물을 체크하는 것은 사무적으로 한계가 있기 때문에 큰 건축물을 우선적으로 지도하는 것은 자주 있는 일이다. 가시와시에서는 제출 대상도 경관지역 구분에 따라 설정을 바꾸고 단독주택, 저층주택 지역이나 자연 · 역사계 지역(시가화 조정구역)에서는 엄하고 장소성을 구별하도록 제출 시 경관 어드바이저 회의 등에서 지도하고 있다.

◘ 현장조사

상기의 지역별 경관가이드라인을 실제로 작성함에 있어 전문부회를 디자인 위원회 하에 설치했다. 전문부회는 조례 부서와 같이 활발한 검토 작업을 실시했다. 특히 시민위원이 주축이 되어 3개 그룹으로 나뉘었고 현지조사와 워크숍을 실시하여 주거계지역, 상업계지역, 신시가지계 지역의 골자를 만들어 낸 점은 가장 중요한 점이다. 경관가이드라인 가운데 나타난 전 지역의 「기본적 사고」 및 지역별의 「경관 마을만들기 목표」의 작문은 시민위원과 워크숍을 통하여 제안된 것이다. 더욱 도로정비에 강한 행정 사무국도 1개 그룹으로서 워크숍에 참가하여 연도계의 기초 안을 완성했다. 이러한 과정 중에서 사무국과 시민위원과의 신뢰관계가 지속되고 있다.

신시가지용의 경관매트릭스

전술한 바와 같이 신시가지의 경관예측은 그 건설시기에 있어서 건축기술이나 조원기술에 의한 것이 크고 예측하는 것이 일반적으로 어렵다. 그 경우 경관가이드라인을 작성하는 방법은 두 가지로 생각할 수 있다. 하나는 개발 직전에 사업자와 행정과의 협의하여 지구별 가이드라인을 책정하는 방법이고 참조한 사례로서 마츠에(松江)시와 샌프란시스코시가 이 방법을 채택하고 있다. 또 하나의 방

표9 · 2 가시와시 신시가지계경관 매트릭스(도시형주택, 도시형상업, 업무, 공업에서의 작법사례)

경관요소 / 건축유형	스카이라인	벽면디자인	저층부, 오픈스페이스	입구	주차장, 주륜장	기타, 디테일
저층주택	리듬감	후퇴, 분절	소규모광장	각 세대에 현관설치	주자장의 집합화	녹화, 발코니
중층주택	리듬감, 박공지붕	분절, 색채조화	조경디자인	저층 주택에 현관 설치	주자장의 중정 배치	녹화, 발코니
고층주택	유리 등을 사용	압박감 경감 배치	조경디자인	유리 등 사용 연출	주자장의 중정 배치	녹화, 발코니
상업	리듬감	색채강조/협조	번화감연출	랜드마크성	주변을 배려한 색채	간판의 집합화
업무	랜드마크성	후퇴, 연속성	조경디자인	랜드마크성	주변을 배려한 녹화	외부계단
공업	접근성	대규모 벽면의 분절화	조경디자인	접근성	주변을 배려한 녹화	옥상녹화

주) 가이드라인자료 참고사

표9 · 3 가시와시 신시가지계경관 매트릭스(단독주택에서의 작법사례)

경관요소 / 건축유형	건물높이, 담장, 생울타리	정원	지붕	대지경계	현관	차고
소규모주택	생울타리, 건물높이 협조	녹화, 발코니	지붕에 의한 벽면 분절, 지붕 방향이나 높이의 협조	생울타리로 벽 구성	대문이나 아치로 연출	대문이나 포장으로 연출
중규모주택	생울타리, 건물높이 협조	공개된 정원, 녹화		생울타리로 벽 구성	목재 격자 등으로 연출	건물과 차고의 일체
대규모주택	생울타리, 건물 높이	가로변 녹화		나무, 돌울타리, 정원, 문의 활용	문, 어프로치로 연출	건물과 차고의 일체
소규모상업	-	-	지붕방향, 높이의 협조	정원의 활용, 연출	개성적인 입구 디자인	녹화
근린환경	주변의 자연과 조화	공원녹지, 가로수 협조	공원녹지, 가로수 협조	커먼스 스페이스	녹화 협조	공동화하고 활용

주) 가이드라인자료 참고사

법은 건축형태를 분류하여 경관매트릭스(행렬)를 작성하고 모든 건물 형태에 따라 경관가이드라인을 도표로 표시하는 방법이다. 건축 유형에 따른 규제 수법으로 이탈리아의 티포로지아에 의한 정비 수법이나 토리노시의 사례가 있다. 가시와시의 경우는 후자를 선택했다. 이유는 3가지이다.

(1) 조례규정에 의한 가이드라인을 2001년도 중에 작성할 필요가 있었기 때문에 전자와 같은 사업마다의 작성을 사무국이 바라지 않았던 점.
(2) 매트릭스(행렬)를 형성함으로서 디자인의 차이가 체계적으로 이해할 수 있는 교육적 효과가 기대되는 점.
(3) 사업자 측에 맡기는 설계의 자유 부분과 도시계획측이 요구하는 공공적 경관의 배려 요소, 작법, 해결 사례를 명확하게 구별하여 나타낼 수 있는 점

을 들 수 있다.

마지막으로 가시와시가 채용한 신시가지의 경관가이드라인(매트릭스)의 주 내용은 표9・2, 9・3이다. 특히 집합주택이나 단독주택도 규모별 분류가 채용된 점이 특징이며 각각의 규모로 가능한 경관정비 사례를 도해(圖解)로 나타내고 있다.

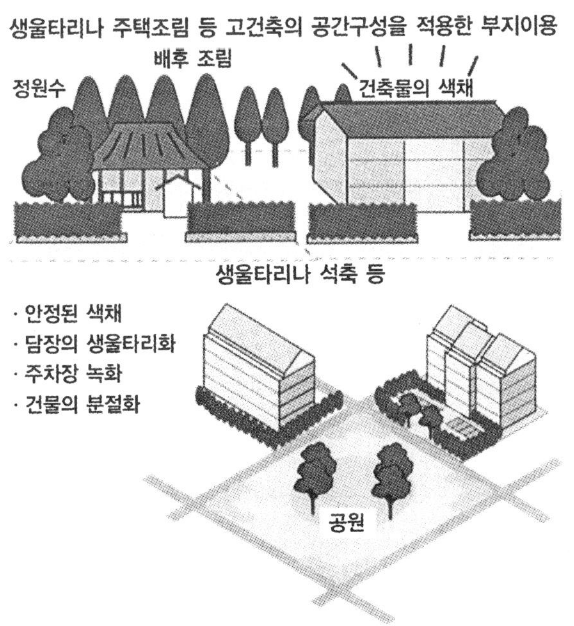

그림9・8 대규모건축물 등의 경관유도기준이 되는 역사적 경관자원(상)과 많은 사람이 모이는 공원(하) 주변의 개발에 경관정비를 추구한다.

주택지에서는 경관자원이나 공원 주변에서 시작

이러한 지역별 경관가이드라인의 지도를 보다 강화할 목적으로 대규모 건축물 등의 경관유도 기준을 책정하고 있다. 특징적인 것은 지역에 남아 있는 경관자원의 주변이나 공원 등의 많은 사람들이 모이는 주변부터 깨끗하게 하고자 하는 방침을 도입하고 있는 점이다(그림9・8). 역사적인 건물이나 공원 시설의 분포는 널리 점재하고 있기 때문에 중점적으로 채용함으로 시역 내에 편중하지 않고 경관정비를 시행할 수 있다. 이러한 사고는 극히 일반적인 주택시가지만 유효하다. 경관 어드바이저 회의에 있어서 지도의 근거로서 경관자원이나 공원시설을 「경관기준점」에 맞추어 적극적으로 활용하고 있다.

경관자원 지도

여기에서 가시와시는 「경관기준점」이 되는 경관자원의 위치나 종류, 공원의 분포를 시역전역에 표시한 경관자원 지도를 2002년도에 작성했다. 이 지도는 도시계획도, 경관지역구분도에 이어 3번째 지도이다. 시역 내에 산재하는 경관기준점 주변에 인접해 일어나는 개발은 3가지 지도를 사용하여 구체적인 경관지도가 이루어진다.

또 가시와시에서는 색채지도에도 힘쓰고 있다. 2002년도에 기초조사를 마치고 특히 지역마다의 경관에 어울리는 추천색을 지도하고 있다. 이미 초등학교의 색채변경에 주변 주택지환경에 조화된 지도사례가 있다.

앞으로의 과제로서 시민참가를 들 수 있다. 시민에 의한 공원만들기나 경관콘테스트 등을 추진하지만 아직 시민활동을 지원하는 도구가 부족하다.

또 경관정비 실시를 위해서는 중점지구의 지정과 중점지구의 보다 상세한 지구별 경관가이드라인, 경관협정, 지구계획 등의 병행 사례가 요구된다. 가시와시의 모델은 전국의 일반적인 시가지에 있어서 널리 널리 보급할 수 있는 수법으로 기대된다.

9·4 협의를 통한 풍경상의 공유를 향하여

아라가와구(荒川区) 맨션 요강

아라가와구(荒川区) 맨션 요강에서 보는 초기단계의 협의

동경도 아라가와구는 도심으로의 접근성과 북측을 흐르는 스미다천의 수로와 메이지 초기부터 공업지대로서 발달해 왔다. 관동대지진 이후 주·상·공업이 혼재된 저층 건축물(구내 전 건축물 중에 3층 이하가 90% 점유)에 의한 시가지가 급속히 확대되었지만 최근 산업구조의 변화에 의해 공장유휴지가 급증하고 있다. 주변 부지에 비해 대규모 공장유휴지를 이용한 재개발은 주변 환경과 조화를 이루지 못하고 주민에 의한 맨션분쟁이 빈번하게 일어났다. 그래서 구(区)는 「아라가와구 맨션건설에 따른 지역환경의 배려에 관한 요강」을 책정했다.

그 내용은 연면적 5,000㎡ 이상의 대규모 맨션계획을 시행하는 사업자에 대하여 개발허가신청이나 구의 시가지 정비지도요강이나 건축분쟁예방조례에 따른 표지설치 제출 등의 법적 절차에 들어가기 3개월 전에 계획내용을 지역관계자에게 설명회를 통하여 분명히 하지 않으면 안 된다. 구에서 파견된 지역 환경 어드바이저의 도움을 받을 수 있다. 구는 지역 관계자의 의견을 참고하여 사업자와 협의를 하고 결과를 공표한다. 모든 절차에는 한정된 기간이 있다(그림9·9).

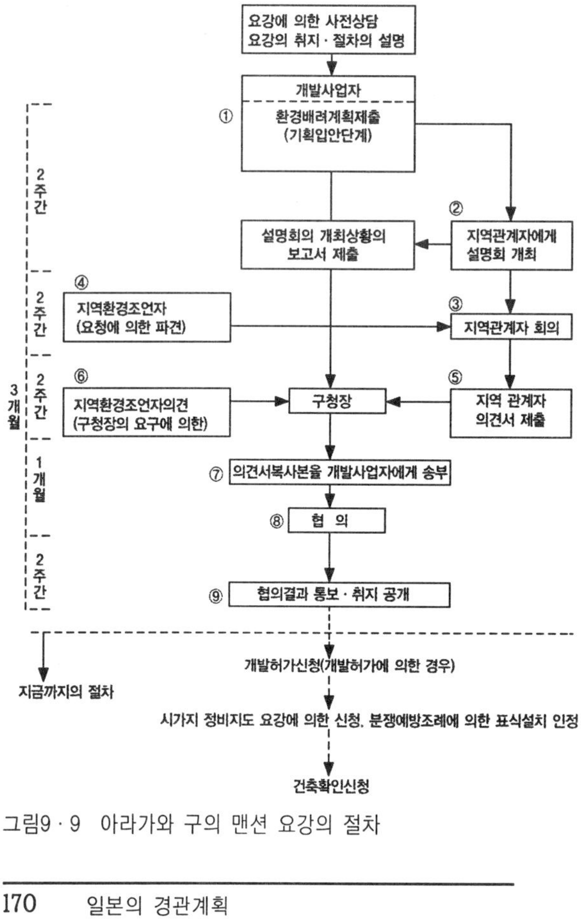

그림9·9 아라가와 구의 맨션 요강의 절차

이렇게 맨션요강에서는 각 주체가 일반시가지의 경관에 대해서 책임을 가지고 협의를 하고 합의를 형성하는 절차를 가능하게 한다.

아라가와구(荒川区) 맨션 요강의 법적 근거와 유연성

여기에서 주의해야 할 것은 행정의 의도이지만 맨션개발을 억제하고자 하는 것은 아니지만 사업자와 지역주민의 협의과정을 제공하는 것이다. 사업자는 설명책임을 가지므로 계획내용의 재고를 통하여 계획의 향상에 연계하고 한편 구민에게도 책임 있는 입장에서 관심을 높일 수 있을 것이다. 2000~2001년에 6건이 대상이 되었지만 모두 요강에 의해 절차를 거치고 1층 부분을 축소, 구조의 변경에 의한 공사규모의 축소, 차고출입구의 변경 등을 시행하여 계획내용의 향상을 가져왔다.

종래 맨션분쟁의 조정을 해왔던 구의 주택 환경 정비과는 맨션요강 시행 이후는 분쟁 처리를 하지 않았다. 즉 맨션요강은 맨션개발계획의 초기부터 주민과 개발계획자가 시가지의 경관을 협의하는 것이 분쟁예방 상 유효한 것을 시사하고 있다.

맨션요강이 효과를 가지기 위해서 법적 강제력을 가지지 않는 것에 대하여는 운용상의 유연성이 요구된다. 그러나 아라가와구와 같은 저층밀집시가지에서는 특별한 절차나 허가를 필요로 하지 않는 중·고층 건축물도 큰 영향을 미치는 상황에 있어서 항상 경직적인 운용만이 통용되지 않는다면 매우 불안정한 주환경이 될 것이다. 적어도 세심한 지역지구 제도나 대규모 부지의 용적률 제한의 재고, 주민참가의 강화 등 법적 범위가 적합한 것이 될 때까지의 과도기에 한해 정보공개 등의 일정 조건 하에서 유연한 운용도 필요할 것으로 생각된다.

법적근거가 강하지 않으면 조정권한이 없고 조정이라는 목적을 달성하기에는 유연성이 불가결하다는 것은 때에 따라 모순이 생기기 쉽다. 이것을 어떻게 조화시키고자 하는 시도가 아라가와구의 맨션요강이라고 말할 수 있다.

동경도 지역에서 진행되는 맨션분쟁의 예방을 위한 협의책(協議策)

경제시책의 일환으로서 추진된 도심재생책 하에 급격한 맨션건설이 도심부를 중심으로 일어나고 있다. 이러한 상황을 받아들여 아라가와구만 아니라 다른 구에서도 적극적으로 추진되고 있는 상황이다.

치오다(千代田)구에서는 「건축계획의 조기 주지에 관한 조례」를 2002년 6월에 제정 10월에 시행했다. 이것은 일정 규모 이상 또는 학교 등의 주변 건축물의 건축주에게 종래에 운용되어 왔던 「치오다(千代田)구 중·고층 건축물의 건축에 관련된 분쟁의 예방과 조정에 관한 조례」에 의해 표지설치보다도 적어도 60일 전에 알리는 표지를 설치하고 그 후 구청에 제출이나 지역 설명회의 개최, 결과보고 등을 요청한다. 그러나 조례인 점, 구의 역할이 아직 시행 직후이기 때문에 구체적으로 모르는 점으로 차이가 있다. 구는 결과에 대한 권고는 하지만 건축주가 따르지 않으면 그 사실을 공표하는 정도의 벌칙 밖에 할 수 없다.

大田區에서는 마을공장을 중심으로 한 기성시가지에서 있어서 무질서한 맨션개발이 진행되어, 공장의 감소가 계속되고 있다. 여기에서 주택과 공장이 혼재된 마을의 규칙을 만들기 위한 공장경영자와 신규 주민과의 대화를 계기로 개발지도요강을 2002년 6월 개정, 10월부터 시행하였다. 맨션건설의 집중으로 小學校의 유치가 곤란해지는 등의 사태가 일어났다. 강동구에서는, 2002년 4월 맨션 등 건설지도요강을 지정하였다. 2003년 2월 현재 7개의 小學校 구역을 새로운 맨션건설의 중지나 연기를 요구하는 지구로서 정하고, 구의 요청에 따르지 않는 개발사업자를 공표하는 등의 조치를 취하고 있다.

이러한 물리적 상황이나, 조례와 요강이 다른 점은 있지만 자치체에 의한 적극적인 협의의 장 만들기가 진행되고 있다.

일반시가지의 종합적 질을 표현하는 경관이나 풍경

맨션개발계획을 계기로 자기 마을을 종합적으로 구상하고자 할 때 경관이라고 하는 키워드가 떠오른다. 심미적인 아름다움을 특히 느끼지 못한 시가지도 각각의 건축물의 규모나 용도, 의장 등의 점에서 신규 개발계획에 조화를 요구하지 않으면 그 마을다움과 살기 편안함을 잃어버릴 수가 있다. 일반 시가지도 거기에는 어떠한 주거의 규칙이나 생활방법의 작법이 있고 그것들이 구현화된 것이 풍경이다.

이것을 토대로 협의를 가능하게 하기 위해서는 평소에 환경교육이나 지역 리더의 육성 등이 차츰 중요시 될 것이다. 아라가와구 맨션요강에서는 주민대표가 지역주민의 의견을 모으는 역할로서 활약하고 있다.

또 행정에 의한 책임수행도 불가결하다. 구니다찌(國立)시의 맨션소송에서는 시가 평소부터 지구계획 등의 책정을 하지 않은 것은 잘못된 것이라고 하는 인식을 사법부는 시사했다. 행정에 기대되는 역할은 크다. 지자체의 행정은 도시의 장래상이 어떻게 변화할 것인가 하는 정보를 제시하지 않으면 안 된다. 그리고 주민과 개발업자의 본질적인 협의, 다시 말해 계획내용의 변경도 있을 수 있는 행정허가를 배경으로 한 협의 하에 각각의 도시에 상응한 사업이나 계획을 종합적으로 추진하는 것이 필요하다.

그러나 각각의 도시의 특성을 존중하고자 하면 예를 들면 부지의 크기나 도로의 폭, 건축물의 소재, 주차장의 설치 등에 대해서 현행의 도시계획의 범위 내에서는 대응할 수 없는 것이 생긴다. 그 점도 포함해서 지자체와 지역 밀착형 조직이 협동하여 매니지먼트까지 포함한 책임을 가지면서 독자적인 풍경계획을 수립하지 않으면 안 된다.

9·5 환경도시계획으로의 전망

각지에서의 선진적인 시도

강화·연대한 조례에 의한 환경배려

환경에 배려한 선진적인 시도를 몇 가지 열거해 본다.

전국 지자체에 앞서 1976년 환경영향평가조례를 제정함으로 유명해진 가나가와현 가와사키 시는 1973년「자연환경의 보전 및 회복육성에 관한 조례」를 제정했다. 그 가운데 자연환경의 보전지역 지정신청권이 시민에게 부여되어 있다. 시민의 신청이 있으면 그 안에 대해서 이해관계자의 의견서 제출, 공청회개최, 심의회 답신이라는 절차를 거친 후 지정된다. 지정이 되면 신증개축이나 목재의 채취·채벌이 허가제나 제출제가 된다. 동 조례는 1999년 12월「녹지의 보전 및 녹화의 추진에 관한 조례」가 개정되고 시민의 신청도 계승되었다.

당시 공해 문제가 심각했기 때문에 시민의 열의가 컸다. 그러나 운용 상황은 지정 신청 32건, 실제 지정 2건(0.6ha)에 머물렀다(1999년 12월 현재). 타인에 의해 신청되어 반발하는 지권자가 있는 것은 당연하다. 엄한 제한을 가진 지정을 피하는 것은 녹지를 지킬 수 없을 것이다.

가나가와현 즈시시에서는 원래 자연환경이 양호한 장소에 개발이 계속되었다. 1980년대 후반부터 환경관리계획 책정의 준비가 시작되었지만 환경의 보전에는 사업의 평가가 필요하다고 인식하여 1992년 6월「즈시시의 양호한 도시환경을 만드는 조례」가 제정되었다.

자연환경을 3개의 기능(토지, 생태계, 거주쾌적성 유보지)을 평가하고 10m 단위로 보전 목표치를 두었다. 동 조례는 녹지 확보의 실적을 높이면서 개발계획에는 큰 영향을 미치지 않는 것으로 보고되었다. 그래서 즈시시는 절차만의 조례로는 양호한 개발계획을 수행할 수 없기 때문에 2002년 3월「마을만들기 조례」를 제정했다. 기본원칙으로서 토지기본법의 이념(즉 공공의 복지를 우선)의 답습이나 시 환경기본조례의 실현을 추구하고 있다. 내용은 의회 의결을 거쳐「마을만들기 기본계획」과 이것을 전략적으로 추진하기 위한「마을만들기 추진지구」의 지정, 동 지구의 지구계획화를 주목한 구성, 또한 지금까지의 개발지도요강의 조례화에 의한 협의의 도입 등으로 되어 있다.

동경도 미타카시에서도 2002년 4월부터 마을만들기 조례(1996년)가 개정되었다. 그 배경으로서 환경기본조례(2000년 4월)에 의해 도입된 환경배려제도와의 연대나 대규모 소매점포 입지법(2000년6월)의 개업신청과의 정합성이라는 타 분야의 신제도를 유효하게 또한 모순이 없이

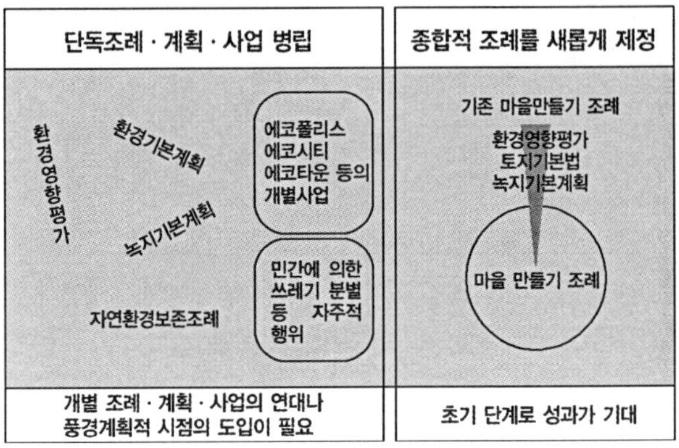

그림9·10 이미 추진되고 있는 환경도시계획의 현상과 과제

마을만들기에 반영할 수 있을 것인가가 의문시 되었다. 또 다른 하나는 현행의 마을만들기 조례의 미비점을 보완하고, 강화시키는 목적도 있었다. 예를 들면 지금까지의 지도요강 하에서의 사전협의를 조례화하는 필요성이나 개정 도시계획법에 따른 시민발의형의 지구계획 등을 가능하게 하는 조항이나 이미 규정되어 있는「마을만들기 추진지구」의 방침과 사업내용의 연대강화를 위한 조항의 추가이다.

보다 좋은 건축적인 정책은 우수 이용이나 옥상 녹화를 의무화하는 제도를 들 수 있다. 예를 들면 동경 도에서는 2001년 3월에 개정된「동경 자연보호와 회복에 관한 조례」에 건물의 신축, 증개축 시 옥상 녹화를 포함한 녹화계획서 등의 제출을 의무화했다.

공해에 힘들어하는 도시에서의 종합적인 정책

마지막으로 환경 문제가 발생하기 전에 공해로 사회적인 문제가 발생했던 도시에서 현재 환경 재생의 일환으로서 풍경 개선의 움직임이 있다. 그 몇 가지를 소개하고자 한다.

1990년대에 들어서면서 국가차원의 시책이 정비된 것은 전술한 바와 같지만 통상산업성(현 경제산업성)은 후생성과 연대하여 제로·배출구상을 추진하기 위해 에코타운 사업을 창설했다. 에코 타운 사업 그 자체에 대해서는 문제도 있지만 적어도 국가로서 생태의 중요성을 인식하고 있다는 것을 나타내는 것이다.

2001년 2월 구마모토현 미나마타시도 에코타운사업을 승인했다. 미나마타시는 미나마타병으로 피해를 경험한

후 미래의 마을만들기 작업을 실시한 것이 1990년대 들어서면서이다. 1991년에는 환경창조 미나마타 추진사업이 시작되고, 1992년 환경미나마타상 창설, 1993년 3월 환경기본조례, 1998년 환경마이스타제도, 1999년2월 환경매니지먼트의 국제규격인 ISO14001의 취득 등을 추진했다. 지구환경협정의 체결이나 지역통화의 지원도 행정이 행하고 있다. 이러한 일련의 움직임의 기본은 「모야이 나오시」이다. 「모야이(舫)」란 배와 배를 묶어 놓은 끈으로 미나마타병에 의해 붕괴된 인간관계를 다시 회복하는 의미이다. 예를 들면 쓰레기의 재활용을 위해 주민이 거리에 모여 있는 모습이 「모야이」의 재생이라고도 할 수 있다. 그러나 도시경관의 향상이라는 점에서의 성과에는 아직 미치지 못한다고 말할 수 있다. 그래도 2001년 9월에 제정된 「미나마타시 건강만들기 조례」는 「시골의 풍경은 미나마타만 아니라 몬순 아시아에 속하는 남북으로 긴 일본의 각 지역 고유의 풍토에 생활하면서 만들어 낸 생존경관이 물이 만들어 낸 분위기, 메이지(明治)기에 있어서는 세계에서 가장 아름답다고 할 수 있는 풍경이었다. 미나마타의 집락의 모습, 음식, 놀이, 축제, 직업 등 자연이나 생활문화유산, 산업유산 등을 확인하고 보전, 육성, 수복함에 의해 지역 고유의 풍토와 생활상을 품격 있게 만들고 자연과 생산과 생활이 함께 새로운 것을 만드는 힘이 있는 건강만들기를 추진」한다고 선언하였고 앞으로가 기대된다.

공해로 피해를 입은 오사카시 니시요도가와구에서는 피고기업과 한신고속도로 공단의 화해금을 가지고 1996년에 설립한 「아오조라 재단」이 지원하는 환경재생을 통해 지역 재생의 마을만들기를 추진하고 있다. 여기에서는 걷는 것과 사람과 대화하는 것을 기본으로 한 「탐험대」에 의한 정밀한 조사가 이루어지고 있다. 아직 계획안으로서 정립되어 있지 않지만 지역주민이 주체적으로 지역에 관련됨으로 정보를 수집하고 지역의 장래상을 공유해 나가는 과정을 거쳐 어떠한 계획이 될 것인가 흥미롭다.

공해로 피해를 입은 지역은 생활이나 도시의 모습이 환경의 질에 직결하다는 것을 체험을 통해 깊이 느끼고 있다. 시간은 걸릴지 모르지만 본질적인 풍경계획의 제일보를 시작했다고 할 수 있다.

환경도시계획의 풍경계획적 과제와 전망

환경도시계획은 지금까지의 도시계획과는 달리 사후적 대응을 추구하는 것이 아니고 계획적인 대응이 필요 불가결하다. 이러한 정책은 이미 시작된 것을 보아왔다.

또 개별건축이나 지구 또는 한정된 분야 뿐 아니라 시 전체나 광역적인 점에서 종합적인 검토도 필요하다. 예를 들면 도시 내부에 「바람길」을 만들거나 열섬현상의 완화에 도움이 된다고 하더라도 보다 적은 단위에서의 지구만들기 수법만 존재하지 않는다면 「바람길」은 실현할 수 없다. 오염물질의 발생원이란 다른 장소에서 피해가 발생할 수도 있다. 삼림은 바다의 연인이다. 지구의 실적형 마을만들기와는 별도로 광역적인 풍경을 어떻게 성립시켜 나가는가가 요구된다. 가능한 합리적인 정보에 따라 리스크를 함께 공개하고 광역적인 계획을 정하고 각종 규제사업의 연대를 추구하지 않으면 안 된다.

동시에 환경에 대한 부담만을 우선으로 하는 사고만으로 되어지는 결과의 풍경은 좋다고 할 수 없다. 옥상 녹화한 건물만 보이는 풍경이 전국에 나타난다면 그것이 결코 조화를 이루고 있는지는 검토할 필요가 있다.

프랑스의 역사학자 아란·코르반에 의하면 「환경」이란 측정하는 것이고 그것을 평가했을 때 「풍경」이 된다. 그렇다면 평가하는 능력을 키우는 것도 중요하다.

10

전원지역(田園地域)의 풍경계획(風景計劃)

宮脇 勝 · 齊木崇人

일본에는 국토의 80%를 점하는 농산어촌지역 내에 약 14만개의 마을이 있다. 규모의 대소는 있겠지만 생활공간을 형성하는 기본 단위로서의 가치가 있는 중요한 공간이다. 그러나 인구의 80%를 점하는 도시지역에 비하여 중요시되고 있지 못한 것도 사실이다.

1998년 도시계획법 개정 이후인 1999년에 식량·농업·농촌기본법이 제정되었다. 1961년의 농업기본법, 1968년의 도시계획법 제정 이후의 대개정으로 전후 책정된 제제도가 개정될 때, 식량의 안정공급과 더불어 국토 및 자연 환경의 보전, 수자원의 함양, 양호한 경관 형성, 문화 전승 등 다면적 기능의 발휘가 요구되어, 농촌진흥을 포함한 마을공간의 중요성이 재확인 되었다.

그러나 이들 기본법은, 주민의 의향, 새로운 시점, 종합적인 시점에서 계획되기를 바랐지만, 다수의 인구가 사는 도시적인 차원에서의 경제 논리와 생활 논리를 무시할 수 없었다. 나아가, 도시 근교 농업과 평지농업, 중산간지역(中山間地域) 농업은 크게 성격이 다름에도 불구하고, 균질한 척도로 다루어졌다. 개정된 도시계획법에서는 농촌지역을 거의 고려하지 않았다. 예를 들면, 시가화 예정구역 설정의 조정, 도시와 농촌의 교류, 식량의 안정 공급, 충분한 다면적 기능의 발휘, 농촌 정비 등의 분야라 할지라도 도시지역 안에서는 도시문제를 보완하는 역할을 하게 되었다. 현 법은 미 분리된 지역에 대한 도시와 농촌의 일체적인 법적 계획제도가 되지 못하고 있다.

이상과 같은 실태와 배경 하에서, 현재의 '마을경관형성'의 의의는, 새로운 국토 이용과 커뮤니티 형성 기본 룰에 대한 가치관 형성에 두고 있다. 또한, 역사적인 풍경 요소인 시렁논, 생담, 가옥림, 방풍림 등의 보전과 생활공간으로서의 전원지역 녹화사례를 들 수 있다.

10·1 고베시(神戶市)의 '사람과 자연의 공생 존 정비계획(마을경관형성)'에서의 전원지역 풍경계획

고베다움의 전원풍경을 지키고 만드는 방안

◘ 고베의 전원풍경 형성 특성

고베시는, 제도 개정에 관한 한 선구적인 도시로서, 농정계획의 입장에서 보면 1992년에 '사람과 자연의 공생존 정비계획심의회'의 답신을 얻어, 지진재해로 중단된 것을 1996년에 '사람과 자연과의 공생존 지정 등에 관한 조례'를 제정하였다. 이어서, 1999년에는 동 조례에 근거하여 '농촌용도구역' 약 18,000ha를 지정하였다. 한편, 신청에 의해 '마을경관형성 협의회'와 '마을경관형성 계획'을 승인하였다.(그림10·1, 10·2)

고베 시에는 북구와 서구에 164개의 전원마을이 있어, 각각 마을에서 새롭게 이주해 온 주민을 참여시킨 '마을경관형성 협의회' 설립을 꾀하고 있다. 주민 스스로가 협의하고, 전문가 및 행정담당자의 협력을 얻어 토지이용계획을 수립하고 있다.

계획수립 과정에서는, 각 마을에서 독자의 방법을 모색하고, 고유성을 살린 164개 종류의 '마을경관형성'을 하는 것으로, 스스로가 지역의 문제를 찾아 계획안을 만들고 실천하고자 한다.

고베시의 '마을경관형성' 특성은, 시 독자적으로 만든 '조례'에 근거하여, 농가는 물론 비농가나 부재지주를 포함한 마을단위로 「토지이용계획」을 수립하는 것이다. 또 고베의 「마을경관 형성 계획」은 전후(前後; 1945년 패전 후를 의미) 일본 전 국토에서 행하여져 결과적으로 방치 내지는 무질서한 토지 이용 실상을 분명하게 보여준 계획이며, 전원 지역의 토지 이용 계획에 대하여 다시 한 번

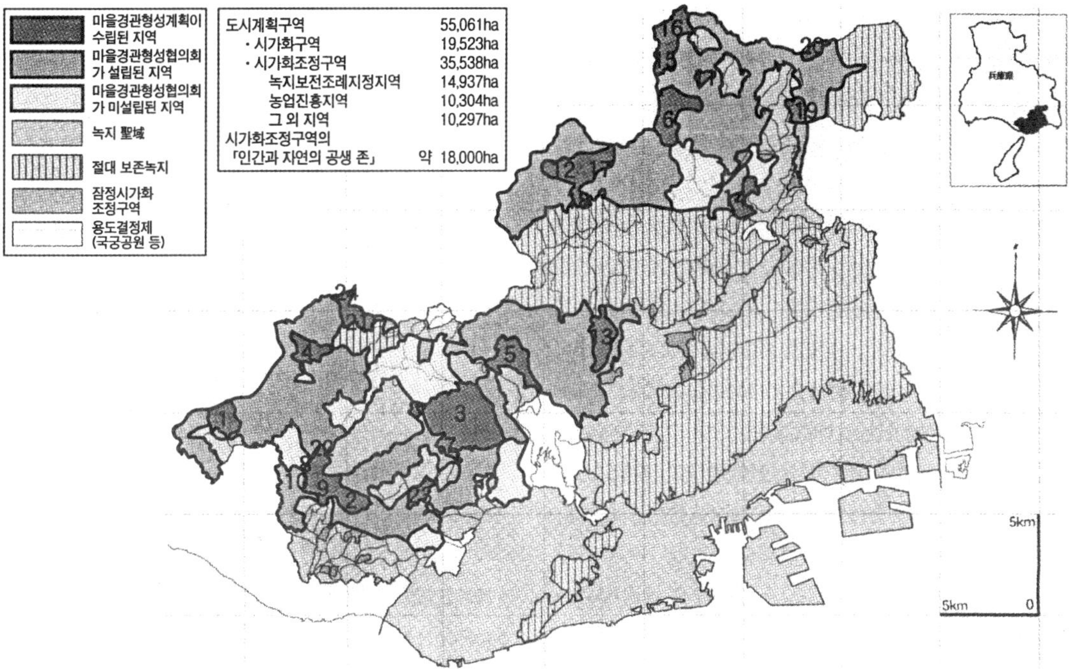

그림10・1 고베시의 '사람과 자연과의 공생존 조례'에 의한 마을경관형성협의회 분포도(2003년 1월 30일 현재) 현재, 사람과 자연과의 공생존에는, 대상이 되는 164개의 전원마을이 있다. 그 9할이 넘는 126개 지역에서 마을경관형성협의회가 설립되었고, 64개 전원마을에서 마을경관형성계획이 수립되었다.

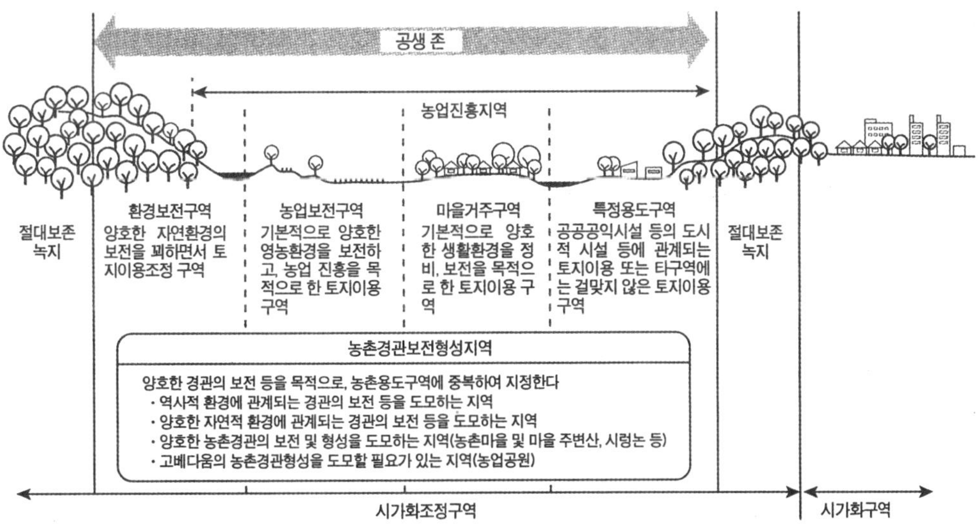

그림10・2 공생존 개념도

생각할 수 있는 모델이 되었다고 생각된다.(그림10・3)

◘ 전원경관과 '농지' '생활문화' '자연'의 관계

전원지역의 경관은, 일찍부터 생산기능을 담당하는 곳으로 인식되어 왔다. 대규모 농업기반 정비지구는 인공적으로 질서화를 시킨 곳으로 도시풍경과 비교된다. 그러나 최근에는 전원경관에 대한 인식이 크게 변하고 있다. 즉, 농촌지역의 경관은 생산기능만이 아닌 불가시적 요소인 생활이나 문화, 나아가 역사나 전원경관을 성립시키는 중요한 요소라 인식되기 시작되었다. 나아가서, 전원지역을 둘러싼 혹은 배후 지역의 수계, 유역의 수림지(樹林地)까지가 경관형성의 중요한 구성요소가 되고 있다. 이와 같은 변화는, 도시경관과 달리 경관형성 '기초요소'로서의 자연경관, 그리고 자연경관 위에서 '운영'으로서의 생활문화, 나아가 생업의 터전으로서의 '농지'의 상호관계가 결합되어 표현된 모습이라 할 수 있다.

이 '기초요소' '운영' '농지'의 관계에 '시간'에 따른 변용 과정이 덧붙여져 고베의 '마을경관형성'계획은 수립되어 왔다.(그림10 · 4)

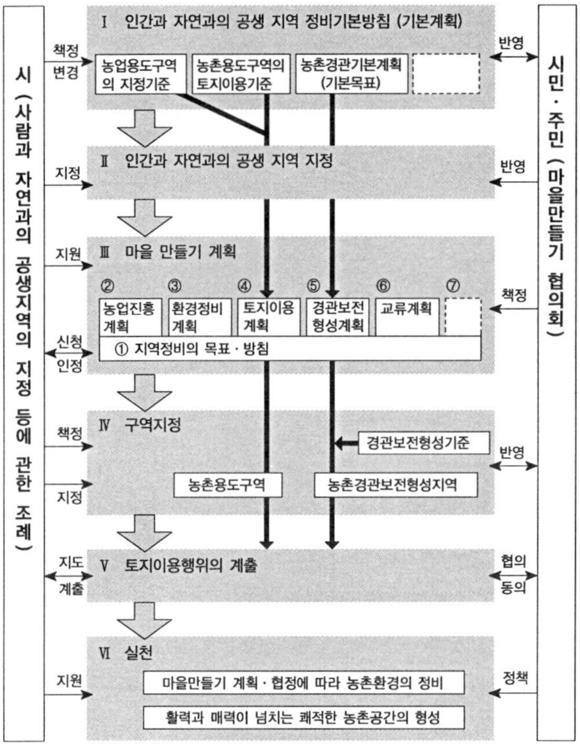

그림10 · 3 행정과 마을경관형성협의회의 협동 과정

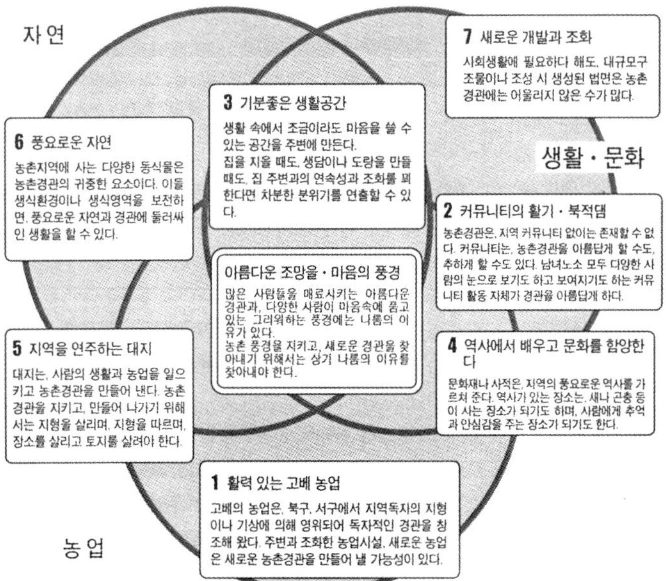

그림10 · 4 전원경관계획의 개념

전원경관을 지키고 형성하는 방안

◘ 마을경관형성 시도

1991년 8월 시작된 '사람과 자연과의 공생 존 정비계획 심의회' 활동은 12년 동안 지속되었다. 중간에 한신아와지(阪神淡路) 대지진으로 중단된 기간이 있었지만 조례 제정 이후, 착실히 계획이 수립 · 승인되고 있다. 그 과정을 보면, 전원지역의 '마을경관형성 계획'이 갑자기 시작된 것은 아니며 더욱이 문제없이 진행된 것이 아님을 알 수 있다.

현재의 마을경관 형성계획은 1947년 고베 시 농정국이 신설된 이래 1969년부터 검토된 니시구 · 이와오카쵸(西區 · 岩岡町)의 녹농주구개발(綠農住區開發) 관련 토지기반 정비사업 및 1973년부터 시작된 舊 쵸(町) 단위「개선계획」「지역형성계획」「마을만들기 계획」「마을경관형성계획」경험이 기초가 되었다.

시대는 변화해도 지역리더들의 지역에 대한 애정은 변하지 않는다. 그러나 현재, 농가나 농업에 활기가 없는 것도 사실이다.「마을경관형성」계획을 수립할 때는 선인들과 후계리더들 간 교감이 있어야 한다.

◘ 토지이용 계획에서 전원 경관 보전지역과 '마을경관형성 연합'

전원경관 보전지역은 마을에서 떨어진 곳에 지정되어 있다. 이 장소에는 저수지나 연못, 하천이나 산이 분포되어 있다. 따라서 자신들의 마을과의 관계보다는 타 마을 거주지역과의 관계가 깊은 곳일 수도 있다. 특히 고베 시 니시구(神戸市 西區)에는 많은 저수지와 연못이 전원경관 보전지역에 분포되어 있다. 이들 천 수백 개의 저수지 및 연못은 자신들이 사는 마을 상류 혹은 인근 마을에 형성된 저수지로부터 흘러 들어온 물로 형성된 것이다. 때문에 마을경관형성계획에서는 인접 마을들과의 연계가 필수적이어서「'마을경관형성 연합'」이 필요하다. 이 마을경관형성 연합은「'컴팩트 타운 계획'」을 하기 위한, 그리하여 새로운 지역 커뮤니티 창조의 일익으로서 개발사업자, JA(일본 농업협동조합), 행정, NGO 등과의 연계가 기대된다.

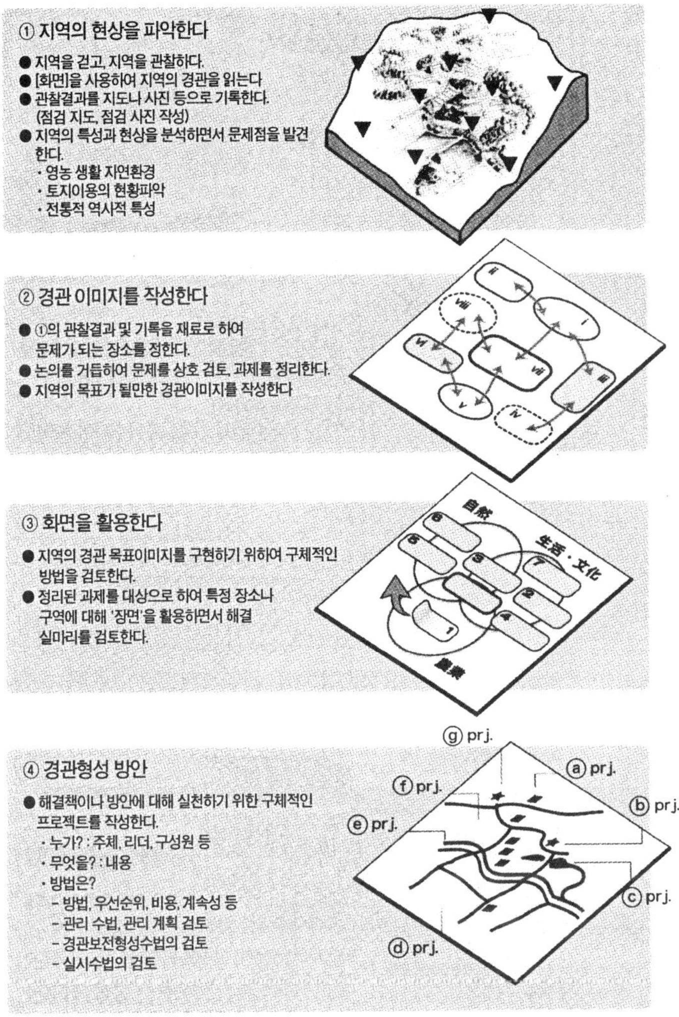

그림10 · 5 '마을경관형성'을 위한 전원 경관형성 과정

그림10 · 6 고베의 전원경관보전과 형성 이미지

주변 전원경관의 「아름다운 조망」과 「마음의 풍경」 재발견

마을경관형성을 위한 전원풍경계획은, 주민 스스로의 현지조사를 기초로 하여 경관점검지도를 작성하고, 지역의 풍요로운 자연과 마음 편한 생활공간을 재발견함으로 시작한다고 해도 과언이 아니다. 그 다음 단계는, 활력 있는 고베의 농업과 새로운 개발과의 조화를 재평가해 가면서 전원경관을 형성해 온 역사적 배경 및 새로운 문화를 키워온 토양에 대해 검토한다. 이 과정에서 다시 한 번, 주변 전원경관의 「아름다운 조망」과 「마음의 풍경」을 마을경관형성 커뮤니티 이미지로 공유되고 있는가를 평가한다.(그림10 · 6)

마을경관형성계획에서는 「경관형성」보다는 「커뮤니티 형성」을

마을경관형성계획에서는, 전원경관의 성장과 발전을 프로그램화함과 동시에, 전원경관을 공유하는 주위의 기존 커뮤니티와의 연계를 갖도록 한다. 전후의 농지해방 이후, 개개 소유 토지를 재산 평가하였던 경험을 갖는 도시근교 농가는, 최근 토지평가액의 하락을 통해 도시개발에 의한 농지의 택지화 가능성이 낮아짐을 알게 되었다.

마을경관 형성에서는, 적어도 재산으로서의 토지평가 가치 하락을 최소한도로 억제하기 위해서 마을 전체의 환경의 질을 높이는 나름의 방안이 중요시되고 있다.(그림10 · 7)

마을경관형성계획에서 전원경관 정비를 검토할 때, 최근의 동향이기도 하지만 개인보다는 마을전체를 생각해야 한다. 커뮤니티 공유이익으로서의 전원경관의 중요성에 착

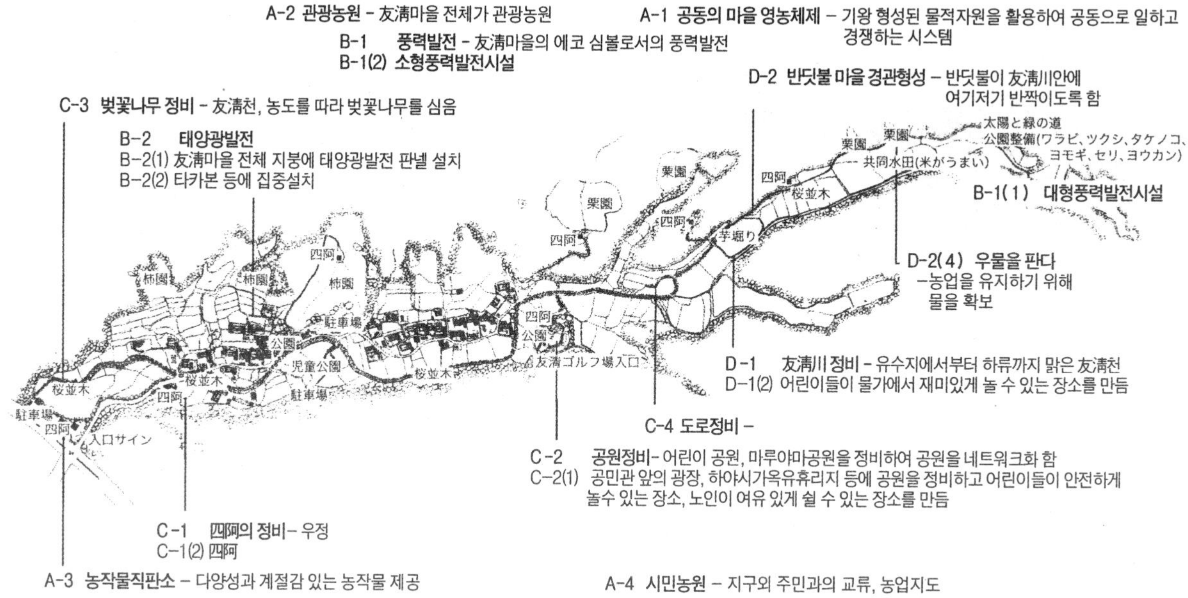

그림10 · 7 사례 友清마을(고베 시 니시구)의 마을 경관형성계획 인구173인, 총 호수 47호, 풍요로운 자연환경을 활용하여 마을 전체의 관광지화를 도모. 전쟁 전보다 관광지로 유명

안, 커뮤니티 공유의 전원 조망과 녹지의 우선적 확보, 공유재산으로서 전원경관에 대한 유지관리가 요구되고 있다.

이하, 「'마을경관형성'」을 위한 전원경관 재평가와 정비에 관한 풍경계획의 과제를 7개 항목으로 정리한다.

(1) 전원지역(田園地域)의 풍경계획에서는, 지역의 역사적 경험과 생태 시스템을 포함한 종합적인 접근이 필요하다.

(2) 전원지역(田園地域)의 풍경계획에서는, 주위의 기존 커뮤니티와 연계를 전제로 하여, 적정한 커뮤니티 규모를 정하고, 지속가능한 성장과 발전 프로그램을 마련한다.

(3) 전원지역(田園地域)의 풍경계획에서는, 목표로 하는 지역사회 이미지를 공유할 수 있는 「'지역커뮤니티'」(NGO, JA, 행정, 개발사업자 등)와의 새로운 연계가 필요하다.

(4) 전원지역(田園地域)의 풍경계획에서는, 차세대를 담당한 인적 자원의 발굴과 육성을 기초로, 지역 커뮤니티의 독자적 룰이 필요하다.

(5) 전원지역(田園地域)의 풍경계획에서는, 커뮤니티가 공유하는 풍요로운 조망과 녹지의 우선적 확보, 토지의 합리적 이용과 도로형태가 필요하다.

(6) 전원지역(田園地域)의 풍경계획에서는, 목표로 하는 주거환경과 가족에 대한 이미지 형성, 안전한 커뮤니티 형성, 나아가서 안정된 경제수익을 확보할 필요가 있다.

(7) 전원지역(田園地域)의 풍경계획에서는, 개인보다는 커뮤니티가 공유할 수 있는 이익을 평가하고, 이들을 공유재산으로서 활용 · 관리할 필요가 있다.

10 · 2 카미쵸(加美町), 이즈모(出雲) 평야, 오비히로 시(帶廣市), 시베차쵸(標茶町)의 시도

농촌경관 가이드라인과 주민협정의 병용

효고현(兵庫縣) 가미쵸 이사리가미 지구(岩座神地區)는, 히가시하리마(東播磨) 지역의 북단을 산들이 둘러싼 아름다운 시렁논이 있는 농촌이다.(그림10 · 8) 쵸(町) 이름은 고대 카미노사토(賀眉里)에서 유래하였다. 공회당 부근에 약 20% 구배와 급사면에 21호 71인의 농가와 334 시렁논이 있다. 시렁논은 약 700년 전에 지역에 생산되는 석재를 사용하여 만든 풍경재이다. 역사적 가치가 있는 이 석담은, 이들을 사용한(그림10 · 9) 석재하단을 조금 내밀게 한 것이 특징이며, 근대의 것과 구별된다. 가장 높은 석담

그림10 · 8 이와자리가미(岩座神)지구의 시령논과 산자락의 일체성

그림10 · 9 역사적 석담 잡초대책으로서 사면 부분에는 만년초 꽃을 피게 하고, 논과 논 경계 부분은 콘크리트화 하고 있다.

은 높이 5.35m, 평균 2.35m이다. 시렁논은, 쌀농사, 땅고르기, 홍수방지, 지하수 함양 등에 다기능으로 활용되고 생태계를 보전하며, 등고선의 곡선미를 강조한다. 이 지구는 산에 둘러싼 신광사의 입지, 갈대 민가와 함께, 시렁논과 석담은 일체적인 풍경가치를 보여주고 있다.

그러나 겸업농가가 많고, 휴경의 두려움, 잡초 제거의 어려움, 두더지 땅굴에 의한 누수 등의 사유로 콘크리트 축대로 변경되어 가고 있는 상황이다.

이러한 풍경을 보전하기 위해서, 이와라가미지구(岩座神地區) 주민 스스로의 가치관이 변하자 협동하게 되고, 이 아름다운 풍경재를 차세대에 물려주려 하고 있다. 1985년에 지역의 20~30대가 주축이 되어 '인왕회'를 설립, 마을을 새롭게 하고자 노력하고 있다. 1994년부터는 국가 및 현의 보조를 받는 즉, 중산간 지역 활성화 추진 사업인 모델지구에 선정되었다. 특산물로 와사비와 메밀을 여성그룹이 중심이 되어 재배 · 가공, 미치노에끼(道の驛 : 국도의 복합기능 휴게소)에서 성공적으로 판매하였다. 1995년부터는 시렁논의 석담 잡초를 억제하는 효과가 높은 황색 만년초를 주민과 대학생들이 심었다. 1996년에는 농가전체가 시렁논 보존회를 발족, 「시렁논 소유제도」가 도입되고, 이벤트를 개최하였다. 작문의 경우 81개조의 응모 중 10개조가 선정되고, 모심기, 풀베기, 풀 뽑기, 허수아비 콘테스트, 시렁논 콘서트, 탈곡, 새끼세공교실, 메밀 뽑기 대회, 농촌과 도시의 교류 사업이 전개되었다. 후자인 교류 사업은 2년째 이후 배 이상의 규모에 100인 전후의 참가가 이루어졌다.

이어서 1999년에는, 효고현(兵庫県, 89p 참고)의 경관형성지구가 처음으로 농촌풍경을 인정하여, 산 풍경, 민가, 시렁논, 석담을 일체적으로 보전하는 지구 지정(30.85ha)이 행하여졌다. 지구 지정에는, 등고선, 능선과 계곡선 등을 이용하고 있다. 지구 내는 경관가이드라인에 따라, 건물의 높이를 2층 이내로 하고, 경사지붕을 원칙으로 하며, 지붕의 색조를 제어한다.(색상 10R-10GY 또는 무채색, 명도 4 이하, 채도 2 이하) 외벽은 차분하면서 전통적인 재료, 튀지 않는 색조(색상 5YR-5Y 또는 무채색, 명도 6.5 이하, 채도 4 이하, 자연소재 제외), 시렁논의 석담은 자연석으로 전통적인 조적방법을 기본으로 하고, 옥외광고물규제(옥상 이용의 금지, 자가광고 총량 20㎡, 4개 이하, 색채 규제, 네온 규제), 입간판 금지 등이 기준이다. 경관형성기준에 따라 보조금 신청을 하면, 건물, 석담, 사인 등에 보조금이 지급되어, 년 2~3건씩 갈대지붕으로 바뀌어 가고, 석담이 수선되고, 일본식 건물이 신축되기에 이르렀다. 한편, 신축, 리모델링 모두 역사 · 문화계승 주택융자 제도를 이용하여 융자액을 보통보다 많이 받는 우대조치를 받고 있다.

나아가서, 2002년에는 현의 경관조례에 의거 주민협정으로 「'가미쵸 이와자가미(岩座神地区) 시렁논 마을경관 협정'」이 체결되었다. 협정 지구는, 전술한 대로 형관형성지구의 10배 이상의 넓이, 주변 산자락을 포함하여 338.9ha가 지정되었다. 협정 제6조에서는 시렁논의 풍경보전이라는 목표를 실현하기 위해 「마음가짐」(소프트웨어에 해당)을 포함시켰다. 제7조의 경관형성을 위한 배려에서는, 현(縣)의 경관가이드라인과 동등의 경관기준을 마련, 토지의 형질변경의 억제, 청소, 4계절녹화, 수원 · 수질의 보전 등이 기술되어 있다. 사전 상담의 대상도 옥외광고물(5㎡ 이상), 자동판매기의 설치 등, 충실한 내용을 담고 있다.

전원지역의 풍경계획은, 농지 안에 부분적인 공공시설의 겉모양 정비가 아닌, 민유지의 전원풍경 전체의 유지와 지역주민을 위하도록 되어야 할 것이다. 또한 관광객을 위함은 물론 농가주민의 자부심이 되도록 하며, 이를 이어가도록 하는 것이 중요하다.

가옥림 풍경의 보전

시마네현(島根縣) 이즈모(出雲) 평야 일대의 전원지역에 널리 분포되어 있는 풍경은, 일본의 대표적인 츠키지마쯔(築地松 : 가옥의 북측과 서축에 둘러싼 흑송(黑松))의 가옥림 풍경이다. 동서 20㎞에 이르는 평야부의 4개 시에 걸쳐 있다.(그림10 · 10, 10 · 11) 디자인의 관점에서 본다면, 숲이라기보다는 생담이 높게 쳐져 있는 것같이 보여, 해외에서도 드문 특유의 풍경이다. 이 가옥림은 북서풍에 대한 방풍 역할을 한다. 현재 가장 많이 남아 있는 패턴은, 부지의 북서로부터의 L자형 배치이다. 생담의 전정(剪定) 디자인은, 그림10 · 12와 같이 상방향으로 넓혀져 있는 모양이며, 그 모양은 여러 가지이다. 모(母)가옥은 갈대지붕 혹은 기와지붕(붉은 색 혹은 검정색)이어서, 가옥림과 일체적으로 작용하여 충분히 역사적 환경가치를 갖는다(그림10 · 13)

지역정보지 「'츠키지마쯔(築地松)' 커뮤니케이션」에서는 츠키지마쯔(築地松) 역사를 기술하고 있는데, 옛날에는 집을 뒤덮는 형태의 삼림과 같은 가옥림이었으며, 15세기 이후 중심적인 수림이 스다지이(学名 : Castanopsis cuspidata) 혹은 타부노키(学名 : Machilus tunbergii)와 같은 조엽수(照葉樹)이었다고 전하고 있다. 또한 이즈모 평야 중앙을 흐르는 裴伊川의 범람을 막기 위해 지반 정리를 하여 주위보다 몇 미터 이상 높게 하고, 주위에 방수용의 제방을 쌓고 제방을 튼튼히 하기 위해 물에 강한 나무 혹은 대나무를 심게 되었다. 가옥림으로써 흑송(黑松)이 선정된 것은, 300년 전으로 추측되며, 가옥 서측에 심고 북측 및 동측에 스다지이나 타부노키를, 북동측에 대나무 숲을 형성하였으며, 이러한 유형은 구전지구(舊田地區)에 많다. 한편, 신전지구(新田地區)의 가옥림은 흑송(黑松)으로 구성되며, 가옥 서측에 배치되어 있다. 이 타입은 120~150년간 이어지는 세대 가옥에 많으며 에도(江戶) 후기부터 메이지(明治) 시대에 걸쳐 이루어졌다고 추측된다.

그림10 · 10 宍道湖 서측(사진에서는 위쪽이 宍道湖)의 斐川町築地松의 풍경. 북서로부터의 방풍을 위한 屋敷林

그림10 · 11 市 및 町에 널려 있는 츠키지마쯔(築地松)의 분포도

그림10 · 12 신다 지구의 전지가 잘 된 츠키지마쯔(築地松)

그림10 · 13 그림10 · 12의 가옥 모습

츠키지마쯔(築地松)를 아름답게 전정하게 된 것은 메이지 말기부터였다고 한다.

그러나 최근 10m 넘는 높이의 츠키지마쯔(築地松)는 손질하기 어렵고 건축양식이 변경되자 감소하기 시작하였다. 2001년에 츠키지마쯔(築地松) 경관보전대책추진협의회가 조사한 바에 의하면, 이즈모시(出雲市), 히라타시(平田市), 斐川町, 大社町 3,380세대 22,501본의 츠키지마쯔(築地松)가 현존하고 있다. 이전과 비교하면, 80년대까지 병충해 등으로 반감하던 것이 90년대 들어 보전활동으로 미증하고 있다. 그러나 보유하고 있는 가옥의 수 자체는 감소하고 있어 소유자의 의식차가 드러나고 있다.

여기에, 시마네현(島根縣)에서는, 현(縣)조례에 근거하여 츠키지마쯔(築地松) 보전 주민협정을 맺도록 하고 방풍대책과 전정(剪定)기술자를 보유, 전원풍경 보존의식 고양을 위해 현에서는 비용보조를 하고 있다. 최근에는 138개 협정, 2,380ha(2001년 2월 현재)를 넘는 지역에까지 이르러, 그 성과를 높이고 있다.

이러한 광역 스케일의 전원풍경 보전을 위해 갑자기 광역규제를 하는 것보다는, 개개 농가와 주민 스케일의 대화를 통해 협정을 맺도록 한 것이 더디지만 큰 효과를 거두고 있다고 여겨진다. 한편, 현(縣)조례의 신고제도에서는, 대규모 건조물만이 아닌 농림업에 직접 관련 없는 가옥림에서도 300㎡ 또는 10m를 넘는 대나무 및 나무의 벌채는 신고대상으로 하고 있다.

지역 주민 스케일에서의 구체적인 활동으로서, 1994년부터 협의회가 설립되어, (1) 조성금의 교부, (2) 전정기술 비디오, 팸플릿 작성, (3) 의식계발 이벤트, (4) 츠키지마쯔(築地松)에 대한 홍보지 작성, (5) 홈페이지 개설, 협정의 운용이 전개되었다. 일본에서 농업활동에 대한 지원은 많지만, 역사적 가치가 있는 전원풍경 보전(전원 내 수림보전)에 관한 경관시책은 적었다. 이 시책은 소수의 주목되는 사례라 할 수 있다.

전원 속의 녹화계획

인구 17만 명의 중핵도시 오비히로시(広帯市)에서는, 광대한 전원풍경을 볼 수 있다. 오비히로시(広帯市)는 홋카이도(北海道) 개척 시대에 건설된 전통적인 농지 형태의 300間(540m) 사방의 대규모 구획 설정과 방풍림의 기하학적인 전원풍경이 특징적이다. 그리드 방향은 동서남북축으로 되어 있다. 당시는 1구획을 절반으로 나누고 6등분하여 장변 270m 단변 180m 단위로 세분하여 경작하였다. 그 중 하나를 원생림 그대로 남겨 땔감숲으로 활용하였다. 방풍림은 2종류가 있으며, 복수의 대구획 단위로 심어진 폭 40m의 대상(帶狀) 녹지(개척 당시는 180m)를 기간방풍림이라 부르며 홋카이도(北海道) 소유이다. 한편 경작 단위의 스케일로, 민유지 내 세장형의 직선적으로 배치된 방풍림을 경지방풍림이라 부른다(그림10·14). 경지방풍림의 수종은 카라마쯔(학명 : Larix leptolepis)가 많고, 아카에조마쯔(학명 : Picea glehnii), 시라카바가 그 다음으로 많으며, 직선적으로 배치됨에 따라, 대륙적인 풍경을 보인다. 그러나 현존하는 방풍림은 대형기계의 작동 시에 장애가 되며 북측 인접지에 그늘이 만들어져, 감소되고 있다.

여기에서, 시는 녹지 증진계획을 세워, 경지방풍림의 기능적인 효과 및 환경자원으로서 인식, 묘목 조성제도를 통해 보급과 보전을 도모하고 있다. 구체적으로는 1984년에 오비히로시(広帯市) 보조금교부요강이 발전하여 2001년에 오비히로시(広帯市) 경지방 풍림정비 촉진사업보조요강으로 변경되어 풍해로부터 경지를 보호하고, 농작물 증수를 목적으로 경지방풍림조성에 대해 묘목을 보조하고 있다. 보조율은 홋카이도(北海道) 사정가격에 대해 당초 12%, 폭 2m 이상, 2열 이상의 조림을 조건으로 하였지만, 1990년부터는 실제 가격 50%, 1993년부터는 실제 가격 100%로 인상되었으며, 1995년부터는 2m, 2열 이상의 조건을 폐지하였다. 다만, 보조금을 받은 방풍림은 적어도 5년간은 유지토록 하고 있다. 보조 실적을 보면, 풍해가 생긴 년도의 다음 해인 1998년이 많아 96건, 총연장 30km

그림10·14 오비히로(帯広)시의 주변에 펼쳐진 경지방풍림 (사진 : 清水武男)

그림10 · 15 오비히로(帯広)의 森計画図(8개의 숲)

이상, 8.41ha, 묘목 대금으로 400만 엔 정도가 보조되었다. 다른 해에는 보통 50건 정도에 200만 엔 정도였다. 풍해에 따른 피해가 많아 농가에서는 방풍림 설치를 요구하였다. 그러나 방풍림 설치에 따른 부작용도 뒤따른다. 낙엽, 그늘, 간벌, 들쥐 등 일상적인 손질 등이다.

한편, 생산의 터전에 설치하는 방풍림 외에도 오비히로시(広帯市) 전원 부문에 인공적으로 조성한 녹지도 있다. 1959년, 당시 요시무라(吉村) 오비히로시(広帯市)장은 종합계획에서 '근대적 전원도시'를 구상, 시가화 구역 주변부 녹지 지정을 꾀하였다. 주변부의 공업유치가 도처에 행해졌던 시대에 나무를 벤 자리에 또다시 나무를 심어 숲으로 만들자는 안에 대해 많은 사람은 불평하였다. 하지만 조성사업계획은 시의회에서 18대 15로 가결되었다. 그 후 지역민 등이 참여하는 다양한 단체가 노력하여 도시와 전원을 연결하는 위치에 넓은 숲을 조성하였다.

이와 같이 도시근교 농지를 서서히 매입, 시민과 함께 녹화한 예는 전국적으로 흔하지 않다. 1975년에 수립(1978년에 시설배치를 수정)한 삼림조성계획서에 기초하여 삼림공원을 설치하였다(그림10 · 15). 놀랄만한 일은, 식수를 하는데 적극적인 시민참여가 있었다는 점이다. 15년간에 걸친 녹지 만들기가 현재는 간벌을 행하는 육림만들기로 변해, 20년 이상 지속되고 있다. 연간 6,000인 이상이 기쁨으로 직접 나무를 심고 있다.

경지방풍림 및 오비히로의 숲은, 인공적으로 녹지대를 설치하였지만 단순히 생산 활동만을 위하지 않고 문화적 전원풍경 가치까지를 담고 있다.

또한, 1973년에 '오비히로 권역 그린플랜 기본구상도'(제작 : 홋카이도(北海道)와 오비히로 권역 광역도시계획 협의회)에서는, 오비히로시(広帯市) 지역을 뛰어넘는, 주

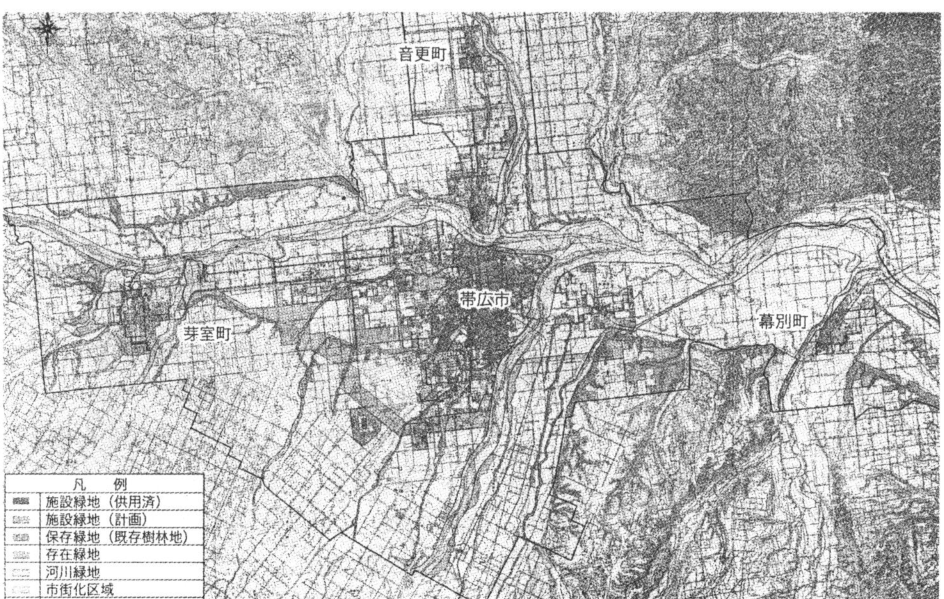

그림10 · 16 오비히로권 그린-플랜 기본구상도 시정연휴에 의한 전원 내의 연속적인 녹화가 구상되어 있다.

변 지자체(메무로쵸, 오토우케쵸, 마구베쵸)를 연결하는 폭 500m~1㎞의 녹지대를 조성, 광역스케일의 녹지계획을 구상하였다.(그림10 · 16)

그 후, 1992년에 도시경관형성계획, 1993년에 도시경관정비계획, 1995년에 도시환경계획에까지 이어지고 있다. 특히, 도시환경계획에서의 접근방법은, 에코시티 모델이 되고자 하여, (1) 도시를 둘러싼 그린벨트 형성, (2) 녹지공간을 잇는 그린네트워크 형성, (3) 자가용 사회로부터 전환을 촉진하는 환경부하 저감의 교통 적정화, (4) 에너지 절약형 시가지 형성 (5) 물 및 물질의 적정한 순환계 형성이라는 5개의 시점은 도시환경계획 분야에서 새로운 장르를 개척한 계획이라 일컬어지고 있다.

낙농지역의 풍경계획

마지막으로, 낙농풍경계획 예로서, 홋카이도(北海道) 서부 지역에 위치한 시베챠쵸(標茶町)를 들고 싶다. 낙농풍경에서는, 방목풍경도 중요하지만, 여기서는, 일상적인 생산 터전과 생활터전을 연결하여, 아름답게 또 풍요롭게 하고자 하는 시도에 주목하고 싶다.

인구 9000인 정도의 시베챠쵸(標茶町)의 산업역사를 보면, 메이지 시대 군마 생산으로 시작, 전후 개척자를 받아들여 현재까지 우유를 생산하는 낙농마을로 알려져 있다. 마을만들기에서는, 종합계획을 기본으로 하여 주민 스케일에서 참가 기회를 적극적으로 만들기 위해 자치회 단위의 「지역정비계획」을 작성토록 하였다. 현재까지 9개 자치회가 계획을 수립하였다. 그 중에서 유일하게 전원풍경을 다룬 277호의 낙농가가 모인 「니지베츠(虹別) 농촌 공원화 계획, 전원 니지베츠(虹別)를 만드는 유토피아는 전원에 있다」에 주목하고 싶다.

니지베츠(虹別)지구의 경관 개선 시도는, 1990년부터 주민 모두가 참가한 자치조직 「니지베츠(虹別) 연합진흥회」와 낙농가, 수의사, 상점주 등의 유지로 구성된 「虹輪塾」에서 시작되었다. 주민이 작성한 공원화계획은 생활과 생산의 '경관'을 다루어 지역의 자랑거리와 즐거움을 만들어 내고자 하는 점에서 전국적인 모범사례라 할 것이다.

원래, 낙농관계자의 주택에는 홈스테이 연수로 방문하는 방문객이 많고, 지역다움이 중요시되고 있기 때문에 주민 스스로가 목초지나 자연환경과 일체가 된 풍경 창출에 많은 관심을 갖고 있다. 일상생활의 터전인 주택과 인접한 축사 등의 생산터전이 일체적으로 되어 있어, 웅대한 공간을 대상으로 한다. 부지 경계가 한 눈으로는 알 수 없을 정도이어서 하나의 공원과 같이 만들고자 하는 계획의도는 극히 자연스러운 것이라 할 수 있다.

공원화계획 실행 프로그램 안에는, 아름다운 마음을 갖는 사람들로, 기쁘게 맞이하여 풍요함을 공유하는 방법을 제창하고 있다. 구체적인 행동으로서, '니지베츠(虹別) 지도' 제작, 풀베기, 꽃 만들기, 간판 · 표지 제작, 주택 및 시설의 색채 제안, 아름다운 환경형성 콘테스트 등을 다루고 있다.

한편, 조성제도의 상담을 지역 행정에서 담당, 폐가옥의 철거, 퇴비의 이설, 도로 정비 등이 보조 대상이 되고 있다. 이는 시베차쵸(標茶町) 진흥조례(1988)에 근거하여 다양한 지역 활동에 보조금을 지원하는 제도이다. 제2조에서 정한 활동지원제도로서, 지역특성화추진사업(1지역 1 프라이드 사업)을 인정하고 1개 사업 총비용의 3/4 이내, 상한 300만 엔(円), 3년을 한도로 보조할 수 있다.

주민 주체의 마을만들기를 용이하게 추진하게 된 배경은, 낙농업에 특화되어 있어, 비교적 의사소통이 원활한 점이 크게 작용하였다고 한다. 자신들의 일은 자신의 손으로라는 의식이 강하고, 노견의 풀베기, 폐가옥의 철거, 방목지의 잔디 관리 등, 생활공간의 아름다움을 실천하고 있다. 나아가, 일본의 전원지역에서는 흔하지 않게 색채에 관심을 갖고 각자 5색 이내의 대표색을 갖기로 하는 등 자주성을 존중하는 색채 환경을 시도하고 있다. 예를 들면, 코이즈미(小泉) 목상(그림10 · 17)은, 역사적인 가치를

그림10 · 17 코이즈미 목장(小泉牧場) 잔디밭 중앙에 만사드 지붕의 역사적 가치를 갖는 건조물. 주위에 고목의 카라마쯔 가옥림이 특징이다.

그림10 · 18 오오야마 목장(大山牧場) 잘 손질된 잔디밭, 심벌 나무, 주택의 지붕, 축사 지붕의 색채가 그린계통으로 조화되어 있다.

갖는 붉은 색 만사드 지붕을 갖는 축사가 부지의 가운데 있고 그 주위에 이것과 조화된 축사 및 가옥이 나란히 배치되어 있다. 이들을 둘러싼 키가 큰 가옥림은 아름답게 보인다. 한편, 오오야마(大山) 목장(그림10 · 18) 공원화계획의 추진자 중 한사람으로, 그린계통의 지붕으로 하고, 손질이 잘된 잔디와 심벌 나무, 여기에 옛날 낙농기계를 보기 좋게 배치하였다.

한편, 지구 내의 지방도로의 경관을 위해 도로변 잡초제거는 주민이 담당하며, 겨울철 눈이 왔을 때를 대비하여 마련한 측구위치 표시 봉에 대한 형상과 위치를 연구하여 풀베기 기계가 작업하기 쉽도록 하는 등 행정에 협력하는 점도 돋보였다.

경관형성에서 중요한 점은, 민유지인 전원 부문의 경관정비를 하는 데는 주민 스스로가 생활 속에서 경관 활용방법을 찾아내어 자신감 있게 실천하는 것이다. 현재는 바야흐로 얼마만큼 주민과 함께 하여 실행에 옮길 수 있는지로 평가하는 시대이기 때문이다.

제 Ⅲ 부

OK! 풍경계획을 위하여

11

앞으로의 풍경계획의 사고법

西村幸夫

11・1 지금까지의 「경관계획」의 특징

출발점으로서의 미관의식

일본의 건축・도시 계획법제의 출발점에는 원래 강렬한 미관의식이 있었다. 1・2절에서 나타냈듯이 메이지 후기에 있어서 초기의 도시계획은 「가로의 체재」(동경市 건축조례안)를 정비하는 것을 하나의 목표로 하고 있었다. 그러나 다이쇼기에 도시계획이 제도화되어 가는 과정에서 도시 시설 정비를 중심으로 한 사업으로서 도시계획의 골격이 굳어져 도시 미를 둘러싼 규제는 사업 예산 획득의 장애가 된다는 불안감도 있어 한쪽 구석으로 밀쳐지게 되었다. 도시미에 관한 구상은 최종적으로는 시가지 건축물법(1919년)의 미관지구제도로서 결실을 맺고 있다. 미관지구제도는 같은 법안에 제정된 주거・상업・공업의 세가지 용도지역과는 다른 유일한 지구제도로서 시가지 건축물 법안에 남겨져 있다. 그러나 미관은 적극적으로 창출하는 것이라기보다, 소극적으로 보기 싫은 건조물을 만들지 않는 것에 주안점이 놓여져, 그 후도 광범위하게 지구 제정되는 일은 없었다.

1980년대 후반부터 시작된 지방 공공단체에 의해 연이은 이른바 「경관조례」의 제정은, 거시적으로 보면 겨우 돌아온 건축・도시 계획법제의 원점 회귀라 할 수 있다. 2000년의 국토 교통성 조사에 의하면, 전국 지방 공공단체 중, 같은 해 시점에 경관조례가 제정되어져 있는 것이 339단체(10%), 요강을 가진 것이 129단체(4%)로, 그 대부분이 1988년 이래에 집중되어 있다.[1] 2002년 현재, 경관조례제정의 움직임은 거의 끝을 보이고 있으나, 이후에는 보다 넓은 토지이용 조정조례나 조례의 일부를 구성하는 것으로 풍경으로의 지자체의 관여가 더욱 넓어질 것으로 보인다.

경관조례의 구조

오늘날 각지에 제정되어져 있는 일반적 경관조례의 구체적 내용에 관해, 공통되는 특징은 다음과 같다.

(1) 경관시책의 기초가 되는 경관 기본 방침・계획 등의 입안
(2) 경관 상 중요한 지구의 획정 (경관형성지구・중점지구 등)과 지구 내의 건축행위에 관한 가이드라인(기본선)의 작성
(3) 경관 형성지구 내의 건축행위 사전신고서 제출제도와 행정에 의한 지도・조언・권고 등
(4) 경관에 영향을 미치는 대규모 건조물의 사전신고서 제출제와 행정에 의한 지도・조언・권고 등
(5) 경관 심의회에 의한 심의 제도의 도입
(6) 경관 상 중요한 단체 건조물의 등록제도
(7) 옥외광고물 등의 규제
(8) 경관에 관한 주민의 자주적 협정의 인정 등
(9) 경관에 관한 보조・조성제도
(10) 경관에 관한 훈장제도

물론 개개의 조례에는, 예를 들면 주요 경관의 배경을 보전하기 위한 지구제도(구라시키 시, 오카야마 현)이나, 조망 경관의 보존(오타루 시, 모리오카 시, 마츠모토 시 등) 역사적 건조물 주변 건축물에의 지침(도쿄도), 더욱이 시민참가에 의한 풍경자산의 리스트 업 제도화(세타가야구) 등, 각각 특색 있는 구체적 시책이 없는 것은 아니나, 조례 전체의 구조는 비슷하다. 그 중에는 보다 포괄적이고 강력한 규제력을 가지는 마나쯔루쵸 거리조성조례(나중에 논함)처럼 예외적인 것도 있으나, 대부분의 조례는 경관 상 특징적인 성격을 가지는 비교적 소규모 지구를 대상으로 신축건조물을 주변과 조화된 것으로 하기 위해 사전신청서 제출 아래 행정지도를 행하는 형식을 취하고 있다.

경관조례의 특징

또, 대책으로서의 경관조례의 제도로서의 특징을 들면 다음과 같다.

◘ 창의 연구의 여지는 있으나, 실제로는 전형지구에 집중

첫 번째, 상기와 같은 공통된 특징이 있다고는 하나, 경관조례에는 근거법이나 기준조례가 있는 것이 아니므로, 각 지자체의 창의 연구(궁리)의 여지가 남겨져 있어, 조례제정에 있어 각 개성적인 사전조사나 토론이 전개되어지는 일이 많고, 자연환경의 보전이나 도시 경관의 창출 등 각지의 풍경의 특성에 따른 계획의 제안으로 결부되는 예가 적지 않다.

또한, 독자적 거리조성시책을 모색하는 의욕적 지자체가, 지역의 새로운 정책과제에 대해 고유성을 발휘한 자치를 전개시키기 위해 복지나 토지 이용 규제 등의 면에서 새로운 조례를 적극적으로 규정해 가는 일이 있으나, 경관조례도 그러한 지자체의 새로운 시도의 일환이라 할 수 있다. 단, 시류를 타고 제정했으나 그 후의 운용 실적이 빈약한 지자체도 적지 않으므로 주의를 요한다.

두 번째, 경관조례가 목적으로 하는 대상 지구는 역사적 환경을 가지는 지구, 중심시가지, 상징적 가로 등 도시를 대표하는 경관에 집중되어 있어, 일반적인 시가지나 교외부, 농촌부를 대상으로 하는 조례가 한정되어져 있다.

◘ 선도적이나 규제력에 불안

세 번째, 경관조례에 있어서 경관형성 중요 건축물의 제정이나 등록이라는 제도가 1996년의 문화재 보호법 개정시의 등록 유형문화재 제도 도입에 선수를 친 점이 상징하듯 일률적으로 국가의 법률로 규제하는 데까지는 성숙하지 못한 권한을 선진적 지자체가 선도적으로 실시해 보는 기능을 가지고 있다는 점이다. 이는 경관규제가 선구적 문제 영역임에 유래한다.

네 번째, 근거 법이 존재하지 않는 것은, 경관조례의 규제력을 현저하게 불안정하게 하고 있다. 이런 경향은 특히 개발압력이 높은 대도시나 관광지에 있어 현저하다. 이러한 불안을 잠재우기 위해서 가이드라인에 맞게 건축되어진 건물에 대한 장려적 조성금의 교부 등 유도시책이 광범위하게 사용되어지고 있는 것도 특징이다.

다섯 번째, 규제력의 약함을 보완하기 위해, 보텀업형 협정이나 계획안 만들기, 구역 획정 등의 장치가 적극적으로 채용되는 경향이 있어, 경관의식의 양성을 통한 거리조성의 추이라는 측면이 강한 점이다.

여섯 번째, 이상과 같은 경향은 기본적으로 경관조례가 바람직하지 않은 것을 규제한다는 측면보다도 바람직한 것을 적극적으로 늘리는 것에 적합한 제도임을 나타낸다. 즉, 경관조례는 성선설에 서서 지역주민이나 사업자와 응답하는 한도 내에서만 유효한 제도인 것이다. 단지, 지방소도시 등처럼 비협력적 사업자의 이름을 공표하는 조치가 사회적 제재로서 유효하게 기능하는 지방에 있어서 힘이 될 수 있다는 점도 있다.

일곱 번째, 경관을 다루는 성격상, 가이드라인 등에 있어서 규제내용이 정량적 표시를 회피하는 경향이 강하고, 주변과의 조화라는 무난한 정성적 표현으로 일관하게 되어, 건축디자인 상의 적극적 시도의 가부를 판단할 수 없는 구조를 가지고 있다는 점이다. 더욱이 행정의 담당부국에 전문가가 배치되어 있다는 보장도 없고, 담당자의 인사이동도 적지 않아 계속적 행정지도가 곤란하다는 점을 들 수 있다.

11·2 풍경조례를 둘러싼 계획 시스템의 가능성과 과제

지금까지의 경관조례에 관한 이상과 같은 총괄을 근거로 오늘날의 풍경계획에 관련된 계획 시스템 이후의 가능성과 과제를 고찰한다.

풍경조례의 가능성

먼저 이후의 가능성에 대해서는 다음과 같이 말할 수 있겠다.

◘ 풍경은 시민참여를 촉진시킨다.

첫 번째, 풍경이 일반시민에게도 알기 쉽고, 익숙한 과제여서 폭넓은 시민의 참가를 얻어 풍경에 관한 계획입안이나 그 후의 풍경 컨트롤에 관계하는 일이 가능하다는 점이다. 풍경조례를 둘러싼 활동은 지역의 지지나 지형에 보다 깊은 관심을 가지는 계기가 된다. 즉, 풍경조례와 그 시행을 둘러싼 움직임은 유동론적 측면을 강하게 보유하고 있다는 것이다. 특히 풍경관리의 단계에 있어, NPO 등 민간단체가 조직적으로 감시기능을 할 것이 예상된다. 이러한 움직임은 NPO에게 운동의 명확한 목표를 부여하는 것으로도 연결된다.

◘ 환경 지표로서의 풍경

두 번째, 대상으로 하는 풍경을 단순히 미관이나 풍치로 느끼는 것에서 한발 나아가, 양호한 지역 환경을 지향하는 환경지표에로 발전적으로 받아들이는 수법을 확립한다면, 풍경 문제는 도시계획의 특정 분야의 문제이기 때문에, 도시 계획의 궁극적 목표를 다루는 가장 중요시책의 하나가 될 수 있다. 또한 정책 평가에 관해서도 아름다운 풍경이 실현되었는가보다는 정책의 종합성에도 관련된 간결하고 핵심을 찌르는 항목이라 할 수 있다.

오늘날, 주거 환경보전에 관한 각종 소송의 대부분이 풍경 보전을 주요한 근거의 하나로 내세우고 있다. 여기에는 풍경 안에서 종합적 환경 지표를 이끌어 내고자하는 소송 원고측의 입론이 있다. 물론 그 배후에는 환경격변의 사태를 완화시키기 위한 제도적 장치를 갖추지 못한 일본의 도시계획 제도에의 불만이다. 새로운 도시계획 시스템은 환경의 대규모 변화를 예측, 평가해 미연에 방지하기 위한 장치를 가지지 않으면 안 된다. 그때 풍경으로부터의 시점은 계획시스템 전반을 묶는 표준 지표적 역할을 할 수 있다. 예를 들면, 우리가 구미의 도시에 감동하는 것은, 개개의 도시계획 제도가 잘 기능하고 있기 때문이 아니다. 그 결과로서 아름다운 도시 풍경이 실현되고 있기 때문이다.

◘ 비건폐지를 통합하는 계획 시스템

세 번째, 건조물을 주 대상으로 한 현행 도시계획 관련 법체제에 비해, 비건폐지를 주 대상으로 하는 체계적 컨트롤 체제는 현재 존재하지 않는다. 건폐지와 비건폐지는 똑같이 중요한 도시의 환경요소이다. 비건폐지를 통합하는 계획 시스템으로서 풍경 조례에는 커다란 가능성이 있다. 비건폐지를 통합하는 계획 시스템을 확립하면, 건폐지를 주 대상으로 하는 도시계획 시스템과 비건폐지를 주요 대상으로 하는 풍경계획 시스템은 큰 지역계획 시스템 안의 한 쌍이 되는 계획 시스템으로서 유효하게 기능하게 될 것이다.

◘ 보텀업형 계획 사상

네 번째, 오늘날의 지방분권화 사회에 있어 풍경에 관한 계획 시스템이 필연적으로 내재된 보텀업형 계획 사상은 다른 다양한 시책의 모델이 될 수 있다. 풍경의 계획은 지구를 기본으로, 지구에서 구상하여 보다 넓은 지역으로 전개되는 프로세스를 밟는다. 시책입안의 주체도 시정촌으로, 시정촌 간에 걸쳐진 광역의 문제에 대해서는 도도부현이나 정부가 주체가 되는 구조는, 풍경 문제를 생각할 때 일반적으로 받아들여진다. 분권화 사회의 실태를 시민에게 침투시키기 위해서도 풍경문제는 중요한 실마리가 될 수 있다.

한편, 분권화 사회는 도시 간 경쟁이 격화되는 사회이기도 하다. 경쟁에서 이기기 위해서라도 훌륭한 풍경은 도시가 가져야 할 필수 불가결한 매력이라 할 수 있다. 그런 의미에서도 풍경은 중요한 도시정책 과제가 되어야 한다.

풍경 조례의 과제 : 첫 번째
지자체의 조례 제정권

다음으로, 풍경에 관한 오늘날의 계획 시스템 과제에 대해 살펴보자.

◘ 약한 규제력

제일 먼저 들지 않으면 안 되는 점은, 현행 경관조례의 규제력이 매우 약하다는 점이다. 일반적으로 현행 경관 조례에서는 지자체 단체 측에 조례 제정권에 관한 약간의 불만이 있어, 재산권을 직접 제한하는 등의 엄격한 규제 내용은 보이지 않고, 행정에 의한 지도 · 조언 · 권고 · 성명 · 공표 등 강제력을 가지지 않는 완화된 컨트롤에 멈추고 있는 예가 대부분이다. 사업자 측이 행정지도에 따르지 않는 경우에도, 협의 불화로 수속을 진행시키는 외에 방도가 없는 것이다. 따라서 확신범적 조례 위반에 대해서도 힘을 갖지 못하는 것이 의심할 여지없는 현 상태이다.

문제의 근원은, 이런 사례에 있어 지자체의 조례 제정권이 인정되는가, 그런 조례에 의해 재산권을 제한할 수 있는가 라는 근본적인 점에 있다.[2)] 이 문제에 관해서는 지금까지도 방대한 연구가 축적되었으나, 여기서는 풍경조례에 관련된 부분에 대해 지금까지의 논의를 요약하면 다음과 같다.

지방 공공단체는 기본적으로 「법률의 범위 내」(헌법 제94조)에서 「법률에 위반하지 않는 범위 내에서」(지방 자치법 제14조 1항)조례를 제정할 수 있다고 규정되어 있다.

그러나 현실적으로는 많은 경우에 있어 조례에 의한 스소기리(정부의 법률이 일정 기준 이상을 규제 대상으로 하는 경우, 조례가 그 기준 미만의 것을 규제함), 우와노세(같은 조례에 의해 보다 엄한 규제를 정함), 요코다시(같은 조례로 기준 이외의 사항에 대해 규제함)의 규제가 행해지고 있다. 이에 대해서는 스소기리의 규제는 법률에 이를 제한하는 명시적 조항이 없는 한 일반적으로 가능하다고 해석되어지고 있다.

우와노세와 요코다시의 규제에 관해서는 논의의 여지가 있으나, 최근에는 국가의 법률에 의한 규제가 국가 전체의 관심에서 만들어진 내셔널·미니멈이라 판단되는 경우에는 지방의 실정에 따른 우와노세나 요코다시 규제는 가능하다는 설이 유력하다.

지방분권 안에서

또한, 국가와 지방과의 관계를 병렬적으로 취급하는 법률제정도 연이어, 지방 실정에 따른 개별 규제부가는 당연하다는 사고방식이 널리 시민권을 얻고 있다. 예를 들면, 환경기본법(1993년)은 국가의 책무(제6조)와 함께 지방 공공단체의 책무(제7조)를 들어, 지방의 「자연적 사회적 조건에 따른 시책」(제7조)의 책정과 실시를 명확히 하고 있다. 또, 토지기본법(1988년)은 정부와 지방 공공단체를 병렬로 다루어 「토지에 관한 시책을 종합적으로 책정 및 이를 실시할 책무를 진다」(법 제16조 1항)고 하며, 나아가 토지이용계획의 입안과 계획에 따른 규제 조치를 강구할 것을 규정하고 있다(법 제11, 12조). 여기서는 국가와 지방 공공단체는 대등한 관계를 가진다고 본다.

더욱이 지방 분권 일괄법이 2000년 시행되어, 기관위임사무가 폐지되고, 조례 제정권 대상이 확대되어 지자체의 사무일반에 이르게 된다. 또 지방분권 일괄법에 의해 개정된 지방 자치법은 종래 자주 문제가 되었던 제2조 3항 18호의 조문, 즉 「법률이 규정하는 바에 따라, 건축물의 구조, 시설, 부지 및 주밀도, 공지지구, 주거, 상업, 공업 그 외 주민의 업태에 근거한 지역 등에 관해 규정」이라는 조문을 폐지하고, 조문에 열거된 사무에 관해 법률의 위임이 없는 한 조례에 의한 규제는 불가능하다는 설은 명문적 근거를 잃었다.

이후, 다양한 분야에 있어 새로운 형태의 조례제정이 연이어, 위임조례와 자주조례의 일체적 운용이나 양자를 하나의 조례에 융합시킨 거리조성조례의 제정 등이 각지에 나타나게 되다. 그 중에서 재산권에의 제약 규정이 모색되고 있다고 말할 수 있다.

자치사무의 고유한 스타일 구축

특히 도시경관 분야에서는 1990년대 전반부터 조례제정 붐이 거의 일단락되나, 환경미화나 녹지의 보전과 육성, 토지이용조정, 거리조성에의 시민 참가 등의 과제와 각 지역에서 고유한 형태를 시도하면서 새로운 시스템 구축의 흐름 안에서 자치사무의 고유한 스타일을 정착시키려는 시도가 각지에서 연이어 나타나게 된다.

이들 논의를 풍경조례에 적용시키면 다음과 같다.

먼저 첫 번째로, 풍경 문제가 기존 법률의 규제 대상 외의 새로운 것인가에 대한 검토가 필요하다. 풍경이 건축기준법이 규정하는 대상 외라면 개별 건축 행위는 지역 고유의 풍경의 관점에서 조례에 의한 규제를 가하는 것은 전혀 위반이 되지 않을 것이다. 확실히 건축 기준법은 건축물의 의장이나 색채 등, 그 풍경을 구성하는 중심적 요소에 관해 직접적으로 언급하는 것이 아니다. 따라서 건축 기준법의 규제 대상 외라고 생각할 수도 있다. 단지, 건축 기준법에는 미관지구제도(법 제68조)나 일련의 지구계획제도(법 제68조의 2) 건축협정제도(법 제69조)에 있어 건축 구조나 시설 등에 관해서도 제한을 둘 수 있게 되어 있다. 또한, 건축협정에 있어서는 건축물의 의장에 대해 협정을 체결할 수 있음이 명시되어 있는 외에, 지구계획에 있어 정해진 지구정비계획(도시계획법 제12조의 5)의 내용으로서 건축물의 형태, 의장이 명시되어 있다(동 시행령 제7조의 5). 이들 조항을 감안하면 건축기준법이 반드시 풍경을 규제대상으로 하고 있지 않다고 말하기 어렵다.

그림11·1 지역이 의지해야 할 원풍경으로서의 역사적 마을 지리 (나가사키 현 도리하라 시)

두 번째로, 건축 기준법이나 도시계획법은 건축물에 관한 내셔널 · 미니멈을 규정하고 있음에 지나지 않기 때문에, 지역의 상황에 따라서는 여기에 우와노세하여 독자적 규제를 부가시키는 것이 가능하다는 유력한 견해를 얻을 수 있다는 점이다.

확실히, 건축 기준법은 서두에 「이 법률은 건축물의 부지, 구조, 시설 및 용도에 관한 최저한의 기준을 정해, 국민의 생명, 건강 및 재산의 보호를 꾀하는」(법 제1조) 것으로, 법의 제규정이 내셔널 · 미니멈임을 명확히 하고 있는 듯하다. 그러나 건축 기준법에는 미관지구 규정(제68조)이나 재해위험구역(제39조)처럼 구체적 규제내용을 조례에 일임하고 있는 조항도 적지 않다. 따라서 제1조의 기술만을 가지고 건축 기준법이 내셔널 · 미니멈을 규정하는 것이라 단언하는 것은 조금 경솔한 것이다. 도시계획법에 있어서도 제도의 틀을 정하고 있는 부분은 전국적인 표준이겠지만, 내셔널 · 미니멈이라 하긴 어렵다.

세 번째, 도대체 풍경조례에 의해 재산권을 합법적으로 제한할 수 있는가의 문제가 있다. 이미 1963년의 나라현 저수지의 보전에 관한 조례위반사건이 있어, 조례에 의한 재산권의 제한을 합법이라 한 유명한 최고 재판소 판결(1963. 6. 26)이 알려져 있다. 단지, 이는 재해방지를 위해 사유의 저수지 제방을 사용하는 권리에 제한을 둔 것으로, 재산보전을 위한 소극적 제한이었다. 문제는 이런 논리를 보다 적극적으로 풍경으로까지 확대시킬 수 있느냐하는 점이다.

◘ 로컬 · 룰의 우선

요즈음 조례 제정의 경향을 살펴보면, 자연환경의 보전이나 토지 이용이 조정 등, 거리조성을 추진할 목적으로, 토지소유권 행사를 제한하는 조례가 전국적으로 늘어난다. 특히 1980년대 이래는 그 경향이 강하다.

이런 적극적 이유에 의한 재산권의 제한을 풍경조례에까지 확대시켜 가는 것이 가능한가라는 점이 의문시된다. 검토의 여지는 있으나, 고유의 자치사무의 일환으로서 지자체가 정하는 조례는, 그 내용이 합리적이고 필요 및 충분하다면 정당한 로컬 · 룰로서 국법보다도 우선시 되어야 한다고 판단해야 한다고 생각한다.[3)]

예를 들면 그런 대표 예로서 알려진 마나쯔루쵸 마을 조성조례 제정과 그 후 성과는 이런 로컬 · 룰이 충분히 기능할 뿐 아니라 널리 타 지자체의 풍경행정의 방식에도 적지 않은 영향을 주고 있다.[4)]

그러나 현 상태를 생각해보면, 300을 넘는 지자체에서 실제로 시행되고 있는 경관조례를 일거에 대개정하는 것은 비현실적이다. 현행의 일반적 경관조례에 새로운 법적 근거를 명확히 하고, 준 사법적 결정에 불가결한 듀 · 프로세스를 지자체 내부에 확립된 제도로서 거두어들이는 조치를 생각해 볼 필요가 있겠다. 그 과정에 대해서는 13장에서 논한다.

풍경조례의 과제 : 두 번째

제도면의 문제점

다음으로, 풍경조례 절차상의 결함을 지적할 수 있겠다. 문제는 사전협의 방식, 풍경심의회에서의 논의 방식, 건축 확인 신청과의 관계 등 여러 방면에 걸쳐져 있다.

◘ 밀실 내에서의 사전협의

예를 들어 일반적 경관 사전협의에 있어서는 사업자와 행정 담당관이 밀실에서의 의견교환을 하게 된다. 원안으로 제시된 계획안이 최종적으로 확정된 설계도라면 사전협의의 의미가 없으므로, 설계도상 아직 불확정 요소가 많은 안은 논의 대상이 된다. 이런 계획안을 공표하는 것에 대해서는 사업자 측의 저항이 클 뿐 아니라 행정 측으로서도 집무 상 알게 된 행정 정보라고 하더라도 개인정보를 개시하는 것은 개인 정보 보호 관점에서 문제가 있다. 따라서 자연히 블랙박스 안에서 당사자 간의 협의가 이루어진다. 대규모 지자체의 경우는 담당 행정관도 건축이나 풍경 문제의 전문 직원으로 그만큼 상세한 검토가 기대되나, 인사이동 등으로 계속성은 보증되지 않는다. 더구나 중소 지자체의 경우 담당관도 전문가가 아니면, 블랙박스 안에서의 지도 · 조언에 있어 담당관의 주관이나 자의성을 배제하기 어렵기 때문에 담당관에게 과도한 부담감을 지워주게 된다. 건축가 등 외부 전문가의 지원 태세도 고정된 형식은 아직 존재하지 않는다.

◘ 고정화된 심의회

풍경 상 중요한 안건은 조례로 정해진 풍경심의회 등의 심의조직에 맡겨지는 것이 통례이다. 여기서도 문제가 일어난다. 심의회의 개최는 통상 보상비 등의 지출을 동반하므로 심의회의 개최 회수는 예산의 범위 안에서 속박받게 된다. 자연히 심의회 개최는 제한되고 의제도 긴급한 것은 상정할 수 없게 된다.

◘ 건축 확인의 비연동(非連動)

보다 심각한 것은 건축 확인 신청과의 관계이다. 1998년 건축 기준법 개정에 의해 민간의 지정된 기관에 의해 건축 확인·검사를 받아야 하게 되어, 건축 확인 신청과 연동한 각종 행정지도가 사실상 불가능해졌다. 민간의 지정기간에 의한 건축 확인 제도를 도입한 주 이유는 행정주사의 절대수가 약 1,800인(1996년 현재)으로 부족하여, 건축주사 한 사람 당 건축 확인 업무담당 건수가 연간 약 600건에 달하는 상황을 개선하기 위함이었다.

물론 건축의 「확인」 사무가 문자 그대로 기계적 확인에 그친다면 적정 감독 아래 민간 조직이 이를 담당하는 것은 민간 활성화에서도 의의 있는 것이다. 그러나 지금까지의 건축 확인 업무는 그만큼의 역할을 해왔다고 보기 힘들다.

도시계획 컨트롤이 미숙하고 느슨한 일본의 지금까지의 현실 속에서, 개발지도요강이나 분쟁예방의 예규, 나아가 풍경조례에 이르는 도시환경과 건축의 질에 관한 행정지도의 경우에 있어 일정 요건을 만족시키는 건축계획이 아니면 건축 확인신청을 수리하지 않거나 확인을 유보한다는 긴급 피난적 선택지를 가짐으로서 행정지도내용에 일정 강제력을 주려고 애써왔던 것이 지금까지의 현실이다.

그림11·2 마을 안 풍경을 무너뜨리는 집합주택(오카야마 현 다카하시 시) 이런 맨션의 건설이 지역의 마을 조성 운동에 불을 붙였다.

예를 들면 일조권처럼 당초 권리로서 인정되지 않았던 것을 차츰 인지시켜 가는 과정에 있어서는, 재판에 의한 싸움과 함께 건축 확인서의 교부 시기와 어느 정도 연동시키는 것이 과도적 조치로서 유효했다.

물론 이런 불투명한 행정 지도 방식은 반드시 바람직한 것은 아니어서, 오늘날의 행정수속법이나 관련 조례에 있어서는 용인되지 않는 것이 되었다.

그러나 건축 확인 업무를 민간 인정기관에 개방한다면, 기계적 인식업무 이외에, 위와 같은 그레이(회색) 부분에 관한 대응을 행하는 수속이 보완적으로 조치되어질 필요가 있다. 그렇지 않다면, 현재 생성되려 하는 풍경에 관한 권리 등, 미분화된 각종 권리나 규제가 정당화될 계기를 잃게 되기 때문이다. 하나의 안으로서 13장에서 제안하는 풍경 기준법에의 준수 의무를 건축 확인의 전제로 하는 방식을 생각할 수 있다.

어느 쪽이라고 해도 시간을 들여 새로운 시스템을 구축해 간다는 결의가 공유되어지지 않으면 안 된다. 사법적 장소에서도 적어도 공적 주체가 풍경 컨트롤을 추진하는 합법성은 점점 인정되어 가는 경향이다. 더욱이 민사에 있어서는 공법상의 한계를 넘는 호소가 느리기는 하지만 인정되어져 가고 있다.

풍경조례의 과제 : 세 번째
경직적 장래상

풍경을 규제하기 위해서는 지역 풍경의 장래상에 관해 일정한 비젼이 세워져 있지 않으면 안 된다. 그러한 비젼은 풍경 기본 계획 등으로 불리는 마스터플랜으로서 세워지는 경우와 건축에 있어서의 가이드라인이나 작법, 규범 등으로 불리는 원 세트 사고법으로 합쳐진 경우의 두 가지 방식이 있다. 그리고 어느 쪽에도 일정한 문제점이 존재하고 있다고 말하지 않으면 안 된다.

◘ 너무 견고한 마스터 플랜형의 장래상

마스터 플랜형의 장래상은 분명히 그 입안에 있어 지역 역사나 문화, 지형 등의 특색을 정밀 조사하여 지역의 장래 모습에로의 합의를 형성해 가는 등 보텀업(bottom-up)형 작업이 가능하여 그 중에 지역의 풍경에 대해 보다 깊게 이해한다는 운동형 입안 작업이 행해지는 경우도 적지 않으나, 완성된 마스터플랜은 일반적으로 개념적인 것

그림11 · 3 아름다운 해안의 능선을 방해하는 호텔(시즈오카 현 시모다 시) 이런 풍경파괴를 방지하는 구조의 확립이 시급하다.

으로 지구의 구체적 계획에도 향해 가는 방법론이 결여되어 있다. 또, 풍경계획의 틀 자체, 지역 자산을 기반으로 한 계획 입안 프로세스를 취하기 위해 정적 계획이 되는 경향이 강하고, 앞으로 풍경을 어떤 식으로 유도해 갈 것인지에 관한 전략이 구상이 결여된 경우가 많다. 더군다나 법정 도시 계획과의 관계도 불명확하다.

◘ 너무 유연한 가이드라인형 계획

한편, 가이드라인형 계획은 즉지적 구속이 적고, 구상을 제시하고 있는 만큼, 설계자에게는 자유도가 크나, 행정 담당자의 역량에 의해 계획 전체의 질이 좌우되기 쉽다는 측면을 가진다. 분명 전문가가 어드바이저로서 지도 조언의 프로세스에 직접 간접 관여한다는 구조를 취함으로서 어느 정도는 결점을 보완할 수 있으나 행정 담당자의 인사이동에 의해 지도의 계속성이 유지될 수 있는가 등의 점에 문제가 있다. 또, 개개의 가이드라인은 단편적으로 구체적 액션이 일어나는 경우에만 기능한다. 따라서 도시 풍경 전체에 대한 구상을 보유하는 것이나, 그를 위한 전략을 세우기 위해서는 적합하지 않다.

풍경조례의 과제 : 네 번째
한정된 규제 대상

이어서 현행 시스템의 과제로서 경관조례의 대상이 한정적이어서 경관적 실마리가 많은 「특별한」 즉, 「중요한」 지구에 시책이 집중되고 있는 점을 들 수 있다. 많은 경우 통상 일반 시가지나 전원지대가 대상이 되고 있지 않다. 따라서 일반 시가지의 풍경 재생을 향한 전략적 시점이 결여되어 있다. 그리고 최근 감행된 알렉스 · 카나 마츠바라씨 등의 저서에 엄격히 지적되고 있는 것은 확실히 일반 풍경이 붕괴되고 있다는 점이다.[5]

◘ 기득권적 현행법 영역

예를 들면 통상의 시가지에 있어 풍경의 향상 문제는 전선 지중화 문제를 빼고는 말할 수 없다. 그러나 현행 경관 조례의 대상에서 이 문제는 누락되어 있다. 또 4m의 도로 폭 확보 규정이나 좁은 가로에서 도로 경사의 규정, 나아가 셋백 건축물의 도로 폭 등의 규정이 얼마나 종래 가로 풍경 보전과 모순되어 있는지는 많은 식자인이 지적하고 있는 바이나, 이들은 현행 법제도와 대립할 위험이 있는 문제 영역은 경관 조례의 대상에서 주의 깊게 제외시킨 것이다. 때문에 문제가 많은 현행 법제도를 결과적으로 용인하고 있는 것이다. 물론 조례가 현행 법률과 모순되면 안되므로 문제는 풍경조례만의 문제가 아님을 시사하고 있다. 풍경의 시선으로부터 현행 건축 · 도시계획 관련 법 제도의 재고가 필요하다.[6]

◘ 결여된 농촌지의 시점

또, 대부분의 경관조례가 농촌 취락이나 농지, 산림에 대해 입을 다물고 있다. 일본에 남겨진 마지막 풍경 자원인 전원이나 삼림을 제외하고 일본의 풍경을 논할 수는 없다. 그러나 농지나 산림의 규제는 농촌 행정의 범주론 많은 경우 건설부서나 기획부서가 담당하고 있는 경관 조례의 구조로는 거의 대응할 수 없는 것이다. 즉, 행정의 종적 성격이 본래는 종합적이어야 할 풍경이나 풍경 시책에 눈에 보이지 않는 선을 긋고 있는 것이다.

그러나 행정 담당자로부터는 다른 의견을 들을 수 있을지 모른다. 즉, 풍경의 사전 협의에 있어서는 보통으로도 감각적 자의적 행정지도가 되기 쉬운데 규제 대상을 확대하면, 풍경지도가 준해야 할 근거가 더욱 파악하기 어려워져, 구체적 지도가 매우 곤란해진다는 주장이다.

◘ 발본적 제도 개혁

그러나 이 논의는 규제 내용을 어느 정도 사전에 확정적으로 파악할 수 있는 범위로 규제 대상을 제한해야 하는지의 측면만으로 논의해서는 안 된다. 앞서 논한 경관 조례의 문제점 중, 사전협의 시스템이나 풍경 기본 계획 시스템의 방식 등과도 관련시켜 논의를 진행시킬 필요가 있다. 즉, 「무엇을」 「어떤 형태로」 컨트롤을 하는 것이 앞으로 풍경 계획으로서 바람직한가라는 점까지 깊이 생각하지 않으면 안 된다. 구체적 내용은 13장에서 논한다.

이상과 같은 과제를 극복하기 위해서는 기존 행정제도나 법 제도에 의지해서는 무리이다. 지금까지의 경관 조례를 세부 조절하는 정도로는 어렵다. 새로운 발상으로 제도 개혁을 실시하지 않으면 안 된다. 13장에 그 제언을 정리했다.

注

1) 국토 교통성, 「경관에 관한 규제 유도방책의 존재 양식에 관한 조사 보고서」, 2001년. p.3
2) 예를 들면, 대표적인 것으로서, 나리타 편저 「도시 만들기 조례의 제문제」(제1법규, 1992년) 외, 아베「행정의 법 시스템(上)(下)」「신판」(有斐閣, 1997), 이노 「신 지방자치법 강좌 제2권 조례와 규칙 (1)」(규제 1997년, 기타노 「지자체 환경 행정법」「良書普及會, 2001년 제2판) 하라다 「지방자치와 법의 구조」(學陽書房, 2001년(전정3판) 코바야시편 「조례에 의한 종합적 마을 조성」(학예 출판사, 2002) 등이 있다. 본 절의 의론도 주로 이들의 성과에 의한다.
3) 같은 주장이 대표적 예로서, 예를 들면 기타노, 「지방분권의 추진과 환경법의 전개」「법학교실」 269호, 2003년, pp.20~25.
4) 이가라시 「미의 조례－숨 쉬는 마을을 만든다」 학예출판사, 1996년.
5) 알렉스 · 카, 「개와 귀신－알려지지 않은 일본의 초상」, 강담사(2002년), 마츠바라 「잃어버린 경관－전후 일본이 이루어낸 것」, PHP 신서(2002년). 카씨는 저서의 서두에서 일본의 국토에 대해 「어쩌면 세계에서 가장 추할지도 모른다는 국토이다」(p.21)라며 쇼킹한 주장을 하고 있다. 본서 전체가 이 주장을 증명하는 것으로 쓰여졌다고도 할 수 있다. 마츠바라씨도 서장의 서두에서 일본경관의 황폐에 대해 「청결하고 새롭긴 하지만 질서가 없다는 것에 대해서는 이렇게 돌출된 경관을 가진 국가는, 세계에 없다」(p.10)라 논하고 있다. 일본 각지의 경관 조례가 현 상태에서 이런 일반적 시가지의 실정에 대응하는 수단을 갖추지 못했다면 그 변혁은 시급한 문제이다.
6) 이 점에 관해 아오키씨는 저서 「왜 일본의 마을은 엉망진창인가－도시생활자를 위한 도시 재생론」(일본 경제 신문사, 2002년) 및 「쾌적 도시 공간을 만든다」(중공신서, 2000년)는 일본의 도시 계획 제도의 결함에 대해 여러 지적을 하고 있다.

12

구미에 있어서의 풍경법

西村幸夫

여기까지 일본의 최근 경관조례 상황을 중심으로 그 특질과 이후의 가능성을 논했으나, 일본이 처한 상황을 보다 객관적으로 살펴보기 위해서도, 새로운 발상으로 새로운 제도 설계를 행하기 위해서는 눈을 밖으로 돌릴 필요가 있다. 그리고 그 식견을 근거로 일본에 있어서 새로운 풍경법 제도에 대해 논하고 싶다.

12·1 각국 풍경법의 기본적 구조

본 장에서의 최초 질문은, 구미 선진국에서는 풍경 계획에 관한 법 제정이 어떻게 되어 있는가 하는 것이다. 우리는 이미 전 저서 「도시의 풍경 계획-구미의 경관 컨트롤 수법과 실제」(학예출판사, 2000년)에서 영국, 프랑스, 독일, 소련, 이탈리아, 미국, 캐나다 7개국에 관해 각각 국가 혹은 주요 도시의 풍경 컨트롤이 어떠한 구체적 구조 아래 운용되어 왔는지를 보아왔다. 여기서는 특히 풍경 컨트롤의 법적 근거에 주안점을 두고, 주요국의 시책을 돌아보려 한다.

먼저 요약하자면, 대부분의 국가에서 토지 이용에 관한 국토 계획 및 도시 계획적 규제 중 도시 경관을 고려한 구조를 내재하고 있는 것 외에, 이런 계획 법제와는 별개로 폭 넓게 풍경 계획 등의 입안과 계획 규제에 관한 실정법을 두고 있다 할 수 있다.

독일

이런 점에서 가장 제도가 발달되어 있는 곳이 독일이다.

독일에서는 토지이용 계획체제인 주 계획, 광역지방 계획, 토지이용(기본)계획, (F플랜) 및 지구 상세 계획(B플랜)에 대응하여, 풍경의 보호 유지, 발전을 위한 풍경 계획 체제가 연방 자연 보호법에 의해 규정되어져 있다. 즉, 풍경 기본 구상, 풍경 구조 계획, 풍경 계획(L플랜), 그리고 각 주의 자연보호법에 의해 규정된 녹지 정비 계획(G플랜)이다.

지역 계획의 입안에 있어 F플랜과 L플랜, B플랜, G플랜은 정합성을 가지지 않으면 안되는 점이, 연방 자연 보호법(1987년 개정)과 연방 건설 법전(1988년 개정)의 양측에 강조되어져 있다. 이런 종래 별개로 운영되는 것이 대부분이었던 건설 행위의 컨트롤에 관한 계획과 삼림, 들판 등 공지 컨트롤에 관한 계획이 세부에 걸쳐 정합성을 가지는 구조가 정비되어 있다.

한편, 건설 행위와 관련된 법 규제 내부에 있어서도 1986년의 건설법전이 「자연과 풍경 보호, 보전 및 발전을 위한 조치를 취하는 토지」(법 제5조 2항 10호, 제9조 1항 20호)를 F플랜 및 B플랜 작성 시 항목으로서 들고 있는 외에도, 재개발의 규정 중 「현존 지구를 보유하고 갱신, 또한 존속시킬 것, 지구의 풍경 및 자연 풍경의 형성을 개선 할 것, 기념물 보호의 요청을 고려할 것(법 제136조 4항 3, 4호)이 언급되고 있다. 일본의 법정 시가지 재개발의 규정에는 문화재 보호는 물론 풍경 형성이나 풍경 보전의 관점이 전혀 결여되어 있음을 생각할 때 그들과 일본의 도시개발에 관한 의식차가 큰 데에 감탄을 금할 수 없다.

또, 대부분의 주(州)는 신축 건조물이나 광고물을 주변 환경과 조화시키는 것을 목적으로 하는 경관조례를 제정하는 권한을 주의 건설법규에 의해 지자체에 부여하고 있다. 이들 경관 조례를 근거로 각 지자체는 경관 보전을 위해 경관 명령을 낼 수 있다.

독일 법에 관해서는 본서의 가와노 논문(4·1절)에서도 상세하게 논하고 있다.

프랑스

프랑스에서는 문화재로서의 자연 풍경을 면적으로 보전하는 시책은 1930년 자연 경관 보호법으로 거슬러 갈 수 있다. 이 법에 의해 경승지 site의 지정·등록제도가 정비되었다. 이에 반해, 도시 내부 및 도시 근교의 풍경보전에 관해서는 역사지구를 대상으로 한 안전지구 제도(1962년 제정) 이외에는 대응이 늦어져 있으나 1993년 제정된 풍경법 loi paysage(정식으로는 풍경보전재생에 관한 1993년 1월 8일 법)에 의해 광역적 풍경의 보호에 관한 사태가 크게 전개하기 시작했다.

풍경법의 광역에 걸친 풍경 컨트롤이므로 지자체 별로 작성되는 토지 점유 계획(POS, 2000년 이래 지방 도시계획 PLU에 점차 이행, 이하 같음)에 결여된 광역조절을 행하는 것을 목적으로 한다. 구체적으로는 풍경의 보전재생을 위한 아레테(법령)가 정해져 각 지자체가 정하는 계획이 이 법령에 구속되게 된다. 또, 종래 경승지나 문화재 뿐 아니라 농지 풍경 등 문화적 풍경의 보전을 강조해 건물 단독의 건축 허가도 풍경 보전을 위한 체크가 가능해졌다.

또, 이 법에 의해 종래, 건축·도시적 문화재 보호구역이라 불렸던 구역제도(ZPPAU, 1983년 설립)는, 건축·도시·경관적 문화재 보호 구역(ZPPAUP)이라 불리게 되어 건조물 문화재와는 직접 관계가 없는 공한지를 대상으로 한 풍경규제는 가능해졌다.

한편 도시계획의 일반적 규칙인 도시계획 전국 규칙 RNU에 있어 도시계획의 목적의 하나로 「자연 및 경관의 보호」가 명시되어 있다.(법전 L110조) 또, 지자체가 작성하는 기본 계획 및 토지 점유 계획 POS의 목적의 하나로 「삼림 공간, 경승지 및 자연 혹은 도시 경관의 보호」(법전 L121-10조)가 강조되어 있다. 이를 따른 규칙에 있어 건축 행위가 「건축물의 입지, 건축의장, 규범 및 외관이 근린지의 특성 혹은 이익, 경승지 자연 및 도시의 경관 및 모뉴먼트 적조망의 보전」을 손실시킬 위험이 있을 시 이를 허가하지 않거나 조건부 허가할 수 있다고 규정되어져 있다(법전 R111-21조).

따라서 지역의 문맥에 일치하지 않는 건축 계획에게 건축허가를 내주지 않는 것은 실정법상 충분히 가능하다.

이탈리아

이탈리아에 있어서 풍경보전 시책은 1912년, 1922년, 1939년 연이어 제정된 자연미 보호에 관한 법률이 최초이다. 그 안에서 보호 대상으로서 자연미(1912년)나 조망미(1922년)라는 인식이 굳어지게 된다.[1)] 특히 1939년 자연미 보호법은 보호 대상의 하나로서 아름다운 풍경 혹은 그것을 향수(누릴 수)할 수 있는 조망점에서 풍경미를 정하고 있다. 1939년 법에 근거해 풍경 보전 구역이 정해져 풍경 계획이 입안되었으나, 그 수는 겨우 13개소에 멈춰 법률의 효과도 제한되었다.

그 후, 이탈리아의 광역적 풍경 컨트롤은 1985년의 가렛소법에 의해 모든 주 정부는 풍경계획을 책정할 책무를 지게 되었다.[2)] 가렛소법의 대상이 되는 지역은 해안, 호안, 하천 근방, 산악지대, 삼림이나 각종 공원지역 등, 주로 광역적으로 보아 풍경 상 중요한 곳에 한정되어 있어 기성시가지의 도심부나 그 주변은 포함하지 않는다. 그러나 큰 틀로서의 풍경 계획이 책정되면 각 지자체 레벨(차원)에서의 마스터플랜이나 보다 광역(넓은 범위)의 조성계획은 이 풍경 계획과 정합되지 않으면 안 되므로 계획간의 상호 조정이 중요해진다. 또 광역의 풍경계획 아래 광역 도시권이나 지자체, 혹은 풍경 단위 등 새로이 도입된 경관 지역마다 보다 구체적 풍경 계획이 입안되어지게 되나, 그 방식은 주마다 다르다.

가렛소법은 또, 1960년대부터 70년대에 걸쳐 역사적 도심구의 보전 재생을 위한 수법을 구축해온 이탈리아 계획제도가 1980년 들어 도심부 및 그 주변에 한정하지 않고, 보다 넓은 전원지대나 소취락에까지 대상을 확장시켜 온 양태를 여실히 드러내고 있다.

한편, 1947년에 제정된 이탈리아 공화국 헌법은 「공화국은 국가의 풍경 및 역사적 및 예술적 유산을 보호한다」(제9조 2항)고 명쾌히 주장한다. 풍경의 보전은 헌법차원에서 보장되어져 있는 것이다. 또 각 주에는 1977년의 브카로시법 등 도시계획관련법을 근거로 한 도시풍경법이나 도시계획 건축법이 제정되어 토지이용 규제면으로부터도 역사적 도심 지구를 중심으로 도시풍경의 법적 컨트롤이 실시되어져 있다.[3)]

영국

유럽대륙 제국과는 법 체제가 다른 영국에서는 런던의 전략적 조망 보전을 위한 건축물의 높이 규제 등 극히 일부를 제외하고는 풍경이나 조망의 규제를 직접대상으로 한 규제의 장치가 없다. 점으로서의 등록건조물이나 면으로서의 보전지구 등의 제도도 기본적으로는 역사적 환경 보전을 위한 것으로, 풍경계획을 지향하는 것이 아니다. 영국에 있어서 풍경보전은 도시농촌계획법 아래의 일반적 개발규제에 의해 행해지고 있다.

더욱이 법아래 일반적 개발 규제라 해도 규제 내용이 조문으로서 명문화되어 있는 것이 아니다. 개발계획이나 기본계획이 문장화 된 헌법으로서 기능하고 그 아래서 지금까지 축적되어 온 판례가 총체로서 규제의 실태를 형성하고 있는 것이다.

그러나 이것이 영국에서 풍경규제가 존재하지 않음을 의미하는 것은 아니다. 오히려 그 반대이다. 개별 건축공사 및 용도 변경에 대해 계획허가가 요청되고(단 계획신청은 건축공사 등의 실시를 전제로 하지 않는다. 따라서 해당 토지 개발 가능성의 측정이라는 의미도 가질 수 있다.) 그 판단에 행정의 대폭적 재량이 인정되고 있는 것이 영국도시계획의 특징이다. 그리고 그 판단의 커다란 근거가 되는 것이 풍경과도 밀접한 관련을 가진 쾌적성 어메니티이다.

계획이 불허가라고 판정되는 확률은 현재 20% 전후이나, 불허가의 이유로서 잘 인용되는 것이 「어메니티를 위해 유해」라는 표현이다. 어메니티의 정량화나 정의를 일부러 피하고, 블랙박스 안에서 만으로 남겨두는 것으로 행정의 재량 폭을 확보하려는 것이 영국도시계획의 상투수단이 되고 있다.

이런 특이한 도시계획 법제도의 타국으로의 이식 가능성을 여기서 논할 여유는 없으나, 적어도 여기서는 영국의 도시계획에 있어서 풍경이 충분히 내부 목적화되고 있음을 지적해 두고 싶다.

미국

영국과 같은 관습법의 국가인 미국에서는 풍경이나 경관에 관한 통일적 법 규제를 보기는 어렵다. 더욱이 토지 이용 규제 등의 도시계획 규제는 주 정부의 권한으로 이것이 각 지방 정부에 수권되고 있어 국가적으로 통일된 규제시스템은 처음부터 존재하지 않는다.

그러나 이것이 풍경에 관한 규제가 존재하지 않음을 의미하는 것은 아니다. 조닝 조례나 각종 경관조례 미관조례 뷰 · 코리드 등의 조망 규제 · 역사 지구의 제 규제 등 다양한 컨트롤이 존재한다. 특히 세계 처음으로 환경 영향 평가 제도를 법률로 의무 지웠던 '1969년 국가 환경정책법은 서두에 입법 목적을 들어, 국가는 「모든 미국 국민에게 안전하고 건강적, 생산적 및 미적, 문화적 쾌적한 환경을 보장」 42.USC.S.4321) 한다고 명시하고 있다. NEPA의 제정 이래 많은 주에서 같은 식의 주 환경정책법(SEPA라 칭함)을 실시하고 있고 그 중에서 프로젝트의 미관상 영향평가도 실시되어지는 구조를 정비하고 있다.[4)]

오히려 미국 도시계획에 있어서의 과제는, 이들 다양한 공적 규제가 사적재산권과 어떻게 화합할 수 있는지 하는 점에 있다. 폴리스파워(규제권)로 불리는 개념이 논의 중심이다. 이는 원래 도시를 운영할 때 필요해지는 권한으로 시민생활영위를 위해 구성원이 순수하지 않으면 안되는 공중의 안전, 건강, 도덕, 공공의 복지 유지를 위해 공적기관이 보상 없이 사유권을 규제할 수 있는 권한이라 한다.[5)] 문제는 공공복지를 어디까지 넓게 해석할 수 있는가로 미관이나 조망 등 도시환경의 질에 관련된 규제의 합법성에 관해서는 19세기 말부터 이어진 판례의 역사가 있다. 그리고 그 큰 흐름은 미관이나 조망을 주요 근거로서 사유권을 제한하는 것을 폭넓게 용인해 가는 쪽으로 차츰 기울고 있다.[6)]

그러나 여기서는 구체적 판결내용은 언급하지 않는다. 여기서 주장하고 싶은 것은 예부터 헌법으로 사적소유권의 절대성을 인정하는 미국과 같은 국가에서도 풍경규제를 위해 다양한 시도를 계속해 오고 있다는 사실이다. 샌프란시스코와 보스턴에 있어서의 상세한 규제내용에 대해서는 이미 전저(前著)에서 설명했다.[7)]

12 · 2 구미에 있어서 풍경컨트롤의 특징

여기까지 구미의 풍경관련법제도를 본 결과, 거기에는

몇 가지 공통된 특징과 복수 그룹 분류할 수 있는 다른 접근방식이 있음을 알 수 있다.

적극적 풍경 컨트롤

5개국 모두 공통되는 특징으로서, 도시계획 관련법규에 의해 도시 내외의 풍경을 규제하는 것에 대한 적극적 자세를 들 수 있다. 이탈리아처럼 풍경의 보전을 헌법으로 국가의 책무라 규정하고 있는 국가에서 미국처럼 사유권과의 조정에 고심하는 국가까지, 각각 국가의 법 체제나 행정시스템은 다르나, 풍경이나 풍경 문제가 개개인의 연구나 노력차원을 넘어 행정이 책임을 지고 임해야 할 과제임에 관한 공통된 인식이다. 유럽대륙은 말할 것도 없고, 영국에 있어서도 어메니티 개념으로서, 미국에서 말하는 공공의 복지의 일환으로서 풍경컨트롤이 규정되어 있다.

또 풍경컨트롤이 역사지구의 보전이나 주요 조망풍경의 보호 등 재래형 테마에 한정되어 있지 않다는 점도 공통된다. 그것들을 포함하면서도 그 외 부속으로 확대되는 보다 광범위한 교외부나 전원지대까지도 대상으로 한다. 나아가 일반시가지의 옥외광고물 규제나 개발프로젝트의 환경 영향 평가 시 주변 환경과의 위화감이 없는 조화의 실현 등 풍경의 범주는 유연하게 퍼져 있다. 이러한 경향은 위의 모든 국가에서도 볼 수 있었다.

재산권은 의무를 동반함

이런 풍경규제의 전제로서 재산권은 의무를 동반하는 것, 풍경을 포함한 광역 도시계획을 위해 재산권을 제한하는 것이 합법인 것은 구미뿐 아니라 자유주의국가 미국에 있어서도 공공의 복지라는 이름 아래 확립되어져 가고 있음을 들 수 있다.

한편 실제 풍경컨트롤의 방법론적 면에서는 얼마간 다른 어프로치가 있다.

풍경에 관한 개별성

첫 번째는 독일이나 프랑스에서 보듯 단독 건축물을 규정하는 건축법이나 도시계획법에 있어 주변 환경이나 풍경과 조화되는 것을 건축하지 않으면 안된다는 일반적 규정을 둠과 동시에 개별적으로 풍경에 관한 독립된 법률을 세워, 주로 광역적 풍경상의 조화를 달성하기 위한 컨트롤을 실시하고 있는 예이다.

토지이용 규제에 관한 법규를 정교하고 치밀화 할 뿐 아니라, 개별적 독립된 풍경법규를 제정하는 이유로서 다음과 같은 점을 들 수 있다. 첫 번째, 지자체마다 제정되는 토지 이용규제를 중심으로 한 도시계획 컨트롤로는 계획간 조정이 힘들어 광역의 풍경컨트롤에는 불충분하다. 두 번째, 원경 산맥의 원망이나 모뉴먼트(유적. 유물)의 조망에 대한 계획적 배려는 종래형의 평면적 조닝 규제로는 적절하지 않은 점. 세 번째로 건축법이나 도시 계획법은 건조물이 실제로 건설될 때, 그 건설 행위를 둘러싼 범위 내에서 일정규제 유도효과를 발휘할 수는 있으나, 건설행위가 발생되지 않는 공한지를 공한지인 채로 두면서 풍경계획상 어떤 특정기능이나 역할을 지우는 것은 힘든 점, 네 번째로, 양호한 풍경을 구성하는데 중요한 역할이 기대되는 제요소 중, 농지나 삼림, 나아가 생태계나 생물의 다양성을 보장하는 토지 등을 평가, 그 보전을 꾀하는 구조를 도시 계획 관련 법규 안에 구축하기는 범의 목적에서 볼 때 곤란하다는 점 이상 여러 가지 점을 보완키 위해 법적 근거를 가지는 규제가 필요한 것이다. 특히, 독일의 경우에는 건폐지를 대상으로 하는 법정계획과 비건폐지를 대상으로 하는 법정계획이 기본 계획(F플랜과 L플랜)과 지구 상세 계획(B플랜과 G플랜)으로 각각의 레벨에서 정합성을 유지하며 입안된다는 계획 프로세스가 최근 확립되었다.

풍경 컨트롤을 담당하는 도시 계획 행정

한편, 영미법의 세계에서는 도시계획상의 다양한 규제를 축적시키면서 풍경 컨트롤이 실질적으로 실현된다는 과정을 밟아왔다. 규제의 수법은 조닝 조례에서 환경 어세스먼트(종합 평가)까지 다양하고, 규제의 근거도 공공의 복지에서 어메니티까지 확산되고 있다. 규제를 위한 의사결정의 투명성과 민주주의에 중점을 둔 미국과 행정의 재량권을 넓게 인정하는 영국과의 차이도 두드러진다.

그러나 어떤 경우에도 주목해야 할 공통 특성도 존재한다. 먼저 행정 결정을 주의 깊게 감시해 행정에 문제제기하고, 나아가 정책 제언까지 행하는 다양한 민간 비영리 단체의 존재이다. 또 이런 단체의 활동에 무대를 부여하려는 도시계획제도 그 자체의 존재 양식이다. 두 번째로 행정의 준 사법적 결정 때 의사 결정 절차가 엄격하고 투명하고, 또 신청자에게 불이익을 가져올 결정 때에 구제를 위한 심사제도가 충실한 것이다. 그리고 세 번째로 도시계획의 질을 확보하기 위한 여론형성에는 이런 민주적 절차가 필수라는 것에 대한 어떤 발단의 신념이다.

注

1) 소우다「활기를 부르는 이탈리아의 마을만들기－역사적 경관의 재생과 상업 정책」학예출판사, 2000년, p.93.
2) 1999년, 가렛소법과 1939년 자연미 보호법 등을 통합하는 정조치 Decrelo Legislativo가 나와, 편재는 이것이 문화재 및 풍경재 보호에 관한 근거법이 되어 있다. 따라서 정확하게는 (구)가렛소법이라 해야 하나 본문에서는 가렛소법이라 했다.
3) 소우다, 위 저서 pp.143~168.
4) 상세한 것은 예를 들면, Smardon, R.C. & Kapp, J.P., The Legal Landscape－Guidelines Regulating Environmental and Aesthetic Quality, Van Nostrand Rienhold, New York, 1993, pp.182~208.
5) 호리다「아메리카 : 서론－도시·토지법의 개념과 역사」하라다 편「현대의 도시법 독일·프랑스·영국·미국」동경대학출판회, 1993년. pp.427~429.
6) 단, 1980년대 후반 이후에는 일반적으로 사업자·토지소유자에게 유리해 토지 이용 규제파에 엄하 연방 최고 재판결이 이어지고 있어 이후의 귀추가 걱정스럽다. 상세한 것은 후쿠가와「조닝과 마스터 플랜－아메리카의 토지 이용계획, 규제 시스템」학예 출판, 1997년. pp.26~38 참조.
7) 오카자키「아메리카 어반 디자인과 역사적 환경보전」니시우라+가로경관 연구회편「도시의 풍경계획－구미의 경관 컨트롤 수법과 실제」학예출판사, 2000년, pp.135~161.

13

앞으로의 일본풍경행정에 대한 13의 제언

西村幸夫 · 小出和郎

13 · 1 풍경기본법의 제정

여기까지 일본의 풍경시책을 둘러싼 현 상황을 돌아보고 구미선진국의 풍경 시책을 개관해 왔으나, 이들 성과를 근거로 앞으로의 일본 풍경시책의 존재 양식에 대해 이하의 제언을 행한다.

◎ 제언 1 : 풍경 기본법(가칭)의 제정

풍경의 문제를 양호한 환경을 나타내는 종합적 지표로 평가해 풍경에 관련한 행정 시책을 통합, 국가와 지방 공공단체가 각각의 업무를 다하면서 담당해야할 과제로서 명시적으로 나타낼 필요가 있다. 때문에 풍경 기본법(가칭)을 제정하여 그 안에서 풍경의 보전과 개선, 창조에 관한 국가와 지방 공공단체의 책무를 명기해야 한다. 일정 요소를 만족시키는 경관규제를 지구 획정하여 실시하는 경우에는 거기서 유지되는 풍경을 누릴 권리를 인정하는 것도 가능할 것이다.

예를 들면, 토지 기본법이 「국가 및 지방 공공 단체는 …… 토지에 관한 시책을 종합적으로 책정 및 이를 실시하는 업무를 가진다」(법 제6조 1항)고 하고 있듯 지방 공공단체의 역할을 명확히 함으로서, 경관 조례에 기준법이 지방 공공단체는 「지구의 자연적 사회적 요건에 따른 시책을 책정 및 실시하는 책무를 가짐」(법 제7조)이라 명시한 것은 국가의 규정이 내셔널 · 미니멈의 확보 등 전국적인 견지에 서서 행해짐에 반해 각 지역은 지역 실정에 맞추어 시책을 입안해야 함을 의미한다. 즉, 지방에는 지방의 로컬 · 룰이 있어야 한다는 것을 기본법 레벨에서 주장하고 있는 것이다. 풍경 행정에 관해서도 이와 같은 법적 틀이 바람직하다. 풍경기본법 중에서도 지방 공공단체의 조례에 대해, 국가의 기준에 우와노세 요코다시의 규제의 시행을 막지 않는다고 명시해야 한다.

◎ 제언 2 : 법정의 풍경 기준 계획 만들기.

풍경 기본법에 의해 국가와 지방 공공 단체는 풍경에 관한 기본 계획을 책정하지 않으면 안 된다고 규정할 필요가 있다. 풍경 기준 계획의 대상은, 시가화 구역이나 도시계획 구역에 한정하지 않고 보다 광역적으로 농지나 임지를 포함시켜야 한다. 풍경 기본 계획에 의한 조닝을 국토이용 계획법에 의한 지구 지정이나 농업 진흥 지역 정비에 관한 법률(농진법)에 의한 농업 진흥 지역, 삼림법에 의한 보안림의 지정 등과 연동시킬 필요가 있다. 또 시가지에 있어서도 풍경기본계획 내용이 도시계획법이 정한 도시계획 구역의 마스터플랜 및 시정촌 마스터플랜에 반영되지 않으면 안 된다.

광역의 풍경 기본 계획 아래서는 주로 공한지의 위치 규정과 그 규제를 정한 보다 상세한 풍경 계획이 규정되어, 양자는 도시 계획법상의 용도 지역 지정 및 지구 계획 등의 상세 계획과 각각 일대일 계획으로서 상호간 정합성을 취함과 동시에, 같은 법적 구속력을 가지도록 법으로 규정할 필요가 있을 것이다.

◎ 제언 3 : 토지이용과 풍경 보전 · 창조의 동시 달성

현재의 도시계획법 제도의 기본은 조닝에 의한 토지 이용의 정서이다. 이 체제를 전면적 개혁해 풍경의 시정을 법제도로 끌어들이는 것은 一朝一夕이 될 것이다. 현 시점에서 현실적 선택은 토지이용 컨트롤을 중심으로 한 현행제도와 병행하여 풍경 컨트롤을 목적으로 한 풍경 기본계획을 비롯한 일련의 계획제도에 의한 새로운 가치기준을 확립하는 것이다.

양자를 병립시킴에 따라 토지이용 계획과 함께 풍경계획은 도시계획의 주요 부분이 된다. 개개 건축 행위는, 단순히 단독 구조나 규모가 기준을 달성하는 것뿐 아니라 더욱이 토지와 건물 이용이 주변 토지 이용과 차질을 빚지 않을 뿐 아니라, 풍경 기본 계획에 따라 지역의 풍경에 낯익어, 그 향상에 기여하는 것이어야 한다.

다시 말하면, 2차원적 토지 이용 규제와 2차원적 풍경 규제가 병립하는 구조를 구축할 필요가 있는 것이다. 현행 토지 이용 규제에서는 모뉴먼트(유적)나 주변 산줄기(산맥)의 조망 등이 전혀 고려되어 있지 않다.

이는 또한, 건폐지와 비건폐지가 동등한 중요성을 가지는 것으로 평가되는 일로도 연관된다.

제도 설계에 있어서는 독일에서 F플랜(토지이용계획)과 L플랜(풍경계획), B플랜(토지 상세 계획)과 G플랜(녹지정비계획)의 페어(쌍)가 의무화된 구조가 모델이 될 것이다.

◘ 제언 4 : 조례에 법적 근거를 부여하다

요즈음 각 지역에서 제정이 진행되는 이른바 「마을만들기 조례」는 현재 「마을 만들기」가 왜곡되어 있는 다의성을 반영해, 환경이나 경관의 보전, 토지이용의 조정, 지구 마을 조성의 추진 등 몇 가지 다른 목적을 가진 조례가 혼재해 있는 것이 현 실정이다.[1)]

그러나 아마 가까운 장래에 토지이용 조정 시스템을 중심으로 여기에 환경이나 풍경 등의 다양한 평가 항목을 내재시킨 자치 단체판 상세 도시 계획 조례로서 정리 될 것이다. 이 처럼 통합된 마을만들기 조례에 있어 풍경의 시점은 다른 주요한 마을 만들기의 시점과 함께 지역 환경을 측정하는 유력한 지표를 형성하게 된다.

중앙정부가 내세운 풍경 기준법이나 토지 기준법 등 각종 기준법이나 내셔널 · 미니멈으로서의 건축 · 도시계획 법규를 수용하면서, 지방 공공단체에 주어진 강력한 규제력을 배경으로, 이를 더욱 정교화시킨 로컬 · 룰이 마을만들기 조례로서 수립된다는 구조야말로 이후의 마을만들기 구도로서 적합한 것이 아닐까. 또 이들 조례에 의해, 지금까지의 도시계획 등에 의한 규제를 일단 백지화하고 지역 독자적 규제도 바꾸어 가는 것도 생각해 볼 필요가 있다. 이 구상은 언뜻 「특구」와 비슷하나, 중요한 것은 풍경이나 역사 취급 방식으로서, 그 장소에 따른 각각 다른 룰을 정하는 것을 특별 취급하는 것이 아니라 일반 보통 방식으로서 이해할 수 있는 상황을 만들어 가는 것이다 말하고 싶다.

그 때, 로컬 · 룰 안에서 풍경의 문제는 당연히 마을만들기의 주요 과제 중 하나로서 이미 각종 계획이나 법규제 구조 안에 포함되어 있는 것이 된다. 이것이 지향해야 할 미래상이라 생각한다.

◘ 제언 5 : 새로운 풍경 만들기로 대상을 확대

옥외 광고물의 규제에 관한 규제 행정이나 전선지중화 사업, 도시 교외부의 연도(길가)상업사무, 즉 로드사이드 숍의 규제, 원경의 산줄기(산맥)나 모뉴먼트의 조망 풍경 보호 등, 지금까지 풍경 문제로서 종합적으로는 다루어오지 않았던 과제를 풍경 기준법 아래 종합적으로 다루는 것을 규정해야 한다.

13 · 2 기존 제도개선에 의한 종합적 풍경행정

단, 문제를 단순히 풍경 기준법 제정만으로 해결 할 수는 없을 것이다. 기존 법률을 개정하는 것으로 풍경의 향상을 건축 · 도시계획 관련 시책 안에서 내부 목적화 하는 것이 필요하다.

◘ 제언 6 : 현행도시 계획 제도를 상세화 한다.

동경도 구니다찌시나 나고야시 시라카베쵸의 맨션 건설에 따른 소송의 근본적 문제점으로서, 공법상 허용되는 건축물이 민사상 수인 한도를 넘는다고 판단되는 경우라는 공법과 사법의 판단의 괴리를 들 수 있다. 이는 도시계획법이나 건축 기준법 등의 공법 규제가 일반적 시가지에 있어 너무 안이한 것과 대규모 토지 이용의 변경 때 지체 없이 대응할 수 없다는 도시계획의 경직성에 원인이 있다.

지금까지의 도시화 사회에 있어서는 분명 문제 대응형으로 최저한의 지역 환경을 보증하는데 멈추는 도시계획 이외에 희망이 없었을지도 모른다. 그러나 도시의 물리적 팽창이 멈추고, 도시가 성숙해 가는 방향에 있는 오늘날의 단계에 있어서는 도시공간의 질 향상을 지향하는 상세한 도시계획제도가 필요해진다.

예를 들면 대규모 토지의 소유권 이전에 있어서 개발의 가능성을 행정측으로서도 상세히 연구해 새로운 형태규제나 밀도규제, 토지이용 규제를 다시 고치는 기민한 구조가 바람직하다. 현행 건폐율 · 용적률 규제는 부지의 면적에 상관없이 같은 용도 지역이면 일률적으로 적용되게 된다. 그러나 예를 들면 100㎡의 토지에 세우는 용적률 200%의 건물과 10,000㎡의 부지에 세우는 용적률 200%의 건물은 주변에 주는 인상이 전혀 다르다.

현행 밀도 규제에서는 이 차이를 구별할 수 없다. 가구나 가로 단위에서 풍경의 장래상이 세워질 수 있는 상세한 계획이 요망되는 것이다.

◘ 제언 7 : 「풍경의 보전과 창조」를 건설 관련 법률의 목적 안으로

그를 위해서는 건축 · 도시계획 관련법의 목적의 하나로서 풍경의 보전과 창조라는 조문을 축k하는 것이다. 마침 하천법이나 해안법, 항만법, 식료 · 농업 · 농촌기준법이 그 법의 목적 및 그와 관련된 배려 사항으로서 「환경의 보전」을 덧붙였듯이 종합적 환경 지표로서의 풍경 향상을 추가하는 것은 이후 시책 전반에 있어 커다란 의미를 가진다. 특히 식료 · 농업 · 농촌 기준법에 있어서는 「자연 환경의 보전」과 함께 이미 「양호한 경관의 형성, 문화의 전승」(제3조)이 농촌의 다면적 기능 안에서 주장되어지고 있다.

예를 들면 도시계획법이나 대규모 소매 점포 입지법(대점입지법), 옥외 광고물법 등의 법률의 목적 안에 풍경의 보전과 창조, 주변 풍경과의 조화를 넣는 것으로, 시책의 방식은 크게 변화 될 수 있다. 이는 일본의 건축 · 도시 계획 행정을 양적 충족에서 질적 확보에로 향하게 하는 상징적 계기가 될 것이다.

덧붙여, 건조물의 건축 행위는 주변 환경 및 풍경과 조화해야 함을 명시해야 한다. 이러한 조항을 덧붙임으로서, 건축 확인 사무는 단순 기능적 체크 작업일 뿐 아니라 건축물의 질에 관계되는 건축허가 사무의 전제가 된다. 동시에 건축허가 사무는 듀 · 프로세스에 유의하여 엄격히 공개성 · 투명성을 확보하는 것으로 하고, 공청회나 불복 심사의 구조를 구축할 필요가 있다.

그림13 · 1 모리오카시 중심부를 흐르는 나카츠가와의 풍경 이런 조망거점의 분포가 도시를 개성적인 것으로 한다.

◘ 제언 8 : 건설 관련법규는 내셔널 · 미니멈임을 명확히 건축 기준법의

안전성 등 성능의 기준에 관한 조항은 국가에 의한 「최저 기준」(건축기준법 제 1조)임을 다시 확인하고 이들 내셔널 · 미니멈에 대해 각 지자체가 조례에 의해 지역의 실정에 따라 필요하고 충분한 규제를 부가적으로 행사할 수 있도록 함을 명확히 해야 한다. 대기오염 방지법이나 수질 오염 방지법, 소음 방해법 등 공해 관련 개별법에 있어 조례에 의한 우와노세 · 요코다시의 규제를 인정하는 규정이 세워져 있는 것이 참고가 된다.

또 경우에 따라서는 내셔널 · 미니멈을 정해서는 안 되는 룰, 즉 로컬 · 룰이야말로 우선시되지 않으면 안 되는 일도 있을 것이다. 지역이 스스로의 룰 아래 내셔널 · 룰을 거부할 수 있는 구조를 도입하는 것도 생각해봐야 한다. 그런 의미에서 이는 풍경을 소중히 하는 특구, 즉 풍경 특구라고 할 수 있을지도 모르겠다. 현행 내셔널 · 룰, 즉 도시계획 규제를 백지화하고, 지역에 따른 보다 상세하고 특징적인 기준 설정을 행한다는 선택지가 있어도 좋다.

일본에서도 역사지구 등의 창설에 따라 이들 구역의 로컬 · 룰은 기존 제도로부터 조금 동떨어져 독자적으로 정한다는 구조도 장기적으로 검토해 갈 필요가 있음을 지적해두고 싶다.

그림13 · 2 동경도심에 유일하게 남아 있는 후지산이 보이는 닛뽀리의 후지미자카 맨션 건설에 따라 그 조망도 위험에 처해 있다.

◘ 제언 9 : 기존 제도의 적극적 활용

현행 건축 기준법이나 도시계획법 안에서도 활용할 수 있는 제도를 적극적으로 활용해 가는 것을 들 수 있다. 특히 미관 지구나 풍치지구, 더욱이 고도지구의 제도 등은 풍경의 보전에 도움이 되는 것으로서 이후의 적극적 지정이 바람직하다. 동시에 1998년 도시계획법 개정에 따라 시정촌의 재량에 따라 도시계획 결정이 가능해진 특별용도 지구제도를 적극적으로 활용하는 것은 특히 지구의 개성을 중시하는 이후의 도시계획 행정에게는 중요하다.

◘ 제언 10 : 중점 지구의 지정

전선의 지중화나 옥외 광고물 정비 등 풍경향상시책을 전략적으로 추진해 가기 위해서는, 먼저 이러한 중점지구를 정해 집중적으로 시책을 실시, 그 성과를 눈에 보이는 형태로 빨리 나타내는 것도 중요하다. 또 이러한 중점지구는 풍경 기준 계획안에서 특정하고 그 개선을 위한 지구 차원에서의 계획을 입안하여 그 실시를 위한 지구제도를 기존 법제도 안에 받아들이는 것이 필요하다. 사업 실시에 있어서는 각종 기존 사업의 우선적 실시나 장려적 보조금 등의 구조를 창설하는 것도 필요할 것이다.

한국에서는 이런 풍경에 관한 중점 지구 제도는 이미 도시계획제도 안에 포함되어져 있다. 2000년 도시계획법 개정에 의해, 도시의 경관을 보호, 형성하기 위해 필요한 지구제로서 새로이 경관 지구 제도가 도입되었다. 이에 따라, 현재 지구지정의 준비가 시작 되려하고 있다.[2)]

13 · 3 풍경의 질 향상을 위한 구체적 시책

이상과 같이 법 제도를 정비함으로서 풍경의 보전과 개량, 창조로 향한 국가와 지방 공공단체에 의한 시책의 틀은 준비된다. 단, 잊어서는 안 되는 것은, 이들 제도가 완비되었다 하더라도 그것은 풍경 향상을 지향하는 개개의 구체적 디자인의 질을 보증하는 일로는 반드시 연결되지 않는다는 것이다. 구체적 풍경 디자인의 질을 향상시키기 위해서는 그를 위한 새로운 구조를 법제도 내외에서 정비할 필요가 있다. 그리고 이 점에 관해서는 마나쯔루쵸 마을 만들기조례가 그 선구적 사례로서 많은 시사를 우리에게 던져준다.

◘ 제언 11 : 디자인 심사제도의 도입

그 중 유력한 것으로 디자인 심사제도가 있다. 지역의 풍경에 큰 영향을 줄 위험이 있는 개발행위는 모두, 사전에 공표 해, 지자체와 협의를 통해 그 과정을 투명하게 해 NPO 등의 목소리를 청취할 수 있도록 궁리해, 전문가의 관여에 의해 디자인 내용이 하나씩 심사되어질 필요가 있다. 의회나 지자체장의 관여를 의도한 마나쯔루쵸 마을만들기 조례에서는 그림13 · 3에 나타낸 프로세스를 거치게 된다. 심의회에 의한 디자인 지도에 중점을 둔 오오키쵸 마을만들기조례에서는 그림13 · 4와 같은 프로세스가 된다. 이 프로세스는 건축물의 「질」과 주변과의 조화를 꾀한 새로운 건축 기준법에 의한 건축 허가제도(제언 7 참조)와 연동하는 것으로 보다 강력한 효과를 발휘하게 된다. 또, 이 프로세스를 투명화 해 NPO 그 외의 활동 단체와의 관여를 인정하는 것으로, 마을 만들기(조성) 운동의 활성화에도 연결되게 된다.

또, 디자인 심사를 시민에게 개방하고 의미 있는 논의를 전개해 가기 위해서는 대상이 되는 개발 행위의 주변 환경 · 풍경에 주는 영향 평가를 과학적으로 행하고, 그 결과를 명확하게 할 필요가 있다. 풍경에 관계되는 종합평가제도와 여기서의 심사 제도를 연동시키는 것이 중요하다.

◘ 제언 12 : 디자인 · 가이드 라인의 작성

디자인 심사를 행하기 위해서는 디자인의 사고 형태에 관한 지침이 있지 않으면 안 된다. 마나쯔루쵸의 「미의 기준」이나 가와코에시 일번가의 「마을 만들기 규범」에 상당하는 것을 각각의 지역에서 독자적 시점에서 주민 주체로 만들어 가지 않으면 안 된다. 이러한 가이드라인 작성 과정이 풍경을 둘러싼 마을 만들기 운동의 심화를 가져 올 것이다. 더욱이 이렇게 만들어진 가이드라인은 부단히 개정하여 지구 고유의 성격을 보다 세심히 유출해 가지 않으면 안 된다. 가이드라인의 작성 · 개정과정을 궁리하는 것으로 광범한 시민 참가를 실현시킬 수 있을 것이다. 이런 활동이 시민의 풍경 의식의 확장과 심화를 가져온다.

◘ 제언 13 : 전문직능(직업이나 직무상의 능력)의 확립

디자인 심사를 실질적인 것으로 하기 위해서는 풍경에 관계되는 건축이나 도시계획, 조경 등의 전문가가 자치단체의 담당자로서도, 디자인 심사위원 중에도, 이런 프로세스 전체를 감시하는 NPO 중에도 필요하다. 전문가 교육과 전문적 직능의 확립이 요망된다. 예를 들면 자체

단체의 풍경 담당자가 나중에는 대학이나 싱크탱크(두뇌 집단) 등 전문적 조직의 프로로 나아가거나, NPO 내 전문가가 지자체의 직원으로 채용되거나, 사업자 내의 전문가가 NPO로 전출하는 등, 전문가가 유동할 수 있는 사회에로의 전환이 요망된다. 자치 단체 내부의 정기적 인사이동 시스템도 재고할 필요가 있다. 무턱대고 제너럴 리스트를 양산하는 것이 아니라 스페셜 리스트를 육성해 폭넓게 배치하는 방향으로 나아가야 한다. 직계와 급여 수준을 따로 떼어 생각할 필요가 있다. 부패를 방지하기 위해서는 다른 자체단체로의 이동이나 공모 시스템 확립이 필요하다. 지자체 내외에서 전문가의 이동이 있는 것은, 조직에 새로운 활력을 준다. 현 차원(레벨)의 인재 뱅크형 직원 제도 등 지방 공무원 제도의 발본적 개혁이 필요해진다. 이런 시스템을 가능하게 하기 위해서는 풍경에 관계하는 전문적 직능이 확립되어지지 않으면 안 된다.

13·4 다시 도시의 미를 무대로

지금까지의 일본의 도시계획자가 이루어내지 못했던 이상을 우리는 다시 추구한다. 경관에 관한 조례나 요강을 가지는 468단체(2000년 현재)의 지향선의 연장으로 풍경 기준법을 받아들일 필요가 있다고 생각한다. 실정 법 안

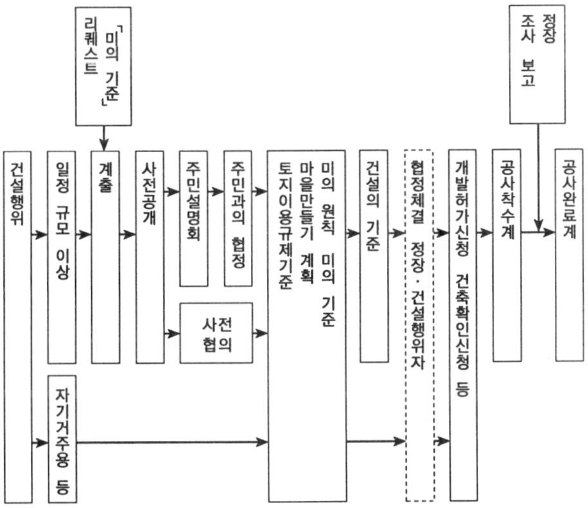

그림13·3 마나쯔루쵸 마을 만들기 조례에 의한 건설 행위의 절차 과정 (출전 : 이가라시 「미의 조례-활기찬 마을을 만든다」 학예출판사, 1996년)

에서 풍경의 조화와 보전을 근거로 재산권을 제약하는 것에 대한 명확한 법적 근거를 주고, 다양한 풍경조례의 시도에 탄력을 가하고 싶다. 더욱이 풍경 계획에 있어서의 지자체의 역할과 책무를 명확히 규정해 지방분권을 눈에 보이는 형태로 결실 맺고 싶다. 풍경을 종합적인 환경지표로서 평가, 동시에 풍경을 생활자의 공통 기억으로서 소중히 하기 위해서도, 풍경 기준법과 그 아래서의 풍경 계획의 추이가 필요하다.

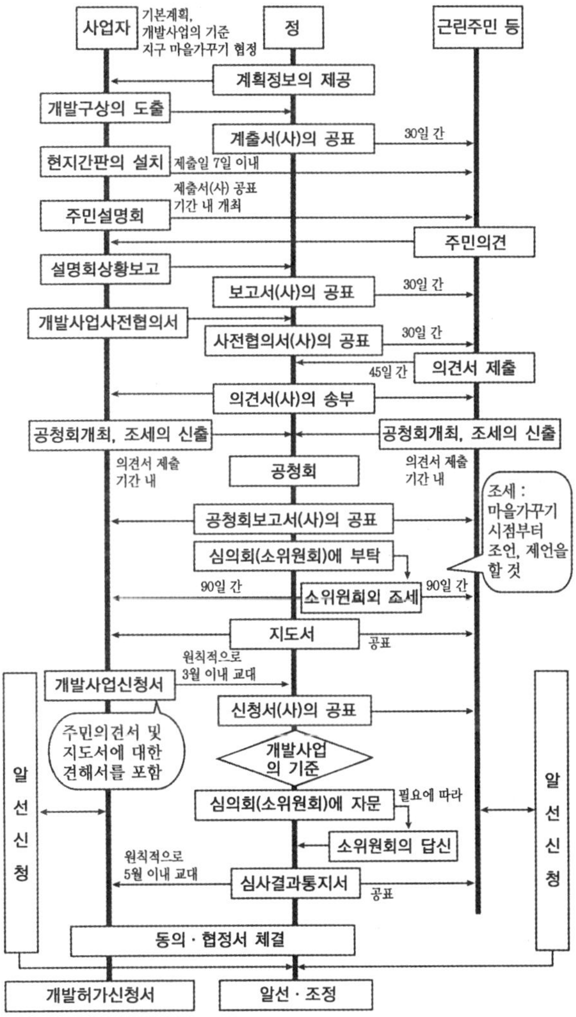

그림13·4 大磯町 마을가꾸기 案例과 開發事業의 協議調整프로세스 (出典 : 內海麻利 「개발허가기준의 개정과 개발자 지도요강의 조례화」 小林重敬編 「조례에 의한 종합적 마을가꾸기」 學藝出版社, 2002년 : 大磯町의 마을가꾸기 조례 팸플릿을 근거로 작성)

注

1) 마을 만들기 조례의 현 상태에 대해서는 고바야시 편「지방분권시대의 마을 만들기 조례」(학예출판사, 1999년),「조례에 의한 종합적 마을 만들기」(학예출판사, 2002)가 상세하다.
2) 계획지구지정에 관해서는 서울특별시가 앞서 시의 도시계획조례에 의해 계획지구를 자연경관지구, 시계경관지구, 문화재 주변 경관지구, 수변 경관지구, 시가지 경관지구 및 조망권 경관지구의 6지구로 세분화해, 지정할 것을 정했다. 단 2002년 10월 현재, 지구지정은 행해져 있지 않다.

색 인

역 자 소 개

조 용 준
조선대학교 건축학부 교수
일본 도쿄대학 연구원, 일본 교토대학 초빙학자
한국주거학회 회장, 중앙 건축위원

이 정 형
중앙대학교 건축학부 교수
서울시정 개발 연구원 연구위원
(주)일본 市浦 도시개발 건축 컨설턴트

박 종 철
목포대학교 지역개발학과 교수
일본 규슈대학 연구원
대한 국토 도시계획 학회 광주 전남 지회장

남 승 진
동아인재대학 건축과 교수
일본 치바 대학원 졸업
전라남도 무안군 도시계획위원

정 영 덕
전라남도 도시계획 전문위원
동신대학교 강사
조선대학교 대학원 졸업

손 승 광
동신대학교 건축학부 교수
영국 뉴캐슬 대학 객원교수
한국주거학회 부회장

홍 안 희
광주광역시청 서기관
광주대학 및 일본 교토대학 대학원졸업

장 상 근
광주광역시 문화수도 지원과장 (서기관)
조선대학교 및 동대학원 졸업

김 영 석
순천대학교 건축학과 교수
전북대학교 및 일본 도쿄대학 대학원졸업
전라남도 건축위원

김 현 숙
전북대학교 도시공학과 교수
미국IIT대학 초빙학자
중앙건설기술 심의위원

강 권
광주광역시청 재난관리과
조선대학교 및 일본 도후쿠 대학원 졸업

박 현 홍
혜인 ENC 대표
동신대학교 강사
조선대학교 대학원 졸업

유 창 균
목포대학교 건축학과 교수
조선대학교 및 동대학원 졸업
한국주거학회 이사

이 봉 수
현대계획연구소장
조선대학교, 동신대학교 강사
조선대학교 및 동대학원 졸업

이 정 림
제주관광대학 인테리어 건축디자인학과 교수
조선대학교 대학원 박사과정 수료
한국주거학회 이사

저 자 소 개

니시무라 유키오
東京大學 大學院 都市工學 專攻 敎授
아시아 工科大學 助敎授
콜롬비아大學 客員硏究員

나오토 나카지마
東京大學 大學院 都市工學 專攻 助手
東京大學 都市工學科 및 同 大學院 卒業

노부하루 수즈끼
關東學院大學 大學院 土木工學科 助敎授
東京大學 助手
京都大學 建築學科 및 東京大學院 卒業

카쥬오 코이데
(주) 都市環境硏究所 代表
東京大學 都市工學과 卒業

마사후미 야마사키
立命館大學 環境시스템 工學科 敎授
京都大學 助手
京都大學 建築學科 및 同大學院 卒業

다케루 키타자와
東京大學 大學院 都市工學 專攻 助敎授
요코하마 도시디자인 室長
東京大學 都市工學 卒業

쿠미코 시모쮸마
國際文化財 保存 修復센터 프로젝트 매니저
天葉大學 建築學科 卒業
東京大學 大學院 卒業

누부오 카매이
國立都城 工業高等 專門學校 校長
東京大學 都市工學科 및 同大學院 卒業

아쮸야끼 오까자끼
新鴻大學 工學部 建設學科 助敎授
東京工業 大學 工學部 社會工學科 卒業
보스턴 大學 客員 硏究員

토시야끼 고노
九州大學 法學科 硏究員 敎授
京都大學 法學科 및 同 大學院 卒業
뮌헨 大學 客員敎授

마사하루 히로끼
키스톤 法律事務所 辯護士
東京大學 法學科 卒業

노리히로 나까이
東京工業大學 大學院 社會 理工學 硏究科 敎授
東京工業大學 및 同 大學院 卒業
明海大學 不動産 學部 助敎授

마사루 미아와끼
天燁大學 環境시스템 學科 助敎授
北海道大學 建築工學과 卒業
로마大學 建築學部 留學

시오지 무라까미
(주)想像都市硏究所 代表
武臟野美術대學 造形學部 建築學科 卒
(주)都市計劃設計硏究所

히대야끼 사까모토
金澤美術 工藝大學 디자인科 環境디자인 專攻 敎授
明治大學 建築學科 및 同 大學院 卒業

노부오 미시마
佐賀大學 都市工學과 助敎授
東京大學 都市工學과 및 同 大學院 卒業
윈 工科大學 留學

쎄이 오노
(주)都市環境硏究所
東京道立大學 建築工學科 卒業

유지 사노
(주)아르텝 근무
東京道立大學 建築學科 및 同 大學院 卒業

마리 시모무라
(주) 都市環境硏究所
關西大學 建築學科 卒業

아야 쿠보타
工學院大學 建築都市디자인學科 講師
東京大學 都市工學과 卒業
콜롬비아 大學院 卒業

타카히또 사이끼
新戶藝術工科大學 大學院 藝術工學專攻 敎授
廣島工業大學 卒業
스위스 聯邦 工科大學 客員 硏究員

(집필 순)

일본의 경관계획

2006년 04월 5일	초판 인쇄
2006년 04월 15일	초판 발행
2006년 11월 05일	재판 발행

저 자 西村幸夫 / 町並み研究會 編著

역 자 조용준 / 이정형 / 박종철 / 남승진 / 정영덕
손승광 / 홍안희 / 장상근 / 김영석 / 김현숙
강 권 / 박현흥 / 유창균 / 이봉수 / 이정림

발행인 정 헌 준

발행처 태림문화사
서울 용산구 원효로 1가 128-13호
TEL 714-2478 / 716-2473
FAX 718-4580
E-mail taerim79@hanmail.net

등 록 1979. 3.27 (2-679)

ISBN 89-8205-213-5 정가 18,000 원